*Klagenfurter Beiträge
zur Didaktik der Mathematik*

Mathematische Bildung und neue Technologien

Vorträge beim
8. Internationalen Symposium zur Didaktik
der Mathematik
Universität Klagenfurt, 28. 9. – 2. 10. 1998

Herausgegeben von

Dr. Gert Kadunz, Dr. Günther Ossimitz, Dr. Werner Peschek,
Dr. Edith Schneider
Universität Klagenfurt

und Dr. Bernard Winkelmann
Universität Bielefeld

Springer Fachmedien Wiesbaden GmbH 1999

Folgende Institutionen haben durch ihre Unterstützung die Durchführung
des Symposiums bzw. die Herausgabe des Tagungsbandes ermöglicht:

Bundesministerium für Unterricht und kulturelle Angelegenheiten

Stadt Klagenfurt

Universität Klagenfurt

Forschungskommision der Universität Klagenfurt

Fakultät für Wirtschaftswissenschaften und Informatik an der Universität Klagenfurt

Kärntner Universitätsbund

Texas Instruments, Wien

Creditanstalt, Klagenfurt

Die Deutsche Bibliothek – CIP-Einheitsaufnahme

Mathematische Bildung und neue Technologien : Vorträge beim 8.
Internationalen Symposium zur Didaktik der Mathematik, Universität
Klagenfurt, 28.9.–2.10.1998 / G. Kadunz ... (Hrsg.) – Stuttgart ;
Leipzig : Teubner, 1999
  (Klagenfurter Beiträge zur Didaktik der Mathematik)

  ISBN 978-3-519-02122-3   ISBN 978-3-322-90149-1 (eBook)
  DOI 10.1007/978-3-322-90149-1

Einband: Peter Pfitz, Stuttgart

Vorwort der Herausgeber/innen

In den letzten zehn Jahren wurden rund um den Computer technologische Möglichkeiten entwickelt, verfügbar gemacht und verbreitet, die großen Einfluss auf die traditionellen Lernumgebungen mathematischer Ausbildung haben oder haben könnten und eine entsprechend zentrale Rolle in der didaktischen Diskussion einnehmen.

Während einfache oder auch programmierbare Taschenrechner noch vorrangig als ein Werkzeug gesehen werden konnten, die mathematische Ausbildung vom Drill arithmetischer Operationen zu entlasten, im Übrigen aber wenig Einfluss auf globale Ziele und Inhalte einer weiterführenden mathematischen Ausbildung nahmen, stellen vor allem Computeralgebrasysteme, aber auch Tabellenkalkulationen, Geometrie- und Statistiksoftware u. Ä. bereits wesentliche Teile der traditionellen mathematischen Ausbildung in der Sekundarstufe in ihren Zielen, Inhalten, Methoden und Sozialformen sehr radikal in Frage. Weitgehend unangetastet bleibt dabei lediglich die durch Lehrplan, Lehrbuch, Lehrer bzw. Lehrerin sowie Klassenverband determinierte gewohnte Lernumgebung - auch wenn sich gewisse „Aufweichungen" hinsichtlich Lehrplaninterpretation, Lehrer/innenzentriertheit, Arbeitsunterlagen und unterrichtlicher Sozialformen zeigen.
Interaktive Hypermedia-Lernumgebungen auf CD-ROM oder im Internet scheinen nun aber auch diese letzten Bastionen staatlicher Bildungsinstitutionen anzugreifen: Nicht nur, dass Lehrer/innen und Lehrbücher ihr Monopol als Wissensquelle und höchste fachliche Autorität verlieren, es wird ihnen durch preisgünstige CD-ROMs oder gar frei zugängliche Internet-Angebote offenbar auch noch die Aufgabe entzogen, ihren Schülern und Schülerinnen ansprechende Lernumgebungen anzubieten, in denen sich ein angemessener und verständnisvoller Umgang mit Mathematik entwickeln kann. Nicht selten wird dabei in einer breiten Öffentlichkeit unterstellt, dass entsprechende Softwareprodukte dieser Aufgabe ohnehin weit besser gerecht werden (können) als jeder Lehrer und jede Lehrerin und dass jene Mathematik, die man bisher so mühsam und quälend erlernen musste, durch diese neuen Technologien sehr vergnüglich und spielerisch einfach zugänglich wurde.

Die Abteilung für Didaktik der Mathematik an der Universität Klagenfurt beschäftigt sich seit einigen Jahren schwerpunktmäßig und aus verschiedenen Blickrichtungen mit didaktischen Fragen rund um den Einsatz neuer Technologien in der mathematischen Ausbildung. So wurden u. a. Projekte zum Einsatz von Computeralgebrasystemen in der universitären und in der schulischen Mathematikausbildung durchgeführt, ein Softwarepaket im Bereich der dynamischen Geometrie entwickelt und in der Unterrichtspraxis erprobt, didaktische Analysen und Entwicklungsarbeiten zur computerunterstützten Systemdynamik geleistet und didaktische Untersuchungen zu Interaktiven Hypermedia-Lernangeboten zur Mathematik durchgeführt.

Das *8. Internationale Symposium zur Didaktik der Mathematik* mit dem Thema „Mathematische Bildung und neue Technologien" diente vor allem dazu, den internationalen Erfahrungsaustausch und die Weiterführung der didaktisch-wissenschaftlichen Diskussion in diesem Bereich zu unterstützen und zu fördern. Dabei war es uns ein besonderes Anliegen, dass die Diskussion nicht - wie so oft - auf technologische und mediendidaktische Aspekte verengt wird, sondern die Frage der mathematischen Bildung im technologischen Zeitalter in ihrer ganzen Komplexität gesehen und in möglichst vielen ihrer Dimensionen aufgegriffen wird. Diesem Anliegen entsprechend wurden die eingeladenen Hauptvorträge ausgewählt.
Im vorliegenden Tagungsband wurden alle Hauptvorträge aufgenommen, unter den Sektionsvorträgen wurde eine Auswahl getroffen, die u. E. einen guten Einblick in das wissenschaftliche Programm der Tagung vermittelt.

Abschließend sei all jenen sehr herzlich gedankt, die wesentlichen Anteil am Gelingen der Tagung und am Zustandekommen des Tagungsbandes hatten:
Den Teilnehmerinnen und Teilnehmern der Tagung, den Sponsoren, der Leiterin des Tagungsbüros, Frau Susanne Rauchenwald, und ihrer Mitarbeiterin, Frau Nadja Samonig, sowie dem Verlag B. G. TEUBNER, Stuttgart.

Klagenfurt, Oktober 1998   Die Herausgeber/innen:

Gert Kadunz   Edith Schneider
Günther Ossimitz   Bernard Winkelmann
Werner Peschek

Inhaltsverzeichnis

Peter K. Antonitsch, Klagenfurt (Österreich)

CAS im Mathematikunterricht –
eine Chance für die Elementargeometrie

1) Einleitung

Durch die Verfügbarkeit leistungsfähiger Computeralgebra-Systeme rückt in der Sekundarstufe II – zu recht – das Modellieren komplexer Systeme in das Zentrum unterrichtsplanenden Interesses. Andere, für die mathematische Allgemeinbildung ebenso wichtige Bereiche laufen dabei Gefahr, vernachlässigt zu werden. Dies gilt insbesondere für die Elementargeometrie.

Anhand selbst geschriebener (DERIVE-)Programmodule soll verdeutlicht werden, wie mit Computereinsatz unter Anwendungen analytischer Methoden elementargeometrische Problemstellungen zur unterrichtspraktischen Konkretisierung curricularer Forderungen wie »Überprüfen von Vermutungen«, »Verallgemeinern und Spezialisieren«, »Wechsel von Darstellungsformen« oder gar »Anwenden von Mathematik« beitragen können.

2) Programmodule für die Analytische Geometrie?

Wesentliche Reste elementargeometrischer Sachverhalte sind in den derzeit gültigen österreichischen Lehrplänen für die Oberstufe der AHS dem Bereich »Analytische Geometrie« untergeordnet und dienen als Anwendungsgebiet der Vektor*rechnung*. Die Unterrichtserfahrung zeigt, daß Schüler – angesichts des Wustes an Formeln – dabei vielfach die eigentliche geometrische Problemstellung aus den Augen verlieren und lediglich nach »Schlüsselwörtern« suchen, die die Auswahl des passenden Rechenschemas aus einem auswendig gelernten Repertoire von Verfahren der Analytischen Geometrie nahelegen. Der üblicherweise intendierte Zugang, den geometrischen Sachverhalt zunächst durch eine Konstruktion zu erschließen und den »Algorithmus« als rechnerische Umsetzung dieser Konstruktion zu entwickeln, findet angesichts der Konzentration auf das Rechnerische selten statt.

Bei Verwendung von geeigneten CAS-Modulen tritt der Aspekt des Rechnens jedoch in den Hintergrund, sodaß dem geometrisch-graphischen Gehalt in einem *dreistufigen* Wechsel von Darstellungsformen mehr Aufmerksamkeit geschenkt werden kann:

1. Stufe: »Übersetzen« der Problemstellung in ein Bild durch Konstruktion mit Zirkel und Lineal;

2. Stufe: »Übersetzen« der Konstruktion in einen Algorithmus, der mit Hilfe des CAS abgearbeitet wird;

3. Stufe: »Übersetzen« der Rechenergebnisse in eine (Computer-) Graphik (mit Hilfe der Graphikfähigkeiten des CAS).

Da in diesem Fall die Programmodule entsprechend einer Variante der in [Kutzler, 1995] bzw. [Heugl et al., 1996] beschriebenen »Gerüstdidaktik« als »black boxes« verwendet werden, müssen sich selbstverständlich Unterrichtsphasen, in denen das Erforschen geometrischer Beziehungen mit dem CAS im Vordergrund steht, mit solchen, in denen die verwendeten Formeln durch geometrische Überlegungen gefunden werden, abwechseln.

Das hier vorgestellte DERIVE-Programmpaket zerfällt in drei modular aufeinander aufbauende und erweiterbare Dateien: »PKT_VEKT.MTH« (Routinen für Punkte und Vektoren), »GERADEBE.MTH« (Routinen für Geraden und Ebenen) und »KEGELSCH.MTH« (Routinen für Kegelschnitte), wobei die Namen der einzelnen Routinen dem Grundvokabular, das Schüler aus der Einführung in die Denk- und Arbeitsweise der Analytischen Geometrie kennenlernen, weitestgehend angeglichen sind (z.B. »Normalvektor2D«, »Strecke_abtragen_von« oder »Gerade_Anstieg«; eine vollständige Liste der Routinen findet sich in [Antonitsch, 1997]). Dadurch wird die enge Beziehung zwischen Rechnung und geometrischer Konstruktion unterstrichen und die Erweiterung des Pakets um komplexere Routinen erleichtert. Beispielsweise kann eine (fächerübergreifend zur Informatik) von Schülern »programmierte« Datei »DREIECK.MTH« Vereinbarungen folgender Art enthalten (kursiv gesetzte Routinen sind in den oben angeführten »Basisdateien« vordefiniert):

Höhenlinie(pt1,pt2,pt3):=*Gerade_xy(*
      pt1,*Normalvektor2D*(*Verbindungsvektor_von*(pt2,pt3)))

Streckensymmetrale(pt1,pt2):=*Gerade_xy(*
  Mittelpunkt(pt1,pt2),*Normalvektor2D*(*Verbindungsvektor_von*(pt1,pt2)))

Höhenschnittpunkt(pt1,pt2,pt3):=*Gerade_Schnitt(*
      Höhenlinie(pt1,pt2,pt3),Höhenlinie(pt2,pt3,pt1))

Umkreismittelpunkt(pt1,pt2,pt3):=*Gerade_Schnitt(*
      Streckensymmetrale(pt1,pt2),Streckensymmetrale(pt2,pt3))

Werden die grundlegenden Konzepte der (Analytischen) Geometrie verstanden, reduziert sich derartiges »Neuprogrammieren« auf die Umformulierung der Konstruktionen gemäß der DERIVE-Syntax«, sodaß auch hier geometrisches Denken im Vordergrund steht. Die Benennung der Grundroutinen gibt Anlaß zur (geometrischen) Reflexion und soll auch als Beitrag zur Diskussion über Sprache im Mathematikunterricht verstanden werden (vgl. [Karner/Schweitzer, 1996] und besonders [Monnerjahn, 1997]).

3) Beispiele

Anhand zweier Beispiele sollen die zuvor angedeuteten Möglichkeiten des Einsatzes von CAS im Bereich der analytischen Geometrie kurz demonstriert werden (mehr und ausführlicher diskutierte Beispiele finden sich in [Antonitsch, 1997]):

Beispiel 1 (Fermat-Punkt eines Dreiecks):

Für das Dreieck mit den Eckpunkten A = (-4 | 2), B = (3 | -3), C = (1 | 5) zeige man die Richtigkeit der folgenden Aussagen:

- Errichtet man über den Seiten des Dreiecks nach außen gleichseitige Dreiecke, so sind die durch deren dem jeweiligen Eckpunkt des Dreiecks ABC gegenüberliegenden Spitzen definierten Ecktransversalen des Dreiecks ABC kopunktal.
- Der Schnittpunkt obiger Ecktransversalen ist der Fermat-Punkt des Dreiecks ABC.

Das Errichten der gleichseitigen Dreiecke läßt sich konstruktiv und rechnerisch auf das Ermitteln des jeweils dritten Eckpunktes reduzieren; dazu empfiehlt sich das Programmieren einer neuen Routine (die verwendeten vordefinierten Routinen aus »PKT_VEKT.MTH« sind wieder kursiv gesetzt):

gleichseitiges_Dreieck(pt1,pt2):=*Strecke_abtragen_von*(

Mittelpunkt(pt1,pt2),

Normalvektor2D(*Verbindungsvektor_von*(pt1,pt2)),

$\sqrt{3}$**Distanz*(pt1,pt2)/2).

Vor der Verwendung (besser noch: vor der Programmierung) dieser Routine ist zu klären, welcher der zwei möglichen ebenen Normalvektoren durch »Normalvektor2D« überhaupt berechnet wird. Somit geht dieser Arbeitsschritt über das bloße rechnerische Nachvollziehen der Konstruktion hinaus und erfordert zusätzlich die Analyse bereits vorhandener Programme, was in diesem Fall auch ein Nachdenken über Begriffe der (analytischen) Geometrie bedeutet.

Die Rechnung reduziert sich nun auf:

```
#15:  C1  := gleichseitiges_Dreieck(A, B)
```

$$\#16:\quad \left[\ -\frac{5\cdot\sqrt{3}}{2}\ -\frac{1}{2}\quad -\frac{7\cdot\sqrt{3}}{2}\ -\frac{1}{2}\ \right]$$

```
#22:  A1  := gleichseitiges_Dreieck(B, C)
#23:  [ 4·√3 + 2   √3 + 1 ]
#24:  B1  := gleichseitiges_Dreieck(C, A)
```

$$\#25:\quad \left[\ -\frac{3\cdot\sqrt{3}}{2}\ -\frac{3}{2}\quad \frac{5\cdot\sqrt{3}}{2}\ +\frac{7}{2}\ \right]$$

Das Ermitteln der Ecktransversalen und des (der?) Schnittpunkte(s) kann mit den vorhandenen Basisbefehlen erfolgen:

#27: ta := Gerade_xy(A, A1)

$$\text{\#28:}\quad y = \frac{\sqrt{3}\cdot x\cdot(3\cdot\sqrt{3}-5)}{6} - \frac{10\cdot\sqrt{3}}{3} + 8$$

#29: tb := Gerade_xy(B, B1)

$$\text{\#30:}\quad y = -\frac{\sqrt{3}\cdot x\cdot(4\cdot\sqrt{3}+1)}{9} + \frac{\sqrt{3}\cdot(4\cdot\sqrt{3}+1)}{3} - 3$$

#31: tc := Gerade_xy(C, C1)

$$\text{\#32:}\quad y = \frac{\sqrt{3}\cdot x\cdot(12\cdot\sqrt{3}+17)}{33} - \frac{17\cdot\sqrt{3}}{33} + \frac{43}{11}$$

#33: "Schnitt"

#34: FE := Gerade_Schnitt(ta, tb)

$$\text{\#35:}\quad \left[\ \frac{288\cdot\sqrt{3}}{349} - \frac{642}{349}\quad \frac{1109}{349} - \frac{589\cdot\sqrt{3}}{1047}\ \right]$$

#36: FE_Test := Gerade_Schnitt(tb, tc)

$$\text{\#37:}\quad \left[\ \frac{288\cdot\sqrt{3}}{349} - \frac{642}{349}\quad \frac{1109}{349} - \frac{589\cdot\sqrt{3}}{1047}\ \right]$$

#38: "kopunktal?"

Die Vermutung, daß es sich bei dem gefundenen »merkwürdigen« Punkt FE tatsächlich um den Fermat-Punkt (also um denjenigen Punkt, für den die Summe der Abstände zu den Eckpunkten des Dreiecks ABC ein Minimum wird) handelt, kann zunächst »experimentell« mit Hilfe einer Routine

Abstandsumme(pt):=Distanz(pt,A)+Distanz(pt,B)+Distanz(pt,C)

erhärtet und schließlich mit Hilfe eines auf Toricelli zurückgehenden Satzes nachgerechnet (für das spezielle Dreieck also »bewiesen«) werden:

Sei ein Punkt P im Dreieck ABC, in dem alle Winkel < 120° sind, so gewählt, daß der Winkel zwischen zwei Strecken, die jeweils durch P und einen Eckpunkt des Dreiecks bestimmt sind, den Winkel 120° einschließen, so ist P der Fermat-Punkt des Dreiecks ABC.

So kann der Einsatz von CAS bei der Behandlung von (auch rechenintensiven) Problemstellungen der analytischen Geometrie in vertretbarer Zeit zu erstaunlichen und doch elementaren Sätzen der Geometrie führen, deren auch für Schüler nachvollziehbare Beweise in Form von Referaten behandelt werden sollten. Dadurch kann(!) der Computereinsatz auch helfen, für den Mathematikunterricht eher unübliche Sozialformen des Lernens zu etablieren.

Anwendungsorientierte Aufgabenstellungen der (ebenen) Analytischen Geometrie
spielen derzeit im Unterricht eine eher untergeordnete Rolle. Dies ist neben dem
hohen Rechenaufwand wohl auch auf begriffliche Schwierigkeiten zurückzu-
führen. Das folgende Beispiel soll zeigen, wie der Computereinsatz die Konzentration auf den wesentlichen geometrischen (und hier auch physikalischen) Gehalt
des Problems gestattet (weitere Anregungen zu physikalischen Anwendungsbeispielen mit Kegelschnitten finden sich z.B. in [Wittmann, 1987] bzw. [Gelfand et
al., 1974]).

Beispiel 2 (Brennpunkteigenschaft der Parabel):

Ein vom Brennpunkt einer Parabel ausgesandter Strahl (»Brennstrahl«) wird von
ihr so reflektiert, daß der zurückgeworfene Strahl zur Parabelachse parallel ist.
Man weise diese Eigenschaft für die Parabel in 1. Hauptlage und Halbparameter p
= 2 und einen beliebigen Brennstrahl nach.

Die Formulierung des Beispiels legt eine Lösung über das Reflexionsgesetz der
Optik nahe (was jedenfalls Anlaß zu einer fächerübergreifenden Behandlung gibt);
geometrisch kann das Beispiel auf die Berechnung des Schnittwinkels von
»Brennstrahl« bzw. »Parallelstrahl« und der Parabeltangente im »Reflexions-
punkt« reduziert werden. Für die Berechnung stehen die vordefinierten Routinen
»Parabel« bzw. »Parabel_Tangenten« aus »KEGELSCH.MTH« zur Verfügung:

```
#1:   "Festlegen der Parabel"

#2:   S:=Punkt2D(0,0)

#3:   par:=Parabel(S,2,1)
            2
#4:   4·x-y =0

#5:   F:=Parabel_Brennpunkt(par)

#6:   [ 1   0 ]

#7:   "Gerade durch den Brennpunkt"

#8:   rv:=Vektor2D(2,3)

#9:   bg:=Gerade_xy(F,rv)

          3·(x-1)
#10:  y=———————————
             2

#11:  "Schnittpunkt von Gerade und Parabel"

        s_x := SOLVE(    lim      par, x)
#12:                 y→RHS(bg)
```

$$\#13: \quad \left[x = \frac{4\cdot\sqrt{13}}{9} + \frac{17}{9}, \; x = \frac{17}{9} - \frac{4\cdot\sqrt{13}}{9} \right]$$

```
#14:  "Wähle 1. Wert"

        s_xy := SOLVE( [bg, s_x ], [x, y])
#15:                             1
```

#16: $\left[\ x = \dfrac{4 \cdot \sqrt{13}}{9} + \dfrac{17}{9} \quad y = \dfrac{2 \cdot \sqrt{13}}{3} + \dfrac{4}{3}\ \right]$

#17: SP := RHS(s_xy)

#18: $\left[\ \dfrac{4 \cdot \sqrt{13}}{9} + \dfrac{17}{9} \quad \dfrac{2 \cdot \sqrt{13}}{3} + \dfrac{4}{3}\ \right]$

#19: "Parabeltangente im Schnittpunkt"

#20: t:=Parabel_Tangenten(S,2,1,SP)

#21: $\left[\ y=x \cdot \left(\dfrac{\sqrt{13}}{3} - \dfrac{2}{3}\right) + \dfrac{\sqrt{13}}{3} + \dfrac{2}{3}\, , y=x \cdot \left(\dfrac{\sqrt{13}}{3} - \dfrac{2}{3}\right) + \dfrac{\sqrt{13}}{3} + \dfrac{2}{3}\ \right]$

#22: "Steigungswinkel der Tangente"

#23: $\varphi := \text{ATAN}\left(\dfrac{\sqrt{13}}{3} - \dfrac{2}{3}\right)$

#24: 0.491396

#25: "Steigungswinkel der Geraden durch den Brennpunkt"

#26: $\psi := \text{ATAN}\left(\dfrac{3}{2}\right)$

#27: 0.982793

#28: "Somit ist der Winkel zw. Brennstrahl und Tangente"

#29: $\psi - \varphi$

#30: $\text{ATAN}\left(\dfrac{\sqrt{13} - 2}{3}\right)$

#31: 0.491396

#32: "gleich dem Winkel φ; dies ist aber gerade"

#33: "der Winkel zw. Parallelstrahl und Tangente."

#34: "Nach dem Reflexionsgesetz wird also ein"

#35: "Brennstrahl als Parallelstrahl reflektiert."

Wie aus den Protokollzeilen #11 bis #18 ersichtlich ist, existiert keine vordefinierte Routine zum Schnitt einer Geraden mit einem Kegelschnitt. Die dadurch notwendigen Überlegungen können aber dazu benutzt werden, den Grenzwertbegriff (als Wiederholung oder zur Motivation) zu thematisieren.

Eine weitere Möglichkeit, eine Querverbindung zwischen der Analytischen Geometrie und der Differentialrechnung aufzuzeigen, besteht in der Herleitung der Berührbedingungen der Kegelschnitte mit Hilfe deren impliziten Ableitungen. Derartiges kann (fächerübergreifend zu Informatik) auch mit einer Analyse der vorprogrammierten Routinen erfolgen.

4) Didaktisches Resümee

Die geometrische Deutung von Vektoren als Pfeilklassen bietet für Schüler einen anschaulichen Zugang zu diesem sonst sehr abstrakten Kapitel der Mathematik. Mit dem Instrumentarium der Vektorrechnung gelingt es auch, geometrische Problemstellungen im Unterricht der Sekundarstufe II angemessen zu behandeln, wobei jedoch die Gefahr besteht, daß der mathematische Gehalt derartiger Aufgaben von den Formalismen der Rechnungen überdeckt wird. Hier können maßgeschneiderte CAS-Module ansetzen: *»Der Computer als Aufdecker von [...] Zusammenhängen. Der Kopf bleibt frei für Problemanalysen und Lösungsstrategien. Die Energie verpufft nicht mit händischen Rechenproblemen. Mathematik für Nichtmathematiker!«* (H. Wilding, zit. nach [Hischer, 1996; S 123])

Mit Hilfe des Werkzeugs CAS kann bei der Lösung von Beispielen der analytischen Geometrie das Hauptgewicht von Rechenautomatismen hin zu »Darstellen und Interpretieren« verlagert werden. Mehr noch, durch die Bewältigbarkeit von mehr (und rechnerisch komplexeren) Problemstellungen können geometrische Beziehungen an Fallbeispielen (exemplarisch!) nachgewiesen und (ggf.) verallgemeinert bzw. bewiesen werden. So kann es gelingen, mit vertretbarem Zeitaufwand nicht-triviale geometrische Sätze zu diskutieren, wobei die tw. elementaren Beweise in Form von Referaten bearbeitet werden können. Gemeinsam mit Gruppenarbeit bei der Durchführung von Berechnungen mit CAS bzw. bei der Erweiterung vorhandener Programmodule ermöglicht so der Computereinsatz über geometrische Themen die Etablierung unüblicher(?!) Sozialformen des Lernens im Mathematikunterricht.

Neben der Konzentration auf Ergebnisse der Geometrie (siehe z.B. die Diskussion des Satzes von Ceva in [Antonitsch, 1997] oder [Himmelbauer, 1997]) bietet derartiges Arbeiten auch vielfältige Anknüpfungspunkte zu außermathematischen Fragestellungen (»Anwendungsaufgaben«, z.B. aus der Physik), Querverbindungen zu Themen anderer mathematischer Teildisziplinen (z.B. über Programmanalyse zum Grenzwertbegriff) und ermöglicht auch das Hinterfragen grundlegender Konzepte der analytischen Geometrie (siehe z.B. die Sequenz zur Parameterdarstellung der Geraden in [Antonitsch, 1997]).

»Whatever view is taken the need for a geometrical understanding is paramount. This calls for the geometric knowledge to be already in place. [...] This is an example of what had become unimportant, and to an extent discarded, becoming important again through the use of the CAS. This must force us to consider very wide re-evaluations of our curricula« (C. Leinbach et al., zitiert nach [J. Berry et al., 1997]). Unter dem Einsatz von CAS kann aber offenbar nicht bloß die notwendige »Regeometrisierung« des Mathematikunterrichts erfolgen, vielmehr kann es auch gelingen, über die Geometrie den Beziehungsreichtum mathematischer Problemstellungen aufzuzeigen. Hier liegt wohl die eigentliche Chance der (Elementar-)Geometrie bei Einsatz von CAS im Mathematikunterricht.

Literatur

P. Antonitsch: Geometrische Aspekte der Mathematik mit Computeralgebra-Systemen. Dissertation an der Universität Wien; Wien 1997

P. Baptist: Die Entwicklung der neueren Dreiecksgeometrie. BI – Wissenschaftsverlag; Mannheim 1992

J. Berry et al.: The State of Computer Algebra in Mathematics Education. Chartwell-Bratt/Studentlitteratur; Lund 1997

I. M. Gelfand et al.: Funktionen und ihre graphische Darstellung. B. G. Teubner Verlagsgesellschaft; Leipzig 1974

H. Heugl et al.: Mathematikunterricht mit Computeralgebra-Systemen. Addison-Wesley; Bonn 1996

T. Himmelbauer: Lehrerhandreichungen zum Programmpaket »Vektorrechnung«. Texas Instruments; Wien 1997

H. Hischer, M. Weiß (Hrsg.): Rechenfertigung und Begriffsbildung. Bericht über die 13. Arbeitstagung des Arbeitskreises »Mathematikunterricht und Informatik« in der Gesellschaft für Didaktik der Mathematik e. V. Verlag Franzbecker; Hildesheim 1996

H. Hischer (Hrsg.): Computer und Geometrie. Bericht über die 14. Arbeitstagung des Arbeitskreises »Mathematikunterricht und Informatik« in der Gesellschaft für Didaktik der Mathematik e. V. Verlag Franzbecker; Hildesheim 1997

C. Karner, C. Schweitzer: Sprache im Mathematikunterricht. In: AMMU-Aussendung 8; Mai 1996.
Zu beziehen über: Dr. Peter Schüller, HTL Mödling, Technikerstr. 1-5, 2340 Mödling/Österreich

H. Kautschitsch, W. Metzler (Hrsg.): Anschauliche und experimentelle Mathematik II. Bericht über den 11. und 12. Workshop zur »Visualisierung in der Mathematik« in Klagenfurt. hpt; Wien 1994

B. Kutzler: Mathematik unterrichten mit DERIVE. Addison-Wesley; Bonn 1995

R. Monnerjahn: Macht der Computer den Geometrieunterricht sprachlos? In: [Hischer, 1997; Seite 67ff]

H. Schupp: Kegelschnitte. BI – Wissenschaftsverlag; Mannheim 1988

E. C. Wittmann: Elementargeometrie und Wirklichkeit. Friedrich Vieweg & Sohn Verlagsgesellschaft; Braunschweig 1987

Klaus ASPETSBERGER, Linz (Österreich)

Der Einsatz von computeralgebra-tauglichen Taschenrechnern im Mathematikunterricht - Ein Erfahrungsbericht

Mit der Implementierung von Computeralgebra-Systemen (CAS) auf Taschenrechnern stehen einer intensiven Nutzung von CAS im Mathematikunterricht keine organisatorischen Hürden mehr im Wege. Diese Arbeit berichtet über Erfahrungen, die mit dem Einsatz des algebratauglichen Taschenrechners TI-92 von Texas Instruments gemacht wurden.

Es wird auf die Möglichkeiten, verschiedene Darstellungsformen (Tabelle, Graph, Term) für die Lösung von Problemen einzusetzen, eingegangen. Durch die Möglichkeit, rekursive Definitionen zu verwenden und aufwendige Rechnungen dem CAS zu übertragen, kann die Erarbeitung neuer Begriffe und das Lösen von Problemen sehr elementar und dadurch für die Schüler leicht nachvollziehbar durchgeführt werden.

Schließlich wird auf die geänderten Anforderungen an die Schüler und den daraus resultierenden Problemen (Dokumentation, ausreichende Festigung, Fehlersuche etc.) eingegangen.

1. Einleitung

Seit dem Aufkommen von Computeralgebrasystemen (CAS) zu Beginn der Achtzigerjahre werden auch Überlegungen und Untersuchungen angestellt, wie man diese mächtigen Softwaresysteme sinnvoll in den Mathematikunterricht einbauen könnte. Die Handhabung der ersten Systeme war sehr umständlich und so gelang erst zu Beginn der Neunzigerjahre mit Einführung von DERIVE der Durchbruch. Der Einsatz von DERIVE war aber an die Verfügbarkeit von Personal Computern in Computerräumen der Schule bzw. zu Hause gebunden und so stellten sich oft organisatorische Probleme einem breiten Einsatz in der Schule in den Weg.

Zu Beginn des Jahres 1996 kam der Taschenrechner TI-92 von TEXAS INSTRUMENTS auf den Markt, der neben dem Computeralgebrasystem DERIVE auch das interaktive Geometriepaket CABRI GEOMETRE integriert hat. Durch die Verfügbarkeit eines algebratauglichen Taschenrechners ist es nun möglich, Computeralgebrasysteme ohne große organisatorische Probleme im Unterricht, bei Hausübungen, bei Prüfungen und schriftlichen Arbeiten einzusetzen.

Im Mai 1995 wurde eine Klasse (12 Mädchen und 3 Burschen) am Stiftsgymnasium Wilhering, einer Privatschule in der Nähe von Linz, mit TI-92 ausgestattet, die dann in den nächsten drei Schuljahren (10., 11. und 12 Schulstufe) den Schülern zur Verfügung standen.

Der Schwerpunkt der Schule liegt im Unterricht von Fremdsprachen und so sind die Schüler eher musisch und sprachlich interessiert und eher nicht so sehr naturwissenschaftlich. Aus diesem Grund setzten wir den TI-92 nicht dazu ein, neue, besonders schwierige mathematische Inhalte zu behandeln, sondern wir legten unser Hauptaugenmerk vielmehr darauf, traditionelle Inhalte methodisch neu aufzubereiten und so den Einstieg in neue mathematische Konzepte für die Schüler anschaulicher und leichter zu gestalten.

Die folgenden Bemerkungen und Überlegungen stammen aus den Erfahrungen, die mit dem Einsatz von DERIVE und dem TI-92 im Mathematikunterricht gemacht wurden. Die meisten unterrichtlichen Konzepte sind aber vom Taschenrechnertyp und vom verwendeten CAS unabhängig.

2. Repräsentationsformen

Für den methodischen Einsatz ist die Möglichkeit, zwischen verschiedenen Repräsentationsformen (Term, Wertetabelle, Graph) zu wechseln, besonders vorteilhaft. Dies ist einerseits bei der Begriffsentwicklung aber auch beim Lösen von Problemen von Bedeutung, da man die jeweils günstigste Repräsentationsform wählen kann.

Wurde den Schülern die Darstellungsform für die Lösung von Problemen freigestellt, so zeigte sich, daß die Schüler sehr unterschiedliche Wege für die Lösung einschlugen. Die Verwendung algebraischer Verfahren war aber der am wenigsten beschrittene Weg.

Der Wechsel der Darstellungsform ist zwar grundsätzlich auch per Hand möglich. Ausschlaggebend für die Verwendung von Computern bzw. CAS-fähigen Taschenrechnern ist die einfache und schnelle Durchführbarkeit (vgl [PESCHEK 1998]). Auf dem TI-92 kann man zwischen der Algebra-, der Wertetabellen- und der Graphikdarstellung besonders leicht und elegant wechseln.

Die Verwendung der verschiedenen Repräsentationsformen erfordert aber auch das Erlernen von Techniken für das Arbeiten in den einzelnen Fenstern des TI-92.

So war es erforderlich, für das Zeichnen von Graphen geeignete Einstellungen für das Graphikfenster zu wählen. Der Schüler wählten dazu die minimalen und maximalen Werte auf der x- bzw. y-Achse. Dies erforderte aber ein Wissen über den ungefähren Verlauf des Funktionsgraphen und die auftretenden Funktionswerte. Über letztere konnten sich die Schüler einen Überblick anhand einer Wertetabelle verschaffen. Dies ist ein Beispiel für die Notwendigkeit, zwischen den einzelnen Repräsentationsformen zu wechseln.

Eine nächste „Technik", die es zu erlernen galt, war das Dokumentieren der Arbeiten. Da wir nicht die Möglichkeit hatten, die Funktionsgraphen drucken zu lassen, mußten wir Konventionen für die Art der Dokumentation finden, die das Wesentliche eines Graphen wiedergab. Was nun das Wesentliche eines Graphen ausmachte, hing von der jeweiligen Problemstellung ab und mußte von den Schülern von Fall zu Fall neu erkannt werden. In vielen Fällen reichte es aber aus, den charakteristischen Verlauf der Kurve zu skizzieren, Nullstellen, Hoch- und Tiefpunkte, etc. in der Skizze zu markieren und die entsprechenden Koordinaten dazuzuschreiben.

Der Umstand, daß sich die Schüler ständig überlegen mußten, worin das Wesentliche eines Graphen bestand, wirkte sich nachträglich sehr vorteilhaft bei der Behandlung von Kurvendiskussionen in der siebenten Klasse aus. Die Erarbeitung der Begriffe wie Hoch- und Tiefpunkt erübrigte sich nun beinahe zur Gänze. Auch die Notwendigkeit für Kurvendiskussionen war für die Schüler leicht einzusehen. Da man bei einem Graphen immer nur einen kleinen Ausschnitt sehen kann, hat man keine Informationen über den weiteren Verlauf der Kurve. Eine globale Sicht liefern nur der Term und die Methoden der Differentialrechnung [ASPETSBERGER, FUCHS 1997].

Das Problem der Dokumentation stellte sich aber nicht nur beim Zeichnen von Graphen, sondern auch beim algebraischen Umformen von längeren Ausdrücken. Es konnte nicht sinnvoll sein, alle Zwischenschritte – speziell dann, wenn sie trivial bzw. extrem lang sind – zu notieren. Auch hier mußten die Schüler wiederum das Wesentliche der Umformungen erkennen und hinreichend dokumentieren. Letzteres stellte sich als besonders schwierig heraus, da die Begriffe „wesentlich" und „hinreichend" nicht einfach definieren ließen, und es bedurfte viel Übung, eine halbwegs zufriedenstellende Dokumentationskultur zu erarbeiten.

3. Elementarisierung

CAS übernehmen unangenehme Rechenarbeit beim Umformen von Ausdrücken, beim Lösen von Gleichungen, beim Berechnen von Grenzwerten usw. Die Unterstützung durch das CAS erlaubt es, viele Probleme sehr naheliegend bzw. sehr elementar zu betrachten und zu lösen. Die Rechenhilfe und der schnelle Wechsel zwischen den Darstellungsformen macht sich aber auch beim Begriffsbildungsprozeß bemerkbar.

Die Möglichkeit, mit einem CAS bzw. mit dem TI-92 rekursive Definitionen eingeben bzw. anwenden zu lassen, erlaubt es nun, exponentielle Vorgänge wesentlich einfacher als im traditionellen Mathematikunterricht zu modellieren und zu bearbeiten ([ASPETSBERGER, FUCHS 1996], [SCHNEIDER 1998]). So kann man z.B. das (diskrete) Wachstum einer Population mit einem Startwert von 1000 Individuen und einer Zunahme von 5% pro Wachstumsperiode sehr einfach rekursiv folgendermaßen beschreiben: $A_n = A_{n-1} + A_{n-1}*0{,}05$ und $A_0 = 1000$. In dieser Darstellung ist der Zuwachs deutlich sichtbar. Man erkennt leicht, daß der Zuwachs von der Anzahl der Individuen der vorhergehenden Wachstumsperiode abhängt. Dadurch können sehr leicht Unterschiede zu anderen Wachstumsvorgängen wie z.B. zum linearen Wachstum aufgezeigt werden. In der rekursiven Darstellung kommt man im Gegensatz zur geschlossenen algebraischen Form mit den Grundrechnungsarten aus. Dies erleichtert einerseits den Schülern das Verständnis, andererseits bietet es auch die Möglichkeit, daß Schüler von selbst Modelle für diese Prozesse aufstellen können bzw. entscheiden lernen, welche Modelle für die jeweilige Situation am geeignetsten sind [WURNIG 1996].

Für die Einführung des Differentialqoutienten kann man Folgen von Differenzenquotienten berechnen lassen. So kann man z. B. bei der Berechnung der Momentangeschwindigkeit vom bereits bekannten Begriff der mittleren Geschwindigkeit ausgehen und durch schrittweises Verallgemeinern zum Begriff des Differentialquotienten bzw. zur Ableitung gelangen [ASPETSBERGER 1997]. Dabei kann der Befehl limit für die Berechnung des Grenzwertes zunächst in einer informellen Phase als black-box verwendet und erst später formal eingeführt werden.

Wir führten in gleicher Weise den Begriff des bestimmten Integrals bzw. der Integralfunktionen über obere und untere Rechtecksummen [ASPETSBERGER 1998b] durch schrittweises Verallgemeinern [ASPETSBERGER 1998a] ein. Auch hier war der elementare Begriff der Summe für die Schüler einfacher zu verstehen und leichter als Lösung für die gegebenen Probleme zu akzeptieren als der abstrakte Begriff der Stammfunktion. Der Zusammenhang zwischen Integral- und Stammfunktionen wurde in einer Exaktifizierungsphase nachgeliefert.

Durch den elementaren Einstieg kann die Gefahr von unerlaubten Verallgemeinerungen bestehen. Eine exakte Formulierung und Behandlung der neuen mathematischen Begriffe wird somit nicht überflüssig. Man kann aber mit einer informellen, anwendungsnahen Behandlung der neuen Begriffe beginnen und daran eine Exaktifizierungsphase anschließen.

Die Schüler zogen mehr und mehr experimentelle (Versuch/Irrtum, Wertetabellen etc.) geschlossenen, algebraischen Lösungen (durch einen allgemeinen Kalkül vorgegeben) vor. Dies war an und für sich von Vorteil, da diese Lösungen für Schüler mitunter leichter verständlich waren bzw. von den Schülern selbst gefunden werden konnten.

4. Funktionen

Computeralgebrasysteme bzw. der TI-92 bieten die Möglichkeit, Funktionen zu definieren. Beim Einsatz sollte man zwischen Funktionen, die von Schüler selbst definiert wurden, und solchen, die entweder vom Lehrer oder vom System selbst zur Verfügung gestellt wurden, unterscheiden (vgl. [ASPETSBERGER 1996], [HEUGL 1998]). Bei den beiden letztgenannten Typen ist es für die Schüler wichtig, die Bedeutung der Funktionen zu kennen. Ihre genauen Definitionen sind entweder sehr kompliziert oder umfangreich, wenn die Funktionen vom Lehrer stammen, bzw. unbekannt bei den Systemfunktionen. Diese Funktionen müssen die Schüler in einer gewissen Weise "blind" verwenden.

Für den Unterricht sehr interessant ist aber die Möglichkeit, daß auch Schüler selbst Funktionen definieren können. Dabei können durch die Verwendung von bereits implementierten Funktionen durchaus sehr mächtige Konstrukte entstehen. Die Erstellung von neuen Funktionen sollte in Phasen vor sich gehen. Zunächst wird ein neues Problem gründlich analysiert und per Hand bzw. mit bereits zur Verfügung stehenden Mitteln oder Funktionen gelöst. Diese Phase kann man als white-box Phase bezeichnen. Nach einer ausreichenden Beschäftigung geht man daran, eine Funktion zu definieren, mit deren Hilfe man das Problem mit einem Funktionsaufruf in einem Schritt lösen kann. Bei der Anwendung der Funktion ist deren Definition nicht mehr sichtbar. Man spricht dann auch von einer black-box Phase. Das white-box/black-box Prinzip wurde in [Buchberger 1989] formuliert und in [Heugl, Klinger, Lechner 1996] ausführlich beschrieben.

Grundsätzlich ist die Vorgangsweise, zuerst einen neuen Sachverhalt per Hand schrittweise zu bearbeiten und erst später auf fertige oder selbstdefinierte Funktionen überzugehen, zu begrüßen. Man darf sich diesen Prozeß aber nicht statisch in dem Sinne vorstellen, daß nach einer ausreichenden white-box Phase die Funktion für immer als eine black-box verwendet werden kann. Die Schüler vergessen mit der Zeit die Bedeutung, die genaue Syntax bzw. die Datentypen der Argumente einer Funktion und eine neuerliche Behandlung wird erforderlich. Diese gibt dann auch jenen Schülern, die bei der Einführung der Funktion Verständnisschwierigkeiten hatten, die Chance, die genaue Bedeutung der Funktion zu erlernen.

Eine zu intensive Nutzung des Programmierens, d.h. neue Funktionen zu definieren bzw. zu schachteln, ist für manche Schüler zu abstrakt. Wir haben uns deshalb auf wenige und sehr einfache selbstdefinierte Funktionen beschränkt. Die meisten Funktionen dienten dazu, längere Rechenvorschriften abzukürzen, wie z.B. das Berechnen des Winkels zwischen zwei Vektoren.

Probleme bereitete auch der Umstand, daß der Rechner sehr intolerant auf Eingabefehler bzw. falsche Datentypen bei den Argumenten reagierte. Die Fehlermeldungen konnten dann oft nicht richtig interpretiert werden. Schwer auffindbar waren auch Fehler, die beim Eintippen der Definitionen von Funktionen entstanden sind. Die Behebung von Fehlern wurde bei der Verwendung von Funktionen erschwert.

Generell kann man sagen, daß durch die Verwendung von CAS Funktionen eine neue Chance bekommen, von den Schülern akzeptiert zu werden. Früher war eine Funktion für viele Schüler nur ein Name, für dessen Evaluation man ohnedies die ursprüngliche Definition auswerten mußte. Nun ist eine Funktion eine Rechenhilfe, die eine Aufgabe in einem Schritt löst und dadurch uns und den Schülern das Leben etwas leichter macht. Durch die Verwendung von Funktionen wird das Zerlegen von Aufgaben in Teilaufgaben und ein strukturiertes Vorgehen im allgemeinen gefördert.

5. Erfahrungen

Die Verwendung des TI-92 im Mathematikunterricht erlaubte, Probleme mit sehr einfachen Methoden zu lösen und neue mathematische Begriffe schrittweise einzuführen. Diese Form der Elementarisierung wirkte sich günstig auf das Verständnis mathematischer Begriffe bei den Schülern aus.

Bei der Lösung von Problemen benutzten Schüler - sofern nicht eine spezielle Methode gefordert wurde - verschiedene Darstellungsformen. Ein experimentelles Vorgehen wurde von den Schülern bei der Lösung von Problemen algebraischen Methoden vorgezogen.

Es konnte durch die Verwendung von CAS kein wesentlicher Zeitgewinn beobachtet werden. Dies liegt wohl darin begründet, daß mehr Zeit für die Einführung der neuen mathematischen Begriffe verwendet wurde. Andererseits benötigten auch das Erlernen der Dokumentation und die speziellen Techniken für das Arbeiten in den einzelnen Fenstern Zeit.

Das Anwenden der vielen Funktionen, die die Schüler im Laufe der drei Jahre kennengelernt hatten, führte zu Problemen, da die Schüler Fehler bei Funktionsnamen und bei den Datentypen der Argumente machten.

Literatur

[ASPETSBERGER 1996]
Aspetsberger K.: *Investigations on the Use of DERIVE for Students at the Age of 17 and 18.* The International DERIVE Journal, Vol. 3, No. 1, Research Information Ltd., Hemel Hempstead, England, 1996

[ASPETSBERGER, FUCHS 1996]
Aspetsberger K., Fuchs K.: *DERIVE und der Rechner TI-92 im Mathematikunterricht der 10. Schulstufe.* International DERIVE and TI-92 Conference, Bonn 1996, p. 18-27.

[ASPETSBERGER 1997]
Aspetsberger K.: *Experiences about the use of the symbolic pocket calculator TI-92 in math classes .* The Third International Conference on Technology in Mathematics Teaching ICTMT-3, Koblenz (CD-ROM).

[ASPETSBEGER, FUCHS 1997]
Aspetsberger K., Fuchs K.: *Lehrerausbildung und Mathematikunterricht mit dem*

Symbolrechner TI-92. In: Beiträge zum Mathematikunterricht 1997, Verlag franzbecker. 31. Tagung für Didaktik der Mathematik, Leipzig, März 1997.

[ASPETSBERGER 1998a]
Aspetsberger K.: *Einsatz von computeralgebratauglichen Taschenrechnern für die Begriffsbildung im Mathematikunterricht.* Erscheint in: Beiträge zum Mathematikunterricht 1998, Verlag franzbecker. 32. Tagung für Didaktik der Mathematik, München, März 1998.

[ASPETSBERGER 1998b]
Aspetsberger K.: *Teaching Integrals with the TI-92. A chance of making a complex mathematical concept elementary.* International Conference on the Teaching of Mathematics, Samos, Greece, July 3-6, 1998, pp. 29-31.

[BUCHBERGER 1989]
Buchberger B.: *Why Should Students Learn Integration Rules?* RISC- Linz Technical Report No. 89-7.0, Johannes Kepler University Linz, Austria.

[HEUGL, KLINGER, LECHNER 1996]
Heugl H., Klinger W., Lechner J.: *Mathematikunterricht mit Computeralgebra-Systemen* (Ein didaktisches Lehrbuch mit Erfahrungen aus dem österreichischen DERIVE-Projekt). Addison-Wesley, Bonn, 1996.

[HEUGL 1998]
Heugl H.: *The Module Principle in Trigonometry.* International Conference on the Teaching of Mathematics, Samos, Greece, July 3-6, 1998, pp. 335-337.

[PESCHEK 1998]
Peschek W.: *Mathematical Concepts and New Technology.* International Conference on the Teaching of Mathematics, Samos, Greece, July 3-6, 1998, pp. 242-244.

[SCHNEIDER 1998]
Schneider E.: *New Technology: a New Chance for "Old" Didactic Ideas?.* International Conference on the Teaching of Mathematics, Samos, Greece, July 3-6, 1998, pp. 263-265.

[WURNIG 1996]
Wurnig O.: *Die Behandlung zweier anwendungsorientierter Aufgaben zur Exponentialfunktion in Klasse 10 unter Verwendung von DERIVE.* In: Hischer & Weiß (Hgb.), Rechenfertigkeit und Begriffsbildung, Verlag franzbecker, Hildesheim, 1996.

Ludwig BARNERSSOI & Bruno RIEDMÜLLER, München (Deutschland)

Staatsexamen und Computeralgebrasysteme

1 Computeralgebrasysteme im Mathematikunterricht

Die Hilfsmittel des Mathematikers, insbesondere jene für den Unterricht, umfaßten lange Zeit nur Zirkel und Lineal, Rechenschieber, Logarithmentafel sowie Formelsammlung. Rechenmaschinen waren im Schulunterricht nicht zu finden. Eine erste Revolution brachte vor wenigen Jahrzehnten der handliche elektronische Taschenrechner, bald darauf mit Speicher, dann programmierbar, und seit kurzem mit graphischer Ausgabe und so leistungsfähigen Prozessoren und so umfangreichen Speichern, daß Geometrieprogramme und Computeralgebrasysteme damit benutzt werden können. Inzwischen gehört ein PC zur Standardausstattung der Schüler/Studenten sowohl in der Schule/Hochschule als auch meist zuhause. Neu ist dabei die Verfügbarkeit von Software. Als Auswirkung dieser Entwicklung haben u.a. Computeralgebrasysteme (CAS) in verschiedenen Stufen des Mathematikunterrichts Eingang gefunden. In Österreich gilt dies schon für die Sekundarstufe, im Nachbarland Deutschland eher erst im tertiären Bereich und auch dort in der Regel nur in speziellen Ausbildungsrichtungen, etwa der Ingenieurausbildung. Zu erwarten ist jedoch eine weitere und bessere Integration dieser Systeme in den Mathematikunterricht ab der Sekundarstufe. Dies wird — vielleicht sogar im Rahmen einer universelleren Multimedia-Ausbildung der angehenden Lehrer — verstärkt dazu führen, daß auch die Schulung an und der Umgang mit Computeralgebrasystemen selbstverständliche Bestandteile eines mathematischen Lehramtsstudiums sein werden.

2 Hilfsmittel bei Mathematikklausuren

Hilfsmittel bei Mathematikklausuren müssen portabel sein. Durch Taschenrechner der neuen Generation und Notebooks kann nun Software in den Prüfungsraum gebracht werden und ist zu einem klausurgeeigneten Hilfsmittel geworden.

Seit jeher ist der Gebrauch von Hilfsmitteln bei Mathematikklausuren umstritten. Eine puristische Meinung will keinerlei Hilfsmittel zulassen. Das andere Extrem gestattet Bücher, Skripten, Formelsammlungen, Taschenrechner, eigene Aufzeichnungen, kurz „alles außer dem Nachbarn". Auch Zwischenstufen treten auf. Von Bedeutung ist in diesem Spektrum naturgemäß der Kandidatenkreis der Prüfungen. Bei Klausuren für Mathematiker kann man eher die Tendenz zur Einschränkung von Hilfsmitteln beobachten. Dagegen sind sie in der Regel großzügiger zugelassen bei Prüfungen für Fachrichtungen mit Mathematik als Hilfswissenschaft, z.B. bei Ingenieuren, Naturwissenschaftlern oder Informatikern.

In den zentral gestellten Mathematikklausuren des bayerischen Staatsexamens, mit denen wir uns unten beschäftigen werden, sind derzeit als Hilfsmittel lediglich zwei relativ bescheidene Formelsammlungen (Barth 1994, Rottmann 1960) sowie elektronische Taschenrechner zugelassen, jedoch nur solche mit höchstens 20 Speichern ohne graphische Ausgabe, die nicht programmierbar sind und nicht drucken können.

Im Zusammenhang mit der Weiterentwicklung von Soft- und Hardware für den Mathematikunterricht stellt sich nun die Frage, ob, wie und wann die neuen Hilfsmittel — insbesondere Computeralgebrasysteme — Eingang in Mathematikklausuren finden können oder sollen.

3 Inhalte von Staatsexamensklausuren

Bei den Prüfungen sind in Bayern Lehrer an Gymnasien einerseits und an beruflichen oder an Realschulen andererseits zu unterscheiden. Erstere haben Klausuren sowohl in der Zwischenprüfung als auch in der ersten Staatsprüfung, letztere nur in dieser zu schreiben. Wegen des vertieften Studiums der Gymnasiallehrer sind deren schriftliche Prüfungen sehr theoretisch. Dagegen sind die Klausuren für die angehenden Lehrer an Realschulen und an beruflichen Schulen — obwohl diese die Lehrbefähigung auch für die Sekundarstufe II an Fachoberschulen und Berufsoberschulen erhalten — mehr „handwerklich" orientiert. Hier insbesondere ist es sinnvoll zu fragen, ob Computeralgebrasysteme in den Klausuren als Hilfsmittel denkbar sind und welche Konsequenzen dies ggfs. hätte.

Die bayerische Prüfungsordnung (LPO I, 1998) verlangt im fachlichen Teil der schriftlichen Prüfung „a) Eine Aufgabe oder Aufgabengruppe aus dem Gebiet Elemente der Differential- und Integralrechnung, insbesondere elementare Funktionen; Grundkenntnisse über gewöhnliche Differentialgleichungen" sowie „b) eine Aufgabe oder Aufgabengruppe aus den Gebieten Lineare Algebra, synthetische und analytische Behandlung geometrischer Probleme, Einblick in die Grundlagen der Geometrie, Elemente der Darstellenden Geometrie".

Die langjährige Praxis der Aufgabenstellung hat in der erstgenannten Prüfung unter dem Generalthema „Analysis im R^2 und im R^3" zu Aufgaben vorzugsweise aus den Themenbereichen Folgen und Reihen, Stetigkeit, Differenzierbarkeit, Taylorentwicklung, Integration sowie gewöhnliche Differentialgleichungen geführt. In der zweitgenannten Prüfung aus Linearer Algebra und Geometrie entstammen die Aufgaben im wesentlichen den Themenbereichen analytische, synthetische und konstruktive Geometrie der Geraden und Ebenen, analytische Geometrie der Kurven und Flächen 2. Ordnung, lineare Gleichungssysteme (oft mit Parametern), Vektorräume, lineare Abbildungen und Matrizen sowie aus der Eigenwerttheorie.

4 Konkrete Beispiele - Anwendung von CAS

Die Realisierung dieser Inhalte in zentral gestellten bayerischen Prüfungsaufgaben wird im folgenden an einigen konkreten Beispielen vorgestellt. Gleichzeitig kommentieren wir — jeweils kursiv — die Anwendbarkeit eines CAS auf die vorgelegten Aufgabenstellungen. Aus Gründen der einfachen lizenzrechtlichen Verfügbarkeit in unserer Fakultät für Mathematik der Technischen Universität München haben wir uns für Maple V Release 5 (Version 5.00, 1998) entschieden (zu Maple V etwa Heal u.a., 1996; Heinrich & Janetzko, 1995). Andere Systeme mögen leistungsfähiger sein oder auch nicht; grundsätzliche Unterschiede werden sich in Grenzen halten.
Zum folgenden: Die Kandidaten haben jeweils *alle* Aufgaben *einer* Aufgabengruppe zu bearbeiten; drei Gruppen stehen in jeder der Prüfungen zur Wahl.

Differential- und Integralrechnung, Frühjahr 1998, Aufgabengruppe 2

Aufgabe 1

a) Wie lautet eine Ihnen geläufige Formulierung des Integral-Vergleichskriteriums für Reihen?
CAS nicht anwendbar.

b) Begründen Sie, weshalb die Reihe $\sum_{n=1}^{\infty} \frac{1}{n^s}$ für $s > 1$ konvergiert und für $0 \leq s \leq 1$ divergiert.
CAS nur teilweise anwendbar: Integral.

Aufgabe 2

a) Zeigen Sie: Ist $\sum_{n=1}^{\infty} a_n^2$ konvergent, so konvergieren die Reihen $\sum_{n=1}^{\infty} a_n a_{n+1}$ und $\sum_{n=1}^{\infty} \frac{a_n}{n}$ absolut.
(Beachten Sie, daß $|ab| \leq \frac{1}{2}(a^2 + b^2)$ für alle $a, b \in \mathbb{R}$.)
CAS nicht anwendbar.

b) Geben Sie eine Reihe $\sum_{n=1}^{\infty} a_n$ an, so daß $\sum_{n=1}^{\infty} \frac{a_n}{n}$ absolut konvergiert und $\sum_{n=1}^{\infty} a_n^2$ divergiert.
CAS nicht anwendbar.

Aufgabe 3
Zeigen Sie, daß

$$\frac{x}{1+x} \leq \ln(1+x) \leq x \quad \text{für alle} \quad x > -1.$$

Anleitung: Betrachten Sie die Funktion $f(t) = \ln(1+t)$ auf dem Intervall $[0, x]$, falls $x > 0$ (bzw. $[x, 0]$, falls $-1 < x < 0$ und wenden Sie den Mittelwertsatz an.
Kein Beweis mit CAS, nur Veranschaulichung.

Aufgabe 4

Für $(x, y) \in \mathbf{R}^2$ sei $f(x, y) = x^2 y$ und $g(x, y) = 5x^2 + 4xy + 8y^2$.

a) Zeigen Sie, daß der Gradient von g nur bei $(0, 0)$ verschwindet.
Lösbar mit CAS.

b) Begründen Sie, weshalb die Menge

$$M = \{(x, y) \in \mathbf{R}^2 : x \geq 0, \ y \geq 0 \text{ und } g(x, y) = 36\}$$

kompakt ist.
Kein Beweis mit CAS, jedoch Veranschaulichung mit Höhenlinien von g.

c) Warum hat die Einschränkung von f auf M ein Maximum, wo nimmt sie es an, und wie groß ist es?
Lösbar mit CAS.

Aufgabe 5

a) Finden Sie eine (globale) Lösung $y : \mathbf{R} \to \mathbf{R}$ des Anfangswertproblems

$$y' = 2y - y^2, \quad y(0) = 1.$$

Lösbar mit CAS.

b) Bestimmen Sie die Grenzwerte $\lim_{x \to \infty} y(x)$ und $\lim_{x \to -\infty} y(x)$ und skizzieren Sie das Wachstumsverhalten der Funktionen y und y'.
Lösbar mit CAS.

Von den fünf gestellten Aufgaben sind also zwei mit Maple lösbar (eine mit Einschränkungen). Bei den restlichen Aufgaben leistet Maple allenfalls Hilfen.

Lineare Algebra und Geometrie, Frühjahr 1998, Aufgabengruppe 1

Aufgabe 1

Im $\mathbf{R}^3$ seien die beiden Geraden

$$L_1 := \{{}^t(2, 0, 1) + s \cdot {}^t(1, 2, 0) : s \in \mathbf{R}\}$$

$$L_2 := \{{}^t(x, y, z) \in \mathbf{R}^3 : x + y - 1 = y + z - 1 = 0\}$$

und der Punkt $P := {}^t(-1, -1, -1)$ gegeben.

a) Schneiden sich die beiden Geraden L_1 und L_2 oder sind sie windschief?
Lösbar mit CAS.

b) Für $i = 1$ und 2 sei E_i die von P und L_i aufgespannte Ebene. Geben Sie für $i = 1$ und 2 eine lineare Gleichung an, deren Nullstellenmenge die Ebene E_i ist.
Lösbar mit CAS.

c) Geben Sie eine Gerade durch P an, welche L_1 und L_2 schneidet.
Lösbar mit CAS.

Aufgabe 2

a) Bestimmen Sie im euklidischen $\mathbf{R}^2$ den Abstand des Punktes $M = {}^t(u, v)$ von der Geraden L mit der Gleichung $x + y = 2$.
Lösbar mit CAS.

b) Bestimmen Sie für $M \notin L$ den Radius des Kreises mit Mittelpunkt M, der L berührt.
Folgerung aus a); CAS nicht nötig.

c) Bestimmen Sie die Mittelpunkte M aller Kreise, die L berühren und gleichzeitig durch den Ursprung ${}^t(0, 0)$ gehen.
Folgerung aus a); CAS nicht nötig.

d) Zeigen Sie, daß die Punkte M aus c) auf einem Kegelschnitt liegen, und bestimmen Sie dessen Typ (Ellipse, Hyperbel, Parabel ?).
Folgerung aus a); CAS nicht nötig.

Aufgabe 3
Gegeben sei die Matrix

$$S := \begin{pmatrix} 0 & \sqrt{2} & -1 \\ \sqrt{2} & -1 & \sqrt{2} \\ -1 & \sqrt{2} & 0 \end{pmatrix}.$$

a) Zeigen Sie, daß die Matrix S den Eigenwert 1 besitzt.
Lösbar mit CAS.

b) Bestimmen Sie eine Orthonormalbasis aus Eigenvektoren für die Matrix S.
Lösbar mit CAS.

Aufgabe 4
Bestimmen Sie $b, c, d \in \mathbf{R}$ so, daß die Quadrik

$$Q: \quad x^2 + y^2 + bz^2 + cz + d = 0$$

die Gerade

$$L: \quad {}^t(0, 1, 0) + \mathbf{R} \cdot {}^t(1, -1, 1)$$

enthält.
Lösbar mit CAS.

Alle vier gestellten Aufgaben sind demnach vollständig lösbar mit Maple; wegen einiger Trivialitäten in Aufgabe 2 wird man ein CAS nicht bemühen.

5 Anwendbarkeit von CAS - Statistik

Im folgenden wird an einer Reihe von bayerischen Staatsexamensaufgaben die Anwendbarkeit eines CAS (hier Maple) statistisch untersucht. Dabei bedeuten

F 95:   Termin Frühjahr 1995, usw.,
AG: Aufgabengruppe,
A_1, ..., A_7:   Aufgabe 1, ..., Aufgabe 7.

Häufig umfassen die Aufgaben mehrere Teilfragen oder -aufgaben.
Meist werden weniger als 7 Aufgaben verlangt. Dann bleiben Felder leer.
Weiter bedeuten

+:   Aufgabe mit CAS lösbar,
o: Aufgabe teilweise mit CAS lösbar, CAS leistet Hilfe,
−:   CAS nicht anwendbar (z.B. bei Beweisen, Aufgaben im R^n).

Die Kombinationen + −, o + und o − stehen entsprechend für mehrere der genannten Aussagen, etwa bei mehreren Teilfragen oder -aufgaben.

Differential- und Integralrechnung

		A_1	A_2	A_3	A_4	A_5	A_6	A_7
F 95	AG 1	o	o	−	−	o +		
	AG 2	−	−	+	−	o +	+ −	
	AG 3	+	o −	o +	− +	o +		
H 95	AG 1	+	o −	−	−	−	− +	
	AG 2	o +	−	o +	+	+		
	AG 3	−	−	o −	o	o		
F 96	AG 1	− +	o −	− +	− +	+	o −	
	AG 2	o −	−	o	o +	−		
	AG 3	−	o −	+	o −	+		
H 96	AG 1	− +	−	−	o −	o +		
	AG 2	+	−	o +	−	o +	+	−
	AG 3	o	o	o	+	o	o	+
F 97	AG 1	+ −	o +	− +	o	+	o +	
	AG 2	o	+	−	o +	o +	o +	−
	AG 3	o +	+ −	−	−	−	−	
H 97	AG 1	+ −	−	o +	−	o +	+	
	AG 2	+	−	+	o +	o +	o +	
	AG 3	o	+ −	−	o +	+	o +	
F 98	AG 1	o	+	o −	o +	o +	o +	
	AG 2	o −	−	−	+ −	+		
	AG 3	+ −	−	−	−	+ −		

Lineare Algebra/Geometrie

		A_1	A_2	A_3	A_4	A_5	A_6	A_7
F 95	AG 1	o +	o	o −	o +			
	AG 2	o +	−	+	o −			
	AG 3	+	−	−	−	o −		
H 95	AG 1	+	o	−	−	−		
	AG 2	−	−	o	+	o +		
	AG 3	−	−	o +	−			
F 96	AG 1	o +	−	−	o			
	AG 2	o +	−	−	−	−		
	AG 3	o	o	−	o +	o +		
H 96	AG 1	o	o −	−	−	o		
	AG 2	+	+	o +	−	−	−	
	AG 3	o +	− +	−	o +	o +		
F 97	AG 1	+	−	−	o −	−		
	AG 2	−	o +	+	−	−		
	AG 3	+	o +	−	−			
H 97	AG 1	o +	o −	−	−	−		
	AG 2	−	−	o −	−			
	AG 3	+	o +	−	−	−		
F 98	AG 1	+	+	+	+			
	AG 2	o +	o −	−	o −			
	AG 3	+	−	−	o			

Ergebnis:	Gesamtzahl der Aufgaben	Vollst. Lösung mit Maple bei	Kein Beitrag von Maple bei
Differential- und Integralrechnung	120	17 %	28 %
Lineare Algebra/ Geometrie	97	16 %	46 %

Wie diese Stichproben zeigen, kann ein CAS, hier Maple, zu einem nicht unerheblichen Teil der Einzelaufgaben Beiträge leisten oder sogar unmittelbar die Lösung liefern. Im Fach Differential- und Integralrechnung ist dies bei etwa $(100 - 28)$ % $= 72$ %, im Fach Lineare Algebra/Geometrie bei etwa $(100 - 46)$ % $= 54$ % der Fall.

6 Folgerungen

Wir kommen zurück auf unsere eingangs gestellte Frage, ob Computeralgebrasysteme in den angesprochenen zentral gestellten Staatsexamensklausuren als Hilfsmittel denkbar sind und welche Konsequenzen dies ggfs. hätte.

Zuerst ist aufgrund unserer Untersuchungen festzustellen: *Beim derzeitigen Stil der Aufgaben sind Computeralgebrasysteme in vielen Fällen nützliche Hilfsmittel.*

Wenn der Katalog der zugelassenen Hilfsmittel nicht verändert wird, also insbesondere Computeralgebrasysteme nicht als Hilfsmittel zugelassen werden, dann muß der Stil der Aufgaben nicht verändert werden und kann so bleiben wie bisher.

Bedenkt man jedoch, daß schon jetzt viele Studenten — auch Lehramtsstudenten — Computeralgebrasysteme während ihres Studiums intensiv verwenden, dann entsteht dadurch ohne Zweifel ein gewisser Druck auf deren Zulassung als Hilfsmittel in der Prüfung. Wie kann man darauf reagieren?

Ein erster Vorschlag: Man läßt eine (vorher bekannt gemachte) Standardversion von CAS als Hilfsmittel zu. Die Kontrolle während der Prüfung ist dabei natürlich ein Problem, das wohl nur mit einigem Aufwand zu lösen ist.

Ein zweiter Vorschlag: Die Klausuren werden zweigeteilt. Eine Teilklausur wird *mit*, die andere *ohne* CAS bearbeitet.

Ein dritter Vorschlag: In jedem Fach werden zwei Klausuren *alternativ* gestellt. Die Kandidaten entscheiden sich, welche Klausur sie schreiben wollen.

Ein vierter Vorschlag: Man läßt CAS nicht als Hilfsmittel zu, erlaubt aber, die während des Studiums im Umgang mit CAS erworbenen Fähigkeiten und Fertigkeiten mit einem *Pflichtschein* (in der Art eines Numerischen Praktikums) nachzuweisen.

Die Prüfungsaufgaben in den Klausuren ohne CAS werden sich ohne Zweifel mehr zum „Theoretischen" hin entwickeln. Um den Schwierigkeitsgrad der Klausuren für den zugehörigen Kandidatenkreis (Lehrer an Realschulen und an beruflichen Schulen) nicht deutlich zu erhöhen, sollten die Theorieanforderungen maßvoll begrenzt werden.

Entsprechende Überlegungen gelten wohl für alle zentral gestellten Mathematikklausuren, mit Modifikationen etwa auch in Abiturprüfungen.

Literatur

Barth, Mühlbauer, Nikol, Wörle: Mathematische Formeln und Definitionen. München: Schulbuch-Verlag, 1994.

Bayerisches Staatsministerium für Unterricht, Kultus, Wissenschaft und Kunst (Hrsg.): Lehramtsprüfungsordnung I (LPO I). München: Beck, 1998.

Bayerisches Staatsministerium für Unterricht, Kultus, Wissenschaft und Kunst, Prüfungsamt (Hrsg.): Klausuren zur Lehramtsprüfung. München: o.J.

Heal, K.M.; Hansen, M.L.; Rickard, K.M.: Einführung in Maple V. Berlin: Springer, 1996.

Heinrich, E.; Janetzko, H.-D.: Das Maple-Arbeitsbuch. Braunschweig/Wiesbaden: Vieweg, 1995.

Rottmann, K.: Mathematische Formelsammlung. Mannheim: BI, 1960 (BI-Hochschultaschenbücher 13).

Peter BENDER, Paderborn (Deutschland)

Mathematik-didaktische Paradigmen und Computer — unter besonderer Berücksichtigung der Geometrie

1. Überlegungen zum wissenschaftlichen Charakter der Mathematik-Didaktik

Ein zentrales Anliegen unserer Kommunität seit etwa 30 Jahren (und der Klagenfurter Symposien seit 1976) lautet, die Mathematik-Didaktik als Wissenschaft zu etablieren und im Kreis der arrivierten Universitäts-Disziplinen salonfähig zu machen. — Daß das Ziel der Salonfähigkeit erreicht sei, darf füglich bezweifelt werden. Inwieweit der Status der Wissenschaftlichkeit eingetreten ist, steht dahin. Allerdings kann man diese Frage nicht durch einen Vergleich mit anderen Disziplinen angehen. Wohl sind deren Methoden und Ergebnisse von der Mathematik-Didaktik zur Kenntnis zu nehmen und, mehr noch, in diese einzubeziehen. Aber mit Wittmann (1995) ist festzustellen, daß die Mathematik-Didaktik ihre eigenen Methoden und Ergebnisse hat und daher in gewissem Sinne unvergleichlich ist.

Jede einseitige Ausrichtung an einer unserer vielen Bezugs-Disziplinen und zu weite Entfernung vom Kern der Mathematik-Didaktik als Grundlage für deskriptive und präskriptive wissenschaftliche Arbeit ist zumindest fragwürdig. Da denke ich an die

- *mathematik-artige* Strukturierung und *Formalisierung* des unterrichtlichen Geschehens,
- unhinterfragte *Übernahme massen-statistischer Methoden für* die Erforschung von *Lehr-Lern-Prozessen* (ohne das Fehlen von Unabhängigkeit, Validität und Repräsentativität überhaupt wahrzunehmen, geschweige denn zu beseitigen),
- *Verkürzung* des Menschen auf ein *informations-verarbeitendes Wesen,*
- *Vernachlässigung gesellschaftlicher Einflüsse,*
- *Verwechslung* des *philosophischen Ansatzes des Konstruktivismus* mit *empirisch 'erwiesenen'* Aussagen und, im Zusammenhang damit, *Überschätzung* von scheinbar *selbständigen* Schüler-Leistungen,
- dezidierte *Ausblendung* einflußreicher *stoff-didaktischer Momente* aus der Analyse von Lehr-Lern-Prozessen.

Solche Adaptionen sind vermutlich Voraussetzung für einen Erfolg bei der Einwerbung von Drittmitteln, insbesondere von der DFG, da man dort die Gutachter aus unseren Bezugs-Disziplinen überzeugen muß. Die intensive Beschäftigung mit den Paradigmen anderer Wissenschaften und deren in der Tat oft bereichernde Wirkung führen dann immer wieder zu gewissen Einseitigkeiten, zumal die Reduktion von Komplexität ja tatsächlich *eine* Voraussetzung für wissenschaftliches Arbeiten ist.

Allerdings scheint dieses Arbeits-Prinzip auch die Tendenz mit sich zu bringen, daß man immer kleinere Bereiche immer genauer erforscht, bis man *schließlich über nichts alles weiß.* Gestützt wird diese Tendenz von einem materialistischen Glauben an die Erforschbarkeit von Allem, wie er besonders in den real-sozialistischen Ländern ausgeprägt war. Aber unabhängig von der politischen Welt-Anschauung sind

Wissenschaftler auf der ganzen Welt gezwungen, ihren Geld-Gebern diesen Glauben zu vermitteln und dazu passende Projekte zu definieren.

Mit verantwortlich für diese Tendenz ist dabei die immense Ausweitung des Wissenschafts-Betriebs in den westlichen Ländern in den letzten dreißig Jahren und die entsprechende Vermehrung der Professoren-Stellen. Diese Bildungs-Offensive auf allen Stufen war und ist gesellschaftlich erforderlich und unvermeidlich, und ich möchte nicht gegen sie sprechen. Wie bei den Abiturienten brachte jedoch die Vervielfachung der Professoren-Stellen bei allen Fortschritten auch eine Ausbreitung des Mittelmaßes und damit des Berges von Papier mit sich, durch den man sich arbeiten muß, um zu interessanten, relevanten und fundierten Ergebnissen vorzustoßen. Viele Kollegen, vor allem in den westlichen Ländern, sehen sich aus wissenschaftlich-existentiellen Gründen zum Publizieren gezwungen; aber auch so mancher *beamteter* Professor fühlt sich verpflichtet, hin und wieder seine Gedanken zum besten zu geben (wobei der verbreitetste Mangel die fehlende Kenntnis und Berücksichtigung der Literatur ist), und trägt damit womöglich dazu bei, die Durchsetzung wertvollerer Erkenntnisse zu behindern.

Dies alles bezieht sich nicht nur auf die Mathematik-Didaktik, sondern eigentlich auf alle Disziplinen. Für die Volkswirtschafts-Lehre z.B. kann ich Perkos (1987a, 1987b) Kritik aus eigener Erfahrung nur bestätigen. In der uns besser vertrauten *Mathematik* kommen vielleicht weniger wissenschafts-methodische Mängel vor, dafür aber bei 200.000 bewiesenen Sätzen jährlich genug inhaltliche Fehler, und vor allem fehlt es den meisten mathematischen Resultaten an Relevanz. — Neben dem Vorhandensein eines eigenständigen Forschungs-Gebiets und eigener Forschungs-Methoden können wir also auch einen 'normalen' Wissenschafts-Betrieb mit seinen Licht- und Schatten-Seiten aufweisen (ganz zu schweigen von der — ebenfalls 'normalen' — Quote von, je nach Standpunkt, 60% bis 80% aller ca. 100 Professurenbesetzungs-Verfahren der letzten zehn Jahre in Deutschland, wo *offensichtlich* nicht der beste weibliche oder männliche Bewerber berufen wurde).

Mir graut schon davor, wenn wir uns demnächst der Evaluierungs-Wut der Hochschul-Politiker inner- und außerhalb der Hochschulen nicht mehr widersetzen können und Drittmittel-Projekte, Publikationen in referierten und nicht referierten Zeitschriften sowie in Tagungs-Bänden, Monographien, Lehrbücher, Doktoranden, Absolventen, Mitgliedschaften usw. *gezählt* werden, weil ja *offensichtlich* nicht inhaltlich geprüft werden kann. Dort fehlen zwar eventuell die lokalen Egoismen von Berufungs-Verfahren, aber jeder von uns kennt Kollegen, die dabei gut abschneiden werden, von denen man trotzdem genau weiß, daß sie nur Mittelmaß sind. — Wir werden dann auch formell etabliert sein und müssen nur noch aufpassen, daß wir nicht, aufgrund von immer drängender werdenden Spar-Zwängen, institutionell abgehängt und z.B. als überwiegendes Lehr-Fach an die Fach-Hochschule transferiert werden.

Mit dieser Situations-Beschreibung als Hintergrund möchte ich nun "*mathematik-didaktische Paradigmen und Computer*" diskutieren, bzw. sie ist eigentlich schon Teil des Themas. Alle bisher angesprochenen Aspekte sind im folgenden relevant, auch wenn ich den Zusammenhang nicht jedesmal expliziere. — Ich meine, daß neben dem Gehalt und der Qualität einer wissenschaftlichen Aussage immer auch die Interessen-Lage des Autors und andere Hintergründe mit bedacht werden müssen. Die idealistischen Interpretationen allein aus dem Werk heraus, wie wir sie im Deutsch-Unterricht in der Schule gelernt haben, können wir vielleicht noch auf mathematische Arbeiten anwenden, spätestens die Mathematik-Didaktik ist aber eine auf die Gesellschaft bezogene Wissenschaft, und dies erst recht, seit sie sich mit dem Computer auseinandersetzt. Selbstverständlich hat auch ein Mathematik-Didaktiker Anspruch darauf, seine Untersuchungen beschränkt auf den von ihm gewählten Gegenstand in Ruhe durchzuführen, und muß nicht permanent auf die Schlüsselfragen des Mathematik-Unterrichts und des Computer-Einsatzes oder gar der Gesellschaft eingehen. Wenn er sich allerdings auf Spekulationen von mehr oder weniger ausgewiesenen Computer-Experten beruft oder selbst solche Spekulationen anstellt (was ja durchaus im Aufgaben-Bereich eines Wissenschaftlers liegt), muß er sich kritische Fragen gefallen lassen.

2. Anmerkungen zum Computer im Bildungs-System

Die Geschichte der Computerei und ihrer Anwendung im Bildungs-System ist voll von optimistischen Voraussagen, die bei weitem nicht eingetroffen sind:

— Der Nobelpreis-Träger *Simon* kündigte Mitte der 50er Jahre an, daß zehn Jahre später Computer-Schachprogramme besser als alle menschlichen Schachspieler sein würden. Es sieht so aus, als ob wir etwa jetzt, zum Jahr 2000, erleben, daß der Computer dem menschlichen Weltmeister ebenbürtig wird. — Das Fehlerhafte an der Simonschen Ankündigung ist weniger die vierfache Zeit für deren Realisierung, sondern der riesige Aufwand an Computer-Kapazität, der schon in einem so primitiven Kontext wie dem Schachspiel erforderlich ist, um dort den menschlichen Verstand zu übertreffen, den sich Simon so bestimmt nicht träumen ließ.
— In seiner Bildungs-Utopie hat sich der Informatiker *Papert* (1980) noch nicht festgelegt, *wann* denn die Institution 'Schule' verschwinden und von den in allen Privat-Häusern vorhandenen Computern ersetzt werden würde. Aber inzwischen vermutet er, "daß unser traditionelles Schulsystem noch 20 Jahre hat" (Interview in der Frankfurter Rundschau vom 29.08.1998). — Nach wie vor ignoriert Papert die *soziale* Dimension von Schule und überhaupt *völlig*. — Immerhin gelang es ihm, unter Pädagogen eine große Anhänger-Schar zu gewinnen. Sein Charisma geht so weit, daß sich manche Kollegen bemüßigt fühlten, ihn gegen die z.T. sehr energische Kritik (Bussmann & Heymann 1985, Bender 1987) zu verteidigen, z.B. gegen letztere, in Ermangelung von Argumenten, durch Abtun als "scharfes Essay mit polemischen Spitzen" (Hölzl 1994, 40).
— Was ist eigentlich aus der Bildungs-Krise geworden, die der Bildungs-Forscher *Haefner* (1982) für Mitte der 80er Jahre prognostiziert hatte? — Möglicherweise befinden wir uns ja mitten drin; sie ist dann aber weder so vordergründig durch *fehlenden* Computer-Einsatz verursacht, noch so vordergründig *durch* Computer-Einsatz zu überwinden, wie Haefner es dargestellt hat. Und von einer "Homuter"-Gesellschaft ist weit und breit nichts zu sehen.
— Auch in unserer eigenen Zunft wurde immer wieder und wird über die Zukunft spekuliert, natürlich mit bescheidenerem inhaltlichen und zeitlichen Horizont, aber durchaus mit einer gewissen Gewißheit, z.B. von meinem Freund Günter *Hanisch* (1992), wie "die Auswirkungen der Computeralgebra auf den Mathematikunterricht" *sein werden*.

Es ist manchmal vermutlich einfach die Erwartungs-Haltung des Nicht-Experten gegenüber dem Experten, die diesen dazu verleitet, seinen Spekulationen über die Zukunft den Anstrich der sicheren Erkenntnis zu verleihen.

Trivialerweise sind die Computer (wobei ich nicht solche meine, die Geräte wie das Kraftfahrzeug, die Waschmaschine, den Video-Rekorder steuern, sondern solche, die bewußt als Computer wahrgenommen werden beim Computer-Spiel, Tele-Banking, Internet-Surfing oder Texte-Schreiben) im Alltags-Leben zumindest bei jüngeren Menschen in Deutschland und Österreich nach wie vor auf dem Vormarsch, wie sich bei meinen alljährlichen Befragungen der (vornehmlich weiblichen) Paderborner Studien-Anfänger im Primarstufenlehramts-Studiengang seit 1995 deutlich abzeichnet. Aber die Nutzung findet in sehr enger Weise statt, nämlich vor allem durch männliche und zunehmend auch weibliche Kinder und Jugendliche in Form von Spielen (sowie Text-Verarbeitung bei älteren Schülern und Studenten). Diese Aktivitäten haben wenig Affinität zu den Zielen der Mathematik- oder der Informatik-Didaktik.

Schon die restlichen Schul-Fächer entwickeln ganz andere Paradigmen für den Umgang mit dem Computer als etwa die Mathematik-Didaktik mit dem Entwurf von Algorithmen (auch zur Simulation), Computer-Algebra-Systemen (CAS) und Dynamischer Geometrie-Software (DGS). Dort geht es hauptsächlich um die mediale Verwendung des Computers z.B. in Form von Multi-Media oder dem Internet, und damit weit weg von den derzeitigen zentralen mathematik-didaktischen Fragen. Im Vordergrund steht oft eine vergnügliche, ans Fernsehen angelehnte und vermeintlich nur so sich diesem gegenüber wirksam behaupten könnende, Vermittlung und selbständige Beschaffung (im weiteren Sinn) von Information. Bezeichnenderweise wünschte die Bertelsmann-Stiftung bei der Installierung der Arbeitsgruppe "Lehramtsstudium" im BIG-Projekt ("*Bildungswege in der InformationsGesellschaft*") in Paderborn zumindest keine dominierende Beteiligung der Mathematik-Didaktik, weil deren Stand nicht dem gewollten Image der Neuen Medien entspricht.

In der Tat, erfolgreicher Mathematik-Unterricht erfordert die Anstrengung des mathematischen Begriffs und ist daher anstrengend, mit oder ohne Computer. Ich kann mir wohl vorstellen, daß die Bildung und Anwendung mathematischer Begriffe mit gezieltem Einsatz von Neuen Medien erleichtert werden kann, erkenne aber auf der Basis einer Bestands-Aufnahme auf der BIG-Tagung Anfang 1997 in Paderborn nur geringe Aktivitäten in der deutsch-sprachigen Mathematik-Didaktik (auch wenn es seitdem etwas mehr geworden ist): Da haben wir das 'Urgestein' Fraunholz in Koblenz, der schon lange mit den jeweils neuesten Medien arbeitet; hie und da werden Hyper-Texte produziert (z.B. von Baptist in Bayreuth); Schreiber in Flensburg geht bei seinen Entwicklungen auch genuin didaktischen Problemen nach (Schreiber 1998); Backe-Neuwald in Paderborn arbeitet mit einer Informatiker-Gruppe an einer virtuellen Stadt und untersucht daran Fragen der Raum-Anschauung.

Ohne einen Anspruch auf Vollständigkeit zu erheben, zeugt die Kürze dieser Aufzählung doch von einer grundsätzlichen Schwierigkeit der Forschungs- und Entwicklungs-Arbeit im Zusammenhang mit Neuen Medien: Diese ist noch viel aufwendiger als etwa das Schreiben von Schulbüchern und erfordert die Beteiligung von Programmierern, Designern und Didaktikern, und es ist in der Tat fraglich, ob sich dieser Aufwand wirklich lohnt, zumindest so lange in den nächsten Jahren noch nicht hinreichend ausgereifte, flexible und von relativen Laien verwendbare Multimedia-Moduln zur Verfügung stehen.

Dieser Einwand gilt prinzipiell gleichfalls in den anderen Schul-Fächern, auch wenn
dort komfortable Lexika i.w.S. einen *substantielleren* Beitrag als in der Mathematik
leisten können. Auch dort müssen Begriffe gebildet und angewendet, Zusammenhänge hergestellt werden usw., und zwar eigenköpfig durch die Schüler. Ich finde
es durchaus reizvoll, wenn und falls eine Gesamtschul-Klasse in Paderborn-Elsen
über das Internet mit einer adäquaten Klasse in South Los Angeles in Kontakt
kommt und so direkt etwas über die sozialen Spannungen dort erfährt, ihre Geo-
graphie-Kenntnisse in einem kleinen Ausschnitt erweitert und ihr Englisch praktiziert. Aber schon mittelfristig stehen Stabilität und Ertrag solcher Projekte dahin,
z.B. fragt sich auch: Was haben die Kinder in South Los Angeles davon, die Probleme von Paderborn-Elsen kennenzulernen? — Dagegen hätten die Gesamt-Schü-
ler von Paderborn-Elsen sehr wohl etwas davon, etwas über ihre eigene Region
und deren soziale Probleme *ungeschminkt* zu erfahren.

Das Phänomen des Internet in seiner aktuellen Form hat vor zehn Jahren keiner unserer Auguren vorausgesehen. Allerdings haben heute erst 7% der deutschen Haushalte einen Online-Anschluß, und wenn diese Quote vom Baseler Prognos-Institut
für das Jahr 2010 auf 60% hochgerechnet wird (Westfälisches Volksblatt vom 11.
08.1997), so sind mit dieser Prognos-Prognose doch einige Fragen verknüpft: Gerade in der Tele-Kommunikation sind die angebotenen Dienste immer wieder deutlich langsamer in die privaten Haushalte diffundiert als angekündigt. Wer redet
heute z.B. noch von 'Bildschirm-Text'? Und: Uns als Pädagogen interessiert natürlich, auf welchem *Niveau* die Nutzung mehrheitlich stattfinden wird. — Ich kann
mir den häuslichen Internet-Anschluß durchaus als Teil eines in der Schule durch
fortgeschrittene Schüler zu nutzenden Medien-Verbunds vorstellen, frage aber, wie
mit den Kindern aus den 40% Haushalten umgegangen werden soll, die nicht über
einen privaten Online-Anschluß verfügen.

Die einschlägige Industrie, die mit ihr verbundene Politik, aber auch Angehörige
des Bildungs-Systems, die sich selbst gerne mit dem Computer beschäftigen, verfolgen nachdrücklich das Ziel der Computerisierung der Schule. So hat vor einigen
Wochen die Enquete-Kommission des deutschen Bundestages zur "Zukunft der
Medien in Wirtschaft und Gesellschaft — Deutschlands Weg in die Informationsgesellschaft" ihren Abschluß-Bericht vorgelegt, der die "Chanchen für die Wirtschaft
bejubelt und die Risiken für Gesellschaft oder Demokratie nachordnet" und dabei
'mal wieder (recht unvermittelt) fordert, daß alle Schulen bis zum Jahr 2000 ans
Internet angeschlossen werden sollen (Frankfurter Rundschau vom 12.08.1998).
Zugleich steht das Bildungs-System, und mit ihm der Mathematik-Unterricht in seiner Eigenart, angesichts leerer öffentlicher Kassen und politischer Schlagwörter wie
Globalisierung, Wettbewerb, Effizienz-Steigerung heute vor einer nie dagewese-
nen, großenteils vom Computer mit verursachten Herausforderung, zu deren Bewältigung selbstverständlich auch dessen etwaige Talente herangezogen werden
müssen.

Natürlich ist dabei auch die Frage zu stellen, wie weit der Mathematik-Unterricht
(mit oder ohne Computer) überhaupt gerechtfertigt ist. Wie wir uns anläßlich der
Diskussion um Hans-Werner Heymanns Habilitations-Schrift vor kurzem bewußt
gemacht haben, ist bei oberflächlich-utilitaristischer Betrachtung kein Mathematik-
Unterricht für alle über das 7. Schuljahr hinaus erforderlich und könnte auch vorher
noch eine Menge gestrichen werden.

Allerdings wären dann so gut wie alle derzeitigen Schul-Fächer noch weniger legi-
timiert, und wir könnten uns auf die Einführung der drei Kultur-Techniken 'Lesen',

'Schreiben', 'Rechnen' und eben der vierten: 'Computer-Bedienung' beschränken
("'Internet-Führerschein' für alle 15jährigen", fordert ja die Enquete-Kommission).
Dies trifft sich gut mit einer Losung moderner Bildungs-Politik, nämlich: Ausbil-
dung von sog. Schlüssel-Qualifikationen wie Selbständigkeit, Eigen-Initiative,
Analyse-, Kommunikations- und Team-Fähigkeit, Fähigkeit zu selbstbestimmtem
Lernen (was Schule eigentlich schon immer möchte) auf Kosten des Lernens fachli-
cher Inhalte (des Pudels Kern, der die Losung insgesamt fragwürdig macht), weil
diese ja sowieso bis zum Eintritt in den Beruf veraltet sein werden. Wenn man über
die vierte Kultur-Technik verfügt, kann man dann ein Leben lang alles benötigte
Wissen vom Internet abrufen. — Naive neue Welt à la Haefner.

Die allgemeinbildende Schule hat doch einen ganz anderen Auftrag, von dem eine,
und dann auch nur grundlegende, *Berufs-Vorbereitung* nur ein kleiner Teil ist. Der
Pythagoras-Satz wird nicht gelehrt, damit man ihn als Maurer anwendet, sondern
man läßt die Lernenden erfahren, wie er im Prinzip auch durch einen Maurer und
überhaupt angewendet werden kann. — Es geht vielmehr um bestimmte Denk- und
Arbeits-Weisen, um Errungenschaften der menschlichen Kultur, speziell in der
Mathematik: um räumliches, funktionales, algorithmisches, algebraisches, stochastisches, infinitesimales usw. Denken und geeignete Grund-Vorstellungen und
-Verständnisse entlang mehr oder weniger kanonischem Stoff und dahinter, einzig-
artig in der menschlichen Kultur und daher unverzichtbar, die Eigenschaft als besonders reine, und zugleich universell anwendbare, Geistes-Wissenschaft, in der
man auf Information und Meinungen anderer nicht angewiesen ist, sondern sich
komplett auf die Kraft des eigenen Verstandes verlassen, mit dessen Hilfe argumentieren sowie Argumente anderer prüfen und analytisches Denken in idealer
Form trainieren kann. — Selbstverständlich könnten auch viele Anwendungs-
Fächer und -Bereiche in Studium und Berufs-Ausbildung erheblich profitieren,
wenn der Mathematik-Unterricht das gerade Beschriebene einlösen würde. — Ich
gehe sogar so weit, einen Nutzen eines im Mathematik-Unterricht gepflegten analytischen Denkens für das Alltags-Leben zu unterstellen (und ziehe bei der regelmäßig
wiederholten Gegen-These vom fehlenden Transfer und deren empirischer Unter-
fütterung die Validität in Zweifel).

Die immer wieder geforderte Utilitarisierung des Bildungs-Systems, zu der ich auch
den Ruf nach Schul- und Studienzeit-Verkürzung und der sog. 'Entrümpelung' der
Curricula zähle, ist nicht angebracht, und zwar schon aus ökonomischen Gründen:
Bei einem dauerhaften Bestand von über 4 Millionen offiziellen Arbeitslosen in
Deutschland ist es geradezu kontraproduktiv, die jungen Menschen ein bis zwei
Jahre früher als bisher auf den Arbeits-Markt zu entlassen. Einer kulturell und technisch hochstehenden Gesellschaft wie der unseren steht es außerdem gut an, ihrer
Jugend eine gediegene Allgemein-Bildung angedeihen zu lassen, wozu Gewährung
von *Muße* einerseits und Gewöhnung an *Leistung* andererseits gehören. Gebildete
Menschen mit etwas Lebens-Erfahrung sind m.E. auf jedem Niveau nicht nur in ihrer *Arbeits*-Zeit nützlicher und tragen damit zur vielbeschworenen Konkurrenz-Fä-
higkeit unserer Wirtschaft bei, sondern sind auch auf ihre umfangreiche *Frei*-Zeit
besser vorbereitet, was ihnen selbst und der ganzen Gemeinschaft mehr Lebens-
Qualität bringt.

Ich unterstelle also im folgenden auch für die Zukunft einen Allgemeinbildungs-
Auftrag von Schule und einen nennenswerten Anteil des Mathematik-Unterrichts.
Weiterhin gehe ich davon aus, daß der reale Mathematik-Unterricht wenig erfolgreich ist, und zwar umso weniger, je höher die Schuljahre. Wer dies wissen wollte,
konnte es schon immer wissen, hat es aber spätestens durch die TIMS-Studie

(Baumert, Lehmann u.a. 1997) erfahren (bei aller Kritik, die man an dieser üben kann). Den aus dem Vergleich der Video-Aufnahmen von deutschem und japanischem Mathematik-Unterricht herausgelesenen Vorsprung der Japaner in Sachen 'Problem-Orientierung' und 'Schüler-Beteiligung' führe ich (mit Fischer aus Erlangen, anderen Japan-Kennern und Japanern selbst) auf die höhere Wertschätzung zurück, die Bildung allgemein und die Mathematik im besonderen in der japanischen Gesellschaft genießen, und auf den in deren Gefolge höheren Energie- und Zeit-Einsatz, den japanische Schüler für die Schule allgemein und die Mathematik im besonderen aufbringen. Wo mehr Wissen und Können vorhanden ist, ist trivialerweise mehr Problem-Orientierung und Schüler-Beteiligung sowie besseres Lösen von TIMSS-Aufgaben möglich. Über geeignete Grundvorstellungen und -verständnisse oder sinnvollen Umgang mit Mathematik in der Breite sagt dies wenig aus.

In Deutschland haben wir da ein Südost-Nordwest-Gefälle: In Bayern und den neuen Bundesländern bestehen höhere Leistungs-Anforderungen mit regelmäßigen Haus-Aufgaben und deren Kontrollen, Wiederholungen, Kopf-Mathematik usw., die z.T. deutlich bessere TIMSS-Ergebnisse mit sich bringen. Ich wiederhole: Über geeignete Grundvorstellungen und -verständnisse oder sinnvollen Umgang mit Mathematik sagt dies wenig aus. In Hessen, Nordrhein-Westfalen und den Bundes-Ländern nördlich und westlich davon wollte man an die Stelle einer so gesehenen bloß (und schlecht) funktionierenden Schule eine emanzipatorische (und allerdings zugleich sehr vereinnahmende) setzen und sie auf diesem Weg sinnvoller machen. Vorläufiger Höhepunkt dieser Bewegung ist die Denkschrift "Zukunft der Bildung — Bildung der Zukunft" (Bildungskommission NW 1995). Ihr Auftrag-Geber, das Schul-Ministerium in Nordrhein-Westfalen, war von dieser dermaßen angetan, daß es sie voreilig zur Grundlage seiner zukünftigen Bildungs-Politik erklärte, ohne die ignorierende bis ablehnende Reaktion vieler Angehöriger des Bildungs-Systems, die in letzter Zeit erfolgte kritische Auseinandersetzung mit dem Prinzip 'Gesamt-Schule' oder die TIMS-Studie abzuwarten.

Aus der Sicht des Fach-Didaktikers krankt diese Pädagogik an einem Zurückdrängen des Umfangs und der Bedeutung der Fach-Inhalte, so daß von daher z.B. der Mathematik-Unterricht bestimmt nicht sinnvoller wird. Als Schüler hatte ich mir zwar gewünscht, daß in Gemeinschafts-Kunde neben der Verfassung und dem Staats-Wesen der USA von 1774 auch aktuelle politische Fragen wie die Kuba-Krise u.ä. besprochen würden. — Wir sind seitdem auf der Welt bestimmt nicht ärmer an sog. "Schlüsselproblemen" wie "soziale Ungleichheit ..., Mehrheiten und Minderheiten, das Verhältnis der Geschlechter zueinander, 'entwickelte Länder' und 'Entwicklungsländer', Deutsche und Ausländer in Deutschland, ... Recht und Grenzen des Nationalitätsgedankens ..., die Konkurrenz der Kirchen und Glaubensgemeinschaften ..." (Bildungskommission NW 1995, 113) geworden, und diese sind in der allgemeinbildenden Schule wohl anzusprechen. Aber der Pädagoge Giesecke (1997) hat in seiner Auseinandersetzung mit Klafki, einem der Autoren der genannten Denkschrift, von mir wegen seiner "Didaktischen Analyse als Kern der Unterrichtsvorbereitung" (Klafki 1958) von vor nunmehr 40 Jahren hochgeschätzter Allgemein-Didaktiker, mit Recht festgestellt, daß sowohl die *Erhebung* eines Problems zu einem "Schlüsselproblem", als auch dessen *Einschätzung* eine Sache der politischen Meinung und, auch wenn sie in der Schule diskutiert würden, nicht Lehr-Stoff seien. Giesecke (1996) fordert, daß die Schule gefälligst wieder ihrem eigentlichen Auftrag nachkommen und vor allem unterrichten solle.

Als Mathematik-Didaktiker kann ich das nur unterstreichen. Allerdings müßte zu einem Niveau an Wissen und Können, wie es in Japan oder Bayern vorhanden zu sein scheint, doch noch eine Anreicherung mit Sinn treten. Dies meine ich in einem recht engen Sinn und denke dabei an das Konzept der fundamentalen Ideen quer zu den Inhalten, an Grund-Vorstellungen und -Verständnisse und an Anwendungen mit sichtbarem mathematischen Kern. Dieser Anreicherung stehen derzeit zwei große Hindernisse entgegen: Zum einen sind die Mathematik-Lehrer dafür unzureichend ausgebildet, da sie sich im Studium, auch in nicht-gymnasialen Studiengängen, überwiegend mit der Universitäts-Mathematik bzw. einer Verdünnung davon beschäftigen. Zum zweiten müßte ein fach-didaktischer Ruck durch unsere Schulen gehen, für den das erforderliche Potential in Gesellschaft und Schule nach meinem Dafürhalten durchaus vorhanden wäre, von dem sich aber weit und breit nichts andeutet.

Die stattdessen herrschende Pädagogik setzt auf ein idealistisches Bild von dem, was junge Menschen, die noch nichts anderes als unsere Unterhaltungs-Gesellschaft (bzw. in den neuen Bundesländern deren Durchsetzung) erlebt haben, von sich aus interessiert und was sie ohne Verbindlichkeit oder unmittelbaren Nutzen zu leisten bereit sind. Von einem Interesse- und Leistungs-Potential bei unserer Jugend bin ich ebenfalls fest überzeugt, aber um es in erfolgreichen Unterricht umzusetzen, bedarf es m.E. eines Stils, wie ihn der pädagogische Psychologe Weinert (1996) aufgrund seiner umfangreichen Feld-Studien als günstig beschreibt: "Während viele 'neue Lerntheorien' die Bedeutung der intrinsischen Motivation und die aktive, konstruktive und selbständige Rolle des Lernenden betonen und dem Lehrenden nur noch eine anregende, beratende und moderierende Funktion zuschreiben, zeigen praktisch alle verfügbaren Unterrichtsstudien die Wichtigkeit einer lehrergesteuerten, aufgabenorientierten und effektiven Instruktion".

Eine dieser Studien ist übrigens der breit angelegte Langzeit-Vergleich zwischen englischem und deutschem Mathematik-Unterricht auf der Sekundarstufe, der auf deutscher Seite von Blum und Kaiser in Kassel betreut wurde (s. Kaiser 1996). Dabei hat sich die stärkere Lehrer-Zentrierung in Deutschland als erfolgreicher erwiesen, und die englischen Kollegen wollen (gemäß einer mündlichen Mitteilung von Werner Blum) die Konsequenz daraus ziehen, in dieser Beziehung den englischen Unterrichts-Stil ein wenig dem deutschen anzugleichen (soweit so etwas möglich ist). Dagegen sind die umgekehrten "Konsequenzen", die meine Freundin Gabriele Kaiser (S. 34f) merkwürdigerweise "für den deutschen Mathematikunterricht" vorschlägt, nicht nachvollziehbar, da sie dem Bericht, den sie selbst (bis S. 34) liefert, geradezu diametral zuwiderlaufen.

Natürlich kann man bei Weinerts Aussage sofort hinterfragen, was da unter 'Erfolg' verstanden wird; wenn er z.B. gerade den Verzicht auf Steuerung bedeuten soll, läuft Weinerts Aussage leer. — Mir erscheint sie aber hoch-plausibel.

Könnte der Computer hier eine grundlegende Änderung herbeiführen? — Die Erfahrungs-Berichte sprechen eher dagegen. Je stärker die Arbeit mit dem Computer in den 'normalen' Unterricht integriert wird, umso stärker färbt dieser mit allen seinen Erscheinungen auf jene ab. Auf jeden Fall wird das Unterrichten komplexer. Ebenso wird die Didaktik komplexer. Dies gilt besonders für die Mathematik-Didaktik (die ja zunächst vornehmlich zuständig war). Es kommen neue Bezugs-Disziplinen hinzu wie Informatik oder Medien-Wissenschaft, und die Verbindungs-Kanäle zu alten Bezugs-Disziplinen wie Psychologie, Soziologie, Pädagogik werden vermehrt und vertieft. Entsprechend vervielfachen sich die Möglichkeiten, Einseitigkeiten der eingangs angeführten Arten zu unterliegen, und *neue* tun sich auf.

3. Das Erfordernis eines computer-einbeziehenden Gesamt-Curriculums

Allerdings hat es da in der Mathematik-Didaktik schon deutliche Fortschritte gegeben. Z.B. tritt, zumindest in unserer deutsch-sprachigen Kommunität, eigentlich niemand mehr ernsthaft auf, der uns zeigt, welche schönen Aktivitäten man alle mit dem Computer durchführen kann, und auf dieser Basis eine Ersetzung des klassischen Schul-Stoffs durch diese Aktivitäten fordert. — Selbstverständlich geht es nicht nur um methodisch-didaktische Verbesserung geläufiger Inhalte, sondern sehr wohl um Neues, aber eben doch verankert im herkömmlichen Auftrag der allgemeinbildenden Schule und der herkömmlichen Mathematik-Didaktik, natürlich in deren ganzer Breite (s. z.B. Weigand 1995). Dieser Fortschritt ist wesentlich dem Arbeitskreis 'Mathematikunterricht und Informatik' in der GDM und seinem Vorsitzenden Horst Hischer (s. die Tagungs-Bände: Hischer 1992ff) mit zu verdanken.

Sehr früh und immer wieder hat Schumann (z.B. 1991, insbesondere 251ff, u.v.a.) auf diese Verankerung gepocht, konkrete methodisch-didaktische Fragen aufgeworfen und mit dem Computer zu beantworten versucht. Leider wurden seine Überlegungen kaum fortgeführt; vielmehr dominieren nach wie vor Darstellungen der inhaltlichen und technischen Möglichkeiten der jeweiligen Software, wie gesagt, durchaus mit erkennbarem Bezug zum realen Mathematik-Unterricht und oft mit realen Schülern ausprobiert. — Einen Schritt in die richtige Richtung hat kürzlich Hole mit seinem breiter angelegten Buch für die Sekundarstufe I (Hole 1998) getan.

Was aber nach wie vor fehlt, ist, daß einmal jemand ein komplettes *Curriculum* aufstellt, sagen wir: zunächst für den *Geometrie-Unterricht* vom 1. bis zum 10. Schuljahr, ein überschaubares Gebiet, das man zwar mit vielen Bezügen zum restlichen Mathematik-Unterricht und zu anderen Fächern, aber letztlich doch autark behandeln kann. Ich denke da an eine Integration von computer-haltigen und computerlosen Aktivitäten. Allerdings meine ich nicht lediglich eine Aufzählung, was in welcher fachlichen Reihenfolge mit bzw. ohne Computer zu behandeln ist, sondern etwas, was man sich entfernt wie das Schreiben eines Schulbuchs vorstellen muß, jedoch viel schwieriger und aufwendiger: Bis heute haben ja Schulbuch-Autoren einen jahrzehnte-lang entwickelten Kanon von Inhalten, didaktische Analysen von Zielen, Ideen, Anwendungen usw., *eigene* Erfahrungen, Erfahrungs-*Berichte* und empirische Untersuchungen aller Art, ein ausgefeiltes Methoden-Instrumentarium, recht genaue Vorgaben durch Richtlinien, Lehrpläne und Erlasse sowie die gängigen Konkurrenz-Werke zur Verfügung. Auch wenn sie hie und da neue Ideen einbringen möchten, so ist ihnen doch, ob sie wollen oder nicht, eine bewährte Struktur vorgegeben, in die sie diese Ideen einzubetten haben. Das war zur Zeit der Neuen Mathematik so und ist auch z.B. im Dortmunder Projekt "mathe 2000" so.

Die Computer-Didaktiker haben es da nicht so einfach (ich bitte hier und im folgenden um Verständnis für meinen Sprach-Gebrauch '*die* Computer-Didaktiker', da ich über keine bessere Wendung verfüge, die, wie in einer politischen Partei, eine grundsätzliche Übereinkunft in der Kollegen-Szene und zugleich deren Komplexität angemessen wiedergäbe): Ihnen geht es nicht nur um methodische Anreicherungen des herkömmlichen Mathematik-Unterrichts (wobei für mich z.B. die graphischen Möglichkeiten, die der Computer insbesondere in der Funktionen-Lehre an herkömmlichem Stoff eröffnet, nicht bloß methodische Feinheiten, sondern ein starkes begrifflich-didaktisches Potential darstellen), sondern verstärkt auch um neue Inhalte, neue Ziele, neue Methoden. (Dieser Anspruch erscheint mir plausibel, da sonst der ganze Aufwand in Didaktik und Unterricht nicht zu rechtfertigen wäre.)

Nach meinen Vorstellungen müßte in diesem Curriculum nicht jeder Lern-Schritt im einzelnen ausgetüftelt werden; stattdessen müßten viel intensiver Alternativen diskutiert werden. Man bräuchte mehr explizite Begründungen (wegen des Neuigkeits-Charakters); die medialen Bedingungen müßten ständig mit bedacht werden; dabei müßte dauernd kontrolliert werden, was der Computer wirklich zur Begriffs-Bildung, zu den Lern-Prozessen, zum genuinen Geometrie-Treiben beiträgt (z.B. hat er unübersehbar und unbestritten Schwächen beim *flexiblen* Umgang mit Drei-Dimensionalität, mit Einbettungen in die Realität, mit dem Beweisen), wie er diese zentralen Unterrichts-Kategorien verändert und welche zusätzlichen Schwierigkeiten er mit sich bringt (Zeit-Aufwand, schwerfällige Objekt-Hierarchien bei den geometrischen Konstruktionen, Bully-Effekt, d.h. Verlust von Kontemplativität, usw.).

Da wäre harte, langwierige Kärrner-Arbeit in einem größeren Team erforderlich. In weiten Teilen würde Neuland betreten. — Wer würde ein solches Projekt finanzieren, das zunächst nur für die didaktische Diskussion und noch lange nicht für die Realisierung in der Schule bestimmt sein könnte? Hätten die Kollegen, die die Computer-Didaktik hauptsächlich tragen, überhaupt die Kapazität für ein solches Projekt? Solange sie noch keine Dauer-Stelle haben, müssen sie rasch viel publizieren, und danach sind sie in den Wissenschafts-Betrieb eingebunden und müssen sich als Experten dauernd zu aktuellen Fragen äußern (eine Eigenart der Computerei ist ja der rasche Innovations- und Veraltungs-Wechsel, auf den die Informatik zwar stolz ist, der insofern aber ihren Bildungs-Gehalt gerade in Frage stellt). Außerdem scheint für den einen oder anderen jüngeren Kollegen die Mathematik-Didaktik sowieso erst mit dem Computer zu beginnen (was ihm zwar Selbstbewußtsein verschafft, aber ihm die Arbeit unnötig erschwert), und die Hochschätzung der modernen Paradigmen, von denen ich einige zu Beginn mit gewissen ihrer Fehl-Entwicklungen dargestellt habe, korrespondiert mit einer Geringschätzung der stoff-bezogenen Didaktik.

In der Tat stimmt Schupps griffige Formel, nämlich "der Computer zwingt uns zum Nachdenken über Dinge, über die wir auch ohne Computer längst hätten nachdenken müssen" (Schupp 1994, 70), nur tendenziell. Schon immer haben einzelne Kollegen sehr deutlich den Finger auf mathematik-didaktische Wunden gelegt, z.B. Andelfinger (1990) am real existierenden Analysis-Unterricht, Bender (1982) am Konzept der Abbildungs-Geometrie u.a. Schupps Formel müßte dahingehend modifiziert werden, daß der Computer eigentlich auch den *Mainstream* der Mathematik-Didaktik dazu bringen müßte, in seinen Arbeiten den notorischen Miß-Erfolg des Mathematik-Unterrichts in den Sekundarstufen zur Kenntnis zu nehmen und gezielt zu beseitigen zu versuchen.

4. Einige didaktische Aspekte von DGS

Jedenfalls gibt es ein solches Geometrie-Curriculum trotz nunmehr zehnjähriger Existenz von DGS und zahlreichen didaktischen Analysen dazu bis heute noch nicht, zumindest nicht in der Öffentlichkeit, so daß es diskutiert werden könnte. Es

wäre aber dringend erforderlich. Wir verfügen inzwischen über einen Fundus an
geometrischen Aufgaben, die auf die Nutzung von DGS zugeschnitten sind bzw.
bei deren Lösung die Verwendung von DGS als nützlich unterstellt wird, an denen
sich, je nach dem, Problemlöse-Fähigkeit, Kreativität, selbständiges Arbeiten,
Team-Fähigkeit zeigen oder ausbilden sollen und über deren Bearbeitung durch
Schüler oder Studenten mehr oder weniger detaillierte und nachvollziehbare Analysen existieren (Hölzl 1994 mit durchaus (selbst-) kritischen Elementen, s.a. in Hischer 1997, 1998 u.a.). Um aber einen flächen-deckenden Einsatz von DGS in der
Schule wirklich in Angriff zu nehmen, liegen allerdings viel zu wenige, und vor allem: viel zu wenige positive und überzeugende Erfahrungen zu DGS-Unterricht unter einigermaßen 'normalen' Bedingungen vor.

Auch das Wesen und die Bedeutung der von mir aufgezählten (und weiterer) in-
halts-übergreifenden Fähigkeiten, Ziele u.ä. müßten diskutiert werden (hierauf trifft
Schupps Spruch m.E. erst richtig zu). Z.B. vermeide ich gern die Rede von Kreativität, weil dieser Begriff in der Mathematik-Didaktik inflationär gebraucht wird und
ich in meiner Schul-Zeit, im Studium und im Berufs-Leben in Mathematik sehr selten wirkliche Kreativität, durchaus relativ zu den jeweiligen persönlichen Voraussetzungen gesehen, erlebt habe, und spreche lieber von Einfalls- oder Ideen-Reich-
tum. Auch mein Freund Thomas Weth, der über "Begriffsbildung als kreatives Tun
im Mathematikunterricht" habilitiert hat, teilt eigentlich meinen engen Kreativitäts-
Begriff, und er benötigt — erklärtermaßen — eine weitgehende definitorische Auf-
weichung (Weth 1997, 82), um ihm didaktische Relevanz zu verleihen und ihn auf
vom Lehrer angeregte und vor-strukturierte Schüler-Aktivitäten mit dem Computer
münzen zu können (Weth 1998).

Als Liebhaber der Geometrie bin ich von vielen der technischen Möglichkeiten von
DGS (Zug-Modus, Makro-Technik, Orts-Linien, Messungen, Lay-Out) und von
manchen auch für mich neuen Aufgaben-Stellungen angetan. In ihrer Essenz werden die Lösungen zwar nur selten direkt mittels DGS-Aktivitäten geliefert; aber der
Computer hat die Elementargeometrie-Szene in Sachen 'klassisches Konstruieren
und Beweisen' zumindest dadurch belebt, daß er die Kollegen angeregt hat. Ob er
diesen Effekt bei diesen Themen ohne deutliche Lehrer-Lenkung auch bei Schülern
hat, muß jedoch bezweifelt werden. Unabhängig von solchen Einwänden möchte
ich mich aber einer meiner Studentinnen mit folgendem Argument anschließen: Mit
DGS treten neuartige Phänomene in der Zeichen-Ebene auf, und der Umgang damit
bietet den Schülern eine Erweiterung ihres *Erfahrungs*-Horizonts. Diese Erfahrungen sollte man ihnen ermöglichen.

Allerdings sind sie mit einer *selbständigen* wirklichen Durchdringung nach wie vor
überfordert. — Nehmen wir einmal folgende schöne Aufgabe meines Freunds Rolf
Neveling (1997):

Man bewegt sich auf einer Straße (Gerade) und sieht eine Häuser-Zeile (Strecke
AB *innerhalb* einer Halb-Ebene bezüglich der Straße). An welchem Punkt X erscheint die Häuser-Zeile unter maximalem Winkel? Mit DGS hat man diese Aufgabe
sofort erledigt, indem man seinen Blick-Winkel einzeichnet und ihn während der
Wanderung auf der Straße quasi stetig ändert und ständig mißt. — Natürlich ist
nicht diese triviale 'Lösung' mit der Aufgabe gemeint. Dafür bräuchte man keinen
Geometrie-Unterricht. Allerdings sind in der Anfangs-Zeit der Didaktisierung des
Computers durchaus Naivlinge aufgetreten, die u.a. den Geometrie-Unterricht ab-
schaffen wollten, und zwar genau weil solche Aufgaben durch Probieren mit hin-
reichender Genauigkeit 'gelöst' werden können. — Ersichtlich geht es aber um eine

Konstruktion des Punkts im *klassischen* Stil, und zwar nicht um den Punkt, sondern um die Konstruktion, um das Gefüge der passenden Sätze.

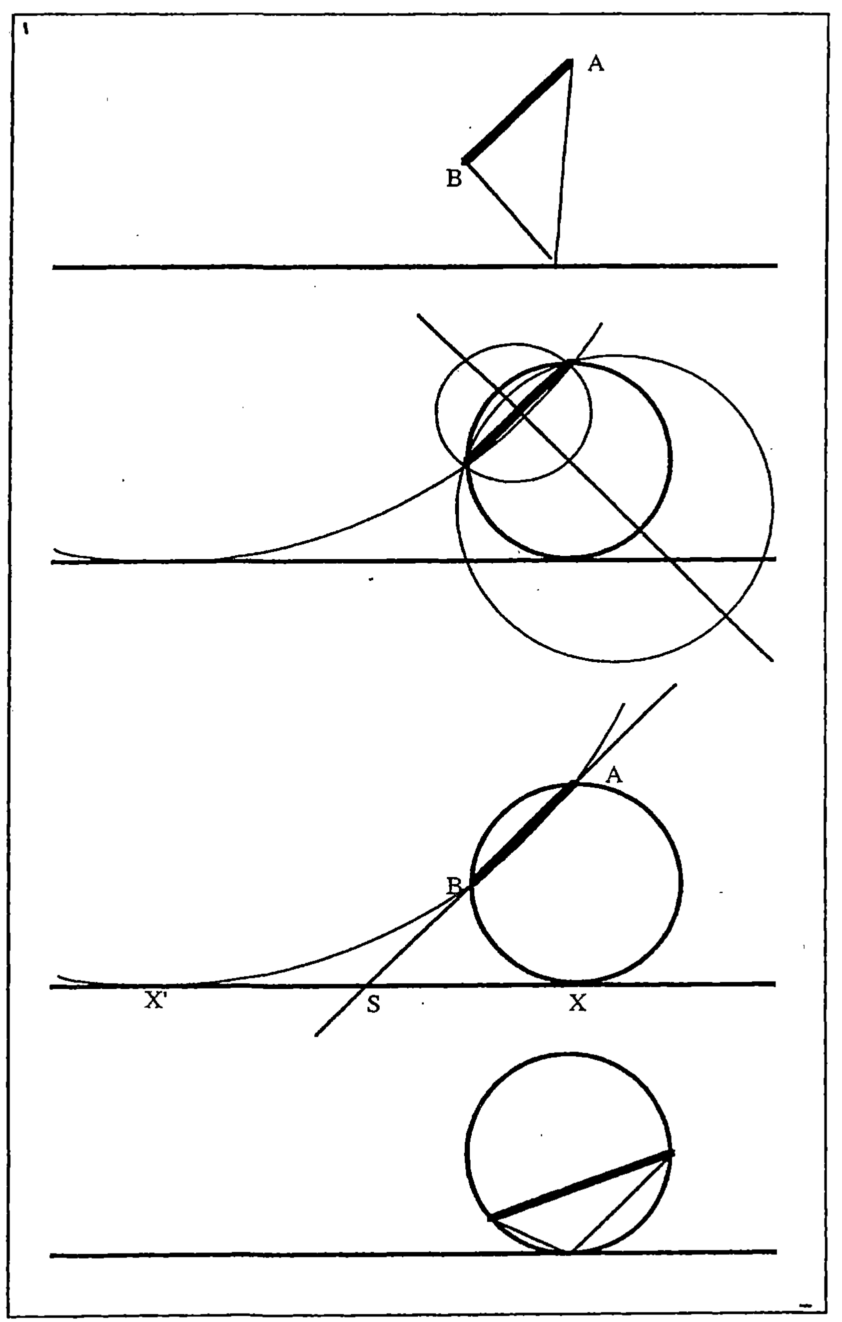

Abb.: Häuser-Zeile, unter größt-möglichem Blick-Winkel von der Straße aus gesehen

Wenn eine Strecke unter einem bestimmten Winkel gesehen werden soll, ist gewiß der Begriff des Faß-Kreises involviert. Allerdings bleibt der Winkel gerade nicht konstant, also muß man eine Abfolge von Faßkreis-Bögen betrachten, alle über derselben Strecke (der Häuser-Zeile). Dies läuft auf die Umkehrung des Umfangswinkel-Satzes hinaus: Je kleiner der Bogen, desto größer der Winkel. Man braucht die Mittel-Senkrechte zur Häuser-Zeile als Orts-Linie aller deren Faßkreis-Mittelpunkte. Man läßt die Mittelpunkte auf der Mittel-Senkrechte laufen, bis der kürzeste unter allen denjenigen Faßkreis-Bögen erreicht ist, die mit der Straße Punkte gemeinsam haben. Es ist gerade der (eindeutig bestimmte) Mittelpunkt desjenigen Faß-Kreises, der die Straße *berührt* (egal, ob es sich um den längeren oder kürzeren Bogen handelt, ob der Blick-Winkel also spitz oder stumpf ist).

Solche Überlegungen mit stetigen Veränderungen stehen in einer langen geometriedidaktischen Tradition (zuletzt Bender 1989; s.a. Kautschitsch in diesem Band). Es handelt sich um mathematisch voll-gültige Argumente, die sich ohne große Mühe aus einem Axiomen-System wie dem Hilbertschen ableiten lassen. Früher mußte man sie (abgesehen von sehr aufwendig zu produzierenden und unflexibel einzusetzenden Film-Sequenzen oder sonstigen maschinen-artigen Vorrichtungen) sich *vorstellen* bzw. in *diskreten* Bild-Folgen darstellen. Diese Beschränkungen hatten ihre Vorzüge: Man war zum *Vorstellen* gezwungen, hatte die einzelnen Bilder als AnkerPunkte für die Fokussierung der Aufmerksamkeit und hatte dabei eine gewisse Muße zum Reflektieren. Ich möchte die technisch weit überlegenen Möglichkeiten von DGS nicht missen, gebe aber zu bedenken, daß diese die Vorstellungs-Kraft behindern könnten und mit dem Bully-Effekt Muße und Reflexion stören könnten. Mit diesen Bedenken ist Forschungs-Bedarf signalisiert. Es gibt zwar Ansätze (z.B. Lewalter 1997), aber angesichts der eingangs erörterten Probleme und Mängel bin ich skeptisch, ob dieser Bedarf bei diesen (und vielen anderen computer-einbeziehenden oder -abstinenten) Fragen befriedigt werden wird. Wir werden uns nach wie vor auf Plausibilitäts-Überlegungen stützen müssen, flankiert von Beobachtungen und sonstigen Erfahrungen, durchaus auch in Form von Fall-Studien, z.B. Interaktions-Analysen.

Zurück zur Aufgabe: Der gesuchte Punkt auf der Straße ist noch nicht konstruiert. Bis jetzt hat man nur eine Plan-Figur, die man mit DGS natürlich viel bequemer und genauer skizzieren kann als mit dem Bleistift auf Papier. Wenn einem der Tangenten-Sekanten-Satz bekannt ist und nun einfällt, dann verlängert man die HäuserZeile bis zur Straße, erhält den Schnitt-Punkt S , und kann nun X über die Gleichung l(SA)·l(SB) = l²(SX) mittels Katheten- und Thales-Satz bestimmen.

Man könnte nun noch einen zweiten Punkt X' (der ebenfalls diese Gleichung erfüllt) auf der Geraden auf der anderen Seite von S abtragen, bekäme einen zweiten Faßkreis-Bogen durch A und B , der die Gerade berührt, und dieser Punkt X' wäre eine zweite (lokale) Maximal-Stelle für den Blick-Winkel. — Ist eigentlich immer klar, welcher der beiden Punkte X und X' das absolute Maximum liefern? — Die Erforschung dieser und anderer Zusammenhänge durch den *fortgeschrittenen* Löser kann durchaus mit DGS unterstützt werden, z.B. durch Erfahrungen mit Scharen von Faß-Kreisen über derselben Strecke (wenn sich der Mittelpunkt in eine der beiden Richtungen von der Strecke weg bewegt, wird der Kreis riesen-groß).

Bei Neveling sollte sich DGS aber in einem anderen Stadium der Aufgaben-Lösung nützlich machen, nämlich ganz am Anfang die Abfolge der Faß-Kreise und die Grenz-Lage optisch unterstützen bzw. den Einfall auslösen, diese zu betrachten. — Auch bei vielen anderen Beispielen wird der Einsatz des Computers mit dieser anregenden Funktion gerechtfertigt: Die Schüler sollen *selbständig* geometrische Situationen auf dem Bildschirm entwerfen oder wenigstens variieren und dabei genau beobachten. Wenn sie eine Regelmäßigkeit feststellen, sollen sie einen Satz o.ä. vermuten und diesen dann beweisen. In der Tat bieten DGS die Möglichkeit, ohne großen Aufwand in kurzer Zeit in sauberer Weise viele Varianten der Ausgangs-Situation zu betrachten. Sie haben zudem den Vorzug, etwa gegenüber den Geometric Supposers alten Stils (Schwartz & Yerushalmy 1985), als *stetige* Veränderungen zu erscheinen, eine wichtige Voraussetzung, um durch bloßes Hinsehen überhaupt Gesetzmäßigkeiten zu erkennen.

Sträßer (1991, zitiert nach Hölzl 1994) erhofft sich, daß bei sorgfältigem Vorgehen die Schüler nicht mehr eine einzelne Zeichnung, sondern die abstrakte Figur als Klasse von Zeichnungen in den Blick nehmen und dadurch den alten geometrie-didaktischen Konflikt auflösen, daß die Zeichnung mit all ihren realen Unsauberkeiten und speziellen Eigenschaften für die ideale, allgemeine Figur genommen wird. Ich fürchte, daß dieser epistemologische Fortschritt in aller Regel nicht eintritt, sondern daß nach wie vor, und infolge des eindrucksvollen Computer-Bilds erst recht, lediglich die Zeichnung gesehen wird, die sich eben im Zeit-Ablauf verändert.

Mein Freund Rudolf Sträßer (1997, 53) erwartet sogar "Veränderungen der Geometrie beim Einsatz von DGS" (natürlich erst recht des "Geometrie-Verständnisses"). Allerdings legt er einen sehr engen Begriff von Geometrie zugrunde, nämlich die *klassische* reine Zirkel-und-Lineal-Konstruktions-Geometrie. Diese wird jedoch schon seit über hundert Jahren als ausschließliche Schul-Geometrie von der Didaktik in Frage gestellt (s. Bender 1982) und kommt seit langem in der Schule nur noch mehr oder weniger rudimentär vor. Abweichungen von der 'reinen Lehre', wie z.B. die Aufnahme des Messens u.v.a., haben eine lange Tradition und würden in einer 'DGS-Geometrie' lediglich fortgesetzt. — Ich stimme daher Holland (1997) zu, der darauf beharrt, daß die Geometrie, inklusive des (anzustrebenden) "Verständnisses", natürlich dieselbe bleibt, nämlich die euklidische.

5. Einige Bemerkungen zum Beitrag des Computers zur formalen Bildung

Auch die Hoffnung auf selbständiges Arbeiten muß meiner Meinung nach zurückgeschraubt werden, wie fast alle Erfahrungen bisher mit Schüler-Aktivitäten mit DGS zeigen, wie z.B. Hölzl (1994) einräumt oder Kadunz, der Schöpfer der DGS 'Thales', bei eigenen Unterrichts-Versuchen festgestellt hat. Schon gar nicht setzen sich *'die'* Schüler an den Computer und erschließen sich eigenständig geometrische Mikro-Welten (eine Illusion, die sogar die Logo-Gemeinde schon lange aufgegeben hat). Aber auch wenn der Lehrer die Mikro-Welt in Form einer geometrischen Situation und Aufgaben-Stellung vorgibt, so geht es häufig noch lange nicht mit dem planvollen Experimentieren und entdeckenden Lernen los. Vielmehr sind dann immer noch recht genaue Angaben erforderlich, wie die Schüler beim Verändern vorgehen und was sie dabei überhaupt beobachten sollen (vgl. auch Elschenbroich 1997). Etwas pointiert ausgedrückt: Von der *kompletten* Vorgabe des Ergebnisses durch den Lehrer unterscheiden sich diese Aktivitäten irgendwann nur noch wie das Ausfüllen eines Lücken-Textes von der Kenntnisnahme des vollständigen Textes.

Man muß in diesem Zusammenhang auch vorsichtig mit der Rede von einer Interaktion (mit dem Computer) sein. Mit dem informatischen Begriff von interaktiver Software wird lediglich zum Ausdruck gebracht, daß nach einer Eingabe so schnell eine Veränderung am Bildschirm stattfindet und Bereitschaft für die nächste Eingabe hergestellt wird, daß der Bediener so gut wie keine zeitliche Verzögerung feststellen kann. Mit der Wort-Wahl hat die Informatik eine naheliegende Anleihe bei der Soziologie gemacht; aber es ist m.E. verfehlt, diese nun wieder soziologisch oder gar pädagogisch zu wenden. Das Bedienen einer Maschine ist keine Interaktion mit einem autonomen Gegenüber, auch wenn die Maschine oft ein unerwartetes Verhalten zeigt.

Interaktion wäre z.B. mit einem Mit-Schüler möglich. Allerdings kann auch Partner-Arbeit recht unbefriedigend werden. Mit dieser wird ja zunächst einmal aus der Not, daß man zu wenige Geräte bzw. zu wenig Platz für die inzwischen wieder zunehmend auftretenden Klassen-Stärken von 35 und mehr hätte, die Tugend gemacht, daß man die Schlüssel-Qualifikationen der Team- und der Kommunikations-Fähigkeit und das gemeinsame Lernen fördern möchte. Dabei können durchaus ergiebige Dialoge entstehen. Vom Hofe (1998) hat einen solchen zwischen zwei Schülerinnen dokumentiert: Dabei ging es um eine Differenzenquotienten-Folge, deren Glieder die beiden im Laufe ihres Gespräches mit Hilfe eines CAS bei Bedarf auswerteten. Ohne den Computer, der immer wieder die Möglichkeit bot, den flüchtigen Überlegungen und Worten mit entsprechenden Eingaben Gestalt zu geben und die Diskussion voranzubringen, wäre diese Interaktion so nicht möglich gewesen. Der Computer war darüber hinaus sehr nützlich für die Dokumentation und Interpretation; und vom Hofe hat hier ein schönes Beispiel einer interpretativen Unterrichts-Analyse geliefert, in die die stoff-didaktischen Grundlagen integriert sind. Allerdings: Ob die beiden Schülerinnen der involvierten Begrifflichkeit, auch nach der Hilfe-Stellung durch eine dritte Schülerin, nähergekommen sind, ist eher fraglich.

Wir kennen *auch* die klassische Analyse von Krummheuer (1989), in der es sich bei der Gruppen-Arbeit am Computer immer wieder um Aktionismus handelte (woran bestimmt nicht die verwendete Programmier-Sprache 'Basic' schuld war). Unabhängig vom Computer möchte ich die Vorzüge des Gruppenarbeits-Prinzips ein wenig relativieren. Es wird ja unter anderem mit der im Berufs-Leben erforderlichen Schlüssel-Qualifikation der Team-Fähigkeit gerechtfertigt. Tatsächlich bedeutet diese im Erwerbs-Leben außerhalb des Bildungs-Systems etwas anderes, als sich viele Angehörige dieses Systems vorstellen. Dort bestehen, zum Zwecke der genau abgrenzbaren Verantwortlichkeiten, durchweg ausgesprochen hierarchische Strukturen (im real existierenden Sozialismus war das übrigens nicht anders); und Team-Fähigkeit heißt, sich in ein Team *unter dem Team-Leiter* einzufügen.

Man weiß in unserer Kommunität zu wenig über die sozialen und kognitiven Prozesse, die in solchen Zusammenarbeiten ablaufen. Wir haben da meistens die Idylle vor Augen wie in der vom Hofeschen Sequenz. Aber Zusammenarbeit bringt auch immer wieder eine Störung der Konzentration und des Nachdenkens mit sich, besonders wenn Wissen und Können ungleichmäßig verteilt oder in zu geringem Maß vorhanden sind. Da kann es dem Besseren leicht lästig werden, wenn er laufend dem Schwächeren 'helfen' muß, was diesem vielleicht auch unangenehm wird, und die Hilfe wird dann gern so gegeben, daß die jeweilige Aufgabe gleich komplett erledigt wird, ohne daß der Schwächere die Chance zum Verstehen hat, wie Vollmer (1997) in ihren Untersuchungen festgestellt hat. Es sei dahingestellt, ob diese Art der anti-didaktischen Hilfe vom Unmut, von einem Streben nach Ökonomie oder von der fehlenden didaktischen Ausbildung herrührt. Jedenfalls bleibt die Verantwortung für die Lehr-Prozesse beim Lehrer, dem studierten Fachmann, auch wenn 'die' Schüler vielleicht das Betriebs-System der Computer-Anlage besser kennen als er. — In diesem Zusammenhang erschien mir die Schilderung von Wilding (in diesem Band) aufschlußreich, wonach seine Schüler — nachdem sie die ganze Zeit im Mathematik-Unterricht in Teams am Computer gearbeitet hatten und auch noch ihr Examen in Teams ablegen sollten — darum baten, wenigstens teilweise einzeln geprüft zu werden.

Für eine gedeihliche Arbeit mit dem Computer benötigt m.E. jeder Schüler, sagen wir: ab Klasse 7, einen eigenen Bildschirm, mit der trivialen Option der Zusammenarbeit mit anderen. Das Teure dabei sind nicht die Prozessoren, sondern die Bildschirme, bei denen man leider keinen größeren Preis-Verfall beobachten kann, die Installation und die langfristige Wartung, die Anschaffung der Geräte für jeden Schüler zu Hause, vor allem aber die erforderlichen baulichen Maßnahmen, um einigermaßen die ergonomischen Standards der Industrie, übertragen auf die Schul-Situation, zu erfüllen. Da kommt man auf Größen-Ordnungen von 100 Milliarden (DM in Deutschland, ÖS in Österreich).

Ich verkenne nicht, daß beim Einsatz des Computers i.a. mehr Schüler in irgendeiner Weise aktiv sind als in den verbreiteten Unterrichts-Formen ohne Computer. Auch die Zusammenarbeit mit anderen Schülern dürfte dem Aktivsein förderlich sein. Und (ganz ohne Ironie) diese Schüler-Aktivitäten haben für sich genommen durchaus einen pädagogischen und sozialen Wert. Aber mit Heinz Griesel muß angesichts von besonderen Inhalten und Unterrichts-Formen, wie sie ja in der Computer-Didaktik laufend vorgestellt werden, immer wieder gefragt werden: Was lernen die Schüler dabei? — Man sollte in Sachen 'Motivation' und 'Selbständigkeit' eher bescheidene Erwartungen an die Schüler richten. Deren Situation unterscheidet sich grundsätzlich von der eines erfolgreichen Berufs-Wissenschaftlers. Jener hat ein existentielles Problem-Bewußtsein sowie Erkenntnis- und Verwertungs-Interesse, verfügt über umfangreiche Erfahrung und Literatur-Kenntnis und ist auf dem Stand der Diskussion (abgesehen von singulären genialischen Ausnahmen in den Anfangs-Zeiten der jeweiligen Wissenschaften). Die Schüler dagegen *sollen* Ergebnisse produzieren, die zudem längst bekannt sind, insbesondere dem Lehrer, jedenfalls im Prinzip. Sie haben daher eine ganz andere Bewußtseins-Lage und außerdem viel weniger Zeit und Erfahrung, als die Menschheit bis zur Findung der jeweiligen Erkenntnis hatte. Daher kommt der Lehrer nicht umhin, seinen Unterricht sehr genau vorzubereiten, zumal wenn er konstruktivistischem Gedanken-Gut anhängt und einen *direkten* Einfluß auf die Lern-Prozesse der Schüler verneint.

Wenn dann die Schüler in einem derart abgesteckten Rahmen selbständig arbeiten, Entdeckungen machen und Einfalls-Reichtum an den Tag legen sollen, so benötigen sie breites Wissen, Können und Erfahrungen, ehe sie die schönen anspruchsvollen Probleme oder gar Projekte erfolgreich angehen können. — Das Fach Informatik in unserem Fachbereich in Paderborn hat aufgrund einer Lehr-Evaluation zwar sein Haupt-Studium noch stärker auf Projekt-Arbeit ausgerichtet, aber davor ein Grund-Studium gesetzt, in dem kein einziges Projekt vorkommt, sondern breites fachliches Wissen bereitgestellt, tiefes fachliches Können ausgebildet und umfangreiche fachliche Erfahrungen mit den Begriffen der Informatik ermöglicht werden. Vom Allgemeinbildungs-Auftrag der Schule her versteht sich von selbst, daß in ihr der Primat der Grund-Bildung noch viel ausgeprägter zu sein hat.

So wie die deutsche Bundes-Marine heute noch ihre angehenden Offiziere z.T. auf
einem Segel-Schulschiff ausbildet, muß diese Grund-Bildung in Geometrie, Arith-
metik, Funktionen-Lehre, Algebra, Stochastik über weite Strecken zunächst einmal
zu Fuß erfolgen. Über dieses Prinzip besteht wohl Einvernehmen; lediglich der
Umfang des computer-losen Unterrichts ist strittig. Insbesondere in der Geometrie
sind intensive kinästhetische Erfahrungen bei der Herstellung (inklusive Zeichnen)
geometrischer Objekte zu ermöglichen, die der Computer gerade nicht bietet. Zugleich könnte aber auch schon bei der Formierung von Grund-Vorstellungen und
-Verständnissen Computer-Unterstützung hilfreich sein, in der Geometrie z.B., wie
schon wiederholt vorgetragen, beim klassischen Abbildungs-Begriff, wenn man
ihn denn behandeln möchte: Da benötigt man nämlich auf dem Bildschirm keine
(vorgestellten) physikalischen Bewegungen zwischen Urbild und Bild einer Figur,
die ja sonst das schier unüberwindliche Haupt-Hindernis bei der Begriffs-Bildung
erzeugen. Und man kann funktionale Abhängigkeiten visualisieren, daß es eine
wahre Freude ist (dies natürlich auch ganz ohne Abbildungs-Geometrie, und außerdem in vielen anderen Bereichen). Dies sind einige der vorhin angesprochenen Erfahrungen, die den Schülern zusätzlich zu denen in der realen Welt ermöglicht werden sollten.

Gewiß wird sich das Geometrie-Curriculum bei der Verwendung von DGS insgesamt ändern, aber bestimmt nicht aufgrund der Trivialisierungs-Funktion des Computers. Zunächst einmal halte ich es mit Löthes (1992, 21) Feststellung, daß der
Computer ("informatische Methoden") "nichts trivialisiert, was nicht schon vorher
mathematisch trivial war". Zu denken ist da an die schriftlichen Rechen-Verfahren,
algebraische Umformungen, Kurven-Diskussion u.ä. Schon in der computer-losen
Mathematik-Didaktik sind diese Aktivitäten kritisiert worden, wenn und insoweit
sie umfangreiche sinn-leere Beschäftigungen darstellten. Daß jemand anders (etwa
der Computer) diese schneller und sicherer verrichten kann, war und ist eigentlich
ein minderes Argument. Es geht doch um ganz andere Ziele. Gerade kürzlich hat
Bauer (1998) ein Plädoyer für die schriftlichen Rechen-Verfahren gehalten, und
seine Argumente sind cum grano salis auf andere mathematische Gebiete zu übertragen. Hier ist mir wichtig, daß die Schüler — wie die Marine-Offiziersanwärter
auf dem Segel-Schulschiff — ihr Handwerks-Zeug erst einmal kennenlernen, es in
guter didaktischer Manier operativ durcharbeiten, Sicherheit darin erwerben und Erfahrungen damit sammeln, ehe sie es für höhere Aufgaben an den Computer dele-
gieren. Nur auf der Basis dieser sog. trivialen Aktivitäten sind — auch stärkere —
Schüler zu höheren Aktivitäten wie Modellieren, Mathematisieren, Interpretieren
usw. in der Lage. Sie liefern ihnen den intellektuellen Anlauf und eine epistemologische Struktur für diese und sind Voraussetzung für eine verständige Benutzung
des Computers.

An der Geometrie ist diese Trivialisierungs-Debatte vorbeigegangen, weil der händische Umgang mit Zeichen-Gerät i.a. als nützlich anerkannt wird, vom Computer
eben nicht übernommen werden kann und Konstruktionen durch DGS mit Hilfe
von Makro-Befehlen zwar vereinfacht, aber nicht trivialisiert werden. Hier habe ich
eher die Sorge, daß die anwendungs- und realitäts-ferne Zeichenblatt-Geometrie,
deren Übergewicht in der Vergangenheit mit verantwortlich für den Niedergang des
Geometrie-Unterrichts war und der die Geometrie-Didaktik wichtige und interessante andere geometrische Themen zur Seite gestellt hat, daß also diese Zeichenblatt-Geometrie zwar in verbesserter Form, aber nach wie vor anwendungs-
und realitäts-fern, wieder ins Zentrum rückt, weil sie so gut zu DGS paßt. Wenn
dann noch, infolge der aufwendigen und eindrucksvollen Nutzung des Computers
im Dienste einer im Vergleich zum Anspruch des Begründens und Beweisens be-

scheidenen Tätigkeit, nämlich des Entdeckens von Auffälligkeiten, der Unterricht
über eben diese bescheidene Tätigkeit nicht mehr hinauskommt, dann rentiert sich
der ganze Einsatz womöglich nicht.

Literatur

Andelfinger, Bernhard (1990): LehrerInnen- und LernerInnenkonzepte im Analysisunterricht. In: Der Mathematikunterricht 36, Heft 3, 29–44

Bauer, Ludwig (1998): Schriftliches Rechnen nach Normalverfahren — wertloses Auslaufmodell oder überdauernde Relevanz? In: Journal für Mathematik-Didaktik 19, 179–200

Baumert, Jürgen, Rainer Lehmann u.a. (1997): TIMSS — Mathematisch–naturwissenschaftlicher Unterricht im internationalen Vergleich. Opladen: Leske & Budrich

Bender, Peter (1982): Abbildungsgeometrie in der didaktischen Diskussion. In: Zentralblatt für Didaktik der Mathematik 14, 9–24

Bender, Peter (1987): Kritik der Logo-Philosophie. In: Journal für Mathematik-Didaktik 8, 3–103

Bender, Peter (1989): Anschauliches Beweisen im Geometrie-Unterricht — unter besonderer Berücksichtigung von (stetigen) Bewegungen bzw. Verformungen. In: Hermann Kautschitsch & Wolfgang Metzler (Hrsg.): Anschauliches Beweisen. Wien: Hölder-Pichler-Tempsky & Stuttgart: Teubner, 95–145

Bildungskommission Nordrhein–Westfalen (1995): Zukunft der Bildung — Schule der Zukunft. Neuwied: Luchterhand

Bussmann, Hans & Werner Heymann (1985): Revolutioniert die "Schildkröte" das Lernen? — Rekonstruktion und Kritik der Bildungsutopie von S. Papert. In: Zentralblatt für Didaktik der Mathematik 17, 76–83

Elschenbroich, Hans-Jürgen (1997): Tod des Beweisens oder Wiederauferstehung? — Zu Auswirkungen des Computereinsatzes auf die Stellung des Beweisens im Unterricht. In: Hischer 1997, 58–66

Giesecke, Hermann (1996): Wozu ist die Schule da? Göttingen: Manuskript

Giesecke, Hermann (1997): Was ist ein Schlüsselproblem? In: Neue Sammlung 37, 563–583

Haefner, Klaus (1982): Die neue Bildungskrise. Herausforderung der Informationstechnik an Bildung und Ausbildung. Basel: Birkhäuser

Hanisch, Günter (1992): Die Auswirkungen der Computeralgebra auf den Mathematikunterricht. In: Hischer 1992, 14–20

Hischer, Horst (Hrsg.) (1992): Mathematikunterricht im Umbruch. Bericht über die 9. Tagung des Arbeitskreises "Mathematikunterricht und Informatik" 1991. Hildesheim: Franzbecker

Hischer, Horst (Hrsg.) (1994): Mathematikunterricht im Umbruch. Bericht über die 11. Tagung des Arbeitskreises "Mathematikunterricht und Informatik" 1993. Hildesheim: Franzbecker

Hischer, Horst (Hrsg.) (1997): Computer und Geometrie — Neue Chancen für den Geometrieunterricht?. Bericht über die 14. Tagung des Arbeitskreises "Mathematikunterricht und Informatik" 1996. Hildesheim: Franzbecker

Hischer, Horst (Hrsg.) (1998): Geometrie und Computer — Suchen, Entdecken und Anwenden. Bericht über die 15. Tagung des Arbeitskreises "Mathematikunterricht und Informatik" 1997. Hildesheim: Franzbecker

Hölzl, Reinhart (1994): Im Zugmodus der Cabri-Geometrie. Weinheim: Deutscher Studien Verlag

Hofe, Rudolf vom (1998): Probleme mit dem Grenzwert — Genetische Begriffsbildung und geistige Hindernisse. Erscheint in: Journal für Mathematik-Didaktik 25

Hole, Volker (1998): Erfolgreicher Mathematikunterricht mit dem Computer. Donauwörth: Auer

Holland, Gerhard (1997): Führt der Einsatz von DGS zu einem anderen Verständnis von Geometrie? In: Hischer 1997, 40–48

Kaiser, Gabriele (1996): Vergleichende Untersuchungen zum Mathematikunterricht im englischen und deutschen Schulwesen. In: Beiträge zum Mathematikunterricht 1996. Hildesheim: Franzbecker, 28–35

Kautschitsch, Hermann (in diesem Band): Reaktivierung des funktionalen Denkens durch computer-unterstützte experimentelle Mathematik

Klafki, Wolfgang (1958): Didaktische Analyse als Kern der Unterrichtsvorbereitung. In: Die deutsche Schule 50, 450–471

Krummheuer, Götz (1989): Die menschliche Seite am Computer. Studien zum gewohnheitsmäßigen Umgang mit Computern im Unterricht. Weinheim: Deutscher Studien Verlag

Lewalter, Doris (1997): Kognitive Informationsverarbeitung beim Lernen mit computerpräsentierten statischen und dynamischen Illustrationen. In: Unterrichtswissenschaft 25, 207–222

Löthe, Herbert (1992): Was "trivialisieren", was "komplizieren" informatische Methoden in der Schulmathematik? In: Hischer 1992, 21–24

Neveling, Rolf (1997): Bewegte Bilder mit Sketchpad. In: Hischer 1997, 96–99

Papert, Seymour (1980): Mindstorms. Children, Computers, and Powerful Ideas. New York: Basic Books

Perko, Richard (1987a): Zur Didaktik der Mikroökonomie. In: Willibald Dörfler, Roland Fischer, Werner Peschek (Hrsg.): Wirtschaftsmathematik in Beruf und Ausbildung. Wien: Hölder-Pichler-Tempsky & Stuttgart: Teubner, 175–181

Perko, Richard (1987b): Mathematik und politische Bildung. In: Zentralblatt für Didaktik der Mathematik 19, 246–251

Schreiber, Alfred (1998): CBT-Anwendungen professionell entwickeln. Berlin u.a.: Springer

Schumann, Heinz (1991): Schulgeometrisches Konstruieren mit dem Computer. Stuttgart: Metzler & Stuttgart: Teubner

Schupp, Hans (1994): Diskussions-Beitrag. In: Hischer 1994, 70

Schwartz, Judah L. & Michal Yerushalmy (1985): The Geometric Supposer: Triangles. Pleasantville: Sunburst

Sträßer, Rudolf (1991): Zusammenfassung der Diskussion im Workshop. In: Rudolf Sträßer (Hrsg.): Intelligente Tutorielle Systeme für das Lernen von Geometrie. Universität Bielefeld: IDM Occasional Paper 124, 57–65

Sträßer, Rudolf (1997): In welchem Sinn führt der Einsatz von DGS zu einem anderen Verständnis von Geometrie? In: Hischer 1997, 49–54

Vollmer, Natalie (1997): Hinderliche Kooperation in der Unterrichtspraxis und hilfreiche Störungen als theoretischer Anspruch. In: Beiträge zum Mathematikunterricht 1997. Hildesheim: Franzbecker, 514–517

Weigand, Hans-Georg (1995): Steckt der Mathematikunterricht in der Krise? In: mathematica didactica 18, 3–20

Weinert, Franz E. (1996): Thesenpapier zum Vortrag "Ansprüche an das Lernen in der heutigen Zeit". München: Manuskript

Weth, Thomas (1997): Kreatives Lernen im Geometrieunterricht. In: Hischer 1997, 79–87

Weth, Thomas (1998): Was bringt der Computer "wirklich" Neues für den Geometrieunterricht? In: Hischer 1998, 13–21

Wilding, Hans (in diesem Band): Interaktive Lernumgebungen im Unterricht, Erfahrungen über einen Unterrichtsversuch und seine Entwicklung

Wittmann, Erich C. (1995): Mathematics education as a 'design science'. In: Educational Studies in Mathematics 29, 355–374

Regina BRUDER, Darmstadt (D)

Modellierung eines mathematischen Curriculums

Entwicklungen und Entwicklungsmöglichkeiten für den Mathematikunterricht insbesondere durch Einbeziehung neuer Technologien legen die Frage nahe, wie eine sinnvolle Einbettung solcher Ideen und Inhalte oder Akzentsetzungen in Bestehendes erfolgen könnte bzw. ob vielleicht "Paradigmenwechsel" bzgl. der Ziele, Inhalte und Gestaltung des Unterrichts erforderlich werden. Dieser Fragestellung nachzugehen verlangt eine ganzheitliche Sicht auf Lehren und Lernen von Mathematik, was meines Erachtens auch höchstes Anliegen wissenschaftlicher didaktischer Reflexion sein sollte und womit nicht zuletzt die Lehrerinnen und Lehrer tagtäglich konfrontiert werden. Es ist notwendig, immer wieder neue Fragen zu stellen oder die noch ungelösten zu wiederholen. Es ist aber genauso notwendig, diese Fragen auch tatsächlich zu bearbeiten und schrittweise beantworten zu wollen. Wenn die Fachdidaktik mehr oder überhaupt gehört werden will bei vielen anstehenden Entscheidungen zu Veränderungen in der Bildungslandschaft, muß sie sich auf das besinnen, was sie an relativ gesichertem Erfahrungs- und Erkenntnisbestand eventuell doch zu bieten hat.

Den derzeitigen Entwicklungsstand von Antworten auf die Frage nach begründeten Veränderungen in den Zielen, Inhalten und Methoden des Mathematikunterrichts möchte ich als *empirisch* bezeichnen. Merkmal einer empirischen Ebene der Erkenntnisgewinnung ist gegenstandsspezifisches Erfahrungswissen, vgl. /1/ S.25. Es gibt inzwischen neben schönen Visionen durchaus einiges Erfahrungswissen mit deutlichen Hinweisen auf Zielakzentuierungen und empfehlenswerte Akzentverschiebungen. Mit den vorliegenden Fallstudien zu unterschiedlichen Rechnereinsatzmöglichkeiten haben sich Vorstellungen und Einsichten darüber herausgebildet, was man mit Hilfe dieser Geräte und verschiedener Arbeitsmethoden im Mathematikunterricht alles machen *kann* (aber allein deshalb nicht tun muß). Auch Grenzen und Schwierigkeiten lassen sich inzwischen genauer bestimmen, vgl. u.a. /2/, S. 108 ff.

Eine neue Qualitätsstufe in der wissenschaftlichen Reflexion des Problemkreises der neuen Technologien im Mathematikunterricht ist erreichbar über Effekt- und Defektbeschreibungen, das Bilden von Begriffen und Hypothesen, Aufdecken von Zusammenhängen und schließlich Entwickeln von Konzepten (theoretische Erkenntnisebene mit deskriptiven und konstruktiven Anteilen). Effekte und Defekte des derzeitigen Mathematikunterrichts könnten den Ausgangspunkt didaktischer Innovation und Theoriebildung zum Einsatz neuer Medien und Technologien bilden, da es inzwischen gewisse Vorstellungen darüber gibt, was letztere für das Lernen und Lehren von Mathematik leisten können - auch wenn diese Vorstellungen noch wenig systematisiert und sicherlich ergänzungs- und differenzierungsbedürftig erscheinen.

Als Orientierungsrahmen für Versuche einer Beantwortung der eingangs gestellten Frage eignen sich die konstituierenden Momente des Mathematikunterrichts, vgl. Abb.1. Im folgenden sollen ausgewählte Aspekte der drei

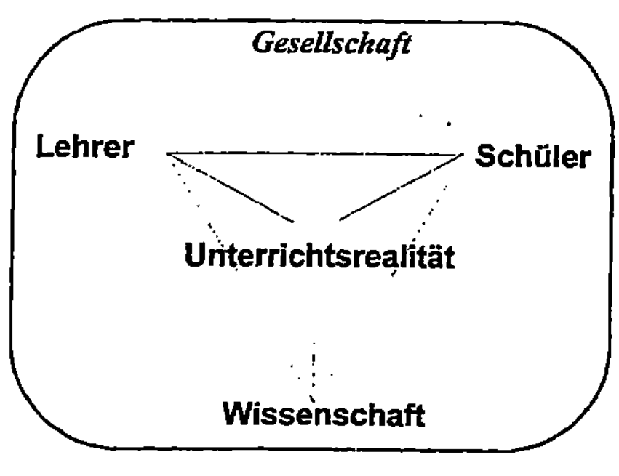

Abb.1 "Didaktisches Dreieck"

Eckpunkte hinsichtlich erkennbarer Effekte und Defekte bzw. Möglichkeiten und Grenzen ihrer Veränderung durch neue Technologien ansatzweise diskutiert werden.

Als gesellschaftlicher Hintergrund und übergeordnete Zielformel für Bildung und Erziehung kann der Anspruch auf *Mündigkeit und Emanzipation* gelten - ein Anspruch, der seit dem Zeitalter der Aufklärung zentral ist für das Selbstverständnis der bürgerlichen Gesellschaft - so wenig er auch insgesamt realisiert werden konnte. /3/, S.76

In den Rahmenplänen wird dieser übergreifende Anspruch weiter untersetzt in Form von Zielbereichen, vgl. dazu die Allgemeinbildungskriterien von Heymann /4/. Auch für den Mathematikunterricht in den einzelnen Bundesländern gelten dann im aktuellen gesellschaftlichen Kontext etwa folgende allgemeinen Zielbereiche in jeweils ähnlichen Formulierungen:

- Entwicklung von Lernbereitschaft und Sozialverhalten
- Erlernen bestimmter mathematischer Begriffe, Sätze und Verfahren und der entsprechenden mathematischen Denkweisen; Gewinnen mathematischer Einsichten
- Anwendenkönnen
- Aneignung von Methoden und Techniken des Lernens und Befähigung zum Problemlösen (mit mathematischen Mitteln)
- Befähigung zur Selbsteinschätzung.

Das Arbeiten mit neuen Technologien bietet nach den bisherigen Erfahrungsberichten offensichtlich vielfältige Möglichkeiten, die meisten Zielbereiche zu unterstützen. Neue allgemeine Ziele über die genannten Zielbereiche hinaus zeichnen sich jedoch bisher nicht ab. Außerdem hängt es sehr von der Art und Weise der Computernutzung ab, ob die damit verbundenen Potenzen, die keineswegs automatisch wirken, tatsächlich genutzt werden oder ob u.U. sogar negative Auswirkungen zu beobachten sind. Ein Beispiel für eine notwendige differenzierte Sicht auf "Computerpotenzen" ist das Erlernen von Methoden und Techniken des Lernens und Bewußtwerden von mathematischen Grundvorstellungen (vgl. zum Grundvorstellungskonzept /5/). Beides ist ohne gemeinsame Reflexion der Lehrer/innen mit den Schüler/innen über die Lernanforderungen selbst und Wege zu ihrer Bewältigung überhaupt nicht vorstellbar. Diesen subtilen und anspruchsvollen Part im Lernprozeß wird ein Computer allein nicht übernehmen können !

Wenn es um die Frage geht, welche mathematischen Denkweisen vermittelt und angewendet werden sollen, bieten sich die "fundamentalen Ideen" der Mathematik als Hintergrundargument an, vgl. die Definition von Schwill /6/ und zu möglichen begrifflichen Beschreibungen solcher zentralen Ideen u.a. von Schreiber /7/. Ich gehe davon aus, daß die fundamentalen Ideen der Mathematik - insbesondere die konsensfähigen wie *Algorithmus, Funktion, Modellierung*- nach wie vor zentrale Ideen für den Mathematikunterricht darstellen etwa in der Form, wie sie als Verbindung von Mathematik und außermathematischer Kultur bei Heymann formuliert werden, /4/. Interessant ist, daß durch den Computer die fundamentalen Ideen vielleicht anders gegeneinander gewichtet werden oder weitere Ausprägungen erhalten - aber ganz neue Ideen entstehen dabei nicht! Bezüglich des Arbeitens mit Algorithmen ergeben sich ergänzende und vertiefende Fragen z.B. zur Berechenbarkeit und Genauigkeitsprobleme. Das ändert aber an dem Fakt einer Leitlinie "Algorithmisches Arbeiten" im Mathematikunterricht nichts und fügt den bisherigen Linien keine neue hinzu. Eine ganz andere Frage ist die nach der Unterrichtsgestaltung und Realisierung der fundamentalen Ideen. Computernutzung im Unterricht bietet jetzt weitere Chancen (es hat sie auch vorher schon gegeben) auf Annäherung an die tatsächlichen Denk- und Arbeitsweisen der Mathematik. Formales "Päckchenrechnen" gehört mit Sicherheit nicht dazu! Aber auch mit Sicherheit wird Mathematik-unterricht dann anspruchsvoller und dem allgemeinen Bildungsideal (s.o.) viel besser gerecht! Ein Blick auf den Eckpunkt "Schüler/innen" im didaktischen Dreieck soll das näher erläutern. Schnotz formuliert: "Prozesse des Wissens- und Fähigkeitserwerbs (sind) ungeachtet aller technischen Innovationen den Einschränkungen der menschlichen Informationsverarbeitung unterworfen" und weiter: "Nutzung neuer Technologien im Bereich des Lehrens und Lernens kann nur soweit erfolgreich sein, wie dabei den relevanten psychologischen Gesetzmäßigkeiten Rechnung getragen wird"/8/, S.97.

Die Frage, welche lernpsychologischen Modelle für das Erlernen von Mathematik relevant sind, wird in der Fachdidaktik unterschiedlich beantwortet. Letztlich werden sich diejenigen Modelle mit größter konstruktiver praktischer Relevanz durchsetzen. Dazu gehört m.E. die Galperinsche Lerntheorie der etappenweisen Ausformung geistiger Handlungen in Verbindung mit dem ganzheitlichen Ansatz eines Tätigkeitskonzeptes nach Kossakowski, Lompscher u.a. Galperin unterscheidet auf dem Weg zur geistigen Handlung die Ebenen der materiellen, materialisierten und sprachlichen Handlung /9/. Hier wird sofort deutlich, mit welcher Ebene die Computernutzung korrespondiert, nämlich mit der materialisierten Handlung. Solange per trial and error z.B. im Geometrieunterricht mit dem Zugmodus herummanipuliert wird, gelingt zwar eine dynamische Visualisierung funktionaler Abhängigkeiten, für die es bisher noch kein adäquates Medium gab (was tatsächlich von gewichtiger Bedeutung ist), aber die nächsten Handlungsebenen werden damit nicht automatisch erreicht! Insofern gelingt der Weg zum abstrakten Denken mit Hilfe des Computers vielleicht weniger sprunghaft als bisher. Jedoch die für das tiefere, sinngebende Verstehen von Mathematik erforderliche sprachliche und geistige Reflexion ist allein durch den Computer nicht zwingend gegeben!

Eines der zentralen Probleme des Mathematikunterrichts besteht sicherlich im Entwickeln anwendungsfähiger mathematischer Grundvorstellungen/5/. Nach dem derzeitigen Interpretationsstand der Ergebnisse der TIMSS-Studie sind gerade beim verständigen Umgang mit elementaren Mathematisierungen deutliche Defizite aufgetreten. Wahrnehmungs- und lernpsychologisch gesehen, handelt es sich dabei um das Entwickeln *triadischen Denkens* /10/. Gemeint ist ein allgemeines Phänomen der Denkentwicklung, das gerade im Mathematikunterricht besonders deutlich sichtbar wird, also faktisch gegenstandsimmanent ist. Wenn zwei Siebtel einer Objektmenge gebildet werden sollen, muß zusätzlich zur 2 und zur 7 die Vorstellung vom dahinter stehenden Ganzen, das in 7 Teile geteilt ist, aktiviert werden (Triade = drei Aspekte, davon ein indirekter). Man kann auch das Divisionsergebnis beim Teilen einer ganzen Zahl durch eine Bruchzahl kleiner 1 nur verstehen, wenn man die Vorstellung des "Hinein-passens" heranzieht, wie bei Heymann ausgeführt /4/. Im Alltag kann man triadisches Denken an Symbolverständnis (was steckt dahinter?), am Verstehen von Metaphern, aber auch an der Fähigkeit zur Selbstreflexion erkennen - im Gegensatz zu monokausalem Denken z.B. in zwei Extremen ohne "Zwischensituationen".Triadisches Denken gilt ferner als wichtige Komponente der Kommunikationsfähigkeit schlechthin. Erlernen kann man triadisches Denken durch Reflektieren von Vorgehensweisen, Sprechen über Bedeutungen, durch Fragen nach Begründungen und Alternativen (und Suchen nach Antworten). Das erfordert wiederum Konzentration, manchmal Ausdauer und immer die Bereitschaft zur Auseinandersetzung mit dem eigenen Vorgehen bis hin zum eigenen Denken in einem philosophischen Sinne. Die bisherigen Erfahrungen beim Rechnereinsatz im Mathematikunterricht zeigen, daß bzgl. Konzentration und Ausdauer durchaus positive Ergebnisse zu verzeichnen sind. Allerdings traten auch genau wieder die aus dem bisherigen Unterricht schon hinreichend bekannten Phänomene auf: Vermeiden mathematischer Analyse, Umgehen (Vermeiden) von Werkzeugen, unreflektiertes Benutzen von Werkzeugen und Abweichen vom Ziel, vgl. für den Geometriebereich Hölzl /2/ und die kritische Sicht auf das Variablenverständnis z.B. bei Wynands /11/.

An dieser entscheidenden Stelle (Grundvorstellungen und Reflexions-fähigkeit) scheint der Rechnereinsatz für sich allein nach bisherigem Erkenntnisstand deshalb keine umwälzende Verbesserung oder Neuorientierung des Mathematikunterrichts zu ermöglichen. Signifikante Leistungsverbesserungen im Bereich der Entwicklung mathematischer Grundvorstellungen durch Rechnereinsatz stehen bislang noch aus.

Durch die Existenz und Möglichkeiten des Computers wird das eigentliche konstruktive mathematische Tun - Modellbildung, Begriffsbildung, Satzfindung und Verfahrensgewinnung - viel stärker und fordernder als bisher ins Blickfeld gerückt, obwohl diese Ziele allesamt überhaupt nicht neu sind! Für die Tätigkeit der Lehrer/innen als drittem Eckpunkt des didaktischen Dreiecks ergeben sich daraus u.a. folgende anspruchsvollen Akzentsetzungen:

- Computereinsatz verlangt *Binnendifferenzierung*. Es geht jetzt um das Auswählen entwicklungsgemäßer und entwicklungsfördernder Lernanforderungen unter Berücksichtigung der neuen Technologien - ein Problem, das bereits ohne diese Mittel schwierig genug war und mit ihnen eher komplexer als leichter wird.
- Der oft schon verpönte fragend entwickelnde Unterricht erhält eine anspruchsvolle Wiederbelebung durch die jetzt noch deutlicher erkennbare Notwendigkeit, über die Art der Anforderungsbewältigung und über die Unterrichtsinhalte selbst mit den Schüler/innen nachzudenken, zu reflektieren (metakognitive Unterrichtselemente). Anders sind mathematische Grundvorstellungen und heuristische Bildung (unabdingbar für das Entwickeln von Problemlösefähigkeiten) nicht zu entwickeln. Und diese sind wiederum elementare Grundlage für sinnvollen, verständigen Umgang mit mathematischen Inhalten.
- Lehrer/innen werden zunehmend stärker gefordert, dem durch die Individualisierung der Gesellschaft gewachsenen Orientierungsbedarf der Schüler/innen Rechnung zu tragen. In Anbetracht der von Fischer konstatierten Bewußtlosigkeit der Gesellschaft müssen gerade auch die Lehrer/innen durch Einbringen ihrer ganzen Persönlichkeit zu mehr Bewußtheit beitragen und die Bereitschaft und Fähigkeit fördern, Verantwortung für sich und in der Gesellschaft zu übernehmen. Das Kultivieren triadischen Denkens besitzt hierfür eine Schlüsselfunktion.

Zusammenfasssend läßt sich - allerdings hier nur sehr verkürzt - feststellen, daß die neuen Technologien im Mathematikunterricht

- mehrere allgemeine Lernziele unterstützen können ohne sie insgesamt in Frage zu stellen oder zu verändern
- das Erfassen fundamentaler Ideen der Mathematik unterstützen können ohne neue lehrplanrelevante Leitideen hinzuzufügen
- Lernhandlungen auf materialisierter Ebene unterstützen aber auf bereits entwickelten mathematischen Grundvorstellungen aufbauen und triadisches Denken nutzen bzw. erfordern
- Art und Umfang der Behandlung mathematischer Begriffe, Sätze und Verfahren verändern, was die Weiterentwicklung des *Methodischen* in der Fachdidaktik erfordert sowie eine wissenschaftliche Reflexion und konstruktive Begleitung der künftigen *Curriculumentwicklung* für den Mathematikunterricht.

Für die m.E. dringend erforderliche Curriculumdiskussion in der Fachdidaktik stelle ich mir das von Bruner beschriebene Spiralprinzip in einer Doppelspirale visualisiert vor, deren Fußpunkte "Zahl" und "Raum" sind als die Fundamenta der Beschäftigung mit Mathematik, vgl. Abb.2. Die Parallelität von Algebra und Geometrie als spiraliges "Eisenbahngleis" soll die Möglichkeit der jeweils alternativen Interpretation und Beschreibung mathematischer Zusammenhänge deutlich und für die Entwicklung von Grundvorstellungen sogar notwendig machen. Das Bahngleis "nach oben" weist auf die in der Zeit schrittweise erfolgende Erkenntnisentwicklung. Die als Weg des ständigen mathematischen Modellierens gedachte spiralförmige Linie ist jedoch nicht als Einbahnstraße der Unterrichtsgestaltung mißzuverstehen. Es geht nur um die generelle Curriculumstrukturierung, die als roter Faden auch für Schüler/innen einsichtig nachvollziehbar und im Detail schließlich mitgestaltbar sein soll.

Um der sich ständig verbreiternden Erkenntnisspirale Halt zu geben, dienen die fundamentalen Ideen der Mathematik in einer handlungsorientierten Form als Gerüstäste oder tragende Säulen. Diese vier Äste sind so angeordnet, daß sie selbst wiederum in der dargestellten Abfolge typische Phasen des Bearbeitens eines Problems - hier mit mathematischen Mitteln - markieren. Die Knoten als Schnittstellen zwischen Spirale und Gerüstästen bedeuten den Beginn eines neuen Themas oder Stoffgebietes, das später wieder auf einem höheren Anspruchs- und Zusammenhangsniveau aufgegriffen wird. Die inzwischen fast überall vorgetragenen Forderungen nach verstärkter Anwendungsorientierung des Mathematikunterrichts lassen sich mit den Ästen und Knoten und dem Spiralweg veranschaulichen. Wenn bespielsweise in der Mittelstufe zunächst lineares Wachstum u.a. am Beispiel von Füllkurven für verschiedene Gefäße beschrieben wird im ersten Knoten "Funktion", dann wird der Themenkreis der Wachstumsvorgänge schrittweise erweitert um exponentielles Wachstum und schließlich mit Hilfe des Denkansatzes der momentanen Wachstumsrate (Analysis) auf beschränktes und logistisches Wachstum ausgedehnt - realisiert in den auf dem Ast "Funktion" liegenden höheren Knoten. Dabei werden die Erkenntnisse aus früheren Knoten reaktiviert. Lernpsychologische Erkenntnisse und Ergebnisse der modernen Kognitionswissenschaften stützen die Nützlichkeit breiter kontextgebundener Begriffsentwicklung. So können mit dem Funktionsbegriff auf Schulniveau bestimmte Anwendungsfelder verknüpft werden, die die angestrebten begrifflichen Grundvorstellungen hinreichend repräsentieren. Es gibt mehrere solcher lebensweltbezogenen Themen, die sich für eine schrittweise Anreicherung und Verbreiterung der mathematischen Zugänge sehr gut eignen. Neben den Wachstumsvorgängen gehören m.E. das Optimieren, Umgang mit Daten, Geld und Zufall sowie Orientierung in Zeit und Raum dazu.

Das Modell sagt noch nichts über die Gestaltung des Weges zwischen den Knoten. Nach meiner Vorstellung für gymnasialen Unterricht eröffnen Anwendungsprobleme ein mathematisches Thema und beschließen es

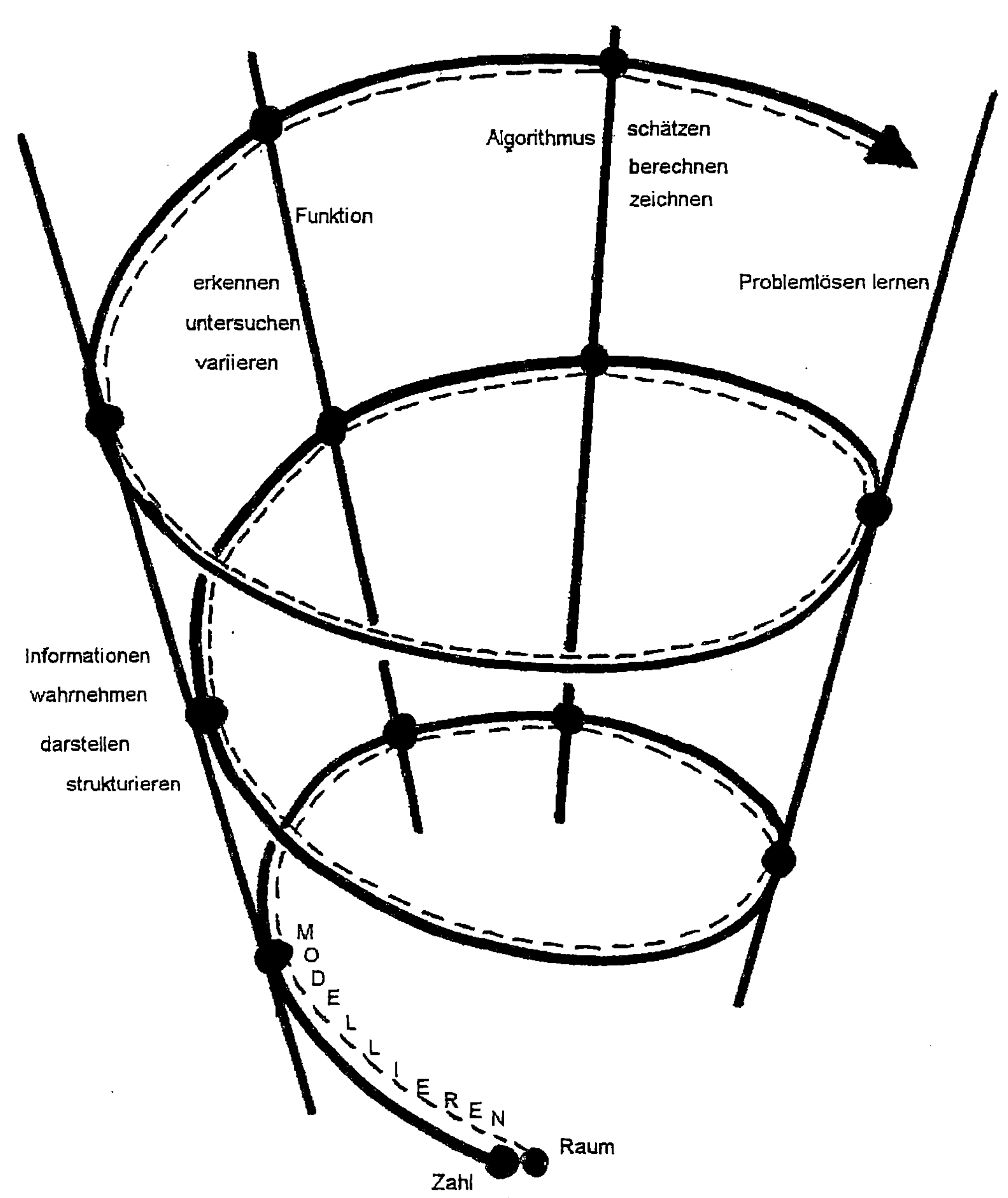

Abb. 2 "Curriculumspirale"

wieder. Dazwischen wird eine innermathematische Systematik entwickelt, um typische Denk- und Arbeitsweisen der Mathematik tatsächlich auch zu erfahren. Der (Taschen-)Computer ist in diesem Bild ein wertvoller Antriebsmotor, mit dem steile Wege von Knoten zu Knoten leichter bewältigt werden können. Ohne ihn käme man gar nicht so weit! Das Modell läßt allerdings völlig offen, wie weit "man" denn kommen sollte? Ein weiterer Gedanke ist der einer Themenvernetzung im Laufe der Spiralbahn, so daß sich ein mathematisches Thema zwanglos aus Fragen und Problemen der Anwendung des vorhergehenden Themas ergibt. Für die Schüler/innen wird dann der Gesamtzusammenhang und momentane Lernkontext viel deutlicher, so daß sich viele Fragen nach dem "warum?" für ein kleines Detail im Mathematikunterricht erübrigen, vgl./12/. Wenn mathematische Fragestellungen konsequent aus tragfähigen Anwendungsproblemen heraus entwickelt werden, ergeben sich auch oft neue Gewichtungen und andere Bündelungen der mathematischen Begriffe, Zusammenhänge und Verfahren als in den bisherigen typischen Stoffgebietsunterteilungen. Ein systematisches Durchdenken des Mathematikcurriculums vor allem mit Hilfe der Ideen "Funktion", "Algorithmus" und dem verbindenden Element "Modellbildung" wäre m.E. eine lohnenswerte mathematikdidaktische Forschungsaufgabe. Die vorgestellten Ideen erheben nicht den Anspruch, völlig neu zu sein. Sie sollen vor allem zu einer mehr ganzheitlich geprägten theoriefundierten Diskussion in der Mathematikdidaktik ermuntern.

Literatur

/1/Bruder, R. : Einige Gedanken zum Stand von Theorieentwicklung in der Mathematikdidaktik der DDR. ZDM 1992/1, S.22 - 29
/2/Hölzl, R.: Eine empirische Untersuchung zum Schülerhandeln mit Cabri-géomètre. JMD 16(1995) 1/2, S.79-113
/3/Jank, Meyer: Didaktische Modelle. Cornelsen 1994
/4/Heymann, H.-W.:Allgemeinbildung und Mathematik. Studien zur Schulpädagogik und Didaktik, Bd.13. Beltz 1996
/5/v. Hofe, R.: Grundvorstellungen mathematischer Inhalte als didaktisches Modell. JMD 13(1992) 4, S.345-364
/6/Schwill,A.: Fundamentale Ideen der Informatik. ZDM 1993/1, S.20-31
/7/Schreiber: Universelle Ideen im mathematischen Denken-einForschungsgegenstand der Fachdidaktik. In: Mathematica didactica (2)1979, S.167
/8/Schnotz,W.:Visuelles Lernen. ZS f. Päd. Psych. 12(1998) H.2/3
/9/Galperin, P.J.: Die Psychologie des Denkens und die Lehre von der etappenweisen Ausbildung geistiger Handlungen.In: Untersuchungen des Denkens in der sowjetischen Psychologie. WWW, Berlin 1967
/10/Cassirer, E.: Philosophie der symbolischen Form. Phänomenologie der Erkenntnis. Wiss. Buchgesellschaft Darmstadt 1990
/11/Wynands,A.: Hilft der Computer im Umgang mit Variablen, Formeln, Funktionen und Gleichungen? JMD 12(1991) 4, S. 347-366
/12/Bruder, R.: Ein ganzheitliches Unterrichtskonzept für flexible Könnensentwicklung. In: Beiträge zum Mathematikunterricht 1998, Franzbecker, S. 148-151

Hans-Jürgen ELSCHENBROICH, Neuss (Deutschland)

Anschaulich(er) Beweisen mit dem Computer?

Neue Möglichkeiten für visuelle Beweise

1. Beweise in der Mathematik

Das Führen von Beweisen ist seit Euklid geprägt durch ein streng deduktives,
formales Vorgehen und ist spätestens seit Bourbaki aller Anschauung entledigt
worden:
"Das zu beweisende Theorem ist rein logisch aus explizit formulierten Axiomen
herzuleiten, und es darf als Beweisgrund nicht auf Figuren verwiesen werden."
(Struve)
"Entscheidend für die Gültigkeit eines Beweises ist lediglich das, was nach
Beseitigen aller anschaulichen Hilfsmittel übrig bleibt." (Pickert, zitiert nach
Wittmann)

Die Mathematik sieht sich traditionellerweise selbst als Wissenschaft, die absolute
Wahrheiten produziert:
"Mathematics rests on Proof - and proof is eternal." (S. MacLane, zitiert nach
Hanna)

Ein Beweis hat in der Fachwissenschaft die Aufgabe, die Gültigkeit eines Satzes
zu zeigen. Das ist der *Erkenntnis*-Aspekt und er ist eigentlich mit dem einmaligen
Beweisen erledigt. Gegebenenfalls kommen noch elegantere oder kürzere oder
einfachere Beweise oder solche mit anderen Methoden hinzu.

Bei Beweisen im Unterricht steht dagegen ein ganz anderer Aspekt im Vordergrund, nämlich der *Verständnis*-Aspekt.

2. Beweisen im Unterricht

Dem Beweisen wird oft (zurecht) eine *allgemeinbildende Bedeutung* zugeschrie-
ben.
"Begründen und Beweisen kann einen wichtigen Beitrag zur Realisierung des allgemein anerkannten Ziels 'Bereitschaft und Befähigung zu rationalem Argumentieren' leisten". (Schmidt)

Dies trifft aber nur für **verstandene** Beweise zu, Mathematik als Abfolge unverstandener Beweise bleibt nicht nur folgenlos, sondern ist ausgesprochen schädlich. Heymann stellt dazu unter der Überschrift 'Denkenlernen und kritischer Vernunftgebrauch' fest:
"Paradoxerweise ist Mathematik *das* Fach unverstandenen Lernens schlechthin. An unverstandener Mathematik läßt sich aber weder alltägliches noch mathematisches Denken schulen."

Dass im Mathematikunterricht, insbesondere im Geometrieunterricht das Beweisen einen wichtigen Stellenwert einnimmt, steht im Selbstverständnis des deutschen Gymnasiums außer Frage. Ein führendes Mathematik-Schulbuch hatte z.B. im Geometrieband ein eigenes Kapitel 'Vom Beweisen'.

Bei der unterrichtlichen Behandlung von Beweisen in der Altersstufe ab Klasse 7 gibt es aber entwicklungsbedingte Schwierigkeiten. So wird entgegengehalten, dass "ein im mathematischen Sinne 'strenger Beweis' auch nicht annähernd geführt werden kann" (Handschel), weil "die Schüler zum exakten Folgern noch nicht in der Lage sind" (Schwartze).

Elschenbroich weist auch auf einen gesellschaftlichen Aspekt hin:
"Der streng deduktive Aufbau von Beweisen entspricht nicht mehr dem, wie in der Gesellschaft heutzutage mit Begründungszusammenhängen gearbeitet wird." Er zieht die Konsequenz: "Es muss eine Plattform von allgemein akzeptierten Sätzen geschaffen werden", die es ermöglicht, "im Sinne eines lokalen Beweisens und lokalen Ordnens zu arbeiten". (Elschenbroich 3)

Auch Wittmann nimmt für den Unterricht von einem minimalen Axiomensystem bewusst Abstand und zieht die anschauliche Vorstellung mit ein. Das bedeutet nicht, dass logische Überlegungen ausgeschlossen werden. "Diese Beweise haben aber mehr den Zweck, klar zu machen, warum ein Sachverhalt besteht und wie er mit anderen zusammenhängt, als zu zeigen, daß er gilt. Ein Beweis wird daher ... oft als 'Begründung' bezeichnet und im Sinne von Wittgenstein als 'Analyse eines Satzes' bezeichnet. ... Wir nehmen gewisse geometrische Beziehungen innerhalb bestimmter inhaltlicher Zusammenhänge (Kontexte) als anschaulich gegeben hin und leiten aus ihnen durch logische Schlüsse Sachverhalte ab, die uns als nicht evident erscheinen."

3. Präformale Beweise

In dem Bemühen, den Aspekt des Verstehens (der Schüler) stärker zu betonen, haben Wittmann und Müller das Konzept des inhaltlich-anschaulichen Beweises entwickelt. Sie unterscheiden folgende Stufen des Beweisens:

- Experimentelle 'Beweise'

- Inhaltlich-anschauliche Beweise
- Formale ('wissenschaftliche') Beweise

"Die experimentellen 'Beweise' bestehen in einer Verifikation von einer endlichen
Zahl von Beispielen, was natürlich keine Allgemeingültigkeit sichert."
Die inhaltlich-anschaulichen Beweise grenzen sie klar von den experimentellen
'Beweisen' ab: "Inhaltlich-anschauliche, operative Beweise stützen sich dagegen
auf Konstruktionen und Operationen, von denen intuitiv erkennbar ist, dass sie
sich auf eine ganze Klasse von Beispielen anwenden lassen und bestimmte Folgerungen nach sich ziehen."

Blum/ Kirsch verfolgen diesen Ansatz weiter. Sie verstehen unter einem inhaltlich
anschaulichen Beweis "eine Kette von korrekten Schlüssen ..., die auf nicht-for-
male Prämissen zurückgreifen, d.h. insbesondere auf inhaltlich anwendungs-
bezogene Grundideen ... oder intuitiv evidente, 'allgemein geteilte', 'psychologisch
offenkundige' Aussagen. ... Solche inhaltlich-anschaulichen Beweise dürfen auch
... induktive Argumente ('usw.') oder indirekte Argumente ('Wir stellen uns vor ...'
oder 'Was wäre wenn ...') enthalten, jeweils bezogen auf inhaltlich-anschauliche
Gegebenheiten."

Sie fügen dann noch die Stufe der handlungsbezogenen Beweise hinzu und fassen
handlungsbezogene und inhaltlich-anschauliche Beweise unter dem Oberbegriff
präformale Beweise zusammen:

- Experimentelle 'Beweise'
- Präformale Beweise
    - Inhaltlich-anschauliche Beweise
    - Handlungsbezogene Beweise
- Formale ('wissenschaftliche') Beweise.

Blum/ Kirsch betonen auch die Notwendigkeit, "Grundsätze für irrtumsfreies
anschauliches Schließen entwickeln".
Ein anschaulicher Beweis wird dann korrekt angesehen, wenn er *nicht durch
rationale Argumentationen zu erschüttern* ist; er muss nicht notwendig in Wort-
form in einer Folge von Beweiszeilen niedergeschrieben sein.

4. Anschauliches Beweisen

Schon vor dem Aufkommen der Dynamischen Geometriesoftware (DGS) war
'Anschauliches Beweisen' ein Thema in der Mathematikdidaktik, aber die Entwicklung der Computergraphik hat dem Sehen neue Möglichkeiten eröffnet, weil
das, was sich bisher vor dem inneren Auge bewegen musste, nun sichtbar gemacht
werden kann.

"Thanks to computer graphics, much of the mathematican's search for pattern is now guided by what one can really see with the eye, whereas nineteen century mathematical giants like Gauss and Poincare had to depend more on seeing things with their mind's eye. 'I see' has always two distinct meanings: to perceive with the eye and to understand with the mind. *For centuries the mind has dominated the eye* in the hierarchy of mathematical practise; today the balance is being restored as mathematicans *find new ways to see patterns, both with the eye and with the mind.*"(Steen, zitiert nach Davis)

Winter spricht auch von "*Siehe-Beweisen*", in denen sich "praktische Handlungen widerspiegeln".

> Typisch für anschauliche Beweise ist, dass Bezeichnungen und Beziehungen aus der Zeichnung entnommen werden und eine Zeichnung als Anregung und als Protokoll des Vorgehens dient.

In den vergangenen Jahrzehnten wurden vor allem Zeichentrickfilme als geeignetes Medium zum Führen und Zeigen anschaulicher Beweise gesehen (Nicolet, Fletcher). Moderne DGS sind mittlerweile einfachere und flexiblere Werkzeuge, die vor allem auch der Schüler eigenaktiv einsetzen kann.

Die entscheidende neue Qualität der dynamischen Geometriesoftware ist der Zugmodus: "Durch stetiges Verändern einer auf den Bildschirm 'gezeichneten' Figur (gegebenenfalls mit Maßangaben) gewinnen der Quantor 'alle' und damit die Variablen für den Schüler ihren anschaulichen Inhalt. ... ersetzt der Zugmodus ... gedankliches durch anschaulich stetiges Verändern und füllt damit den Allquantor inhaltlich auf." (Ziegler)

5. Bewegliche Geometrie

Beweglichkeit und Dynamik spielen in der Geometrie nicht erst seit dem Aufkommen der DGS eine Rolle. Die Abkehr von der starren Geometrie der Griechen ist ein alter Ansatz der Reformbewegung Anfang dieses Jahrhunderts.
Eine Konkretisierung war die Idee einer 'Gummifäden'-Geometrie.
In den 50-er Jahren erschien ein ganzer Mittelstufen-Schülerband zum Thema "Bewegungsgeometrie". (Botsch)
In den 60-er Jahren legte E. Castelnuovo in ihrer Geometriedidaktik "Wert auf die Feststellung, daß das Werkzeug beweglich sein muss. Tatsächlich weckt die Beweglichkeit das Interesse des Kindes und führt es vom Konkreten zum Abstrakten, denn nicht das Werkzeug ist Gegenstand seiner Aufmerksamkeit, sondern vielmehr dessen Verwandlung".
Biguenet erstellte "bewegliche Modelle zur Veranschaulichung des Geometrieunterrichts" und betonte deren Modellcharakter: "Eine Figur ist bereits ein Modell."

Bender nennt als Funktion stetiger Bewegungen bzw. Verformungen bei anschaulichen elementargeometrischen Beweisen:

- Sie liefern den Beweis selbst.
- Sie machen den Beweis plausibel.
- Sie unterstützen die Einsicht in die Allgemeingültigkeit(viele Fälle, Son-
  derfälle, Übergänge)
- Sie erzeugen Vermutungen, Beweisideen, indem sie Veränderungen und
  Invarianzen zeigen.
- Sie visualisieren den Ablauf eines Beweises.
- Sie stehen für Handlungen.
- Sie regen allgemein eine Sichtweise geometrischer Figuren als beweglich
  und veränderlich an. (Bender 1)

Es handelte sich bei der beweglichen Geometrie um eine bestechende Idee
(durchaus zu unterscheiden von der Abbildungsgeometrie!), die seinerzeit aber oft
nicht einfach zu realisieren war. Durch die DGS gab es in letzter Zeit in letzter
Zeit aber neue Impulse, die auch wieder zu Schulbüchern führten, die im Titel von
beweglicher Geometrie sprachen (Elschenbroich 1, 2).

6. Was beweist eine Zeichnung?

"Daß eine Zeichnung an und für sich nichts beweist, wußten die Griechen natürlich auch schon vor Euklid." stellte Freudenthal fest. Dann sagt er aber weiter:
„Die ideale Zeichnung wäre dagegen schon beweiskräftig." (Freudenthal)

Aber was ist denn eine 'ideale Zeichnung'?
Das Problem bei mathematischen Sätzen ist: "Die zu beweisenden Aussagen
beziehen sich oft auf *Mengen mit unendlich vielen Elementen*, so daß eine Überprüfung von Einzelfällen prinzipiell unvollständig bleiben muß." (Walsch)

Nicolet sagt dazu: "Ein Beweis ist nichts anderes als eine Überprüfung, und zwar
nicht eine Überprüfung weniger Beispiele, sondern aller, selbst wenn ihre Zahl
unendlich ist." Es muss also mehr stattfinden als nur die Überprüfung von Einzelfällen.

Die entscheidende Frage ist: *Wie kann <u>ein</u> Bild das Allgemeine zeigen? Wie können an einer Figur unendlich viele Fälle überprüft werden?*

Kautschitsch stellt dazu fest: "Die Allgemeingültigkeit ergibt sich aus der Durchführbarkeit der Handlungen und nicht aus der Möglichkeit der visuellen Darstellung. Die Handlung ist es, die das Besondere mit dem Allgemeinen verbindet."
Durch die *Deutung von Bildern als Handlungsprotokollen* steht eine Zeichnung
nicht als einzelne Figur, sondern als *Repräsentant* einer Klasse von Figuren.

Diese Idee war auch schon bei den Pionieren der beweglichen Geometrie vorhanden: "Die Zeichnungen sind dazu da, im Geist *das allgemeine Bild* einer gegebenen Figur zu wecken." Entscheidend ist "das Sichvorstellen einer unendlichen Anzahl von Figuren mit einer gemeinsamen Eigenschaft nach einer einzigen Figur". Insbesondere "betrachtet man, wenn man ein geometrische Örter betreffendes Problem löst, in seiner Vorstellung einen Zeichentrickfilm". (Nicolet)

7. Dynamische Invarianz-'Beweise'

Die Verbindung von Sehen und Beweisen ist uralt. Ein Theorem ist vom Wortstamm her etwas Erschautes: *theoria* leitet sich von *thea* (Schau) und *horaein* (Sehen) her. Im Deutschen ist ein analoger Begriff zum Verstehen auch Ein*sehen*, im Englischen *see*.

Die neuen Möglichkeiten, die DGS bieten, geben nun zweifach Anlaß, das Beweisschema von Wittmann/ Müller und den Ansatz von Bender zu erweitern.

Wird im Zugmodus eine Invarianz 'erlebt', so erscheint sie den Schülern evident (falls sie die Invarianz, auf die es dem Lehrer ankommt, überhaupt als etwas Bemerkenswertes erkennen). Die Figur und ihre Transformation liefern jedoch keine Beweisidee, sondern (nur) die Entdeckung der Invarianz.
Dies ist auf der Stufe der experimentellen 'Beweise' anzusiedeln und wird von mir *dynamischer Invarianz-'Beweis'* genannt.

Die experimentellen 'Beweise' und diese dynamischen Invarianz-'Beweise' können dann zu einer Klasse zusammengefasst werden, die ich *Evidenz-Beweise* (oder Quasi-Beweise) nennen möchte.

8. Beispiele für dynamische Invarianz-'Beweise':

Im Vortrag wurden mehrere Beispiele für solche Invarianz-‚Beweise' vorgestellt:
- Inkreismittelpunkt (1)
- Umkreismittelpunkt (1)
- Winkelsumme im Dreieck (1)
- Satz des Thales (1) und Kehrsatz
- Lotsumme im gleichseitigen Dreieck(1)
- Satz des Pythagoras (1)

9. Visuell-dynamische Beweise

Demgegenüber stehen Zeichnungen, die als Figur eines DGS im oben ausgeführten Sinne allgemeingültig sind. Im Zugmodus geben Sie (z. B. durch geeignete Hilfslinien oder durch Symmetrieüberlegungen) Antwort auf die Frage *"Warum ist das so?"*. Diese sind vollgültige präformale Beweise und werden von mir *visuell-dynamische Beweise* genannt.
Sie sind

- *visuell*: anschaulich, auf eine Zeichnung bezogen als Figur, Eigenschaften und Bezeichnung
- *dynamisch*: keine einzelne, starre Zeichnung, sondern eine ideale Zeichnung, eine ganze Klasse von Figuren mit gleichen Eigenschaften, ermöglicht und sichtbar gemacht durch den Zugmodus von DGS.
- *Beweis*: ein vollgültiger Beweis in dem Sinne, dass er nicht durch rationale Argumentationen zu erschüttern ist und in dem Sinne, dass eine Antwort auf die Frage nach dem 'Warum' gegeben wird.

Somit kann man das obige Beweisschema folgendermaßen erweitern:

- Evidenz-'Beweise'
    - Experimentelle 'Beweise'
    - dynamische Invarianz-'Beweise'
- Präformale Beweise
    - inhaltlich-anschauliche Beweise
    - handlungsorientierte Beweise
    - visuell-dynamische Beweise
- formale ('wissenschaftliche') Beweise

Wichtig ist, dabei *Grundsätze für irrtumsfreies visuelles Beweisen* zu entwickeln. Volkert schreibt dazu: "Auch die Logik kennt Fehler. Nun wird man vielleicht einwenden: dann handelt es sich eben um einen Fehlschluß und keineswegs um einen logischen Schluß. Was der Logik recht ist, darf der Anschauung aber billig sein! Konsequenterweise müssen wir dann auch zwischen 'Fehlanschauungen' und richtigen Anschauungen unterscheiden."
Nach Kautschitsch ist dazu bei jedem Handlungschritt zu überlegen, *warum* die Handlung möglich ist.

Die formale Logik hat Jahrtausende Zeit gehabt, ihre Stellung im Beweisen zu entwickeln. Die Anschauung wird auch Zeit brauchen, um ihre durch die neuen Medien ermöglichte Rolle im Beweisen auszufüllen.
Insbesondere kommt es für die Schule darauf an, die Möglichkeiten der Visualisierung beim Lehren und Lernen von Mathematik und beim Verstehen von Beweisen zu nutzen und zu entfalten.

10. Beispiele für visuell-dynamische Beweise:

Im Vortrag wurden mehrere Beispiele für solche visuellen Beweise vorgestellt:

- Umkreismittelpunkt (2, 3)
- Inkreismittelpunkt (2)
- Winkelsumme im Dreieck (2, 3)
- Lotsumme im gleichseitigen Dreieck (2)
- Außenwinkelsumme im n-Eck
- Satz des Thales (2)
- Umfangswinkel-Mittelpunktswinkel
- Satz des Pythagoras (2, 3)
- Mittenviereck
- arith./ geom. Mittel

Anmerkung

Aus Platzgründen müssen hier der Abdruck der Figuren und die Literaturangabe entfallen. Die Literaturangabe und die Figuren (als Euklid-Konstruktionen) können aber auf der Tagungs-Hompage oder der Mathe-Werkstatt
(http://home.t-online.de/home/elschenbroich)
geladen werden.

Es sei an dieser Stelle nur auf folgende Literatur verwiesen, aus der dieser Beitrag in der Konsequenz entstanden ist:

- Elschenbroich, Hans-Jürgen: Geometrie beweglich mit Euklid. Dümmler, Bonn 1996.

- Elschenbroich, Hans-Jürgen: Dynamische Geometrieprogramme: Tod des Beweisens oder Entwicklung einer neuen Beweiskultur? In: MNU 8/ 97.

- Angerer, P./ Elschenbroich, H.-J./McManus, H./ Schierscher, G.: Dynamische Geometrie. In: A Production Workshop of Learning Materials for Mathematics using Educational Software - Socrates ODL Project.
http://www/stac.edu.uk/edu/ODL/

Franz EMBACHER, Wien (Österreich)
Multimedia-Didaktik und spontanes Verstehen

Zusammenfassung:

Bestimmte Teilgebiete und Problemstellungen des Mathematik-Unterrichtsstoffs eignen sich besonders gut zur multimedialen Aufbereitung. Anhand des Projekts **mathe online** (beheimatet unter **http://www.univie.ac.at/future.media/mo**, Projektdauer März 1998 - Februar 1999) werden einige didaktische Konzepte, die dieses Ziel ansteuern, und ihre Realisierung besprochen. Zuletzt werden einige kritische Bemerkungen zur Frage des unterstellten „Lernmodells" angestellt.

1. Einleitung

Die modernen Informationstechnologien werden tiefgreifende Veränderungen in den Lehr- und Lernmethoden bewirken. Diese können als Chancen für den Mathematikunterricht begriffen werden. Der Stand der Technik ermöglicht die Gestaltung von Lehrmitteln, die den Prozeß des Verstehens auf neuartige Weise fördern können. Die unmittelbare Reaktion eines Multimedia-Programms auf Eingaben der BenützerInnen in einer dynamischen Lernumgebung bringt das traditionelle Ziel, mathematische Vorgänge auf einer tieferen Ebene als der bloß algorithmischen zu verstehen, wieder in Sichtweite. Dabei können - durch geeignete Visualisierungen - insbesondere spontane und intuitive Aspekte des Lernens angesprochen werden.

2. Erarbeitetes und spontanes Verstehen

Eine im mathematischen Lehrablauf häufig auftretende Situation besteht in der Zusammenführung von Begriffen, die, für sich genommen, bereits bekannt sind und in ausreichend abgerundetem Maß zur Verfügung stehen. Dabei handelt es sich meistens um Definitionen oder Lösungsstrategien. Insbesondere im Fall von Definitionen liegt im Sinne des logischen Aufbaus kein besonderes Problem vor: Bekanntes wird kombiniert, wodurch das Neue von vornherein auf Altes reduziert ist.

In der Praxis der kognitiven Aneignung bestehen allerdings große Schwierigkeiten, dieses Neue mit jener Qualität des Selbstverständlichen auszustatten, die seine Bestandteile besitzen. Oft ist damit ein langwieriger Prozeß verbunden, der aus Wiederholung, Einübung und selbständig gemachter Erfahrung (z.B. was die mehrmalige „Wieder-Entdeckung" oder praktische Benützung des neuen Begriffs betrifft) besteht. Dies ist aber nicht notwendigerweise der Fall. MathematikerInnen kennen den Vorgang des *spontanen* Verstehens, des *intuitiven* Erfassens einer Situation oder eines Begriffs aus ihrer eigenen Praxis. Derselbe Vorgang ist Lernenden nicht prinzipiell

verschlossen. In ihm kommt die logische Formulierung einer Definition mit dem
Erleben ihres Gehaltes - als eines verständlichen und relevanten Sachverhalts -
recht gut zur Deckung. In der Praxis können wir erwarten, auf Mischformen zu
stoßen, die spontane und intuitive Elemente im Verstehensprozeß fördern und ihn
dadurch beschleunigen.

Je intensiver derartige Verstehens-Prozesse genützt werden können, umso eher
können „Er-Arbeiten" und „Üben" auf ihre klassischen Zwecke reduziert werden -
der Erlangung verfahrenstechnischer Fertigkeiten und den Umgang mit konkreten
Problemen.

Damit soll *nicht* gesagt werden, daß Begriffsbildung im Mathematikunterricht
durchgängig leicht und intuitiv geschehen kann. So wird – um ein Beispiel zu
nennen – die erste Bekanntschaft mit negativen Zahlen und ihrer Multiplikation
für Lernende immer eine große Schwierigkeit darstellen. Der Verweis, die
Rechenregel $(-2)(-3) = 6$ erwachse aus einer Definition, macht diese
grundsätzliche Hürde nicht viel kleiner.

Die Frage allerdings, *welche* der zentralen Begriffsbildungen durch mühsames
„Er-Arbeiten" angeeignet werden müssen (entweder *nach* oder *anstelle* ihrer
logischen Verlautbarung als Definition), und für *welche* Begriffsbildungen das
Ziel schnelleren oder sogar spontanen Verstehens auch Lernenden zumutbar ist,
wird von kulturell geprägten Denk- und Vorstellungsmustern ebenso mitbestimmt
wie durch die zur Verfügung stehenden Techniken der Lernunterstützung.

3. Das Projekt mathe online

In den nachfolgenden Abschnitten möchte ich anhand einiger Beispiele
demonstrieren, daß die modernen multimedialen Gestaltungsmöglichkeiten gerade
in dieser Hinsicht Raum für neue didaktische Zugänge schaffen.

Die zitierten Beispiele entstammen dem in Zusammenarbeit mit Petra
Oberhuemer durchgeführten Projekt **mathe online**, im Rahmen dessen ein
interaktives und multimediales Online-Angebot zum Oberstufenstoff Mathematik
aufgebaut wird. Die bereits entwickelten Lerneinheiten sind unter der Adresse

http://www.univie.ac.at/future.media/mo/

abrufbar. (Für eine detailliertere Darstellung des Projekts siehe den Beitrag von
Petra Oberhuemer).

Empirische Tests, die die Haltbarkeit des hier dargestellten Konzepts und die
Brauchbarkeit seiner Realisierung in der konkreten Unterrichtssituation zeigen
sollen, werden im Laufe des Schuljahres 1998/99 durchgeführt werden.

4. Die Ableitung und der Schieberegler

Der Begriff der *Ableitung* einer Funktion gehört zu den zentralen Pfeilern der Oberstufen-Mathematik. Formal läßt sich der Ableitungsbegriff auf verschiedenen Wegen einführen. Einer der problemlosesten Zugänge läuft über die geometrische Situation am Graphen einer Funktion. Im Rahmen eines Szenarios möchte ich vorschlagen, folgende drei Begriffe als bekannt und ausreichend vertieft anzunehmen:

- den Begriff der *Funktion* ($f : \mathbb{R} \to \mathbb{R}$),
- den Begriff des *Graphen* einer Funktion und
- den Begriff des *Anstiegs* einer Geraden in einem Koordinatensystem als Maß ihrer Steilheit (am besten in Form der Regel: „1 nach rechts, k hinauf (bzw. –k hinunter)").

Die kognitive Aneignung *dieser* Begriffe stellt jeweils ein eigenes Problemfeld dar und ist hier *nicht* das Thema. Die Graphen der meisten den Lernenden bekannten Funktionen sind glatt – sie haben weder Knicke noch Sprünge – und besitzen daher in jedem ihrer Punkte eine Tangente. Ohne zunächst auf Berechnungsprobleme einzugehen, kann die Ableitung einer solchen Funktion als der „Anstieg der Tangente an den Graphen" eingeführt werden. Dabei verläßt man sich auf die intuitive Bedeutung des Tangentenbegriffs. (Die *Berechnung* wird in diesem Zugang später durchgeführt, gewissermaßen als technische Konkretisierung einer im Prinzip bereits bekannten Sache. Dies soll die Schwierigkeiten, die sich *dann* stellen, nicht unterbewerten. *Hier* geht es um die Einstiegsproblematik, die erste Bekanntschaft mit dem Konzept der Ableitung, die die damit verbundene Vorstellung nachhaltig prägt).

Geschieht dies unter Zuhilfenahme von Tafel- oder Papierskizzen, so wirft die Definition etliche Probleme auf . Zunächst kann in einer Skizze die Tangente und die Hilfslinienkonstruktion, die ihren Anstieg ablesbar macht, nur für wenige Stellen x eingezeichnet werden. Damit kommt der Variablen der Variablencharakter tendenziell abhanden. Konsequenterweise wird die Ableitung oft zunächst als „Ableitung in einem Punkt" eingeführt; die Erweiterung auf den Begriff der *Ableitung als Funktion* wird später vorgenommen. Daher kann auch die mathematische Notation, die die formale Beschreibung der Ableitung etwa in der Form $x \to f'(x)$ vorsieht (als logisch auf derselben Stufe wie $x \to f(x)$), erst in einem weiteren Schritt vorgenommen werden. Üblicherweise wird spätestens im Anschluß daran – wenn nicht schon zu Beginn - das Problem der Berechnung von Ableitungen (als Grenzwert von Differenzenquotienten) aufgeworfen. Werden in der Folge die ersten tatsächlich interessanten Anwendungen behandelt, wie z.B. Extremwertaufgaben, so mag sich mittlerweile die Einsicht in die hier vorliegenden Strukturen und ihrer Formalisierung bereits verflüchtigt haben. Als Konsequenz werden die Strategien zur Lösung von Extremwertaufgaben von Lernenden vielfach schematisch und ohne tieferes Verständnis für ihre Begründung durchgeführt. Der weitergehende Begriff des Wendepunkts mag dann auf schlecht vorbereiteten Boden fallen, so daß zum Anlaß der Kurvendiskussionen der gesamte Sachverhalt ohnedies nochmals gelernt werden muß.

Das auf der Web-Site von **mathe online** bzw. unter der WWW-Adresse

http://www.univie.ac.at/future.media/mo/galerie/diff1/diff1.html#ableitung

abrufbare Java-Applet „**Zur Definition der Ableitung**" stellt den Versuch einer Verbesserung der Situation dar. Es ist im Wesentlichen eine dynamisch gestaltete Version einer Skizze, die die Ableitung als Anstieg der Tangente darstellt, inklusive einer Hilfslinienkonstruktion, die den Anstieg „an der Stelle x" explizit zeigt. Durch die Betätigung eines *Schiebereglers* kann die „Stelle x" und damit die gesamte Konstruktion verschoben werden. (Die dahinter liegende Gestaltungsidee kann vielleicht als eine multimediale Ausgestaltung von Bildern und Abläufen, die bislang nicht aus den Köpfen der MathematikerInnen heraus und in ein adäquates Medium zu übersetzen waren, verstanden werden).

Auf diese Weise soll der oben angesprochene Verlust des „Variablencharakters der Variablen" möglichst verhindert werden. Die Ableitung $f'(x_0)$ an einer Stelle und die Ableitung als Funktion $x \rightarrow f'(x)$ sind von Beginn an gleichzeitig vorhandene Konzepte. Zusätzlich wird in einem Zahlenfeld die symbolische Schreibweise $y = f(x)$ und $y = f'(x)$ mit den der jeweiligen Einstellung entsprechenden Zahlenwerten dargestellt. Für jede Einstellung können also drei Zahlen x, $f(x)$ und $f'(x)$ abgelesen werden. Die Berechnung dieser Werte übernimmt das Programm - dies erlaubt das Hantieren mit konkreten Zahlenwerten zu einem sehr frühen Zeitpunkt.

Insgesamt sollte es dieser Zugang bereits *vor* dem Erlernen rechnerischen Differenzierens erlauben, relativ avancierte Aufgaben zu lösen, z.B.:

- *Lesen Sie die Ableitung der Funktion an der Stelle $x = 2$ ab!* Der Benutzer muß keine *Rechnung* ausführen, sondern eine *Ablesung* vornehmen. Das Hantieren mit Ableitungen kann zunächst *unbelastet* von jeglicher Rechnung praktiziert werden.
- *An welchen Stellen hat die Ableitung den Wert 1?* Der Lösungsweg besteht im Verfolgen der sich ändernden Zahlenwerte der Ableitung beim Verschieben des Reglers.
- *An welchen Stellen besitzt die Funktion ein (lokales) Maximum?* Der Zusammenhang von Extrema mit verschwindender Ableitung liegt hier auf der Hand. Die eigentliche Aufgabe besteht darin, den entsprechenden x-Wert abzulesen (anstatt auf den Hochpunkt im Diagramm zu zeigen).
- *In welchen Bereichen wächst die Ableitung mit wachsendem x, in welchen Bereichen fällt sie? Wo liegen die Grenzen zwischen diesen Bereichen?* Damit kann also bereits bei der ersten Begegnung mit der Ableitung der Begriff des Wendepunkts auftreten!

Aufgaben wie diese dienen hauptsächlich dazu, geometrisch einleuchtende
Sachverhalte mit der mathematischen Symbolsprache zu kombinieren, d.h.
Sprachelemente zu lernen. Im Prinzip sind hier bereits alle für
Kurvendiskussionen notwendigen Begriffe, soweit sie eine mit dem Graphen
verbundene geometrische Bedeutung haben, vorhanden. Zudem soll - zumindest
in Ansätzen - verstanden werden, daß eine Aussage wie $f'(x)=1$ eine Gleichung
für x darstellt (wenn das Konzept der Gleichung in ausreichender Tiefe zur
Verfügung steht).

Die darauf erfolgende rechnerische Ermittlung von Ableitungen hat daher
zumindest eine Chance, auf ein großes Ausmaß an Vorverständnis und
sprachlichen Orientierungshilfen zu treffen. (Überspitzt ließe sich vielleicht
sagen: Es wird lediglich *berechnet*, was vorher in der Essenz bereits *verstanden*
wurde – ich gebe zu, daß man darüber streiten kann, ob die „Essenz" der
Ableitung im Geometrischen liegt oder im Analytisch-rechnerischen). Wenn es
sich als möglich herausstellen sollte, in einer Session an diesem Applet die hier
beschriebenen Ziele zu erreichen, kann wohl tatsächlich von erfolgreichem
spontanen Verstehen gesprochen werden.

Ein an einer solchen Logik orientiertes Unterrichtskonzept bedingt natürlich eine
entsprechend tiefgehende Kenntnis der auftretenden Bestandteile (Funktion,
Graph, Anstieg, eventuell auch Gleichung) und verschiebt die notwendige
„Arbeit" an den Begriffen zum Teil nur. In Anbetracht der zentralen Bedeutung
des Ableitungsbegriffs (und der Frustration, die sein mangelhaftes Verständnis
auslösen kann), ist diese Verschiebung aber wohl zu rechtfertigen. (Wieweit
ähnliche Zugänge zu diesen begrifflichen Bestandteilen ebenfalls möglich sind, ist
hier nicht das Thema. Generell ist wohl die Analyse des Einzelfalls der
Formulierung von Generalrezepten vorzuziehen).

Nachbemerkung: Schieberegler stellen generell eine interessante Form der
Interaktivität dar. Einerseits erlauben sie es, eindimensionale Schnitte durch ein
komplexes Geschehen zu legen. Damit ist für die BenützerInnen ein ziemlich eng
umgrenzter inhaltlicher Rahmen festgelegt. *Welcher* Schnitt gemacht wird, ist
durch die Gestaltung vorgegeben. (Insofern handelt es sich bei dem hier
besprochenen Applet in einem recht klassischen Sinn um ein *Lehr*mittel). Die
Aufmerksamkeit soll einer vorgefertigten Situation gelten und kann daher auf
bestimmte Elemente (z.B. bewegliche Teile eines Diagramms) gelenkt werden.
Andererseits ist durch die Eindimensionalität die Möglichkeit eines *zeitlichen*
Ablaufs gegeben, der - durch die Betätigung des Reglers - von den BenützerInnen
selbst gesteuert werden kann.

5. Die Ableitung und das Puzzle

Der oben skizzierte Zugang zum Ableitungsbegriff läßt einen wichtigen Punkt offen. Er soll zwar von Beginn an vermitteln, daß die Ableitung eine Funktion ist, aber *die Form ihres Graphen* wird nicht thematisiert. Dennoch sind die Bausteine auch für dieses Thema bereits vorhanden. Es kann z.B. in spielerischer Weise aufgeworfen werden, wie dies im Applet

http://www.univie.ac.at/future.media/mo/galerie/diff1/diff1.html#ablpuzzle1

mit dem Titel „**Ableitungs-Puzzle 1**" versucht wird. In Form eines Puzzles können Graphiken, die Funktionsgraphen zeigen, an vorgegebene Stellen gesetzt werden. Dabei soll unterhalb jedes Graphen der Graph der Ableitung zu stehen bekommen, bis das ganze Puzzle „gelöst" ist. (Das gesamte Spiel besteht aus 3 x 3 Feldern, von denen 3 fix vorgegeben sind, um die Lösung eindeutig zu machen).

Der Zugang, der in diesem Applet verdeutlicht werden soll, unterscheidet sich in einigen Aspekten vom vorigen. Hier geht es weniger um spontanes Verstehen, sondern um verstehen auf der Basis von Üben und Trainieren (wenn auch in spielerischer Form). Die hauptsächlichen Motive der Gestaltung derartiger Lernhilfen sind:

- Die Lernenden werden vom Rechnen entlastet. Im Prinzip kann dieses Applet absolviert werden, *bevor* Ableitungen rechnerisch ermittelt werden können!
- Das Applet soll zu mathematischer Argumentation (welches Kästchen ist wo zu plazieren und warum?) anregen. Es erlaubt Mischformen aus quantitativen und qualitativen Begründungen. Zahlenwerte (wie Nullstellen oder Extrema der Graphen) sind im Rahmen vernünftiger Genauigkeit ablesbar. Wenn sich ein Gefühl für die auftretenden Situationen und Argumente einstellt (eventuell auch die schwierigeren Applets „Ableitungs-Puzzle 2 und 3" absolviert werden), kann sicher von der Stärkung *intuitiver* Elemente gesprochen werden.
- Das Applet soll ideale Bedingungen bieten, um mit *mehreren* mathematischen Objekten (Funktionen bzw. Graphen) *gleichzeitig* kreativ umgehen zu können. (Die Einschränkung auf statische Graphiken und Skizzen macht gerade das recht schwierig).

Ebenso wie beim vorigen Applet besteht das Ziel, Elemente des Verstehens möglichst von Beginn an zu fördern. Es dient auch gleichzeitig als Test, wie erfolgreich jenes die Grundlage für den Umgang mit dem Ableitungsbegriff gelegt hat.

6. Der Extremwert und der sich zeichnende Graph

Ich möchte als letztes Beispiel das Applet

http://www.univie.ac.at/future.media/mo/galerie/anwdiff/anwdiff.html#es

mit dem Titel „**Schema einer Extremwert-Aufgabe**" erwähnen, um ein weiteres
- kleines - Gestaltungselement ins Spiel zu bringen. Hier wird anhand eines
einfachen Beispiels der Zusammenhang zwischen der geometrischen Situation der
Problemstellung und der Zielfunktion visualisiert. Die Größe eines einem Dreieck
einzuschreibenden Rechecks kann mit Hilfe eines Schiebereglers variiert werden.
Simultan dazu ist in einem nebenstehenden Diagramm der Graph der Zielfunktion
(der zu maximierende Flächeninhalt des Rechtecks) dargestellt. Der Graph ist
allerdings zu Beginn nicht eingezeichnet, sondern „entsteht" erst nach und nach
durch die Betätigung des Reglers. (Das Programm „merkt" sich die bereits
eingestellten Positionen und fügt für jede einen Punkt hinzu, wodurch sich der
Graph vor den Augen der BenützerInnen „selbst zeichnet"). Damit wird ein für
das Verstehen der Lösungsstrategie wichtiger Sachverhalt unterstrichen. *Zunächst*
ist die geometrisch-anschauliche Fragestellung gegeben. Diese wird *danach* in ein
der Rechnung zugängliches Problem übersetzt, indem die Zielfunktion definiert
(und zum besseren Verständnis ihr Graph dargestellt) wird. Wäre der komplette
Graph schon beim Aufruf des Applets vorhanden, könnte die *Herkunft* der – in der
Praxis in einer Termdarstellung auftretenden – Zielfunktion leichter im Unklaren
bleiben.

Dies soll illustrieren, daß auch scheinbar unbedeutende Details der Gestaltung
helfen können, Mißverständnissen vorzubeugen und – möglichst zu Beginn einer
für die Lernenden neuen Situation – Verstehen zu begünstigen, damit dieses nicht
durch „Üben" nachgeholt werden muß.

7. Welches „Lernmodell"?

Die Möglichkeit, interaktive und multimediale Technologien im Mathematik-
Unterricht und einzusetzen, gestattet nicht nur ein größeres Maß an Selbsttätigkeit
der Lernenden, sondern befördert auch eine der neuen Situation - zumindest auf
den ersten Blick - angemessene Lerntheorie. Sie wird meist unter dem Kurztitel
"Konstruktivistische Lerntheorie" geführt. Stellvertretend sei eine auf der
Homepage des "Calculus, Concepts, Computers and Cooperative Learning (C4L)
Project" (Purdue University) befindliche Passage zitiert
(http://www.math.purdue.edu/~ccc/), die in ähnlicher Form auch auf den im
WWW sehr bekannten Seiten des Math Forum (Swarthmore College,
(http://forum.swarthmore.edu/mathed/constructivism.html) wiedergegeben wird:

"The emphasis of the C4L program is a pedagogical approach based on a
constructivist theoretical perspective of how mathematics is learned.
According to this emerging theory, students need to *construct their own
understanding of each mathematical concept*. Hence, we believe that the primary
role of teaching is not to lecture, explain, or otherwise attempt to 'transfer'
mathematical knowledge, but to create situations for students that will foster their
making the necessary mental constructions. A critical aspect of our approach is a
decomposition of each mathematical concept into developmental steps following

a Piagetian theory of knowledge based on observation of, and interviews with, students as they attempt to learn a concept." (*Hervorhebungen* von mir - F.E.)

Nun ist weder die prinzipielle Ausrichtung auf die Sebsttätigkeit der Lernenden in Frage zu stellen, noch der Ansatz, daß das Verständnis mathematischer Begriffe und Ideen eher als Resultat eigener Konstruktionen - Erarbeitungen - erzielbar ist denn als Folge technischen und algorithmischen Einübens. Weiters ist *jeder* mentale Inhalt in gewissem Sinn das Ergebnis einer „Konstruktion". Was den oben zitierten Konstruktionsbegriff von einer Triviatität unterscheidet, scheint das Moment einer „tätigen" (im Vergleich zu spontanen) Selbst-Entdeckung mathematischer Konzepte durch die Lernenden zu sein. Hier scheint mir die *alleinige* Ausrichtung auf das "konstruktivistische" Zustandekommen von Verstehen zu kurz gegriffen und wird den konkreten Inhalten der (Schul-)Mathematik nicht gerecht. *Manchmal* besteht die sinnvollste Rolle des Lehrers (des menschlichen oder des „elektonischen") darin, genau das zu tun, was er nach dem im obigen Zitat wiedergegebenen Zugang *nicht* tun sollte: "attempt to 'transfer' mathematical knowledge" - außer, die Vorgabe einer Definition in einem Diagramm, das den Lernenden lediglich einen einzigen Freiheitsgrad an Eingabemöglichkeiten freigibt, gilt als "creat(ion of) situations for students that will foster their making the necessary mental constructions".

Gerade die im Schieberegler-Abschnitt besprochene Situation gehorcht einer anderen inneren Logik. Sie illustriert, daß gewisse zentrale, besonders wichtige Stationen im Stoffgebäude auf andere Weise verstanden werden *können* als dies in den konstruktivistischen Modellen vorgesehen ist: auf eine Weise, die manchen Zügen des tatsächlichen Produktionsprozesses mathematischer Forschung in gewisser Hinsicht sogar näher kommt, und die weder als „Konstruktion" noch durch den Begriff des „Erarbeitens" hinreichend gut erfaßt wird. Wenn das Terrain gut aufbereitet ist, muß an den entscheidenen Punkten - z.B. bei der ersten Begegnung mit der Ableitung - kaum noch Konstruktionsarbeit - im Sinne von "Arbeit" - geleistet werden. Dieser Ansatz wirkt sich, wie gezeigt, auf die Gestaltung von *Lehr*mitteln aus: So widerspricht die genaue Vorgabe der geometrischen Situation, der Hilfslinienkonstruktion und die Rolle des Schiebereglers im Ableitungs-Applet im Grunde genommen dem konstruktivistischen Herangehen: es wird die komplette Situation inklusive Definition bereits fertig aufbereitet präsentiert, der Handlungsspielraum der Lernenden auf die eine Dimension des Schiebereglers reduziert. Diese werden nicht aufgefordert, durch eigenes Entdecken ein Problem zu lösen, sondern lediglich eine Definition zu akzeptieren, ein vorgegebenes (dynamisches) Diagramm zu betrachten und zu bedienen und eine Reihe vorgefertigter Aufgaben zu lösen. Dennoch ist das zu vermittelnde Verstehenserlebnis mitunter nachhaltiger als das durch schrittweise Konstruktion erzielbare.

Joachim Engel, Ludwigsburg (Deutschland)
Computer und Erziehung zur Datenkompetenz

1 Einleitung

Im öffentlichen Leben unserer demokratischen Massengesellschaften findet eine Überflutung mit Tabellen, Graphiken und Statistiken statt, deren Ursachen vielfältig sind:

1. **Moderne Wissenschaft:** Die empirische Methode der Wissenschaft basiert auf der Analyse von Daten und dem Vordringen von Mathematik in viele Wissensbereiche.

2. **Neue Technologien:** Die Verfügbarkeit von Computern und anderen modernen Technologien ermöglicht erst das Sammeln und Verarbeiten von Massendaten.

3. **Politik:** Neben der empirischen Methode der Wissenschaft, quantitative Messungen zu analysieren und dadurch ihre Theorien zu bilden, wird im gesellschaftlichen und wirtschaftlichen Kontext zunehmend mit Zahlenmaterial argumentiert. Über wirtschaftliche, soziale und kulturelle Menschenrechte wird maßgeblich auf der quantitativen Ebene des Massenphänomens diskutiert, weil hier weniger der Einzelfall als vielmehr Trends in Massenphänomenen den Absichten und Ansprüchen einer freien Gesellschaft widersprechen.

Läßt sich gegen Fakten überhaupt argumentieren, die auf Zahlen gestützt sind, oder *kann man mit Statistik eben alles beweisen,* wie der Volksmund behauptet? Vom mündigen Bürger wird eine Fähigkeit zum Einschätzen, Bewerten und Argumentieren mit quantitativ dargebotenem Material erwartet, auf das unsere allgemeinen Bidungseinrichtungen vorbereiten müssen. Grundkenntnisse und Fertigkeiten im quantitativen Argumentieren gehören in einer offenen Gesellschaft und Massendemokratie genauso zu den Kulturtechniken wie Lesen, Schreiben und Rechnen. Von aktiven Demokraten wird eine Datenkompetenz (Biehler und Weber, 1995) im Umgang und Argumentieren mit Zahlenmaterial erwartet, für die unsere Bildungseinrichtungen ihre Absolventen entsprechend ausbilden und vorbereiten müssen. Veränderungen in unseren Mathematikcurricula sind notwendig, die grundlegende Fähigkeiten im quantitativen Argumentieren und statistischen Denken zu fördern. In den letzten 10 Jahren hat sich in den angelsächsischen Ländern, besonders in den USA im Rahmen des *Quantitative Literacy Projects* eine intensive Diskussion mit grundlegenden Änderungen der Lehrinhalte und des Lehrstils stattgefunden, die bisher noch wenig Widerhall in Kontinentaleuropa gefunden hat. Die Reformbestrebungen stehen unter dem Einfluß von drei Grundpfeilern, die sich gegenseitig beeinflussen:

- neue lernpsychologische Erkenntnisse und empirische Resultate der Lernforschung;

- Verfügbarkeit und Nutzbarmachung neuer Technologien;

- neue Unterrichtsinhalte und Fragestellungen.

Veränderungen im Lehrinhalt, lerntheoretische Einsichten und neue Technologien erfordern, so argumentieren Reformer wie z.B. David Moore (1997), eine radikale Veränderung des Lehrstils in der Stochastik. Im folgenden wird zunächst der Begriff *Datenkompetenz* näher erörtert. Anschließend wird die Rolle von Computern und didaktisch wünschenswerten Lehrprinzipien im Rahmen eines datenorientierten Zugangs zur Stochastik diskutiert, bevor schließlich dargelegt wird, wie das Zusammenwirken der Komponenten Lernpsychologie, Computernutzung und Diskussion um neue Lehrinhalte dem Stochastikcurriculum maßgebliche Impulse zur Veränderung verleiht.

2 Datenkompetenz und datenorientierte Zugänge zur Stochastik

Zentrales Lernziel eines datenorientierten Zugangs zur Mathematik ist die Herausbildung von Fähigkeiten und Fertigkeiten, die Biehler und Weber (1995) als Datenkompetenz charakterisieren. Dieser Begriff lehnt sich an die aus der angelsächsischen Diskussion stammenden Begriffe 'Data Literacy' (Hancock, 1995) oder 'Quantitative Literacy' (Landwehr, 1991) an. Biehler und Weber beschreiben Datenkompetenz als eine *"Fülle von Fertigkeiten, Fähigkeiten, Begriffen und Einsichten etc., die notwendig oder zumindest hilfreich beim sachgerechten Umgang mit Daten sind"*. In ihrer Allgemeinheit ist dieser Definition kaum etwas hinzuzufügen. Wir verstehen unter Datenkompetenz neben Fähigkeiten, zum Darstellen, Zusammenfassen und Analysieren gegebener Daten und grundlegenden Kenntnissen über die Mathematik des Zufalls auch ein Können und Wissen um Probleme der Datenerhebung und Konzepte des Stichprobendesigns. Weiterhin halten wir die Fähigkeit für zentral, den Zufall (oder zufällige Anteile) in realen Daten überhaupt zu entdecken. Wichtig dabei ist eine Intuition dafür, welche Information in Daten stecken kann sowie die Fähigkeit, zufallsbedingte Variabilität in Daten zu erkennen und bei allen Zufallseinflüssen wesentliche Informationen aus den Daten zu extrahieren (Engel, 1998).

Der traditionelle Zugang zur Stochastik ist stark an einer axiomatisch aufgebauten Wahrscheinlichkeitstheorie orientiert, der zumindest der zeitliche Vorrang eingeräumt wird. Im Schutzraum idealisierter Umgebungen und abstrakter Zufallsmodelle werden exakte mathematische Begriffssysteme erarbeitet und eingeübt, bevor man als Anwendung der theoretischen Konzepte Probleme der Datenanalyse behandelt und sich an realen Daten 'die Hände schmutzig macht', deren Zufälligkeit in der Variabilität der Daten versteckt ist und erst im Kontext entdeckt und gerechtfertigt werden muß. Im Hinblick auf das Lernziel Datenkompetenz ist ein stärker datenorientierter Zugang zur Stochastik erforderlich. Der datenorientierte Zugang zur Stochastik stellt einen anderen wissenschaftsmethodischen Ansatz dar, dessen methodisch-didaktische Konsequenzen für den Unterricht beschrieben werden können durch

- einen interdisziplinär, fächerverbindend und fächerübergreifenden projektorientierten Unterricht

- Hervorhebung realer Situationen, realer (nicht nur realistischer) Probleme und realer Daten

- Betonung auf Problemlösen und Lösungsstrategien an Stelle von rechentechnischer Details

- höherer Bewertung interpretativer, verbaler und kommunikativer Fähigkeiten

- aktives, entdeckendes Lernen, Handlungsorientierung und Teamarbeit

- einen experimentellen und laborartigen Arbeitsstil

- Visualisierung und Hervorhebung von Konzepten und Begriffen an Stelle von Kalkülen.

3 Lernforschung, Computernutzung und neue Unterrichtsinhalte

Erkenntnisse der Lernforschung fordern dazu auf, die Rolle der Lernenden zu ändern von passivem Zuhören und Lesen hin zur aktiven Teilnahme. Lernende erarbeiten sich maßgeblich durch eigene Aktivitäten neues Wissen anstatt durch Absorption von Informationen aus Lehrervorträgen. Die Rolle des Lehrenden ändert sich dabei von demjenigen, der Informationen in der auf seine SchülerInnen zugeschnittenen Rate übermittelt zum Anreger, Ermutiger und Moderator von Lernprozessen. Lernen wird dabei ermöglicht vor allem auch durch Gruppen- und Partnerarbeit, gegenseitiges Erklären und Kommunizieren und Arbeiten an Problemen mit offenem Ergebnis oder offener Zielrichtung. Eine Vielfalt von Schüleraktivitäten ist hierzu erforderlich, einschließlich Diskussionen, praktischer Erfahrungen, schriftliches Formulieren, Projektarbeit, Einüben von Techniken,

Entdecken und Experimentieren in laborartigen Lernumgebungen, Problemlösen
und Anwenden von Mathematik auf Alltagssituationen.

Zusätzlich zu diesen lerntheoretischen Forderungen steht die Mathematikdidaktik unter dem Einfluß von rasanten Entwicklungen der modernen Informationstechnologien. Erst die Verfügbarkeit von Computern ermöglicht ein Sammeln und Verarbeiten von Massendaten. Technologie und moderne Kommunikationsmedien tragen somit maßgeblich mit zur Überflutung mit Zahlenmaterial bei. Gleichzeitig bieten technologische Neuerungen - didaktisch sinnvoll eingesetzt - auch den Schlüssel, um kompetent quantitatives Material bearbeiten und beurteilen zu können. Computer sind ein zentrales Hilfsmittel bei der Erlangung von Datenkompetenz. Die neuen technologischen Möglichkeiten haben einen massiven Einfluß auf didaktische Konzeptionen eines Unterrichts in Statistik. Technologie beeinflußt die Lehrinhalte im Curriculum, aber auch Lehr- und Lernmethoden. Eine Reform des Statistikcurriculums sowohl auf der Ebene der Sekundarstufen wie auch bei Einführungskursen an Universitäten wird seit einigen Jahren in vielen Ländern heftig diskutiert und ist am weitesten in den USA vorangeschritten. Die Reformer drängen auf eine Neuorientierung für einen Unterricht, der seine Aufmerksamkeit konkreten Problemen zuwendet und reale, nicht nur realistische Datensätze verwendet. Im Zentrum soll das Erlernen von begrifflichen Konzepten und das Umsetzen dieser Konzepte zur Lösung konkreter Probleme stehen.

Um diese Ziele erreichen zu können, muß sich der Unterricht stärker an realen Problem und realen Daten orientieren. Im Bewußtsein ihrer Allgegenwart in empirischen Daten soll Variabilität in realen Beobachtungswerten gemessen und modelliert werden. Im traditionellen Curriculum mussten StudentInnen lernen, bestimmte statistische Verfahren auszuführen, um unter klar definierten Einschränkungen Antworten auf wohl vorformulierte Fragen zu geben. Der Unterricht soll sich hingegen mehr an Daten und Konzepten des statistischen Denkens orientieren und weniger formelorientierte Rezepte zum Berechnen statistischer Kennzahlen und ihren technischen Herleitungen betonen. Wenn immer möglich sollen Berechnungen und das Erstellen von Graphiken automatisiert werden. Die formale Strenge mathematischer Herleitungen und Begründungen kann dabei im datenorientierten Stochastikkurs bewußt vernachlässigt werden zugunsten einer Betonung von konzeptionellen und heuristischen Argumenten der Datenanalyse. Das Lernen sollte durch viele eigenständige und angeleitete Aktivitäten der Lernenden unterstützt und gesteuert werden, wie z.B.

1. Problemlösen und Diskussionen in kleineren Arbeitsgruppen;

2. Übungsaufgaben und Durchführung von Experimenten;

3. Demonstrationen von Darstellungs- und Analysetechniken, die sich auf im Klassenzimmer erzeugte Daten beziehen;

4. schriftliche und mündliche Darstellungen von (Zwischen-)ergebnissen, Arbeitshypothesen und begründete Vermutungen durch die Lernenden;

5. Projektarbeiten von Einzelnen oder Gruppen.

Ähnlich wie im Unterricht naturwissenschaftlicher Fächer kann es auch für den Statistikunterricht experimentelle Laborarbeiten geben. Insbesondere einführende Kurse sollten mehr Möglichkeiten zu Erfahrungen mit Daten aus realen Problemsituationen bieten. Sie sollten sich auf diejenigen Aspekte beim Lösen konkreter Probleme konzentrieren, die nicht automatisiert werden können wie z.B. die Interpretation von Graphiken, die Suche nach Strategien für effiziente Datenexplorationen, Diagnostik und Prüfung der Adäquatheit der jeweiligen Modellannahmen. Dagegen können Berechnungen und das Erstellen von Graphiken leicht automatisiert, d.h. dem Computer überlassen werden.

4 Synergieeffekte zwischen Lernpsychologie, Inhalten und Technologie

Lernpsychologisch wünschenwerte Lehrprinzipien, Möglichkeiten durch die moderne Informationstechnologie und Neubesinnungen über Lehrinhalte wirken zusammen bei der Ausgestaltung eines datenorientierten Zugangs zur Stochastik. Moore (1997) spricht von Synergieeffekten.

Curriculare Inhalte und Lernen:
Gute Didaktik verlangt von uns, konzeptionellen Erklärungen weitaus mehr Gewicht zu geben als technischen Beweisen, die für viele Lernende vielleicht gar nicht so überzeugend sind. Die SchülerInnen sollen durch möglichst eigenständige Aktivitäten lernen, aus einem unübersichtlichen Dickicht von Daten Informationen und neue Erkenntnisse zu ziehen. Sie sollen also an konkreten, empirischen Problemen arbeiten, in Partner- und Gruppenarbeit Resultate erzielen und sich dabei auch über die Sinnhaftigkeit ihrer Schlussfolgerungen verständigen.

Inhalt des Curriculums	Didaktik
Datenanalyse	Handlungsorientierung
Statistik in der Praxis	Kommunikation und Kooperation
Mehr Konzepte	Weniger Beweise

Didaktik und Technologie:
Eine sorgfältig strukturierte Visualisierung erleichtert das Lernen. Das gleiche gilt für Probleme mit offener Zielrichtung oder offenem Ergebnis, die oft mehrerer Anläufe und des Einsatzes einer Kombination von Techniken und Methoden

der Lernenden bedürfen - im Gegensatz zu Aufgaben, die mittels eines einzigen Lösungswegs zur einzig richtigen Antwort führen. Die Wahl eines Modells für einen etwas komplexeren Datensatz, der Einsatz von statistischen Diagnoseinstrumenten, Modellkritik, Diskussionen und die Erprobung anderer Modellannahmen und Parametersetzungen sind typische Beispiele für Probleme im Statistikunterricht mit offenem Ausgang. Eine nachhaltige Betonung von Visualisierung und Problemlösen sind kaum möglich, wenn alle Graphiken mit der Hand gezeichnet und alle Berechnungen selbst durchgeführt werden müssen. Der Einsatz von Computern ermöglicht es für den Unterricht, sich auf Strategien zur effizienten Datenanalyse zu konzentrieren. Bei linearen Regressionsproblemen z.B. kann sich der Unterricht auf eine Analyse der Residuenplots konzentrieren und somit die Berechtigung einer linearen Anpassung für das vorliegende Problem diskutieren, anstatt einen Großteil der Aufmerksamkeit auf die konkrete Berechnung der Regressionsgerade zu legen.

Didaktik	Technologie
Visualisierung	Automatisierung von Graphiken
Problemlösen	Automatisierung von Berechnungen
Aktives Lernen	Multimedia

Technologie und curricularer Inhalt:
Neue Inhalte der Statistik spiegeln die computer-orientierte und rechenintensive Praxis moderner Statistik wieder. Explorative Datenanalyse und statistische Modellbildung ist durch einen iterativen Prozeß gekennzeichnet, der Muster beschreibt, diese dann von den Beobachtungen 'abzieht', danach nach neuen Mustern in den erhaltenen Residuen sucht usw. Dieser iterative Prozeß ist in der Praxis recht ermüdend, falls Details nicht automatisiert sind. Gerade in Anfängerkursen können Lernende auch an praktisch relevante und interessante moderne Verfahren wie z.B. die Regressionsanalyse oder den Bootstrap herangeführt werden. Der Bootstrap ist ein Paradebeispiel für die Synergie zwischen Technologie und Inhalt: die Methode ist eine konzeptionell einfache Idee, die allgemein nützlich und lehrreich ist. Der Bootstrap ist aber ohne schnelle und billige Rechenkapazitäten nicht durchführbar.

Die Automatisierung von Routineoperationen erlaubt, daß die Lehre mehr Betonung auf Konzepte und Strategien legt. Die Automatisierung zwingt Unterrichtende und SchülerInnen sich verstärkt darauf zu konzentrieren, was noch nicht automatisiert worden ist. Damit ist der Weg für eine Betonung von Konzepten gebahnt, wie sie von der Didaktik schon immer angestrebt waren, die wegen der Schwierigkeiten der SchülerInnen mit aufwendigen Routineverfahren aber selten umgesetzt werden konnten.

Computersimulationen erlauben mitunter eine sehr anschauliche Alternative
zu Beweisen und algebraischen Herleitungen als überzeugenden Weg, Schüler-
Innen den Inhalt wichtiger Fakten zu vermitteln. Ein erprobtes und dokumen-
tiertes Beispiel hierfür ist der Zentrale Grenzwertsatz der Wahrscheinlichkeits-
rechnung, der rein technisch nur für fortgeschrittene MathematikstudentInnen
bewiesen werden kann. Für viele Lernende überzeugender und verständlicher als
ein formaler Beweis dieses wichtigen Satzes ist es aber vielleicht, wenn die Konvergenz zur Normalverteilung tatsächlich über Computersimulationen und Graphikprogramme demonstriert werden kann.

Technologie	Inhalt des Curriculums
Computing	Datenanalyse, Diagnostik, Bootstrap,
	Glätten, funktionale Modelle,
	Kurvenanpassung
Automatisierung	Mehr Konzepte
Simulation	Weniger Beweise

Unterrichtende sollten Computer als *Werkzeug zum begriffsorientierten Lernen* von Statistik einsetzen, nicht nur als Hilfsmittel um Statistik zu betreiben.
Computer sollten nicht bloß Berechnungen automatisieren. Da graphische Darstellungen und der Einsatz interaktiver Graphikprogramme zweifellos das Lernen
erleichtern, sollten SchülerInnen ermutigt werden, Software einzusetzen, um Datenstrukturen zu erkunden und zu visualisieren.

Durch die Möglichkeit der Erzeugung von Zufallszahlen bietet sich durch den
Computereinsatz die Chance, Erfahrungen in stochastischen Situationen für Lernende bereitzustellen und ihre Intuition über Zufall zu prüfen und durch viele
neue Erfahrungen mit dem Phänomen Zufall weiterzuentwickeln. Simulationen
haben zunehmenden Wert als wissenschaftliches Hilfsmittel, um die Effizienz von
neuen Verfahren zu evaluieren. Aber auch als Lernmittel sind sie sehr bedeutsam:
wegen der Möglichkeit Erfahrungen in stochastischen Situationen für Lernende bereitzustellen und ihre Intuitionen über Zufall zu prüfen. Simulierte Daten
können maßgeblich dazu beitragen, bei SchülerInnen eine Intuition für zufalls-
bedingt Variabilität im empirischen Daten zu entwickeln. Dazu werden mit dem
Computer wiederholt Daten von Zufallsexperimenten, die unter denselben Bedingungen stattfinden, generiert. Die anschliessende Analyse führt entsprechend der
zufälligen Variabilität in den Daten zu unterschiedlichen Ergebnissen und läßt
die zufallsbedingte Vielfalt direkt erfahren.

Bezogen auf das Lernen liegt wohl der maßgebliche Vorteil eines Computereinsatzes im experimentellen und interaktiven Arbeitsstil. Computer können eingesetzt werden, um Vermutungen aufgrund numerischer oder graphischer Evidenz
zu bekräftigen. Der Rechen- und Zeichenaufwand spielt keine Rolle mehr, da die

Routine von der Maschine abgenommen wird. Durch den Computer werden neue Problemelösestrategien auch in der Schule durchführbar. Beliebige Wiederholungen bei Simulationen werden nicht nur im Prinzip sondern auch physisch möglich. Die Möglichkeiten der Datenexploration sind weit ausgedehnt und stark erweitert durch Änderung von Modellannahmen oder Variieren der Modellparameter. Neue und weitaus flexiblere Darstellungsmöglichkeiten der Daten zu definieren gehört dabei bewußt zum Arbeitsstil. Lernende ‹ können auf diese Weise in fast spielerischer Weise in Neuland vordringen, indem sie Erfahrungen sammeln, Beziehungen erahnen und vermuten. Schließlich erproben sie selbst, welche methodische Vorgehensweise und Modellierungstechnik in stochastischen Situationen hilfreich sein können.

Wie im naturwissenschaftlichen Unterricht schon lange selbstverständlich, so kann auch im Stochastikunterricht der Einsatz von Experimenten und Lernen im Versuchslabor einen wichtigen Stellenwert einnehmen. Neuere explorative Methoden der Statistik und des Modellbildens werden erst im Rahmen dieses experimentellen Arbeitsstils möglich.

Literatur:

Biehler, R. (1997): Software for learning and doing statistics. *International Statistical Review*, 65, 167 - 189.

Biehler, R. und W. Weber (1995): Entdeckungsreisen im Daten-Land. *Computer und Unterricht* 17, 4 - 9.

Engel, J. (1998): *Stochastische Modellierung funktionaler Abhängigkeiten. Konzepte - Zugänge - Curriculare Konsequenzen.* Ludwigsburg.

Hancock, C. (1995): Das Erlernen der Datenanalyse durch anderweitige Beschäftigungen. Grundlagen von Datenkompetenz bei Schülerinnen und Schülern in den Klassen 1 bis 7. *Computer und Unterricht* 17, 33 - 39.

Landwehr, J. (1991): Statistics and Probability Topics for Pre-College Students: The Quantitative Literacy Perspective. In: American Statistical Association (Hrsg.), *Proceedings of the Section on Statistical Education.* ASA: Alexandria, Virginia.

Moore, D. (1997): New pedagogy and new content: the case of statistics. (Mit Diskussion). *International Statistical Review* 65, 123 - 166.

Roland FISCHER, Wien/Klagenfurt (Österreich)

Technologie, Mathematik und Bewußtsein der Gesellschaft

Mein Thema ist die Rolle der Mathematik in Bezug auf den Zusammenhalt von Gesellschaft und in Hinblick auf das, was ich Bewußtsein von Gesellschaft nenne. Technologie spielt dabei insofern eine Rolle, als sie erstens für den Zusammenhalt der heutigen Gesellschaft eine besondere Bedeutung hat und sie zweitens mit Mathematik immer schon eng verbunden war. "Neue Technologien" haben keine Sonderrolle, sie stellen bloß die jüngste Ausformung bzw. Zuspitzung eines Phänomens dar.

Ich werde mich nicht unmittelbar mit Konsequenzen für den Mathematikunterricht befassen. Dies erstens aus Zeitgründen und zweitens weil ich denke, wir – oder die, die dafür Interesse haben – sollten uns zunächst grundsätzlich über die Angelegenheit verständigen.

1. Regelgesellschaft

Zwei Sozialwissenschaftler, die unter anderem am IFF (Institut für interdisziplinäre Forschung und Fortbildung der Universitäten Klagenfurt, Wien, Innsbruck und Graz) arbeiten, Arno Bammé und Peter Fleissner, haben einen Artikel geschrieben, dessen Titel mit der anspruchsvollen Frage beginnt: "Was hält die Welt zusammen?" (Bammé, Fleissner 1994). Sie geben zwei Antworten.

Die erste: <u>Ökonomie</u> hält die Welt zusammen. Wirtschaftliches Tun, Warentausch, Dienstleistungstausch und vor allem der immer schneller und immer ungebremster mögliche Fluß des Geldes verbinden uns. Der Weltmarkt ist Integrationsfaktor Nr. 1 für die Weltgesellschaft. Wenn wir schon sonst nichts zu tun haben mit irgendeinem Land auf einem anderen Erdteil, für eine Wirtschaftsbeziehung existiert es, zumindest als Hoffnungsgebiet für einen zukünftigen Markt.

Die zweite Antwort lautet: <u>Technologie</u> ist das Verbindende. Gemeint sind zunächst Kommunikationstechnologien wie Fernsehen, Telefon und Internet, die einen immer schnelleren Transport von immer mehr Information ermöglichen; dann Verkehrsmittel, die Waren und Menschen befördern; und schließlich auch Produktionstechnologien: Sie schaffen einen Bedarf nach Zusammenhang, nach Kompatibilität, damit unter Nutzung der Ressourcen der ganzen Welt produziert werden kann.

Zusätzlich verursachen sie die Notwendigkeit einer vereinheitlichten Nachfrage, damit für die entsprechenden Großserienprodukte ein Absatz gesichert ist. Diese Vereinheitlichung hat auch Auswirkungen auf Kultur und Kommunikation. In gewisser Weise tritt durch die Technologie, so A. Bammé, die Ökonomie in den Hintergrund. Der EAN-Code der "Europäischen Artikel-Nummern" beispielsweise ermöglicht die Verfolgung der Warenflüsse vom Produzenten bis zum Kunden, wodurch neue Abstimmungen möglich sind, etwa die sogenannte "just-in-time-Produktion", sodaß zumindest der Handel sich neu definieren muß (vgl. Bammé 1993)

Vergleicht man die beiden Erklärungsansätze für Weltzusammenhalt, also Ökonomie und Technologie, so kann man eine Gemeinsamkeit feststellen, jedenfalls im Vergleich mit Gesellschaftsintegrationskräften, die zu anderen Zeiten gewirkt haben, wie Kirche und Herrscherhäuser. Es ist ein <u>regelhaft-mechanistisches Element</u> in den Vordergrund getreten. Die Menschen müssen sich nicht, auch nicht einige wenige stellvertretend, direkt um den Zusammenhalt, um das Ganze bemühen; der Mechanismus tut es für sie. Etwa der Mechanismus "Markt": Die Teilnehmer brauchen sich nur um ihre je eigenen Interessen zu kümmern, der Markt erzeugt eine Integration, eine "invisible hand" steuert ihn, sogar zum Wohle aller, wie eine Theorie sagt. Ähnliche Hoffnungen und Versprechungen gibt es bei Technologien: Das einmal implementierte Internet soll ein neues gesellschaftliches Ganzes schaffen, dabei auch neue Formen gesellschaftlicher Willensbildung. Das neue Ganze "emergiert", ohne daß es modellhaft vorausgedacht werden muß. Wir müssen nur die Regeln befolgen. Bammé spricht im Anschluß an den Philosophen Hülsmann von einer sogenannten <u>"technologischen Zivilisation"</u> (Bammé u. a. 1987).

Es ist zu beobachten, daß auch im politischen Bereich, also dort, wo man noch am ehesten bewußte Entscheidungen erwarten würde, ein Trend zur "Technologie" vorliegt: Verträge über den Welthandel, die Einführung einer gemeinsamen Währung, ausgeklügelte Verteidigungsbündnisse oder Rüstungskontrollabkommen zur Friedenssicherung sind komplizierte <u>Regelungsmechanismen.</u> Sie werden oft in einem mühsamen Prozess ausgehandelt, wobei Entscheidungen zu treffen sind, die Intention ist aber, daß sie dann von selbst, gesteuert von einer "invisible hand", ohne die Notwendigkeit einer Entscheidung im Einzelfall, wirksam sind. Die Zunahme der Bedeutung von Bürokratien, nicht nur von nationalen, deutet darauf hin, daß Technologien im weiten Sinn für die Gesellschaftsintegration eine große Rolle spielen.

Ein letzter Beleg für die technologische Gesellschaftsintegrationsthese (die in dieser weiten Form die Marktintegrationsthese einschließt): die Beschreibung der Gesellschaft, wie sie N.Luhmann gibt, als ein Konglomerat von autonomen Funktionssystemen wie Wirtschaft, Recht, Wissenschaft, Bildung, etc. Diese kommunizieren in ihren spezifischen Codes und erfüllen füreinander bestimmte Funktionen, ohne daß ein System, auch nicht das politische, eine Gesamtsteuerung übernehmen könnte. Die Gesellschaft "funktioniert" sozusagen, sie läuft ab, wenn alle Subsysteme ihre Aufgaben erfüllen (vgl. Luhmann 1986).

2. Bewußtlosigkeit der Gesellschaft

Ein Vorteil der technologischen Gesellschaftsintegration ist die Entlastung. Die Integration erfolgt automatisch. Ein weiterer: Personale Herrschaft ist nicht in dem Ausmaß notwendig wie bei anderen Integrationsmodellen. Stattdessen "herrscht" die Regel: der Markt, das Geld, die Bürokratie, der Computer. Damit gibt es mehr Demokratie. Die Formalität der Regeln ermöglicht zudem auch inhaltliche Vielfalt.

Auf der anderen Seite gibt es auch Nachteile. Verantwortung ist schwerer zu verorten. Dies betrifft vor allem Situationen, in denen das Regelsystem wichtige Probleme nicht löst, etwa Probleme der Umweltzerstörung oder der Nichtbeteiligung vieler Menschen am gesellschaftlichen Prozeß (Arbeitslosigkeit). Oder noch schärfer: Was tut man dann, wenn das Regelsystem gerade bestimmte Probleme produziert, oder verhindert, daß sie überhaupt in relevantem Umfang wahrgenommen werden? (Für N. Luhmann existieren sie dann als gesellschaftliche Probleme nicht – vgl. Luhmann 1986)

Für mich hat der regelhafte Zusammenhalt von Gesellschaft mit gesellschaftlicher Bewußtlosigkeit zu tun. Die Gesellschaft liefert sich bestimmten Mechanismen aus, ohne bewußte gemeinsame Vorstellung über ihr Ganzes und in Konsequenz daraus ohne gemeinsame Verantwortung für dieses. Die Bewußtlosigkeit erschwert oder verunmöglicht gemeinsames Entscheiden und Handeln dort, wo die Regelungsmechanismen ihre Grenzen haben.

Gesellschaftliche Bewußtlosigkeit ist nicht gleichzusetzen mit individueller Bewußtlosigkeit der Menschen. Viele Menschen haben heute Vorstellungen über sich und auch über das größere Ganze, in dem sie stehen. Sie haben sozusagen "gesellschaftliches Bewußtsein". Die Summe dieser "gesellschaftlichen Bewußtseine" ist aber noch kein Bewußtsein der Gesellschaft. Ich meine mit Bewußtsein der Gesellschaft aber auch nicht, daß alle Menschen – oder die meisten oder zumindest die einflußreichsten – dasselbe denken und die selben Vorstellungen vom Ganzen haben müssen. Es ist komplizierter. - Was ich mit Bewußtsein der Gesellschaft meine, werde ich etwas später erklären. Vorerst möchte ich auf die Rolle von Wissenschaft und speziell von Mathematik in einer Regelgesellchaft eingehen.

3. Wissensgesellschaft

In einer Regelgesellschaft spielen objektives Wissen und damit Wissenschaft eine besondere Rolle. Sie stellen die Basis dar, von der aus Regeln konstruiert werden und von der aus Zusatzexpertise dort, wo das Regelgerüst zu allgemein ist, zur Verfügung gestellt wird. Es besteht der Wunsch, daß diese Basis, also das objektive Wissen, außerhalb von uns, von unserer Willkür, verankert ist, am besten "in der Natur" (z. B. die liberale Marktwirtschaft durch eine Art Primitivdarwinismus), jedenfalls in einer Sache. Der Sachzwang soll jenen Außenhalt für die Regelgesellschaft bieten, den früher transzendent begründete Autoritäten geboten haben. Im Gegensatz zu diesen ist er allerdings mit Demokratie verträglich: Aufgrund von Bildung kann jede(r) Einsicht in die Notwendigkeiten gewinnen. Idealerweise wäre es dann das Wissen über die Notwendigkeiten, was die Welt jenseits der Regelsysteme zusammenhält.

Wir beginnen heute zu bemerken, daß objektives Wissen die ihm zugedachte Aufgabe nicht wirklich erfüllt. Wissen liegt nur unvollständig vor, Experten widersprechen einander, Paradigmen werden gewechselt und über all dem relativiert die Konstruiertheit von Wissen, das heißt die Bedingtheit durch uns, unsere Interessen, Wahrmehmungs- Denk- und Kommunikationsformen, die Objektivität dieses Außenhalts. Wir werden gewissermaßen auf uns zurückgeworfen (vergleiche Fischer 1998a).

Ein Ausweg, der es bei aller Bedingtheit von Wissen und Wissenschaft dennoch erlaubt, Zusammenhang und Gemeinsamkeit herzustellen, ist jener der Abstraktion und Methodisierung. Wenn schon Lücken, Widersprüche, Veränderungen und Bedingtheiten in den Wissenschaften existieren, gemeinsam sind allgemeine Prinzipien und Methoden. M. Otte spricht von einer schon im 19. Jahrhundert begonnenen Theoretisierung und Methodisierung von Wissen (Otte 1993, S 131, 149). Moderne Wissenschaft formuliert Hypothesen, entwickelt Modelle und stellt Theorien auf. Direkte Aussagen über die Wirklichkeit macht sie nicht. Selbst wenn unsere Vorstellungen über die Wirklichkeit verschieden sind, auf methodischer Ebene haben wir Gemeinsamkeiten.

An dieser Stelle kommt die Mathematik ins Spiel. Sie geht am konsequentesten den Weg der Abstraktion, der Konzentration auf Methoden, und zusätzlich der Beschränkung auf das, was alle akzeptieren. Weiters sind ihre Gegenstände u. a. Regeln und Algorithmen (bzw. deren statisches Komplement, nämlich Beziehungen und Strukturen). Sie entwickelt Regelsysteme, lotet sie logisch aus - im Rahmen der reinen Mathematik - wendet sie an - im Rahmen der angewandten Mathematik. Die Mathematik ist die Wissenschaft der Technologie in allgemeinstem Sinn.

Die Theoretisierung und Methodisierung von Wissen und an der Spitze
dieser Bewegung die Mathematik, inwiefern bieten sie einen Außenhalt?
Man kann ja gerade in der Theoretisierung und Methodisierung wieder
eine Bewegung weg von der Sache hin zum Menschen sehen; zu dem,
wie er diese Dinge sieht, ordnet, einteilt, Strukturen schafft usw. Wo bleibt
hier der Außenhalt?

4. Mathematik als Materialisierung des Abstrakten

Die These ist: <u>Mathematik bietet für den Prozeß der Abstraktion und
Methodisierung Außenhalt durch Materialisierung</u>. Das, worüber wir die
höchste Sicherheit hinsichtlich seiner Existenz – außerhalb von uns selbst
– haben, ist Materie. Und die wird in der Mathematik benützt, um
Abstraktes zugänglich und handhabbar zu machen, und sie liefert damit
gleichzeitig einen Außenhalt. Dies ist so, nicht erst seit es den Computer
gibt, sondern war immer schon so. Anders ausgedrückt: Hardware war
immer schon bedeutsam für die Mathematik.

Was sind die <u>Belege für die Materialisierungsthese</u>? Sie reichen von den
Rechensteinen als Hilfsmittel für das Zählen, über Abakusse, den
schriftlich-graphischen Darstellungen auf Papier bis zum Computer. In
unserer Kultur sind die graphischen Materialisierungen die
bedeutendsten: die einfache Strichsymbolik zur Unterstützung des
Zählens, die verschiedenen Zahlschreibweisen für ganze und nicht ganze
Zahlen, die Notationen der elementaren Algebra, die Symbole im Bereich
der Analysis einschließlich des mächtigen Instruments Funktionsgraph,
die Symbole der linearen Algebra, der Mengenlehre und schließlich die
Darstellungsformen für logisches Argumentieren und für Beweise. In
diesem Jahrhundert sind eine Reihe von Möglichkeiten hinzugekommen:
Knoten-Kanten-Graph zur Veranschaulichung von Netzwerken,
Flußdiagramme zur Sichtbarmachung von Abläufen, neue graphische
Methoden in der Statistik, etc. Dabei gibt es mehr oder weniger "exakte"
Materialisierungen. Zahlsymbole sind exakt gemeint, eine Umgebung
eines Punktes auf einen Zahlstrahl zu zeichnen, zur Unterstützung einer
Argumentation, ist weniger exakt. Die "Geometrisierungen" weiter Gebiete
der Mathematik, der Analysis, der linearen Algebra, der Strohastik usw.–
überall ist von "Räumen" die Rede – führen zu Zeichnungen und
Veranschaulichungen, die Ideen liefern, aber nicht so exakt gemeint sind.

Dennoch haben die Materialisierungen nicht nur die Funktion von
Veranschaulichungen. Das Rechnen, das Umformen von Ausdrücken bis
zum Beweisen benützt wesentlich Materialisierungen. Die Besonderheit
mathematischer Darstellungen, die diese von der verschriftlichten
Sprache unterscheidet, genauer, wodurch sie über diese hinausgeht, ist

nämlich folgende: Es liegt ein elaboriertes Arsenal von Umformungsregeln vor, nach denen Darstellungen in andere, oft in gewisser Hinsicht äquivalente, transformiert werden können. Mathematisches Tun ist über weite Strecken ein Wechselspiel zwischen Darstellen und Umformen – vom elementaren Rechnen über das Lösen von Gleichungen bis zum Beweisen – eine Interaktion zwischen Mensch und Graphik. Damit ist auch ein häufiger Wechsel zwischen Objekt- und Metasprache möglich, indem die jeweilige Objektebene materialisiert wird. Charles S. Peirce bezeichnet Mathematik als "diagrammatisches Denken": Genauer: "Mathematisches Denken ist: Experimente mit Diagrammen anstellen und die Resultate dieser Experimente beobachten" (zitiert nach Otte 1993, S 382-383). Diese Tätigkeit kann phasenweise routinemäßig passieren, nach einer "Mechanik der Symbole" (vgl. zu all dem Fischer 1984).

Ich fasse diese Gedanken in eine "Definition von Mathematik" zusammen: Mathematik ist die materielle, symbolhafte Darstellung von abstrakten, den Sinnen nicht unmittelbar zugänglichen Sachverhalten, mit der Möglichkeit der regelhaften Umgestaltung. "Symbolhaft" meint hier, daß die Darstellungen einer Interpretation bedürfen, daß sie nicht von selbst verständlich sind (wie im Prinzip jede Darstellung). Mir ist klar, daß mit dieser Definition nicht alle Aspekte von Mathematik erfaßt sind, zur Erklärung der gesellschaftlichen Wirksamkeit von Mathematik erscheint mir diese Definition allerdings brauchbar.

Ein Wort zum Computer. In Ergänzung zur Darstellung auf dem Papier ermöglicht er auch routinehafte Umformungen, die sonst durch Interaktion zwischen Mensch und graphischer Darstellung stattfinden. Dennoch bleibt Interaktion zwischen Mensch und materieller Darstellung, hier eben dem Computer, notwendig, wobei weiterhin das graphische Element, jetzt als sogenannte "Benutzeroberfläche", von Bedeutung ist. Der Computer ist also eine materielle Darstellung von Abstraktem, und gleichzeitig macht er neue Darstellungsformen, in Form von Oberflächen, Programmier- sprachen etc. notwendig. Ich vermute, daß in Hinkunft das, was bisher in der Geschichte der Mathematik nur alle paar Jahrhunderte passiert ist, nämlich die Erfindung neuer Darstellungsformen – die dann ausgelotet wurden – immer häufiger sein, vielleicht sogar die eigentliche kreative Leistung der Mathematik darstellen wird.

Über die innermathematische Bedeutung der Darstellungsformen möchte ich hier nicht viel spekulieren. Daß Zahldarstellungen auf die Effizienz von Algorithmen einen Einfluß haben, ist evident. Für mich ist es ebenso evident, daß sich die Analysis in einer bestimmten Weise entwickelt hat - eben so, wie sie heute vorliegt - weil gewisse Darstellungsformen und Algorithmen gegeben waren: die Zahldarstellungen, die vier Grundrechnungsarten, die Variablen-Schreibweise sowie Tabellen für einige spezielle Funktionen. Das erklärt zum Beispiel die Bedeutung von

Approximationen mit Reihen spezieller Funktionen, die differential- und integralmäßig leicht manipulierbar sind. Durch den Computer hat sich die Situation radikal geändert; wir leben in einer Übergangszeit.

Anmerkung: Die hier vertretene Auffassung des Verhältnisses von Mathematik und Materie hat nichts zu tun mit dem Mathematikkonzept des dialektischen Materialismus, nach dem Mathematik durch Abstraktion aus der materiellen Welt entsteht. Meine Auffassung ist gewissermaßen eine Umkehrung: Mathematik ist angewandte Materie, wobei die Zuordnung symbolhaft, das heißt durch den Menschen vermittelt ist.

5. Gesellschaftliche Bedeutung der Materialisierung

Soviel zur innermathematischen Bedeutung von Darstellungsformen. Mein eigentliches Thema ist die gesellschaftliche Bedeutung. Genauer: In welcher Weise liefern die mathematischen Materialisierungen eine Basis für die Regelgesellschaft? Zunächst eine unmittelbare Bedeutung, die bereits für das Individuum relevant ist: Die Materialisierung gibt dem Abstrakten Wirklichkeit, sie erleichtert die Konzentration auf das Abstrakte und damit den Abstraktionsprozeß selbst – nämlich das Absehen von bestimmten Aspekten. Die "Siebenheit" einer Menge hat noch niemand gesehen, durch das Hinschreiben von Ziffer "7" wird sie wirklicher. Gleichzeitig erleichtert dieses Hinschreiben das Vergessen, ob es sich um 7 Äpfel, 7 Birnen oder sonst etwas gehandelt hat. Oder : Der Zusammenhang zwischen dem Ort eines nach oben geworfenen Steines und der Zeit ist ein Abstraktum, das durch ein Funktionsschaubild oder eine Formel wirklicher wird. Gleichzeitig verschwindet die Person, die den Stein geworfen hat, es wird ungewiß, ob überhaupt ein Stein geworfen wurde, ob es ein Wurf war, etc. Ähnliches gilt für das Sichtbarmachen einer Rechenprozedur durch eine Formel, eines linearen Gleichungssystemes durch eine Matrix, einer Notenverteilung durch ein Histogramm, oder eines Arbeitsablaufes durch einen Netzplan usw. (Etwas ausführlicher in Fischer 1998b).

Die Erleichterung des Vergessens dessen, wovon eben abstrahiert wird, ist bedeutsam für Entscheidungen. Wer alles bedenken will, wird nie fertig und kann daher nicht entscheiden. So sind die Schularbeitsnote für die Leistung eines Schülers oder ein Grenzwert zur Festlegung der Gefährlichkeit eines Giftstoffes Materialisierungen von Abstrakta, bei denen von vielem abgesehen wird, und die damit die Grundlage für Entscheidungen sein können. Inwieweit bei solchen Materialisierungen Wirklichkeit konstruiert, also etwa "Leistung" oder "Schädlichkeit" definiert, oder Wirklichkeit abgebildet wird, ist eine philosophische

Grundfrage, die im Einzelfall zu diskutieren ist. In jedem Fall wird durch die Materialisierungen irgend etwas wirklicher.

Die genannten Aspekte von Materialisierung sind, wie schon bemerkt, für das Individuum relevant. Besonders wichtig werden sie allerdings, wenn soziale Systeme, Kollektive betroffen sind, sowohl als Subjekte als auch als Objekte. Dies gilt besonders dann, wenn diese Kollektive (zahlenmäßig) groß sind: Staaten, große Organisationen, ganze Gesellschaften. Erstens ist Abstraktes für große Kollektive besonders bedeutsam – allein die Komplexität erzeugt Phänomene, die nicht direkt wahrnehmbar und damit abstrakt sind. Zweitens ist für die Formulierung und Implementierung von Regeln und Mechanismen, die die sozialen Systeme zusammenhalten, die Materialisierung günstig. Und drittens ist für gemeinsame Verhandlungen über die Regeln und die dafür nötige kollektive Konzentration eine Konkretisierung der Abstrakta von Vorteil. Man denke daran, welche Art von Fragen für eine Abstimmung geeignet sind.

Die Mathematik fördert durch ihre Materialisierungen die nötige Konkretisierung. Über den individuellen Bereich hinaus ist nämlich Materie auch das, worüber wir die höchste intersubjektive Gewißheit haben, und Abstraktes auf Materie zu beziehen leistet dann eine Erhöhung des kollektiven Sicherheitsgefühls. Ein Indiz für diese Behauptung ist die Tatsache, daß ein wesentlicher Teil von Großgruppenmoderationstechnik Visualisierungstechnik ist, ein weiteres die Beobachtung, daß Großorganisationen, also Bürokratien, ohne Materialisierungen ("Akten") nicht auskommen. Auch für unser Rechtssystem hat Materie einen hohen Stellenwert, etwa im Bereich der Beweismittel.

Einige Beispiele für Abstrakta, die in großen Systemen relevant sind:
-   Wie gut geht es uns in unserem Staat ? Sehr abstrakt! Einschränkung: Wie gut geht es uns wirtschaftlich? Eine (mathematische) Antwort gibt das BIP, das Bruttoinlandsprodukt, materialisiert in Zahlen, Tabellen und Schaubildern. Man weiß heute, wie ungeeignet diese Konkretisierung ist – andererseits, ohne sie wären wir gar nicht in Lage, über bestimmte Dinge, wie z. B. die Frage "Welche Sozialleistungen sind möglich und gerecht?" zu verhandeln.
-   Was soll jeder für gemeinsame Angelegenheiten beitragen? Die Antwort gibt ein Steuersystem, materialisiert in Tabellen und Formeln.
-   Wie verteilen wir die Kosten für maschinelle Arbeitsleistung, z. B. solche durch Elektrizität? Hier kommt die Physik zu Hilfe, mit dem Konzept "Energie" – ein Abstraktum, das mittels Zahlen und Formeln konkretisiert wird.
-   Wie koordinieren wir Leistungsansprüche, die wir aneinander haben? Die Materialisierung: "Geld".

Alle diese Abstrakta und ihre Materialisierungen sind Grundlage für gesellschaftliche Regeln und für Kommunikation über diese. Ohne sie wäre es nicht möglich, bestimmte Phänomene überhaupt zu thematisieren, da sie zu flüchtig wären. Die Materialisierungen ermöglichen <u>Massenkommunikation</u>.

Mathematik leistet damit einen Beitrag zur <u>Stabilisierung und Identitätsbildung von sozialen Systemen</u> bis zur Weltgesellschaft. Als Außenhalt fungiert dabei Materie. Die Sicherheit dieses Halts ist geknüpft an die Gültigkeit der Verbindung "Abstraktum – Materie", worüber im Einzelfall diskutiert werden kann. Der Außenhalt durch Religion oder Herrscherhäuser wurde durch den Außenhalt Materie abgelöst oder zumindest ergänzt. Es benützten zwar auch Monarchen Mathematik zur Gestaltung ihrer Herrschaft – sie ist bekanntlich aus dieser Benützung auch entstanden - so bedeutsam wie in demokratischen oder ökonomo-demokratischen Gesellschaften war sie in feudalen allerdings nicht.

6. Bewußtsein der Gesellschaft

Ich habe festgestellt, daß die Gesellschaft bewußtlos ist und gesagt, was Bewußtsein der Gesellschaft nicht wäre: Die Summe der individuellen "Bewußtseine" oder gemeinsames Wissen. Was ist es dann? Ich entwickle den Begriff ausgehend von einem philosophischen Begriff des individuellen Bewußtseins im Sinne von <u>Selbstbeobachtung</u>: Bewußtsein eines Individuums bedeutet, daß der instinktive Lebensvollzug, das unbewußt Ablaufende vom Individuum selbst beobachtet wird. Dieses muß sich dafür gewissermaßen außer sich stellen, sich ansehen, insbesondere die Grenze des Selbst. Selbstdifferenz und Selbstdistanz sind dafür nötig.

Allein durch den Akt der Beobachtung stellt der Bewußtseinsvollzug <u>den unbewußten Ablauf in Frage</u>. Die Feststellung, daß etwas so oder so ist, impliziert ja immer die Möglichkeit, es könnte auch anders sein. Metaphorisch gesagt tut Bewußtsein durch In-Frage-Stellung des Gegebenen gelegentlich weh. Es ist immer wieder die Vertreibung aus dem Paradies des Instinktiven.

<u>Was bedeutet dies nun übertragen auf soziale Systeme?</u> Bewußtsein haben bedeutet für ein soziales System zunächst, daß es selbst, der naive Ablauf und die Grenze zur Umwelt Gegenstand der Beobachtung durch das System werden. Beobachter sind dabei die Mitglieder des Systems. Zumindest ab jener Größe des Systems, bei der nicht mehr jeder mit jedem kommunizieren kann, ist eine <u>Spezialisierung</u> zweckmäßig: die Auszeichnung von einigen Systemmitgliedern, die sich

auf die Beobachtungsaufgabe konzentrieren und sich für diese Aufgabe in einer Distanz zum sonstigen Geschehen befinden müssen. In Trainingsgruppen stellt man Personen phasenweise für solche Aufgaben frei, Firmen engagieren Berater von außen, die damit in einem erweiterten Sinn Systemmitglieder werden. In Bezug auf die Gesellschaft insgesamt geht man davon aus, daß Wissenschaften, Medien und Künste eine Beobachtungsaufgabe haben.

Die Existenz dieser Instanzen gewährleistet aber noch nicht Bewußtsein des sozialen Systems, sofern es demokratisch sein soll. Es muß zusätzlich eine Auseinandersetzung des gesamten sozialen Systems mit den Beobachtungsmeldungen stattfinden. Es muß also Formen geben, in denen die Systemmitglieder mit den angebotenen Beobachtungen umgehen und sich dazu verhalten können. Auch für diese Auseinandersetzung ist die Spezialisierung, d. h. die Hervorhebung einiger Profi-Beobachter, von Bedeutung: Sie erleichtert die kollektive Konzentration. Bei der Auseinandersetzung sind Konflikte unausweichlich, da blinde Flecken und Tabus angesprochen werden. Bewußtsein tut eben auch kollektiv weh.

Bewußtsein im hier gemeinten Sinn darf weder mit einer bestimmten Untergruppe – etwa jener der Beobachter – noch mit bestimmten Inhalten – den Beobachtungsergebnissen – identifiziert werden. Es ist vielmehr ein ständiger Prozeß, der sich bei großen Systemen zwischen spezifisch beauftragten Beobachtern und dem ganzen System abspielt und dessen Inhalte variieren.

Ein Problem bei der Konzeption von Bewußtsein von sozialen Systemen, das bei individuellem Bewußtsein nicht so deutlich zutrage tritt, ist das der Existenz und Ganzheit des Beobachtungsgegenstandes. De facto ist das soziale System ein Konstrukt – naiv betrachtet mehr als das Individuum, welches körperlich gegeben ist – und die Konstruktion erfolgt gerade auch durch die Beobachtungen und wird durch diese modifiziert und weiterentwickelt. Außerdem erfolgt durch die Auseinandersetzung mit dem ganzen sozialen System notwendigerweise eine Dekonstruktion, eine Auflösung der Systemkonstruktion, da sich die Systemmitglieder gegen eine – aus ihrer Sicht aufoktroyierte – ganzheitliche Sicht des Systems zur Wehr setzen und sich nicht festhalten lassen wollen.

Ich komme somit zu folgender Definition: Bewußtsein eines sozialen Systems ist ein Wechselspiel von beobachtender Konstruktion letzten Endes ganzheitlicher Selbst-Entwürfe und nachfolgender Dekonstruktion eben dieser Entwürfe. Für die Konstruktion sind zumindest bei großen Systemen Teilmengen dieses Systems zuständig, für die Dekonstruktion sind alle gefragt. (Vgl. Fischer 1998a und 1994).

Was sind nun in diesem Zusammenhang die Möglichkeiten der Mathematik? Sie scheinen auf der Hand zu liegen. Durch die

Vergegenständlichung des Abstrakten kann ein Beitrag zur Ganzheits-Konstruktion geleistet werden. Gleichzeitig ist damit eine kollektive Konzentration der Aufmerksamkeit auf eben diese Abstrakta und die damit konstruierte Ganzheit möglich, sodaß darüber verhandelt und diese Ganzheit auch dekonstruiert werden kann.

In der Regel dominiert die konstruktiv-stabilisierende Wirkung der Mathematik. Damit sie einen Beitrag zur Dekonstruktion leistet, muß man die Grenzen der jeweiligen Materialisierungen erkennen, was eine spezifische kritische mathematische Kompetenz erfordert. Auf der emotionalen Ebene ist ein Grund-Mißtrauen der Mathematik gegenüber notwendig – neben dem Grundvertrauen, das auch notwendig ist, um das Leben des sozialen Systems aufrechtzuerhalten. Um Ersteres, also das Mißtrauen, zu erzeugen, möchte ich im letzten Teil auf eine Unvereinbarkeit zwischen der von mir vertretenen Bewußtseinskonzeption und der Mathematik eingehen. Die Unvereinbarkeit ergibt sich aus einer ganzheitlichen Anwendung von Mathematik zur Konstruktion sozialer Systeme.

7. Dialektische Autonomie

Kollektives Bewußtsein eines sozialen Systems bedeutet, daß Teile des Systems, gegebenenfalls die Individuen, sich anmaßen, das Ganze im Auge zu haben. Sie benötigen dafür <u>Autonomie</u>, wobei Autonomie zwei Komponenten hat. Die erste wird üblicherweise mit Autonomie überhaupt identifiziert: Unabhängigkeit vom Rest der Welt, zumindest vom größeren System, in dem man steht. "Selbstgesetzgebung" lautet die Übersetzung aus dem Griechischen. Diese Komponente wird benötigt, um Distanz zum beobachteten System aufbauen zu können. Die zweite Komponente wird in der Regel nicht mitgedacht und ist gegenläufig: Sie bedeutet Interesse für das ganze System und die Fähigkeit, das ganze System einschließlich des eigenen Selbst als Subsystem in selbstdistanter Weise wahrnehmen zu können. Autonomie in diesem Sinn heißt also, nicht nur mit sich selbst zu Rande kommen zu können – durch Selbstgesetzgebung – sondern dies auch im Zusammenhang mit anderen tun zu können; also für andere, im Idealfall für "das Ganze", <u>Verantwortung</u> übernehmen zu können. Eine Konsequenz daraus ist, daß das beobachtende Subsystem für sich selbst - in fraktaler Selbstähnlichkeit zum Gesamtsystem - Bewußtsein entwickeln muß.

Entsprechende Forderungen stellt man wohl an den erwachsenen mündigen Menschen und sie sind im Kantschen kategorischen Imperativ als die moralische Forderung enthalten, die Gesetzgebung für sich selbst an einer möglichen Gesetzgebung für das Gesamtsystem zu orientieren.

Interessant wäre es auch, daraus ein Kriterium für die Autonomiefähigkeit von Regionen abzuleiten, zumindest dann, wenn man den Anspruch stellt, daß sie einen Beitrag zu einem Bewußtsein einer größeren Einheit leisten können sollen. Meistens kommt nur die erste Komponente von Autonomie als Wunsch nach Unabhängigheit zum Ausdruck.

Autonomie eines Teiles eines Systems im hier verstandenen Sinn – ich nenne sie zur Verdeutlichung "dialektische Autonomie" – setzt ein Potential voraus, das Ganze in dem man steht, für sich zum Thema zu machen; zu beobachten, ganzheitliche Entwürfe, Alternativen vorzuschlagen usw. In diesem Sinn füge ich zu den bekannten systemischen Prinzipien "Das Ganze ist mehr als der Teil" und dessen Verschärfung: "Das Ganze ist mehr als die Summe der Teile" den Hauptsatz der "Dialektischen Systemtheorie" hinzu: Der autonome Teil ist nicht weniger als das Ganze (vergleiche Fischer 1994). Es ist klar, daß sich insgesamt ein logischer Widerspruch ergibt. Es geht um die Beschreibung eines dialektischen Verhältnisses von Teil oder Element einerseits und Ganzem andererseits. Ein Verhältnis, in dem keine der beiden Seiten auf die andere reduziert werden kann. Ein Verhältnis, wie es beispielsweise in der bekannten Formulierung von Karl Marx angesprochen ist, nach dem der Mensch das "Ensemble der gesellschaftlichen Verhältnisse" sei (Marx 1958, S. 6, vgl. auch Kuczynski 1987). Die These ist also, daß ein dialektisches Verhältnis von Teil und Ganzem Voraussetzung für Bewußtsein in einem sozialen System ist.

8. Die Irreflexivität der Mathematik

Wie sieht es nun in der Mathematik aus? Sie geht von einem undialektischen Verhältnis von Teil und Ganzem aus. Man erkennt dies z. B. an der Cantorschen "Definition" einer Menge als die "Zusammenfassung von wohlunterschiedenen Objekten ... zu einem Ganzen" (Cantor 1895). Diese Definition impliziert: Die Elemente existieren vor der Zusammenfassung und damit unabhängig von dieser, von der ganzen Menge. Die Zusammenfassung, die Mengenbildung ist ein konstruktiver Akt von außen. In keinem Element darf somit das Ganze bereits enthalten sein.
Symbolisch:

$$M \subseteq \times \in M$$

ist verboten (vergleiche dazu Meschkowski 1966, S. 24)

Ich möchte die Problematik noch an einem anderen mathematischen Begriff illustrieren, am Funktionsbegriff. Betrachten wir die einfache Funktion:

$$f(x) = x^2$$

Was hier mit den x-Werten geschieht, nämlich daß sie quadriert werden, wird nicht von ihnen, den x-Werten, festgelegt, sondern außerhalb. Man kann zwar das, was mit den x geschieht, durch neue Variable festlegen lassen, etwa

$$f(x,n) = x^n$$

oder

$$f(x,n,y) = \begin{cases} x^n, \textit{ falls } y \geq 0 \\ \sin x, \textit{ falls } y < 0 \end{cases}$$

Aber selbst bei unendlich vielen Variablen kommt durch f etwas hinzu, das nicht in der Verfügung der Argumentvariablen (auch nicht in ihrer Gesamtheit) steht. M. Otte spricht von einer "Trennung der Relationen von den Relaten" (Otte 1993, S. 402). In einer Hierarchie logischer Typen ist die Funktion auf einer anderen Ebene als die Elemente und die Ebenen dürfen nicht vermischt werden.

Man kann eine Analogie bilden zum gängigen (sowohl betriebswirtschaftlichen und juristischen als auch alltagssprachlichen) Organisationsbegriff. Dieser geht von einer Ordnung, einer Struktur, einer Verfassung etc. aus, die nicht in der Verfügung der Mitglieder steht, stehen darf, zumindest nicht total und in letzter Konsequenz. Die Ordnung wird von einem Organisationsdesigner, einem Verfassungsgeber o. ä. festgelegt, einer Autorität, die außerhalb der Organisation verankert ist. Dies ist selbst in demokratischen Organisationen so, zumindest kommen sie ohne Rekurs auf allgemeingültige Prinzipien, die nicht der Willensbildung des Systems unterworfen sind, nicht aus. Z. B. gehen alle Verfassungen, die ich kenne, davon aus, daß klar ist, was ein Mensch ist.

Es gibt Alternativen zum hier beschriebenen Organisationsbegriff. Man könnte etwa Ansätze des "evolutionären Managements" so verstehen (siehe Beer 1986 oder Ulrich/Probst 1984). Auch die christliche Gewissensethik, die das Individuum letztinstanzlich nicht den äußeren Gesetzen unterwirft, kann man im Sinn eines dialektischen Verhältnisses von Teil und Ganzem verstehen, ebenso den schon erwähnten Kantschen Imperativ. Prinzipiell geht es um die Frage, wie eine "Gleichberechtigung" von Elementen einerseits und der Struktur, in der die Elemente stehen, andererseits denk- und realisierbar ist. (Vergleiche zu all dem Fischer 1993).

Für die Mathematik ist ein solches Verhältnis nicht denkbar. Sie ist "irreflexiv". Wenn man mathematisches Denken auf die Ganzheit sozialer Systeme bezieht und die Mathematik nicht bloß als Werkzeug für

Teilaufgaben heranzieht, behindert Mathematik Selbstreflexivität und damit Bewußtsein. Man sollte das nicht leichtfertig damit abtun, daß man sagt, die Beziehung auf das Ganze würde ohnedies nicht hergestellt. Die Prinzipien mathematischen Denkens sind in hohem Ausmaß in unserem Denken und in unserer Kultur verankert – auch bei jenen Menschen, die Mathematik vordergründig ablehnen – sodaß sehr wohl die Grundvorstellungen über soziale Organisation von ihnen mitgeprägt sind.

Wie kann überhaupt die mit Bewußtsein und dialektischem Teil-Ganzem-Verhältnis gegebene Widersprüchlichkeit mit der Widerspruchs-freiheitsforderung der Mathematik in eine produktive Verbindung gebracht werden? Die Antwort auf derartige Fragen – von G. W. Hegel bis G. Spencer-Brown (1979) – lautet: prozessual. Was kann das für die Mathematik heißen?

9. Festhalten versus Überwinden

Eine Beschreibung einer Struktur mit mathematischen Mitteln im weitesten Sinn kann man für zwei ganz unterschiedliche Dinge nützen:
- um die Struktur festzuhalten, zu stabilisieren, um damit bestehende Verhältnisse zu legitimieren, oder
- um eben diese Struktur zur Diskussion zu stellen, um sie zu verändern.

Ich illustriere dies am Beispiel Soziogramm: Soziogramme sind Instrumente u. a. der Gruppendynamik, die dazu dienen, soziale Konstellationen zu beschreiben. Man kann z. B. in einer Gruppe durch eine Umfrage erheben, wer mit wem zusammenarbeiten möchte, wobei jeder höchstens drei Personen nennen darf. Ein Knoten-Kanten-Graph, in dem die Knoten die Gruppenmitglieder symbolisieren und von jedem Knoten (maximal drei) gerichtete Kanten zu jenen Knoten gezeichnet werden, die die gewünschten Kooperationspartner symbolisieren, wäre dann Beispiel ein solches Soziogramms. Diese Darstellungsform wurde zu Anfang dieses Jahrhunderts von dem Psychologen L. Moreno "erfunden" (Moreno 1974). Sie wurde vielfach weiterentwickelt, inklusive einer entsprechenden Theoriebildung (z. B. Definitionen, was ein "Star" in einer Gruppe ist, wann von einer "Untergruppe" gesprochen werden kann, usw.). Außerdem hat man versucht, durch Gruppenexperimentserien und deren statistische Auswertungen allgemeine Aussagen über Strukturen und Entwicklung von Gruppen herzuleiten. Das Motiv von Moreno bei der Verwendung von Soziogrammen war allerdings ein anderes: Er wollte mit den Soziogrammen den Gruppen einen Spiegel vorhalten und damit "Mikrorevolutionen" auslösen, die letztlich dazu führen sollten, daß die im Soziogramm abgebildete Struktur nicht mehr gegeben ist. Soziogramme waren also nicht bloß als Beschreibungsmittel, sondern auch als Interventionsinstrumente zur Förderung des Bewußtseinsprozesses einschließlich der Dekonstruktion gedacht. Zugespitzt: Ein Soziogramm ist dann gut, wenn es nach seiner Erstellung nicht mehr stimmt.

Damit bin ich an dem Punkt angelangt, wo ich sagen kann: Mathematik ist sehr wohl in der Lage, einen Beitrag zum Prozeß des Bewußtseins eines sozialen Systems zu leisten, und zwar dann, wenn sie sich als Wirkungselement in einem Wechselspiel von Festhalten und Überwinden versteht; ein Wechselspiel, das jenem von Konstruktion und Dekonstruktion des sozialen Systems analog ist. Ich gehe noch einen Schritt weiter: Weil die Mathematik sich besonders gut für das präzise Festhalten eignet, kann sie damit schneller die Grenzen des Bestehenden aufzeigen und schneller zur Überwindung kommen. Die Mathematik spitzt gewissermaßen zu. Sie hat deswegen meines Erachtens wie keine andere Wissenschaft das Potential der Überwindung ihrer selbst. Das heißt, sie kann prozessual reflexiv sein.

Überschreitet man mit dieser Betrachtung des Einsatzes der Mathematik ihre Grenzen? Wie man es nimmt. Wenn man unter Mathematik bloß die einzelnen Modelle, Theorien, usw. versteht, dann ja. Wenn man zur Mathematik ihre Entwicklung, sowohl lokal in der Arbeit eines Mathematikers als auch global-historisch hinzurechnet, dann nicht unbedingt. In der Entwicklung gab und gibt es immer wieder einen Prozeß des Überwindens des zunächst Festgehaltenen.

Die Frage ist heute, was wir aus der Mathematik machen wollen. Insbesondere der Mathematikunterricht, von der Grundschule bis zur Universität, steht heute an einem Scheideweg. Wir können als Mathematiker den Weg in eine bewußtlose Regelgesellschaft weiterhin mitgestalten. Oder wir können einen Beitrag zu mehr Bewußtsein in der Gesellschaft leisten.

Literatur

Bammé, A., Baumgartner, P., Berger, W., Kotzmann, E. (Hg.) (1987): Technologische Zivilisation. Eine Einführung. München: Profil.

Bammé, A. (1993): Der EAN-Code. Auf dem Weg zu einem Warenwirtschaftsverständnis jenseits von Kapitalismus und Sozialismus. In: Berger, W., Pellert, A. (Hg.): Der verlorene Glanz der Ökonomie. Wien: Falter.

Bammé, A., Fleissner, P. (1994): Was hält die Welt zusammen? Gesellschaftliche Synthese durch Technologie oder Ökonomie? In: Kurswechsel, Heft 1/1994. Wien: Sonderzahl, S. 63-82.

Beer, S. (1986): Recursions of Power. In: Trappl, R. (ed.): Power, Autonomy, Utopia. New Approaches towards Complex Systems. New York/London: Plenum Press.

Cantor, G. (1895): Beiträge zur Begründung der transfinitiven Mengenlehre. In: Mathematische Annalen, 46.

Castoriadis, C. (1984): Gesellschaft als imaginäre Institution. Entwurf einer politischen Philosophie. Frankfurt: Suhrkamp.

Dombrowski, H. D. (1985): Mathematisierung von Gesellschaft, Natur und Mathematik. In: Düsseldorfer Debatte, Heft 12, S. 30-38.

Fischer, R. (1984): Offene Mathematik und Visualisierung. In: mathematica didactica 7, S. 139-160.

Fischer, R. (1992): The "Human Factor" in Pure and in Applied Mathematics. Systems everywhere: their Impact on Mathematics Education. In: For the Learning of Mahematics 12 (1992), Heft 3, S. 9-18.

Fischer, R. (1993): Towards a Social Philosophy of Mathematics. Deliberations in The Spirit of Constructive Realism. TheOrDi-Schriften 1993/20, Wien:IFF

Fischer, R. (1994): Drei Paradigmen systemischen Denkens. In: Wissenschaftliche Blätter/Angewandte Ökologie der Wissenschaftlichen Landesakademie für Niederösterreich., Heft 1/1994, S. 38-40.

Fischer, R. (1996): Reflektierte Mathematik für die Allgemeinheit. TheOrDi-Schriften 1996/15, Wien: IFF

Fischer, R. (1998a): Wissenschaft und Bewußtsein der Gesellschaft. TheOrDi-Schriften 1998/4. Wien: IFF

Fischer, R. (1998b): Mathematik antropologisch: Materialisierung und Systemhaftigkeit. TheOrDi-Schriften 1998/8, Wien: IFF

Heintel, P. (1979): Thesen zu einer Philosophie der Mathematik. Unv. Manuskript, Univ. Klagenfurt.

Kuczynski, Th. (1987): Einige Überlegungen zur Entwicklung der Beziehungen zwischen Mathematik und Wirtschaft (unter besonderer Berücksichtigung der Entwicklung in der Wirtschaftsmathematik). In: Dörfler, W., Fischer, R., Peschek, W. (1987): Wirtschaftsmathematik in Beruf und Ausbildung. Vorträge beim 5. Kärntner Symposium für Didaktik der Mathematik. Wien: Hölder-Pichler-Tempsky, S. 145-166

Luhmann, N. (1986): Ökologische Kommunikation. Opladen: Westdeutscher Verlag

Marx, K. (1958): Thesen über Feuerbach. In: Marx, K., Engels, F., Werke. Vol. 3. Berlin: Dietz

Meschkowski, H. (1966): Einführung in die moderne Mathematik. Mannheim: Bibliographisches Institut

Moreno, J. L. (1974): Die Grundlagen der Soziometrie. Wege zur Neuordnung der Gesellschaft. Opladen: Westdeutscher Verlag.

Otte, M. (1993): Das Formale, das Soziale und das Subjektive. Eine Einführung in die Philosophie und Didaktik der Mathematik, Frankfurt/M.: Suhrkamp

Restivo, S., Van Bendegem, J. P., Fischer, R. (eds.) (1993): Math Worlds. Philosophical and Social Studies of Mathematics and Mathematics Education. Albany: State University of New York Press.

Spencer-Brown, G. (1979): Laws of Form. New York

Ulrich, I., Probst, G. J. B. (1984): Self-Organization and Management of Social Systems. Berlin: Springer.

Wolfgang FRAUNHOLZ, Koblenz (Deutschland)

Interaktive Visualisierung zur Unterstützung der Begriffsbildung in der Analysis

In der Analysis wird eine Reihe von Begriffen eingeführt, die Lernenden häufig Schwierigkeiten bereiten. Der Grund dafür liegt bekanntlich in der besonderen Denkweise der Infinitesimalrechnung, bei der man zwar nicht mit dem Unendlichen rechnet, aber Prozesse gegen Unendlich betrachtet und dabei Grenzwerte findet. Beispiele sind die Begriffe „Grenzwert einer Folge" (z. B. mit Hilfe der ε-Umgebung), der Stetigkeit einer Funktion, der Sekanten- und Tangentensteigung, des Differentialquotienten, der Ableitungsfunktion, des Integrals und der Integralfunktion. Häufig geben Lehrende eine Hilfestellung mit Formulierungen wie „Nun denkt man sich das Verfahren immer noch einen Schritt weiter durchgeführt." oder „Stellt euch das immer noch kleiner vor." o. ä.. Auch graphisch werden - etwa an der Wandtafel - Unterstützungen angeboten, die natürlich immer da aufhören, wo die „Auflösung" der Kreidestriche nebeneinander keine Unterscheidungen mehr hergibt. Alle diese Hilfen sollen einen Denkprozeß in Gang bringen, der zum Beispiel den Grenzwert gegen Unendlich zum Ziel hat.
Visualisierungen zur Unterstützung der Begriffsbildung werden schon immer benutzt: In gedrucktem Material sind Skizzen und Grafiken enthalten; in Fernsehsendungen und Filmen wird diese zeichnerische Darstellung zusätzlich animiert. Computerprogramme können natürlich auch nicht über die „Auflösung" bei ihrer Darstellung hinausgehen, sie bieten aber zusätzlich zu einer animierten Darstellung der Veranschaulichungen die Möglichkeit, die Lernenden selbst Art der Darstellung und Ablauf der Animation wählen zu lassen und diese (in einem bestimmten Bereich) zu variieren. Solche virtuellen Handlungen werden hier *interaktive Visualisierungen* genannt.
Solche interaktiven Visualisierungen lassen sich in einem Computer-Lernprogramm zur Analysis an vielen verschiedenen Stellen einbauen. Sie dienen nicht nur der Begriffsbildung im engeren Sinne, sondern auch der Verdeutlichung mathematischer Verfahren. Beispiele werden im Folgenden dargestellt.

Der Grenzwert einer Folge

Die Visualisierung wird etwa mit dem Begriff der ε-Umgebung verbunden. In dem Beispiel der Abbildung 1 geht es um Nullfolgen. Im Fenster links kann

Abbildung 1: ε-Umgebung zum Grenzwert 0

eine beliebige Folge eingegeben werden. Die Folgenglieder werden als Punkte im Koordinatensystem dargestellt. Die ε-Umgebung (durch zwei waagerechte Geraden angegeben) läßt sich durch Anpacken mit der Maus verschieben („beliebig" klein machen). Da die Folgenglieder durchlaufen, läßt sich das Verhalten der Folge beobachten (die Folgenglieder außerhalb der ε-Umgebung werden als kleine Kreise, die innerhalb der ε-Umgebung als kleine Kreuze dargestellt). Das Durchlaufen der Folgenglieder läßt sich jederzeit auf 1 zurückstellen. Die Interaktivität ermöglicht es den Lernenden, so viele Folgen durchzuprobieren, wie sie möchten, und jedesmal die ε-Umgebung größer oder kleiner zu wählen. Neben dieser Visualisierung werden selbstverständlich Berechnungen durchgeführt, von welchem Glied ab, die Folgenglieder alle in einer bestimmten ε-Umgebung liegen. Die Begriffe Grenzwert und ε-Umgebung sollen mit dieser Aktivität der Lernenden an eine Vorstellung gebunden werden, die zum Verständnis der Begriffe hilfreich ist.

Volumenbestimmung durch Grenzwertbildung

Steht der Grenzwertbegriff grundsätzlich zur Verfügung, kann er zur Bestimmung von Volumina benutzt werden. Soll das Volumen einer Pyramide ermittelt werden, so baut man bekanntlich zu der Pyramide einen inneren und einen äußeren Treppenkörper, deren Stufung man immer weiter verfeinert. Bilden diese beiden Folgen von Treppenkörpervolumina eine Intervallschachtelung, so kann man den Rauminhalt der Pyramide als eben diesen Grenzwert festlegen. Zur interaktiven Visualisierung steht den Lernenden eine Pyramide bereit, deren Breite und Höhe verändert werden können und für die man die Anzahl der Stufen der Treppenkörper festlegen kann (vgl. Abbildung 2). Es geht dabei nicht nur um das Verfahren zur Volumenbestimmung, sondern ganz wesentlich auch darum, durch die schrittweise Vergrößerung der Anzahl der Stufen einen visuellen Eindruck für den Grenzprozeß zu schaffen.

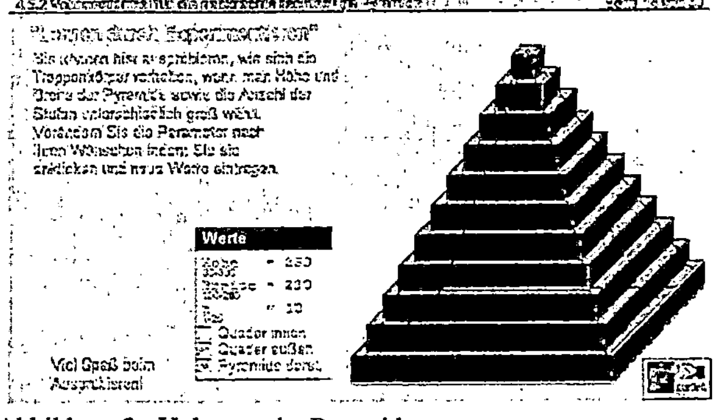

Abbildung 2: Volumen der Pyramide

Die Anwendung der Grenzwertberechnung dient also auch der Festigung des erlernten Begriffs. Bei einer Intervallschachtelung muß die Differenz der Glieder der beiden Folgen gegen Null gehen. Auch dafür bietet sich eine Visualisierung an: Die Differenz wird ja gerade durch die unterste Platte des äußeren Treppenkörpers dargestellt. In einer Animation läßt sich dies zeigen, indem man diese unterste Platte von unten in den inneren Treppenkörper hinein-schiebt. Die Lernenden können diesen Vorgang wiederholt ablaufen lassen (vgl. Abbildung 3).

Das bei der Pyramide ge-lernte Verfahren kann für weitere Körper angewen-det werden. Beim Kegel hat man dann keine qua-derförmigen Platten, son-dern Zylinderscheiben. Die interaktive Visualisierung verläuft völlig gleich: Man kann in gewissem Umfang die Anzahl der Scheiben vorgegeben und erhält das entsprechende Bild (vgl. Abbildung 4). Zur Berech-nung der Treppenkörper-volumina benötigt man für Pyramide wie für Kegel den Strahlensatz.

Will man ebenso das Volumen der Halbkugel berechnen, bleibt das Prin-zip dieser Berechnung das gleiche, die interaktive Vi-sualisierung ebenfalls die-selbe (vgl. Abbildung 5), nur um den Rauminhalt der jetzt entstehenden Scheiben zu erhalten,

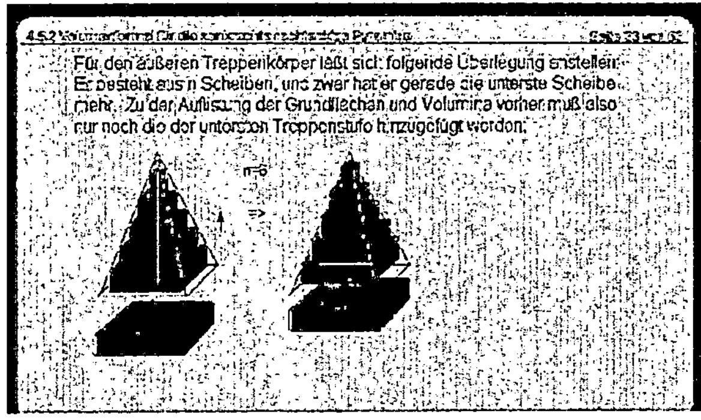

Abbildung 3: untere Scheibe als Differenz (Ober- –Untersumme)

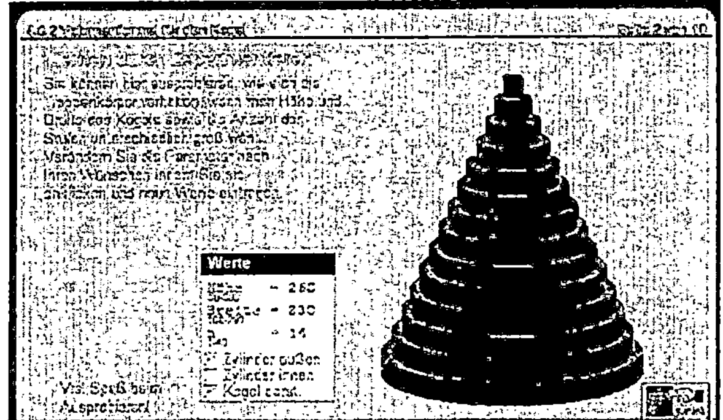

Abbildung 4: Bestimmung des Kegelvolumens

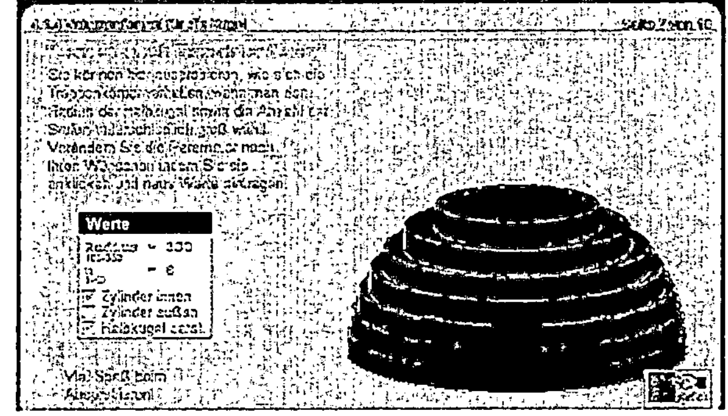

Abbildung 5: Bestimmung des Kugelvolumens

kommt man nicht mehr mit dem Strahlensatz zurecht, sondern benötigt den Satz des Pythagoras. Auch diese Zusammenhänge lassen sich visualisieren. Hier ging es aber primär um die Anwendung des MediumsComputer zur Gewinnung einer Vor-stellung vom Begriff des Grenzwertes. Es wird demnach stets der Grenzwert optisch vor Augen gestellt; dies geschieht aber an unterschiedlichen Frage-stellungen, die die Bedeutung dieses Begriffes darstellen können. Die didaktische Absicht ist eine Vertiefung des Begriffes durch Visualisierung.

Tangentensteigung

Zur Einführung der Differentialrechnung verwendet man häufig das sogenannte Tangentenproblem: Wie läßt sich die Steigung der Tangente in einem Punkt eines Funktionsgraphen bestimmen?

Der Weg zur Lösung dieses Problems geht über die Konstruktion von Sekanten zwischen zwei Punkten eines Graphen. Die Lernenden arbeiten dazu mit den Vorgaben des Programms in der Weise, daß sie zwei Punkte P und Q an vorgegebene Positionen auf dem Graphen einer Funktion schieben müssen.

Dadurch entsteht die verlangte Sekante, für die die Steigung durch Einsetzen (auf dem Bildschirm Verschieben) der Punktkoordinaten in die bekannte Steigungsformel

$$m = \frac{y_2 - y_1}{x_2 - x_1}$$

berechnet wird. Es wird auch die Rechnung visualisiert (vgl. Abbildung 6).

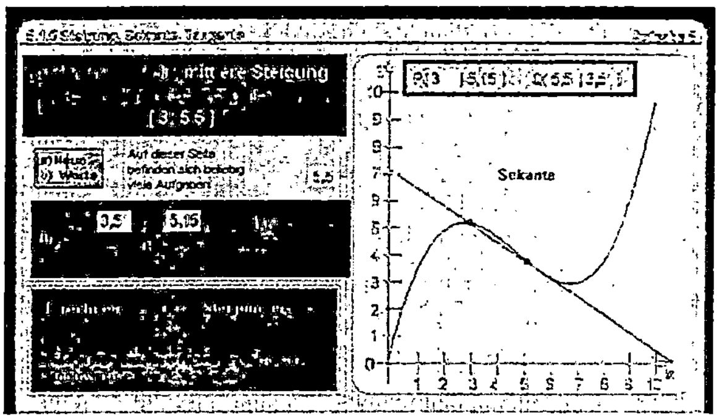

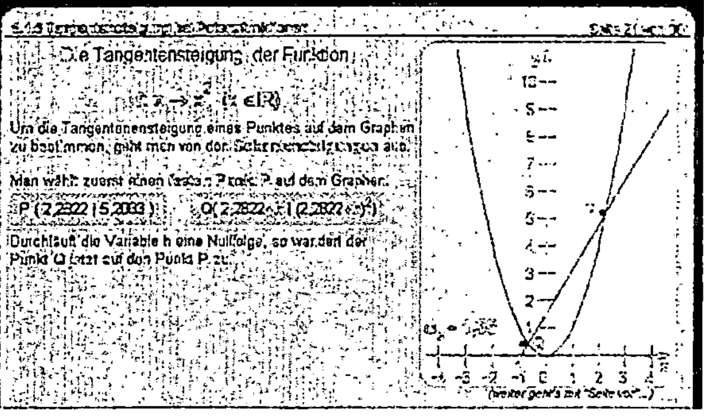

Abbildung 6: Sekantensteigung

Im Programm kann man sich immer wieder neue Werte für die Punkte P und Q geben lassen und damit die interaktive Visualisierung wiederholen.

Um nun die Steigung einer Tangente in einem Punkt zu erhalten, geht man von der Sekante zwischen zwei Punkten aus und läßt den einen Punkt auf den anderen zulaufen: Es wird wieder ein Grenzprozeß betrachtet. Dieser Prozeß läuft diesmal gleichsam automatisch ab.

Abbildung 7: Tangentensteigung

Zur interaktiven Visualisierung (vgl. Abbildung 7) ermöglicht das Programm es, einen Punkt P zu wählen und dann einen zweiten Punkt auf P zulaufen zu lassen; die Sekanten gehen in der Grenzlage in die Tangente über, wobei natürlich die Steigung der Tangente nicht mehr mit der obigen Formel ermittelt werden kann, da ja die Differenz $x_2 - x_1$ gegen Null geht.

Nachdem der Differentialquotient eingeführt ist, kann der Begriff der Steigung in einem Punkt eines Graphen interaktiv eingeübt werden. Dazu dient zum Beispiel die

Aufgabe, die x-Werte der Punkte eines Graphen zu markieren, in denen eine bestimmte Steigung vorhanden ist. Bei dieser Aufgabe (vgl. Abbildung 8) werden die Lernenden zunächst zu einer Kopfrechnung aufgefordert, in der die Ableitung einer gegebenen ganzrationalen

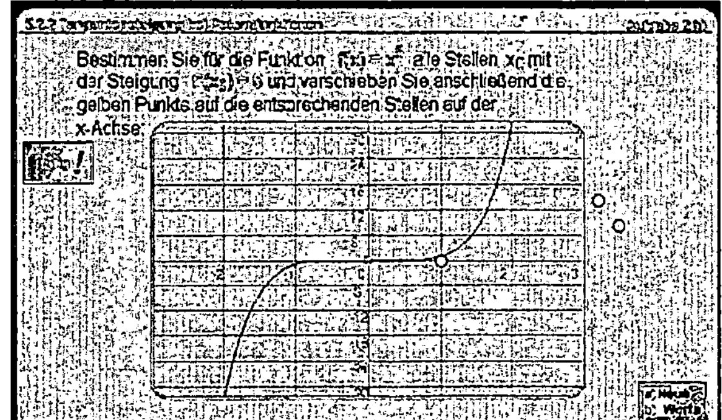

Abbildung 8: Tangentensteigung in einzelnen Punkten

Funktion bestimmt und dann die x-Werte gesucht werden müssen, für die die vorgegeben Steigung zutrifft. Dann muß der x-Wert mit einem gelben Punkt markiert werden.

Der Integralbegriff

Auch die Integralrechnung bietet eine Reihe von Ansatzpunkten zur interaktiven Visualisierung. Die Einführung des Integralbegriffs über die Inhaltsbestimmung für eine unter einem Funktionsgraphen gelegen Fläche verwendet die Zerlegung in Streifen, die Bildung von Untersummen und Obersummen und die Grenzprozesse bei einer gegen unendlich strebenden Anzahl von Streifen.

Dieses Verfahren kann ähnlich wie bei der Volumenbestimmung bestimmter Körper in eine Interaktivität gestellt werden. Aber auch die Rechenschritte lassen sich so aufgliedern und den Lernenden zur eigenen Strukturierung überlassen, zur eigenen Aktivität anregen.

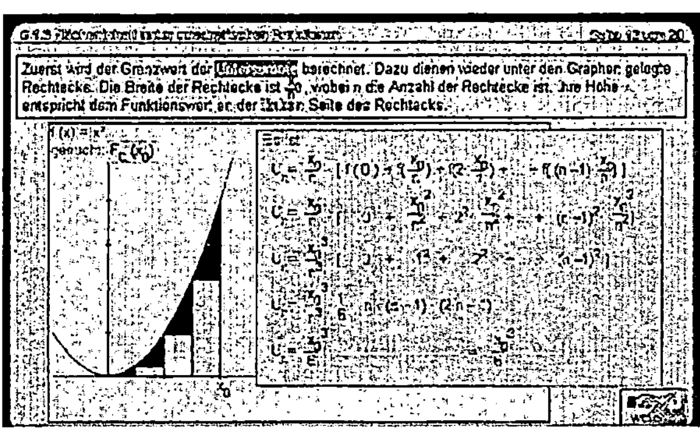

Abbildung 9: Einführung des Integrals über Flächenbestimmung

Im Beispiel der Abbildung 9 sind einige der Rechenschritte schon vollzogen, andere können durch Anklicken gelb geschriebener Texte abgerufen werden.

Die Abbildung 10 (auf der nächsten Seite) zeigt den Zusammenhang zwischen dem Graphen einer Funktion und dem Graphen einer zugehörigen Stammfunktion. Auf dem Bildschirm können die Lernenden einen beliebigen Graphen eingeben. Dies kann per Handzeichnung geschehen oder durch Eingabe eines Funktionsterms f(x). Das Programm zeichnet sofort den Graphen einer zugehörigen Stammfunktion F(x). So läßt sich sehr gut der Zusammenhang zwischen den beiden Funktionen f und F studieren. Erkenntnisse, die man beim Betrachten eines Funktionsgraphen gewonnen hat, lassen sich überprüfen, indem man eine neue Funktion wählt. Da der Graph der Stammfunktion nach oben oder unten verschoben werden kann (Schie-

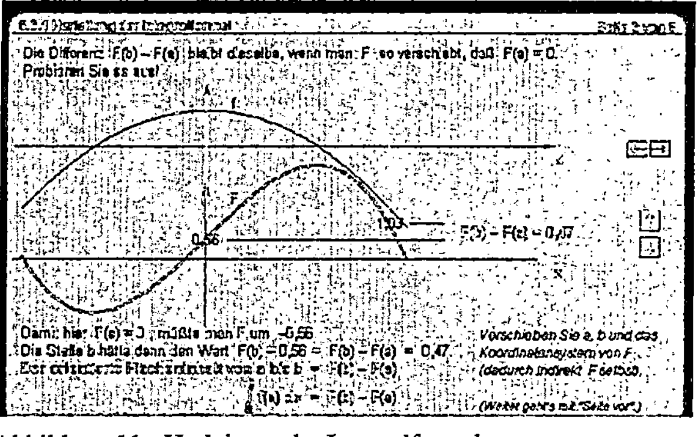

Abbildung 10: Graph einer Stammfunktion

ber rechts außen), wird vorbereitet, daß es zu einer Funktion beliebig viele Stammfunktionen gibt. Betrachtet man jetzt noch zwei (ebenfalls verschiebbare) (Integrations-)Grenzen a und b und die zu diesen Werten gehörigen Funktionswerte einer Stammfunktion, so läßt sich feststellen, daß die Differenz dieser Werte bei jeder Stammfunktion dieselbe ist. Damit bereitet man den Begriff der Integralformel

$$\int_a^b f(x)dx = F(b) - F(a)$$

(für eine beliebige Stammfunktion F) vor. Wählt man - entweder durch Verschieben oder durch Anklicken eines Buttons auf der rechten Seite im Bild - die Stammfunktion mit $F(a) = 0$, so kann man den Wert des bestimmten Integrals direkt als $F(b)$ ablesen.

Die Herleitung der Integralformel wird im Bildschirminhalt der Abbildung 11 weitergeführt. Um verschiedene Intervalle einmzustellen zu können, lassen sich die Integrationsgrenzen a und b verschieben, ebenso auch der Graph der Stammfunktion, so daß $F(a) = 0$ wird.

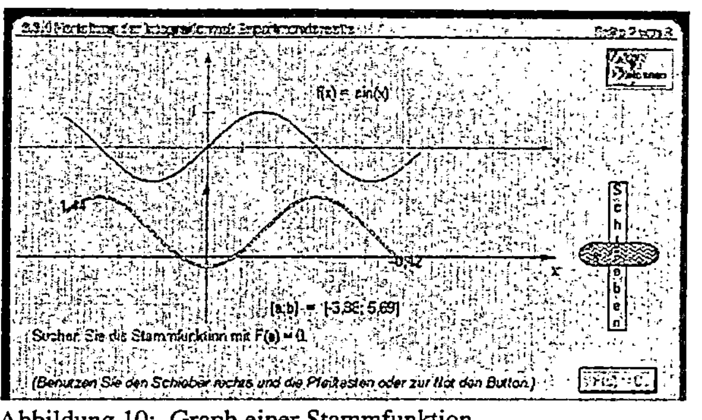

Abbildung 11: Herleitung der Integralformel

Die Vorstellung über den Wert eines Integrals, also zum Beispiel daß der Wert eines Integrals negativ wird, wenn der Graph der Randfunktion unterhalb der x-Achse verläuft, läßt sich durch interaktive Visualisierung einüben. Dazu dient die Aufgabe, die in Abbildung 12 (auf der nächsten Seite) dargestellt ist. Es handelt sich dabei sicher nicht um eine schwierige Aufgabenstellung, doch geht es zunächst ja nur darum, eine lebendige Vorstellung in die später folgenden nüchternen Berechnungen mitzunehmen.

Es werden zufällig erzeugte Funktionsgraphen und
Integrationsgrenzen vorgestellt, für die geschätzt
werden soll, ob der Wert
des Integrals positiv oder
negativ ist. Zur Überprü-
fung der Schätzung wird
anschließend die Berech-
nung ausgeführt.

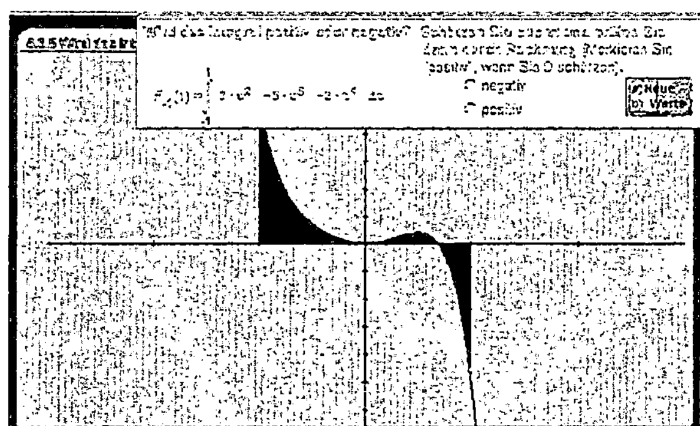

Abbildung 12: Wert des bestimmten Integrals

Anwendung der Integralrechnung

Eine Anwendung der
Integralrechnung ist die
Bestimmung eines Weges
als Integral: $s = \int_a^b v \, dt$.
Eine Visualisierung dieser
Problemstellung erfolgt im
Lernprogramm durch die
Darstellung einer Serpenti-
nenbergfahrt eines PKW

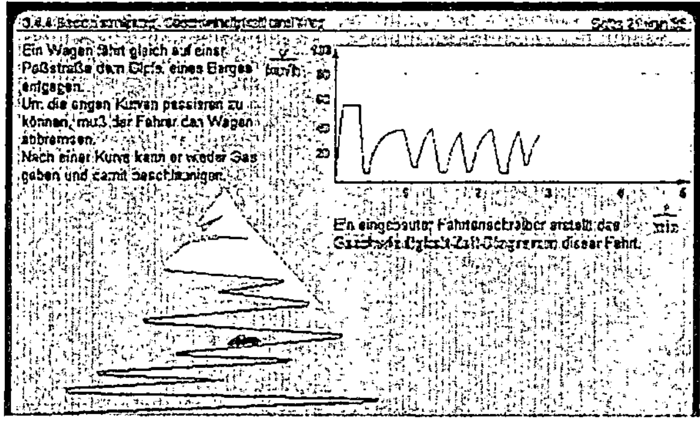

Abbildung 13: Weg als Integral der Zeit

mit gleichzeitiger Aufzeichnung eines Geschwindigkeit-Zeit-Diagramms. Die Abbil-
dung 13 zeigt die Situation für den halben zurückgelegten Weg.
Die Berechnung des Volumens von Rotationskörpern greift den Ansatz aus der
Volumenbestimmung von Kegel und Kugel wieder auf. Der Rotationskörper kann

mit einem Treppenkörper
aus Zylinderscheiben an-
genähert werden. Der
Grenzwert der Summe
dieser Zylinderscheiben-
körper ist das Integral
$$\int_a^b (f(x))^2 \, dx .$$
Die Herleitung dieses Verfahrens wird Schritt für

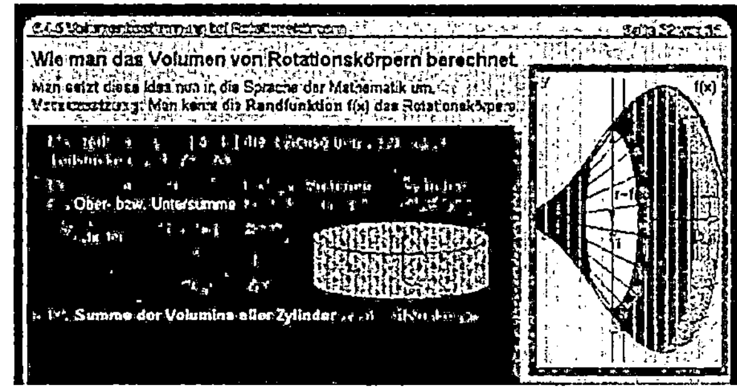

Abbildung 14: Volumenbestimmung durch Integration

Schritt visualisiert. Die Abbildung 14 zeigt dies bei dem Stand, wo das Volumen einer Zylinderscheibe berechnet werden muß.

Der Begriff des Rotationskörpers muß aber noch eingeübt und daher im Programm visualisiert werden. Um den Lernenden viele Assoziationen zu bringen, bietet das Programm nicht nur einige Beispiele für Rotationskörper an, sondern läßt die Interaktion in der Weise zu, daß man Funktionsterme frei eingeben kann, zu denen dann die Funktionsgraphen und die Ergebnisse der Rotation dieser Graphen um die x-Achse gezeichnet werden.

In der Abbildung 15 ist die Rotation des Graphen der Funktion

$$f(x) = x \cdot \sin(3x)$$

dargestellt.

Wie die Abbildung zeigt, kann man die Ansicht verändern, um sich den entstehenden Körper stärker von der Seite ansehen zu

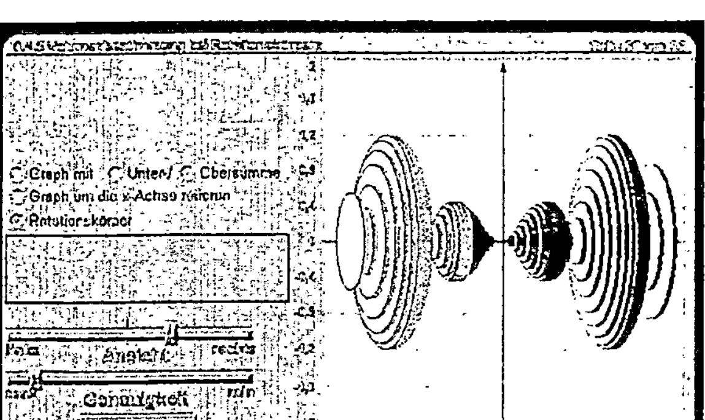

Abbildung 15: Rotationskörper aus einer Randfunktion

können, und man kann die Genauigkeit einstellen, was insbesondere dann wichtig ist, wenn man die Darstellung eines Rotationskörpers im Schichtenaufbau betrachten will.

Diesen Zylinderscheiben-Aufbau für den obigen Rotationskörper zeigt die Abbildung 16, wobei auch die Ansicht gegenüber der Abbildung 15 verändert wurde. Die Verkleinerung der Scheibenhöhe führt wieder auf den Grenzwertprozeß.

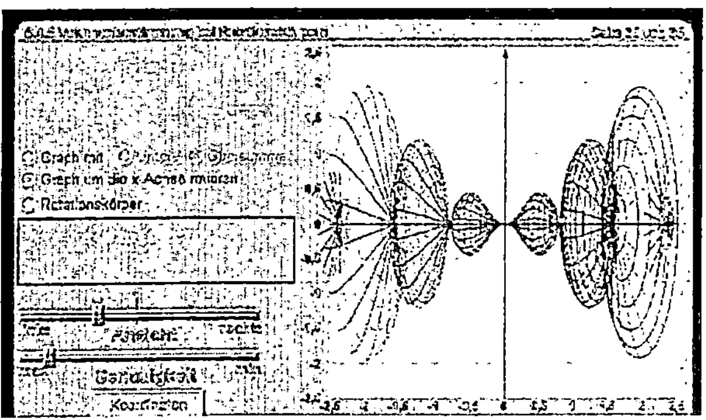

Abbildung 16: Scheibenaufbau eines Rotationskörpers

Es lassen sich noch andere Begriffe und Verfahren in der Analysis mit einer interaktiven Visualisierung ausstatten. Grundsätzlich geht es darum, die Eigenaktivität der Lernenden zu steigern, z. B. durch die Freiheit in der Benutzung eines Programms, wie sie sich in der Navigationsleiste (vgl. Abbildung 17) ausdrückt,.

Abbildung 17: Navigationsleiste des Lernprogramms

Torsten FRITZLAR, Jena (Deutschland)

Computergestützte Modellierung unterrichtlicher Entscheidungssituationen als möglicher Beitrag zur Sensibilisierung für die Komplexität von Mathematikunterricht

1. Einführung

„Unterricht ist ein komplexes System, in dem viele Elemente bei einem hohen Tempo des sozialen Geschehens passend ineinander greifen müssen." (BLK, 1997) Daraus resultierende Anforderungen werden beispielsweise von dem amerikanischen Unterrichtsforscher DOYLE unter anderem durch die *enorme Anzahl* der Ereignisse im Unterricht, deren *Vernetzung* (multidimensionality) und *schnelle Folge* (immediacy), das *zeitgleiche Ablaufen* verschiedener Ereignisstränge (simultaneity) und die *Unvorhersehbarkeit* vieler Ereignisse (unpredictability) gekennzeichnet (Doyle, 1986). In der pädagogischen, psychologischen und didaktischen Literatur findet man eine Vielzahl ähnlicher Aussagen; es ist geradezu eine, in ihren Konsequenzen jedoch nicht immer hinreichend beachtete Grundaussage der Forschung, daß Unterricht, zumindest aus der Sicht des beobachtenden Forschers, ein hochkomplexes System ist, auf das insbesondere die vom Kognitionspsychologen DÖRNER etablierten Merkmale komplexer Konstellationen zutreffen: *Faktorenkomplexion, Vernetzung, Eigendynamik, Intransparenz, Unsicherheit, Polytelie.*
In diesem System hat der Lehrer eine besondere Rolle: Er ist zum einen ein wichtiges Element desselben, auch weil viele Bedingungsfaktoren erst durch ihn vermittelt wirksam werden, zum anderen muß er es, oftmals unter Zeitdruck, zu kontrollieren und zu steuern suchen. Dabei ist der Lehrer durchaus in der Lage, über soziale (z.B. Routinen), physische (z.B. Anordnung der Schülertische) oder symbolische (z.B. Medien) Mittel die Komplexität von Unterrichtskonstellationen zu reduzieren. Darüber hinaus verfügen insbesondere erfahrene Lehrer auch über Mittel kognitiver Komplexitätsreduktion, die es ihnen ermöglichen, aktuell relevante Informationen zu selektieren, in für Außenstehende unübersichtlich und kaum strukturiert erscheinenden Situationen Zusammenhänge und Regelmäßigkeiten zu erkennen, Unterrichtssituationen schnell einzuordnen und angemessene Handlungsmöglichkeiten zu finden. Sie greifen dazu auch auf relativ überdauernde kognitive Strukturen zurück, die zu einem großen Teil durch eine mehr oder weniger reflektierte Praxis erworben werden, aber auch teilweise interindividuellen Ursprungs sind und bereits unter anderem in gesellschaftlichen Institutionen, beispielsweise während der Ausbildung in den Hochschulen, entstehen können.

Sicherlich sind Lehrer beim Unterrichten langfristig auf eine Reduktion der enormen Komplexität angewiesen. Kognitionspsychologische Untersuchungen zum Handeln in komplexen Realitätsbereichen allgemein und zum Lehrerhandeln im besonderen haben aber insbesondere auch gezeigt, daß eine hinreichende Komplexität der kognitiven Strukturen des Lehrers als Grundlage einer angemessenen (Re-) Konstruktion der Unterrichtsprozesse mit einer erfolgreichen Bewältigung beruflicher Anforderungen einhergeht. So resümiert DANN beispielsweise eine seiner Untersuchungen über Subjektive Theorien: „Sicher betreiben Lehrer im Zusammenhang mit ihrem interaktiven Handeln im Unterricht eine aktive sinnstiftende Informationsverarbeitung, wobei sie die komplexen Ereignisse vereinfachen und zu prototypischen Fällen kondensieren. Dazu dienen ihnen - neben spezifischem Wissen (...) - ihre Subjektiven Theorien. Diese müssen allerdings hinreichend komplex sein, um der Unterrichtsrealität gerecht werden zu können. Lehrer/-innen, deren Subjektive Theorien zu einfach sind und wesentliche Bedingungen der Unterrichtsvorgänge nicht repräsentieren, können daher weniger erfolgreich sein als Lehrer, die über angemessenere subjektiv - theoretische Wissensstrukturen verfügen." (DANN et al., 1987, S. 316) BROMME kommt zu dem Schluß: „Für die Bewältigung vieler beruflicher Situationen [eines Lehrers] ist eine Erhöhung der wahrgenommenen [oder: konstruierten; T.F.] Komplexität erforderlich." (BROMME, 1992, S. 142) „Ein Denken in Wechselwirkungen ist also verlangt." (GÖCKEL, 1977, S. 17)

Unseres Erachtens werden aber gerade die uns bekannten Formen der Lehrerausbildung an den Hochschulen, bei denen das überwiegend theoretische Wissen (THIELE, 1983) üblicherweise in mehr oder weniger voneinander isolierten Bereichen vermittelt und eine Integration von Wissensbestandteilen vernachlässigt wird, der Komplexität von Unterricht und daraus resultierenden Anforderungen nicht immer gerecht. Was TRAMM bezüglich der kaufmännischen Ausbildung sagt, gilt ganz sicher ebenso für die Lehramtsausbildung: Wer Studenten zu Handlungs- und Entscheidungsfähigkeit in komplexen pädagogisch-didaktischen Situationen befähigen will, muß ihnen bereits im Schonraum der Universität Erfahrungen im Umgang mit derartigen Sachverhalten und Anforderungen ermöglichen (SCHUNK, 1993). Nur sehr beschränkt realisierbare, fast immer zeitlich isolierte Schulbesuche und Unterrichtsversuche können aus unserer Sicht allerdings diesbezüglich auch keine hinreichenden Möglichkeiten bieten, insbesondere wenn man an langfristige Unterrichtsziele, die Vielzahl unterrichtlicher Bedingungsfaktoren und möglicher Konsequenzen sowie deren Vernetzung denkt.

Ein herkömmliche Ausbildungsformen ergänzender Beitrag zur Sensibilisierung für die Komplexität von Unterricht könnte durch den Einsatz neuer Medien in der Ausbildung geleistet werden. Erste Erfahrungen bezüglich anderer Domänen und mit teilweise anderen Schwerpunkten liegen bereits vor (z.B.: ACHTENHAGEN et al., 1992; FÜRSTENAU, 1994; OSSIMITZ, 1994; SCHULMEISTER, 1996; SPIRO et al., 1991).

In jüngster Zeit entwickelten die australischen Mathematikdidaktiker MOUSLEY und SULLIVAN ein hypermediabasiertes Lernsystem zum Mathematikunterricht (MOUSLEY; SULLIVAN, 1996). Es umfaßt die Aufzeichnung und Transkription einer Unterrichtsstunde, Interviews der Beteiligten, verschiedene Analysen und themenspezifische Aufsätze und soll eine selbständige, interaktive Auseinandersetzung mit den dargestellten Aspekten des Unterrichtsgeschehens aus verschiedenen Blickrichtungen ermöglichen.

Aus unserer Sicht ergeben sich die besonderen Anforderungen des Unterrichtens aber gerade auch durch die *Vernetzung*, die vielfältigen Wechselwirkungen der einzelnen Bedingungsfaktoren, denen das Unterrichtsgeschehen unterliegt. Wir denken daher, ein interaktives Computerprogramm, das reichhaltige Situationen aus dem Unterricht modelliert[1] und dem Nutzer eine Simulation[2] von Unterrichtsprozessen in einer *zusammenhängenden Sequenz aufeinander bezogener Unterrichtssituationen* unter unterschiedlichen Bedingungen ermöglicht, könnte ein besonders geeignetes Medium sein, einige Ausschnitte dieses Wechselwirkungsnetzwerkes erfahrbar zu machen und so für die Komplexität von Mathematikunterricht zu sensibilisieren.

2. Ein Beispiel

Im Rahmen unseres Forschungsprojektes arbeiten wir an ausschnitthaften und exemplarischen Modellierungen des komplexen Netzwerkes Mathematikunterricht (mehr ist nicht möglich) und einer simulationsfähigen Implementierung dieser Modelle in eine Computersoftware. Als ein Unterrichtsbeispiel haben wir den Einsatz eines von KIESSWETTER entwickelten Problemfeldes gewählt:

Faltaufgabe (mathematische Formulierung): *Ein Blatt des üblichen rechteckigen Schreibmaschinenpapiers wird durch eine Faltung parallel zur kürzeren Seite halbiert. Es entsteht ein rechteckiges Doppelblatt, das auf die gleiche Weise halbiert wird, usw. Nach n derartigen Faltungen schneidet man die Ecken des entstandenen „Papierstapels" ab. Durch Aufklappen wird erkennbar, daß ein „Papierdeckchen mit Löchern" entstanden ist.*

Eine naheliegende Fragestellung ist (unter anderen) die nach der Anzahl der Löcher im Papier in Abhängigkeit von der Zahl der Faltungen.
Wir haben den Einsatz dieser Problemstellung in etwa 20 Klassen der vierten und fünften Jahrgangsstufe in Jena und Hamburg erprobt. Aufgrund dieser Erfahrungen, ergänzt durch Erprobungen in Einzelsitzungen mit jüngeren Grundschulkindern (auch KIESSWETTER; NOLTE, 1996) und in Seminaren an den Universitäten in Jena und Hamburg, scheint uns diese Problemstellung für unser Vorhaben

---

[1] Unter einem Modell verstehen wir ein Abbild eines Realitätsbereichs „für den Verwender k in der Zeitspanne t mit der Intention Z". (Seiffert; Radnitzky, 1989, S. 219)

[2] Unter einer Simulation wollen wir die Manipulation eines dynamischen Modells verstehen. "We may set the model running (...) and watch what it does. It is this that we refer to as 'simulation' of the target." (Gilbert; Doran, 1994, S. 5)

besonders geeignet: Das Problem ist anspruchslos hinsichtlich notwendiger Vorkenntnisse und dennoch anspruchsvoll in Hinsicht auf mögliche oder notwendige Denkprozesse. (Dies haben auch Erprobungen mit Lehramtsstudenten gezeigt, denen es durchaus nicht immer leicht fällt, allgemeine Zusammenhänge zwischen der Anzahl der Löcher und der Zahl der Faltungen zu finden.) Zudem bietet es eine Vielzahl unterschiedlicher Bearbeitungsmöglichkeiten, individuell verschiedener Zugänge und Erklärungsansätze. Es ist querdifferenzierend, d.h. es bietet zum einen die Möglichkeit, verschiedene "kognitive Schülertypen" anzusprechen, zum anderen kann es auf sehr unterschiedlichen Ebenen bearbeitet werden. Fast jeder Schüler kann während der Beschäftigung mit dem Problem zu eigenen Entdeckungen kommen, eigene Ideen und Hypothesen entwickeln und so etwas zu dessen Lösung beitragen. Schließlich ergibt sich bei dieser Problemstellung die Notwendigkeit zu allgemeineren Überlegungen aus der Sache heraus. Ein zweiter Gesichtspunkt folgt zum Teil aus dem ersten und ist der für unser Projekt wesentliche: Der Einsatz dieses Problemfeldes im Mathematikunterricht ist, aufgrund der zahlreichen methodischen Variationsmöglichkeiten, der Vielzahl von Einflußfaktoren und möglichen Konsequenzen, der verschiedenen möglichen Zielstellungen des Lehrers und vor allem aufgrund der Vernetzung dieser Komponenten, ein reichhaltiges Handlungsfeld, das für eine Sensibilisierung von Studenten für die Komplexität von Mathematikunterricht besonders geeignet erscheint.

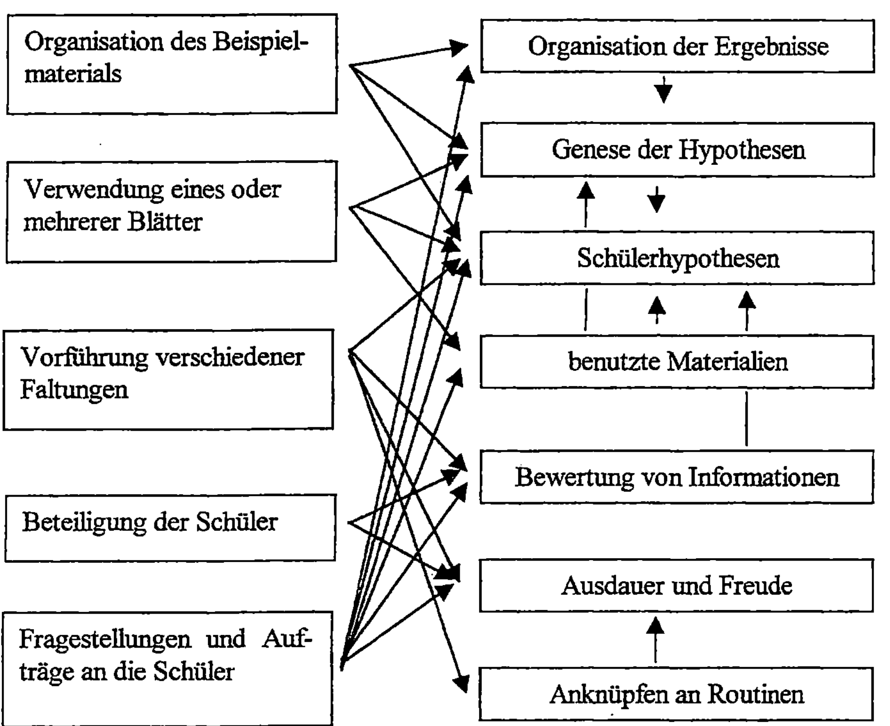

Abbildung 1: Variationsmöglichkeiten bei der Präsentation der Problemstellung und einige mögliche Konsequenzen

An dieser Stelle fehlt der Platz für eine detaillierte Darstellung auch nur weniger Aspekte des komplexen Wechselwirkungsnetzwerkes aus Bedingungsfaktoren, Unterrichtsentscheidungen und Merkmalen von Unterrichtssituationen und Problembearbeitungsprozessen der Schüler. Für einen ersten Eindruck sind einige Entscheidungsbereiche des Lehrers bei der Präsentation der Problemstellung und mögliche, in Unterrichtsversuchen beobachtete Konsequenzen (ohne nähere Erläuterungen) skizziert. Eine derartige Darstellung bleibt allerdings sehr vereinfachend, da die in den Unterrichtsversuchen beobachteten Zusammenhänge nicht immer unabhängig voneinander sind und deren konkrete Auswirkungen zudem von weiteren Unterrichtsbedingungen beeinflußt werden können.

3. Modell und Simulation

Aus den aus Unterrichtsbeobachtungen und Expertenbefragungen gewonnenen Informationen bezüglich der konkreten Unterrichtsbeispiele werden *deskriptive Verlaufsmodelle* möglicher, teilweise hypothetischer Unterrichtsabläufe konstruiert. Wesentliche Elemente derartiger Modelle sind pädagogisch-didaktische Entscheidungssituationen, die etwa durch folgende *Entscheidungsknoten* repräsentiert werden können:

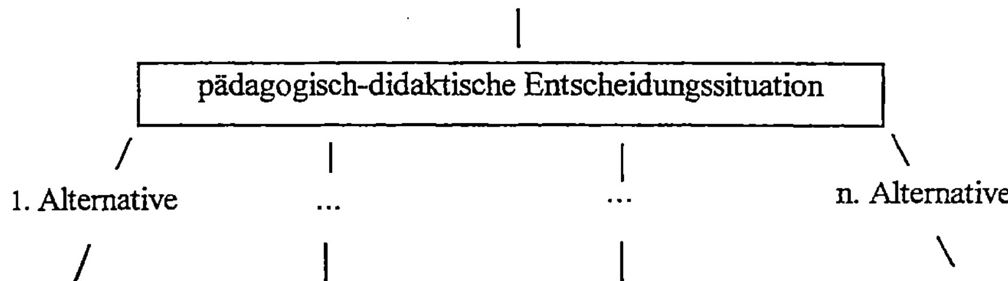

Abbildung 2: Entscheidungsknoten

Mögliche Unterrichtsprozesse werden durch *Ereignisbäume* beschrieben, die aus einer Vielzahl derartiger Knoten bestehen. Jeder abwärts laufende Pfad beschreibt dann einen (hypothetischen) Unterrichtsverlauf. Zu bedenken ist, daß diese Ereignisbäume zusätzlich von den Bedingungen abhängen, unter denen der Unterricht stattfindet. Für jede (unsererseits) zugelassene Kombination von Unterrichtsvoraussetzungen, beschrieben durch eine hypothetische Klasse, ergibt sich damit ein anderer Ereignisbaum.
Wir benutzen diese Pfadmodelle lediglich zur vereinfachten, mit möglichst hoher Wahrscheinlichkeit gültigen Beschreibung ausgewählter Unterrichtsprozesse (und erheben beispielsweise nicht den Anspruch, daß sich Unterricht für einen Lehrer tatsächlich auf diese Weise darstellt). Beachtet man die nicht-algorithmisierbare Natur des zu modellierenden komplexen Realitätsbereiches und die informations-

technischen Grundlagen, so scheint unsere Entscheidung für die Erstellung diskreter, deskriptiver, deterministischer Modelle naheliegend[3]. Einschränkungen, die sich daraus für einen späteren Nutzer der Simulationssoftware ergeben könnten, sollen u.a. dadurch begrenzt werden, daß mögliche Handlungsoptionen auch mittels Experten- und Studentenbefragungen konstruiert werden und die Software stets erweiterbar bleibt.

Die Simulation eines Unterrichtsmodells beginnt, indem der Nutzer einige Voraussetzungen wählt, unter denen der Unterricht erfolgen soll und die von ihm selbständig analysiert werden müssen. Auf dieser Grundlage trifft er Entscheidungen über mögliche Ziele der Unterrichtssequenz und organisiert den Unterrichtsprozeß. Ausgehend von diesen Entscheidungen wird, auf der Grundlage der Expertenaussagen und unserer Unterrichtserfahrungen, ein möglicher Unterrichtsverlauf durch das Computerprogramm nachgezeichnet. Der Nutzer wird mit Entscheidungssituationen konfrontiert, in denen er zwischen verschiedenen (vorgegebenen) Alternativen wählen muß. Mögliche Konsequenzen, die aus der Interaktion der Nutzerentscheidung, vorausgegangener Entscheidungen und der gewählten Voraussetzungen entstehen, werden durch das Programm simuliert.

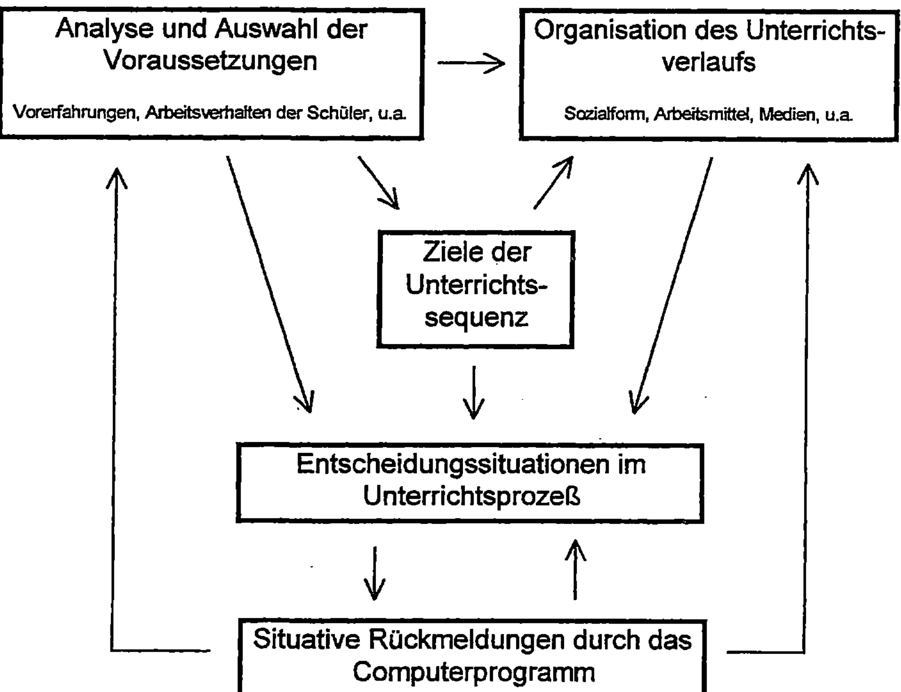

Abbildung 3: Ablaufschema eines Simulationsprogramms. Die Pfeile sollen nicht (nur) den zeitlichen Verlauf sondern teilweise mittels Computer modellierte Abhängigkeiten zwischen den einzelnen Komponenten symbolisieren.

---

[3] Deterministische Modelle wollen wir verwenden, um die Vergleichbarkeit der Mensch-Computer-Interaktionen zu gewährleisten.

Durch eine derartige Computersoftware können fast beliebig vielen Studenten simulationsfähige Modelle von Unterrichtssequenzen beliebig oft zur Verfügung gestellt werden. Die einer Modellierung immanente Reduktion kann dabei durch Konzentration auf einige, aus unserer Sicht wesentliche Bedingungsfaktoren und durch Wahl eines angemessenen Auflösungsgrades unter didaktischen Gesichtspunkten erfolgen. Einen wesentlichen Vorteil einer derartigen Simulation sehen wir auch in der Möglichkeit der Zurücknahme und Korrektur von Entscheidungen, insbesondere besteht die Möglichkeit einer systematischen Erprobung unterschiedlicher Alternativen in ausgewählten Entscheidungssituationen hinsichtlich ihrer Konsequenzen unter sonst identischen Bedingungen. Damit ermöglicht das Programm gezielte Manipulationen, die Rückschlüsse auf das erwartete Verhalten des abgebildeten realen Systems erlauben, jedoch am Originalsystem nicht möglich wären. Die Software kann durch die Möglichkeit der direkten, nicht verzögerten und zeitlich gerafften Konfrontation mit den Auswirkungen des eigenen Verhaltens auch zu einer Erweiterung des zeitlichen „Lernhorizontes" beitragen. Schließlich kann man sich auch (noch) eine motivierende Wirkung durch den Einsatz des Computers erhoffen.

Ein wesentliches, konstituierendes Merkmal komplexer Realitätsbereiche ist die Vernetzung zahlreicher Bedingungsfaktoren[4]. Wichtige Variable sind nicht unabhängig voneinander, sie bilden aber auch keine monokausalen Bedingungsketten sondern vielmehr ein verzweigtes Netzwerk unterschiedlicher Wechselwirkungen. Wir wollen untersuchen, ob und inwieweit eine (inter-) aktive Auseinandersetzung mit derartigen Simulationsprogrammen einen Beitrag leisten kann zu einer Sensibilisierung für Teilaspekte der Komplexität von Mathematikunterricht, zu Voraussetzungen, die für erfolgreiches Handeln in derart komplexen Realitätsbereichen notwendig sind und die DÖRNER einmal treffend zusammengefaßt hat: „Wir müssen es lernen, daß man in komplexen Systemen nicht nur *eine* Sache machen kann, sondern, ob man will oder nicht, immer *mehrere* macht. Wir müssen es lernen, mit Nebenwirkungen umzugehen. Wir müssen es lernen einzusehen, daß die Effekte unserer Entscheidungen an Orten [und zu Zeiten, T.F.] zum Vorschein kommen können, an denen wir überhaupt nicht mit ihnen rechneten." (DÖRNER, 1989, S. 307)

Literatur

Achtenhagen, F. et al.:   Lernhandeln in komplexen Situationen. Gabler, Wiesbaden 1992

Bromme, R.:   Der Lehrer als Experte. Huber, Bern 1992

Bronner, R.:   Komplexität. In: Frese, E. (Hrsg.): Handwörterbuch der Organisation. Poeschel, 3.Aufl., Stuttgart 1992, Sp. 1121–1130

---

[4] Für einige Autoren wird Komplexität bereits dadurch definiert. Um dieser „teilweise verwirrende(n) Überlagerung des begrifflichen Bedeutungsgehaltes" (Bronner, 1992, Sp. 1122) zu entgehen, spricht Bronner beispielsweise diesbezüglich von Komplexität im engeren Sinne.

Bund–Länder–Kommission für Bildungsplanung und Forschungsförderung: Gutachten zur Vorbereitung des Programms „Steigerung der Effizienz des mathematisch–naturwissenschaftlichen Unterrichts." 1997

Dann, H.-D.: Was geht im Kopf des Lehrers vor? Psychologie in Erziehung und Unterricht, 36, 1989, S. 81 – 90

Dann,H.-D.; Tennstädt, K.-Ch.;Humpert,W.; Krause,F.: Subjektive Theorien und erfolgreiches Handeln von Lehrern/-innen bei Unterrichtskonflikten. Unterrichtswissenschaft, 15, 1987, S. 306 – 320

Dörner, D.: Die Logik des Mißlingens. Rowohlt, Reinbek, 1989

Dörner, D. Kreuzig, H. W.; Reither,F.;Stäudel,T.(Hrsg.): Lohhausen. Vom Umgang mit Unbestimmtheit und Komplexität. Huber, Bern 1983

Doyle, W.: Classroom Organization and Management. In: Wittrock, M. C. (Ed.): Handbook of Research on Teaching, 3. Ed., Macmillan, New York 1986, S. 392 – 431

Fürstenau, B.: Komplexes Problemlösen im betriebswirtschaftlichen Unterricht. Deutscher Universitätsverlag, Wiesbaden 1994

Gilbert,N.; Doran, J. (Ed.): Simulating societies. The computer simulation of social phenomenia. UCL Press 1994

Göckel, H.: Die Planbarkeit von Unterricht. In: Hacker, H. (Hrsg.): Zur Frage der Lernplanung und Unterrichtsgestaltung. Schroedel, Hannover 1977, S. 13 – 36

Kießwetter, K.: Unterrichtsgestaltung als Problemlösen in komplexen Konstellationen. In: Padberg, F. (Hrsg.): Beiträge zum Lernen und Lehren von Mathematik. Kallmeyer, Seelze 1994

Kießwetter, K.; Nolte, M.: Können und sollen mathematisch besonders befähigte Schüler schon in der Grundschule identifiziert und gefördert werden? ZDM, 1996, Heft 5, S. 143 – 157

Mousley, J.; Sullivan, P.: Learning about Teaching. The Australian Association of Mathematics Teachers, Adelaide 1996

Ossimitz, G.: Systemisches Denken und Modellbilden. Konzeptpapier, DIFF Tübingen 1995

Ossimitz, G.: Kurzbericht zum Projekt "Entwicklung vernetzten Denkens"

Schulmeister, R.: Grundlagen hypermedialer Lernsysteme: Theorie–Didaktik–Design. Addison – Wesley, Bonn, Paris 1996

Schunck, A.: Subjektive Theorien von Berufsfachschülern zu einem planspielgestützten Betriebswirtschaftslehre – Unterricht. Dissertation, Göttingen 1993

Seiffert, H.; Radnitzky,G.: Handlexikon zur Wissenschaftstheorie. Ehrenwirth, München 1989

Spiro, R. J. et al.: Cognitive Flexibility, Constructivism, and Hypertext. Educational Technology, 31, 1991, Heft 5, S. 24 – 33

Thiele, H.: Trainingsprogramm Gesprächsführung im Unterricht. Klinkhardt, Bad Heilbrunn 1983

Weinert, F.E.; Helmke, A. (Hrsg.): Entwicklung im Grundschulalter. Beltz Psychologie Verlagsunion, Weinheim 1997

Zimmermann, B.: Versuch einer Analyse von Strömungen in der Mathematikdidaktik. ZDM, 13, 1981, S. 44 – 52

Martin Hennecke, Hildesheim (Deutschland)

Computergestützte Fehlerdiagnose

Voraussetzungen, Einschätzungen und Perspektiven

1 Einführung

Statistische Untersuchungen zeigen, daß ein hoher Anteil der Schülerfehler im Mathematikunterricht eine Regelstruktur aufweist, z.B.: $\frac{a}{b} + \frac{c}{d} = \frac{a+c}{b+d}$. Beim schriftlichen Rechnen beziffert Gerster (1982) diesen Anteil auf 80%. Die Diagnose von Schülerfehlern im Mathematikunterricht ist daher ein wichtiger Ansatz für eine gezielte Therapie. Die Durchführung eigener diagnostischer Tests, wie sie in der Fachliteratur (u.a. Padberg, 1995) für viele Anforderungsbereiche veröffentlicht wurden, ist aufgrund des hohen Aufwands bei einer gewissenhaften Auswertung von Hand kaum möglich. In der schulischen Praxis werden diagnostische Untersuchungen daher meist mit Klassenarbeiten verbunden oder entfallen ganz. Wünschenswert wäre statt dessen die regelmäßige Durchführung diagnostischer Tests im Unterricht, um Lernschwierigkeiten unmittelbar erkennen und bereits bei ihrem Entstehen - insbesondere aber vor der eigentlichen Klassenarbeit - therapieren zu können.

Bereits Ende der 70er Jahre versuchte man daher die aufwendige Fehlerdiagnose durch Computer durchführen zu lassen. Mit dem System BUGGY entwickelten Brown und Burton (1978) bzw. Burton (1982) ein System zur Diagnose von Fehlvorstellungen im Bereich der Subtraktion mehrstelliger natürlicher Zahlen mit dessen Hilfe später die bekannte „Bug Repair Theory" hergeleitet werden konnte (Brown, VanLehn, 1980, VanLehn 1989).

Dennoch hat sich die computergestützte Fehlerdiagnose in der am Markt verfügbaren Lernsoftware nicht durchgesetzt. Die Ursache hierfür ist wohl vorrangig der hohe Aufwand, der mit der Entwicklung der Algorithmen und den fachdidaktischen Vorarbeiten verbunden ist. Insbesondere stellen sich neue Anforderungen sowohl an die mathematische Fachdidaktik, die Lernpsychologie als auch an die Informatik. In der vorliegenden Arbeit soll daher ein zusammenführender Einblick in die Voraussetzungen für die Entwicklung von computergestützten Diagnosesystemen gegeben werden. Am Beispiel des neuen Diagnosesystems „BugFix" soll die Leistungsfähigkeit derartiger Systeme vorgestellt werden und schließlich sollen Einschätzungen und Perspektiven für die Anwendung auf Lernsoftware und den Einsatz im Unterricht gegeben werden.

2 Voraussetzungen

Bei der computergestützten Fehlerdiagnose ist grundsätzlich zwischen zwei verschiedenen Anwendungsbereichen zu unterscheiden. Im ersten Fall ist die zu diagnostizierende Schülerrechnung bereits bekannt, z.B. weil die Schülerrechnung schriftlich erfaßt und später in den Rechner eingegeben wurde. Die Fehlerdiagnose ist weder zeit- noch speicherplatzkritisch. Das Forschungsinteresse steht im Mittelpunkt.

Anders als im ersten Fall, in dem die computergestützte Fehlerdiagnose während der gesamten Rechenzeit mit Aufgabenstellung und Schülerantwort(en) arbeiten kann, ist in einem interaktiven Lernsystem die Aufgabenstellung eher als die Schülerantwort bekannt. Die Fehlerdiagnose ist ohne spürbare zeitliche Verzögerung durchzuführen, damit die gewonnenen Informationen den weiteren Programmablauf beeinflussen können. Die Durchführung der Fehlerdiagnose ist daher als zeitkritisch einzustufen.

Bisherige Lernsysteme mit computergestützter Fehlerdiagnose (z.B. Stern, Beck, Woolf, 1996) beschränken sich auf eine Auswahl der am häufigsten auftretenden Fehlerstrategien, im folgenden Regelsysteme genannt. Zu vielen Bereichen der Mathematik kann die Fachdidaktik die für diese Regelsysteme benötigten Fehlerstrategien liefern. Für die Bruchrechnung liefert z.B. Padberg (1995) hinreichende Angaben.

Lehrern sind die häufig auftretenden Fehlerstrategien aus der Fachliteratur, besonders aber aus ihrem Unterricht bekannt. Etwa beim Vorrechnen im Unterricht oder bei Korrektur von Klassenarbeiten fallen derartige Fehlerstrategien auf, sofern sie nicht kombiniert mit anderen Fehlerstrategien auftreten. Eine computergestützte Fehlerdiagnose, die lediglich die häufigsten Fehlerstrategien erkennt, wird die Erfassung der Fehlvorstellungen somit zwar vereinfachen, jedoch kaum Ergebnisse liefern, die ein aufmerksamer Lehrer mit entsprechend hohem Aufwand nicht auch ohne Computer hätte feststellen können. Statt dessen sollte man auch die Diagnose seltener Fehlerstrategien und beliebiger Kombinationen von Fehlerstrategien fordern, um zusätzlich zur Arbeitsersparnis auch die Fehlvorstellungen erkennen zu können, die normalerweise nicht erkannt werden.

Um selten auftretende Fehlerstrategien diagnostizieren zu können, muß das Regelsystem des Diagnosesystems entsprechend erweitert werden. Die Bestimmung und Katalogisierung der benötigen Fehlerstrategien fällt in das Aufgabengebiet der Fachdidaktik und wurde für einige Bereiche bereits durchgeführt (vgl. z.B. Gerster, Grevsmühl, 1983). Unterstützend können Verfahren des maschinellen Lernens zum Einsatz kommen (Langley, Ohlsson, 1984, Baffes, Mooney, 1996, Sleeman et. al., 1990).

Auch wenn sich die Arbeitsweise von Diagnosesystemen durchaus unterscheidet, haben die meisten Realisierungen auch Gemeinsamkeiten. Dem Diagnosesystem liegen Beschreibungen möglicher korrekter und fehlerhaften Rechenstrategien zugrunde, z.B. in Form von Ersetzungsregeln oder eines prozeduralen Netzwerks (Brown, Burton, 1978, Burton, 1982). Ausgehend von der dem Schüler gestellten Aufgabenstellung versucht das Diagnosesystem mögliche Schülerrechnungen zu simulieren. Falls die Schülerlösung mit dem Ergebnis der Simulation übereinstimmt, werden die verwendeten Rechenstrategien als Diagnose der Schülerrechnung verwendet.

Ein derartiges Vorgehen liefert im allgemeinen jedoch keinen terminierenden Algorithmus. Es bedarf daher fachdidaktisch motivierter Heuristiken, die den Suchraum einschränken, etwa eine Beschränkung der maximalen Suchtiefe. Wünschenswert wären auf die Regelsysteme abgestimmte fachdidaktische Aussagen bezüglich Voraussetzungen für das Auftreten von Fehlerstrategien, bezüglich auftretender und nicht auftretender Kombinationen von Fehlerstrategien, bezüglich der Wahrscheinlichkeiten des Auftretens einzelner Fehlerstrategien oder Kombinationen und bezüglich der Entwicklung der Fehlvorstellungen bei Schülern im Laufe der Zeit. Je genauere Aussagen die Fachdidaktik, die Psychologie und/oder die Kognitionswissenschaft hier liefern kann, desto effizientere Diagnosealgorithmen werden sich in Zukunft entwickeln lassen. Bei der Erforschung dieser Zusammenhänge können computergestützte Diagnosesysteme ergänzend zum Einsatz kommen und den überwiegenden Anteil der aufwendigen Diagnose übernehmen.

3 BugFix

Wie in diesem Tagungsband vorgestellt (Kreutzkamp, Wolpers), befindet sich am Institut für Mathematik und angewandte Informatik der Universität Hildesheim ein Lernsystem zur Bruchrechnung in Entwicklung. Im Rahmen dieser Arbeiten wurde das computergestützte Diagnosesystem „BugFix" entwickelt.

Im wesentlichen aufbauend auf Arbeiten von Gerster, Grevsmühl (1983), Padberg (1995) und Lörcher (1982) wurden etwa 250 korrekte und fehlerhafte Rechenstrategien zu einem Regelsystem zusammengestellt. Unter Berücksichtigung beliebiger Kombinationen verschiedener Rechenstrategien müssen für eine gute Fehlerdiagnose weit mehr als 1 Milliarde möglicher Fehlerdiagnosen berücksichtigt werden. Dieser Rechenaufwand ist auf den zur Verfügung stehenden Rechnersystemen i.A. nicht in einer für ein Lernsystem akzeptablen Antwortzeit zu realisieren. „BugFix" nutzt daher bereits die Zeit, in der auch der Schüler selbst rechnet für die Fehlerdiagnose. Innerhalb dieser Zeit simuliert „BugFix" möglichst viele verschiedene Kombinationen von Rechenstrategien. Hierzu stehen i.d.R. mehr als fünf Sekunden zur Verfügung, wie eine eigene Testreihe mit 30 Schülern gezeigt hat. Beim Eintreffen der Schülerlösung stoppt „BugFix" die Simulation und wählt aus den gespeicherten Rechenwegen diejenigen aus, die zur Schülerlösung führen.

„BugFix" ist als spezielles Termersetzungsystem realisiert. Im Unterschied zu herkömmlichen Termersetzungssystemen arbeitet „BugFix" dynamisch, d.h. anstatt bei identischen Teiltermen eine Ersetzungsregel mehrfach anzuwenden, speichert „BugFix" das Ergebnis der ersten Anwendung der Ersetzungsregel und greift bei jeder weiteren Anwendung auf die bereits berechneten Ergebnisse zurück. Diese Vorgehensweise erinnert an Termgraphersetzungssysteme (vgl. z.B. Plump, 1998), bei denen durch Kollabierung der Terme die mehrfache Anwendung von Ersetzungsregeln vermieden wird.

Die dynamische Vorgehensweise ist aufgrund psychologisch bedingter Ähnlichkeiten (vgl. VanLehn, 1989) zwischen korrekten und fehlerhaften Rechenregeln sehr häufig erfolgreich. Insbesondere gelingt es für das realisierte Regelsystem i.d.R., daß die Anzahl der simulierten Rechenwege exponentiell zur Rechenzeit steigt. In der durch die Schülerrechnung begrenzten Zeitspanne können i.d.R. selbst in ungünstigen Fällen mehrere Milliarden Rechenwege simuliert werden. Die Datenstruktur für die Speicherung der Rechenwege muß daher äußerst effizient sein. Durch Mehrfachnutzung identischer Datenstrukturen benötigt „BugFix" teilweise unter einem Bit Hauptspeicher pro simulierten Rechenweg.

Die folgenden Rechenwege demonstrieren einige von „BugFix" diagnostizierte Rechenwege für die Aufgabe $\frac{2}{3}+\frac{1}{4}$ und die Schülerantwort $\frac{1}{5}$.

- $$\frac{2}{3}+\frac{1}{4}\overset{a}{=}\frac{2:2}{3}+\frac{1}{4:2}=\frac{1}{3}+\frac{1}{4:2}=\frac{1}{3}+\frac{1}{2}\overset{b}{=}\frac{1\cdot 1}{3+2}=\frac{1}{3+2}=\frac{1}{5}$$

- $$\frac{2}{3}+\frac{1}{4}=\frac{2\cdot 4}{12}+\frac{1\cdot 3}{12}=\frac{8}{12}+\frac{1\cdot 3}{12}=\frac{8}{12}+\frac{3}{12}\overset{a}{=}\frac{8:2}{12}+\frac{3}{12:2}=\frac{4}{12}+\frac{3}{12:2}=\frac{4}{12}+\frac{3}{6}$$
  $$\overset{c}{=}\frac{12}{12\cdot 3+6\cdot 4}=\frac{12}{36+6\cdot 4}=\frac{12}{36+24}=\frac{12}{60}=\frac{12:12}{60:12}=\frac{1}{60:12}=\frac{1}{5}$$

- $$\frac{2}{3}+\frac{1}{4}\overset{a}{=}\frac{2:2}{3}+\frac{1}{4:2}=\frac{1}{3}+\frac{1}{4:2}=\frac{1}{3}+\frac{1}{2}\overset{d}{=}\frac{1}{3+2}=\frac{1}{5}$$

Fehler a: Fehlerhaftes Kürzen über Kreuz

Fehler b: Falsche additive Strategie bei teilweiser Verwechslung mit der Multiplikation

Fehler c: Addition mit gemeinsamen Hauptzähler (statt Hauptnenner)

Fehler d: Addition mit gemeinsamen Hauptzähler, falls Zähler gleich

In den meisten Fällen ist das Diagnoseergebnis nicht eindeutig. Statt dessen liefert „BugFix" eine Menge von möglichen Fehlerdiagnosen. Temporär stabile Fehlerstrategien lassen sich dann jedoch durch den Vergleich mehrerer Fehlerdiagnosen ermitteln. Ergänzend können fachdidaktisch, psychologisch oder statistisch motivierte Filter zum Einsatz kommen, die z.B. Wahrscheinlichkeiten für bestimmte Rechenwege vorgeben. So läßt sich vermuten, daß Schüler, die wie in der zweiten Diagnose bereits einen Hauptnenner gebildet haben, diesen nicht im nächsten Rechenschritt wieder durch Kürzen zerstören werden. Hier besteht jedoch für die meisten Bereiche der Mathematik noch Forschungsbedarf.

In einer Feldstudie zur Bruchrechnung mit rund 500 Schülern der Klassenstufe 7 konnten 6712 fehlerhafte schriftliche Rechnungen in einer Datenbank erfaßt und mit rund 1200 korrekten und fehlerhaften direkt am Computer durchgeführter Rechnungen erweitert werden. Bereits mit einem noch nicht ganz ausgereiften Regelsystem und knapp bemessener Rechenzeit konnten mit „BugFix" rund 70% der Schülerrechnungen diagnostiziert werden. Da sich zahlreiche der durch dieses Regelsystem nicht diagnostizierte Schülerrechnungen jedoch auch durch Regeln beschreiben ließen, sollte sich dieser Wert noch weiter verbessern lassen.

4 Einschätzungen und Perspektiven

Mit Diagnosesystemen wie „BugFix" wird die Zukunft der computergestützten Fehlerdiagnose weniger von der technischen Realisierbarkeit, sondern mehr von der Akzeptanz derartiger Systeme bei Entwicklern von Lernsoftware, Lehrkräften und Schülern und der technischen Ausstattung der Schulen abhängen.

Bei der Entwicklung von Lernsoftware erhöht sich der Arbeitsaufwand durch den Einbau einer computergestützten Fehlerdiagnose erheblich, selbst wenn das Diagnosesystem bereits zur Verfügung steht. Im wesentlichen sind fachdidaktisch orientierte Arbeiten, wie die Zusammenstellung des Regelsystems oder die Gestaltung adaptiver Hilfestellungen durchzuführen. Umfassendere Arbeiten in diesen Bereichen und die stärkere Berücksichtigung der Fehlerbehandlung bei der Bewertung von Lernsoftware könnten die computergestützte Fehlerdiagnose auch wirtschaftlich interessant machen.

Die Akzeptanz der computergestützten Fehlerdiagnose durch Lehrkräfte wird sich hoffentlich mit den positiven Ergebnissen von selbst einstellen. Dennoch bleiben an den Schulen sicherlich organisatorische Probleme zu lösen. Da in vielen Schulen jedoch die Mathematiklehrer auch für die Organisation des Rechnerpools zuständig sind, dürften diese lösbar sein.

Sofern die Fehlerdiagnose in Lernsoftware eingebaut ist, fällt dem Schüler die Fehlerdiagnose nur indirekt auf, wenn das Lernsystem den Programmablauf infolge eines Fehlers an die Fähigkeiten des Schülers anpaßt oder abgestimmte Hilfetexte erscheinen. Dennoch kann die Akzeptanz derartiger Systeme schwierig werden, wenn der Lehrer die gewonnenen Informationen z.B. zur Notenvergabe einsetzt („big brother is watching you"). Der Motivationsfaktor Computer könnte in diesem Fall sehr schnell verloren gehen.

Durch den Einsatz von Computern kann der Aufwand zur Planung, Durchführung und Auswertung diagnostischer Tests somit nicht nur auf ein praktikables Maß reduziert werden, sondern auch die Therapie von Fehlvorstellungen zumindest teilweise auf geeignete Lernsoftware übertragen werden. Gleichzeitig bieten derartige Systeme eine einfache Möglichkeit der Erfassung größerer Stichproben wie sie für aussagekräftige wissenschaftliche Forschungsprojekte benötigt werden. Für das am Institut in Entwicklung befindliche Lernsystem zur Bruchrechnung ist u.a. eine derartige Verwendung geplant.

„BugFix" befindet sich zur Zeit (September 1998) in einer ersten praktischen Testphase. So wurden z.B. zusammen mit einem Editor für Bruchrechenaufgaben die zuvor erwähnten 1200 Schülerrechnungen unter realen Bedingungen bearbeitet. Nach erfolgreichem Abschluß dieser Testphase steht „BugFix" prinzipiell im Rahmen von Kooperationen zur Verfügung.

Literatur

Baffes, Mooney (1996): Refinement-Based Student Modeling and Automated Bug Library Construction. In *Journal of Artificial Intelligence in Education*, 1996, 7(1), 75-117

Brown, Burton (1978): Diagnostic Models for Procedural Bugs in Basic Mathematical Skills. In *Cognitive Science*, 1978, Heft 2, S. 155-192

Brown, VanLehn (1980): Repair theory: A generative theory of bugs in procedural skills. In *Cognitive Science*, 1980, 4, 379-426.

Burton (1982): Diagnosing bugs in simple procedural skills. In Sleemann, D.H. and Brown, J.S. (eds), *Intelligent Tutoring Systems*, 1982, 8, London: Academic Press.

Gerster (1982): Schülerfehler bei schriftlichen Rechenverfahren – Diagnose und Therapie, Freiburg, 1982

Gerster, Grevsmühl (1983): Diagnose individueller Schülerfehler beim Rechnen mit Brüchen. In: *Päd. Welt*, 1983, Heft 11

Langley, Ohlsson (1984): Automated cognitive modeling. In *Proceedings of the National Conference on Artificial Intelligence*, 1984, 193-197, Austin, Texas.

Lörcher (1982): Diagnose von Schülerschwierigkeiten beim Bruchrechnen. In *Päd. Welt*, 1982, Heft 3

Padberg (1995): *Didaktik der Bruchrechnung, Gemeine Brüche, Dezimalbrüche*, 2. erw. Auflage, Heidelberg, Berlin, Oxford: Spektrum, 1995

Plump (1998): Term Graph Rewriting. In: Ehrig, H.; Engels, G.; Kreowski, H.-J.; Rozenberg, G.: *Handbook of Graph Grammars and Computing by Graph Transformation, Vol. 2: Applications, Languages and Tools*, World Scientific, Kapitel 1 (erscheint)

Sleeman et. al. (1990): Extending domain theories: two case studies in student modeling. In *Machine Learning*, 1990, 5, 11-37

Stern, Beck, Woolf (1996): Adaptation of Problem Presentation and Feedback in an Intelligent Mathematics Tutor. In Frasson, C.; Gauthier, G., Lesgold, A. (Eds): *Intelligent Tutoring Systems*, Proceedings of the 3rd International Conference, Heidelberg [u.a.]: Springer, 1996

VanLehn (1989): *Mind Bugs: the origins of procedural misconceptions*, Cambridge, London: MIT Press, 1989

Helmut HEUGL, Wien (Österreich)

Computeralgebrasysteme -
das gelobte Land des Mathematikunterrichts?

Schon immer waren es die Hilfsmittel, welche die Mathematik sehr stark beeinflußt haben. Ganz besonders starke Veränderungen beobachten und erwarten wir von der Nutzung des Computers und insbesondere der Computeralgebrasysteme (von nun an CAS genannt). In Österreich wurde das sehr früh erkannt. Seit 1990 gibt es für alle Gymnasien die Generallizenz des CAS-Systems Derive und nun wird bereits in vielen Schulen der algebrataugliche Taschencomputer TI-92 eingesetzt. Seit 1993 laufen 2 Forschungsprojekte, die sich mit dem Einfluß von CAS-Systemen auf den Mathematikunterricht beschäftigen. An der jetzt laufenden Felduntersuchung mit dem TI-92 nehmen mehr als 1600 Schüler in 71 Versuchsklassen von der 7. bis zur 11. Schulstufe teil. Meine Thesen und Beispiele stammen aus diesen Projekten [Heugl, Klinger, Lechner, 1995].

1. Erwartungen in die Computer-Lernumgebung

Der Traum vom gelobten Mathematikland, von einer Lernumgebung, in der und mit der Kommunizieren lernen ein natürlicher Prozess wäre, wird besonders intensiv geträumt, seit es Computer gibt. So wie man eine Sprache am besten in dem Land lernt, in dem sie gesprochen wird, würden Kinder die Sprache der Mathematik in diesem gelobten Land als etwas ganz natürliches erfahren und lernen. Auf ihrer Entdeckungsreise könnten die Lernenden diese Lernumgebung auch mitgestalten, und indem sie den Computer denken lehren, würden sie auch über das eigene Denken nachdenken.

Seymor Papert war fest davon überzeugt, mit seiner LOGO-Lernumgebung dieses gelobte Land gefunden zu haben [Papert, 1982]. Viele kritische Arbeiten und auch unsere Untersuchungen in der Unterrichtsrealität bestätigen, dass es nur ein schöner Traum war, und zumindest in Österreich ist dieses gelobte Land wieder völlig von der Landkarte verschwunden.

Wesentlich fundierter und kritischer hat sich mit diesen Erwartungen der Rektor dieser Universität, W. Dörfler, beim 6. Internationalen Symposium für Didaktik der Mathematik im Jahre 1990 hier in Klagenfurt auseinandergesetzt [Dörfler, 1991]. Für mich war sein Vortrag mit dem Titel „Der Computer als kognitives Werkzeug und kognitives Medium" ein wichtiger Meilenstein auf dem Weg zur Erforschung der Didaktik eines computerunterstützten Mathematikunterrichtes.

Da ich in meinem Vortrag die Thesen und Erwartungen Dörflers unseren Untersuchungsergebnissen und Unterrichtsbeobachtungen gegenüberstellen will, möchte ich zuerst die wichtigsten Thesen W. Dörflers zitieren:

- *Sieht man Kognition als funktionales System, das Mensch und Werkzeuge und den sonstigen materiellen und sozialen Kontext umfasst, so können neue Werkzeuge Kognition qualitativ verändern und neue Fähigkeiten generieren.. Lernen ist dann nicht nur Entwicklung von vorhandenen Fähigkeiten, sondern systemische Konstruktion funktionaler kognitiver Systeme.*
- *Computer und Computersoftware ist demnach als Erweiterung und Verstärkung unserer Kognition anzusehen.*
- *Es kommt zu einer Verschiebung der Tätigkeit vom Ausführen zum Planen und Interpretieren.*
- *Es ändert sich nicht nur die Form sondern auch der Inhalt der Tätigkeit.*
- *Denkprozesse erfolgen oft vorteilhaft anhand gegenständlicher Vorstellungen, Repräsentationen, Modellierungen der jeweiligen Problemsituation. Gute Softwaresysteme bieten eine Vielzahl graphischer und symbolischer Elemente an, so dass der Benutzer interaktiv verschiedenste kognitive Modelle am Bildschirm erstellen kann.*
- *Der Computer als Medium für Prototypen: Allgemeinbegriffe werden mittels prototypischer Repräsentanten kognitiv verfügbar gemacht. Der Computer bietet nicht nur eine grössere Vielfalt an Prototypen an, sondern insbesondere auch solche, die ohne ihn nicht verfügbar wären.*
- *Modularität des Denkens: Der Computer kann als Speicher und Prozessor für viele verschiedene Module verwendet werden und fördert somit das modulare Denken und Arbeiten.*
- *Die Verfügbarkeit der Moduln enthebt natürlich nicht des konzeptionellen und operativen Verständnisses der entsprechenden Prozesse und Operationen, aber ihre Realisierung und Ausführung kann man getrost dem Computer überlassen.*

2. Beobachtete Veränderungen beim Lehren und Lernen

2.1 Veränderungen bei den Tätigkeiten

- Beobachtet man den Weg des Lernenden bei der Erforschung der Mathematik könnte man als Modell für diesen Prozess eine Spirale nehmen.
- Ausgangspunkt eines Spiraldurchlaufs sind Beobachtungen, Datenmaterial oder Probleme zu deren Lösung schon verfügbare Algorithmen ausgewählt oder neue gefunden werden müssen. Es müssen Vermutungen gefunden, erste Begründungs- und Beweisideen formuliert oder Modelle gebildet werden.
- Danach sollten die Vermutungen auf eine gesicherte Basis gestellt werden (Begründen, Beweisen).

- Nun gilt es, gestützt auf das erworbene Wissen, Algorithmen oder Programme zu entwickeln, die für die Problemlösung notwendig sind. Testen und Festigen durch Üben gehören auch zu wichtigen Tätigkeiten in dieser Phase.
- Die erworbenen Kenntisse und Strategien werden nun beim Abschluss dieses Spiraldurchlaufs zum Lösen des Ausgangsproblems verwendet.
- Neue Probleme erfordern neue Spiraldurchläufe usw.

Zusammenfassend kann man die Tätigkeit des Lernenden bei einem solchen Spiraldurchlauf in **drei Phasen** einteilen:
> - Die heuristische, experimentelle Phase,
> - die exaktifizierende Phase,
> - die Anwendungsphase.

Einige Ergebnisse aus unseren Projekten:

(1) Es kommt zu einer deutlichen Aufwertung der heuristischen, experimentellen Phase

(2) Da das Operieren zu einem wesentlichen Teil dem Computer überlassen wird, kann eine Schwerpunktsverschiebung zu Modellbilden und Interpretieren beobachtet werden

(3) Da häufig Ergebnisse interpretiert werden müssen, die man nicht selber produziert hat, und da durch Experimentieren verschiedenste Lösungswege auftreten, wird das Testen zu einer wichtigen Tätigkeit.

Beispiel 2.1.1: Extremwertaufgaben ohne Differentialrechnung
Von einem rechteckigen Stück Pappe mit 10 dm Länge und 8 dm Breite werden an den Ecken kongruente Quadrate ausgeschnitten. Aus dem Rest wird eine quaderförmige Schachtel gebildet. Welche Seitenlängen müssen die auszuschneidenden Quadrate haben, damit das Volumen der Schachtel maximal wird?

Anstatt sich auf das Berechnen der Nullstellen der ersten Ableitung zu konzentrieren, diskutieren die Schüler die Eigenschaften des Graphen (Abb. 1). Durch Zoomen lässt sich der maximale Wert mit ausreichender Genauigkeit bestimmen (Abb. 2).

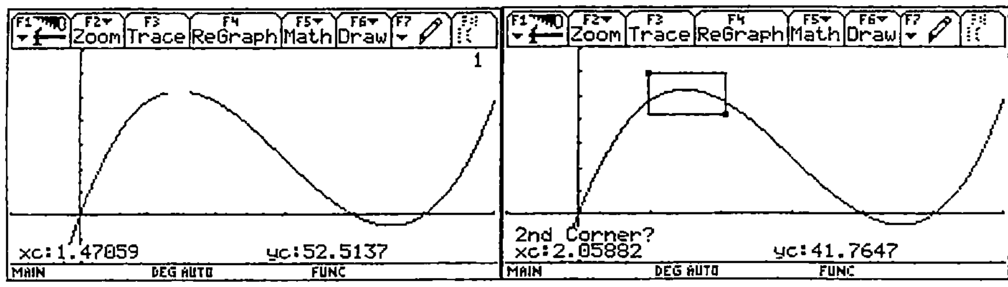

Abbildung 1   Abbildung 2

Beispiel 2.1.2: Ein Schuldentilgungsproblem

Jemand nimmt sich einen Kredit von S 100.000,- bei einem Zinssatz von 9% und zahlt jährlich am Ende des Jahres eine Rate von S 15.000,-. Nach wieviel Jahren ist die Schuld getilgt?

Im traditionellen Unterricht können solche Aufgaben frühestens in der 10. Schulstufe bearbeitet werden, da man geometrische Reihen und das Rechnen mit Logarithmen benötigt. Durch den Computer stehen neue Modelle zur Verfügung, nämlich rekursive Modelle. Damit werden solche Probleme bereits in der 7. Schulstufe behandelt.

Der erste Schritt ist das Finden der Wortformel:

„Das Kapital wird verzinst und die Rate wird abgezogen"

oder in die Sprache der Mathematik übersetzt:

$$K_{neu} = K_{alt}*(1+p/100) - R$$

Durch die aktive Tätigkeit des Speicherns und wieder Abrufens werden die zwei wichtigen Schritte des rekursiven Prozesses bewusst: Das Ausführen der Funktion und das Rückkoppeln($K_{neu} \Rightarrow K_{alt}$) (Abb. 3). Durch Diskussion der Wertetabelle werden die Eigenschaften exponentieller Wachstumsprozesse viel klarer als durch das Rechnen mit Logarithmen. Man erkennt die Problematik der Schuldentilgung: Am Anfang wird der größte Teil der Raten für die Tilgung der Zinsen verwendet (Abb. 4). Die experimentelle Lösung erfolgt durch Wiederholung der Tätigkeit bis zum ersten negativen Wert. Der mitlaufende Zähler gibt auch die Anzahl der Jahre wieder (Abb. 5)

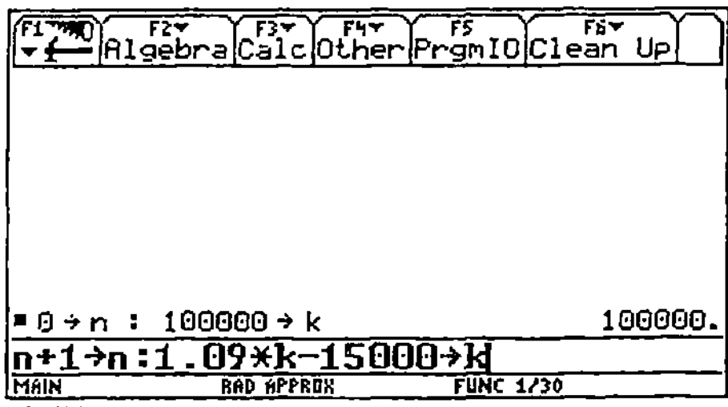

Abbildung 3

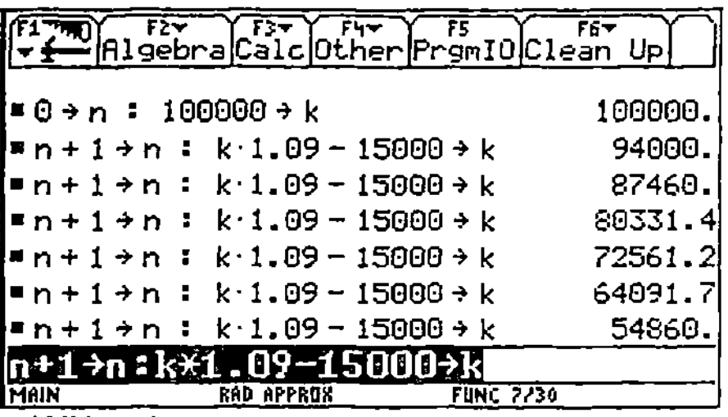

Abbildung 4

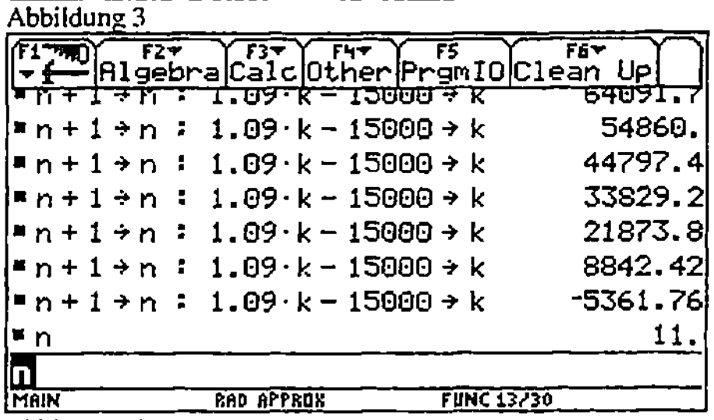

Abbildung 5

Nach der Problematisierung rekursiver Modelle in einer White Box Phase kann das Simulieren dem CAS als Black Box durch Nutzen des *Sequence Mode* überlassen werden.

Beispiel 2.1.3: Ein besseres Verständnis für Parameter durch Experimentieren
[Wheeler, 1998]

Die Kurse zweier Schiffe kreuzen einander. Sie befinden sich auf einem rechteckigen Radarschirm in folgender Position: Die USS Arlington befindet sich am unteren Rand des Schirms (x-Achse) 900 mm von der linken Ecke entfernt, die USS Heigts erscheint am linken Rand (y-Achse) 100 mm von der unteren Ecke entfernt. Eine Minute später beobachtet man folgende Position: Die USS Arlington hat sich 3mm nach Westen und 2 mm nach Norden bewegt, die USS Heights 4 mm nach Osten und 1 mm nach Norden.

Bei dieser offen gestellten Aufgabe sollten sich die Fragen erst durch Diskussion oder im Laufe der Bearbeitung ergeben, etwa:

- Werden die Schiffe kollidieren?
- Mit welcher Geschwindigkeit sind sie unterwegs?
- Wie groß ist ihr gerinster Abstand?

Schüler, die einen traditionellen Unterricht in analytischer Geometrie erlebt haben, beginnen meist damit, die Geradengleichungen in Parameterform aufzustellen. Und weil man das so gelernt hat, verwendet man für die Parameter verschiedene Variable, man braucht ja den Schnittpunkt. Dieser Punkt wird dann häufig als Kollisionspunkt angesehen. Kritischere Schüler wenden aber doch ein: Wenn sich die Bahnen schneiden, müssen ja die Schiffe nicht zum selben Zeitpunkt an diesem Ort sein.

Durch Experimentieren mit dem TI-92 ergibt sich ein völlig anderer Zugang. Hinterfragt man die physikalische Bedeutung des Parameters, erkennt man, dass dieser die Zeit darstellt. Daher muss in beiden Parameterformen derselbe Parameter t gewählt werden (Abb. 6). Aktiviert man nach Einstellung der Bildparameter das Graphikfenster, so erhält man nicht das fertige Bild wie in Abb. 7, sondern die Bewegung wird in Abhängigkeit vom Zeitparameter t simuliert. Mit Hilfe der Enter-Taste kann die Bewegung immer wieder gestoppt werden (Abb 8 und Abb. 9) Man erkennt damit deutlich: Die Schiffe kollidieren nicht. Mit dem Bildparameter t_{step} kann auch die Geschwindigkeit der Bewegung verändert werden. Kontrollmöglichkeiten wären sowohl im Trace-Modus als auch durch Untersuchen der Tabellenwerte gegeben.

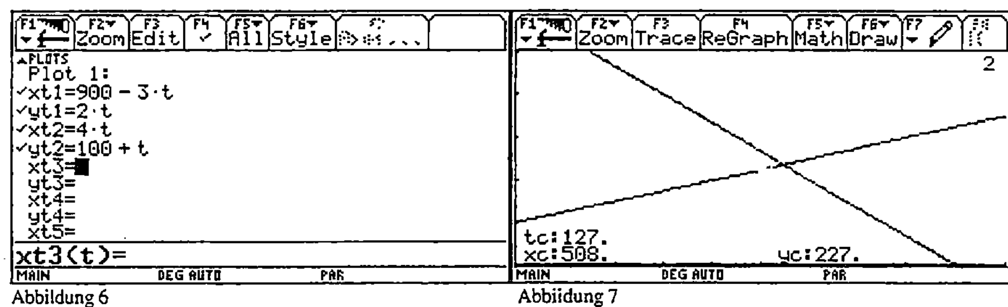

Abbildung 6	Abbildung 7

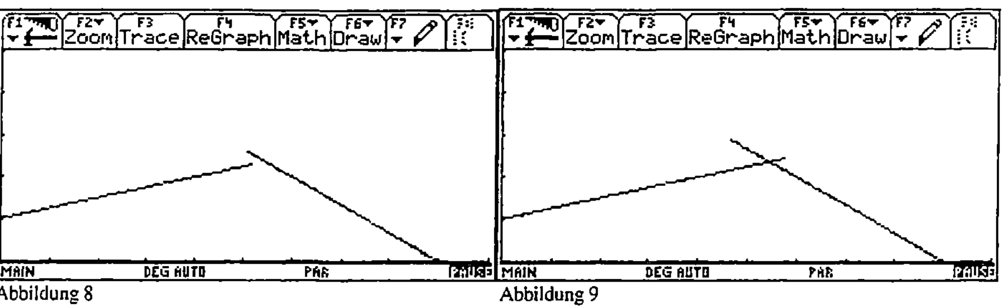

Abbildung 8   Abbildung 9

Im traditionellen Unterricht werden relativ selten verschiedene mathematische Kapitel miteinander sinnvoll verknüpft. Mit dem CAS als Rechenhilsmittel ist das sicher leichte möglich. Die Hauptaktivität besteht ja im Diskutieren von Modellen, im Definieren von Funktionen, im Zeichnen von Graphen und im Abrufen bestimmter Algorithmen. Dieses Problem könnte ein solcher Anlaß für eine Standpunktsverlagerung sein:

Für die Behandlung der Frage nach der kürzesten Distanz benötigt man die Abstandsfunktion dist(t). Man erhält sie als Betrag des Differenzvektors der beiden Parameterformen arl(t) und hei(t). Nun kann das Minimum entweder wieder experimentell im Graphen (Abb. 11) oder mit Hilfe der Differentialrechnung (Abb. 12) gefunden werden

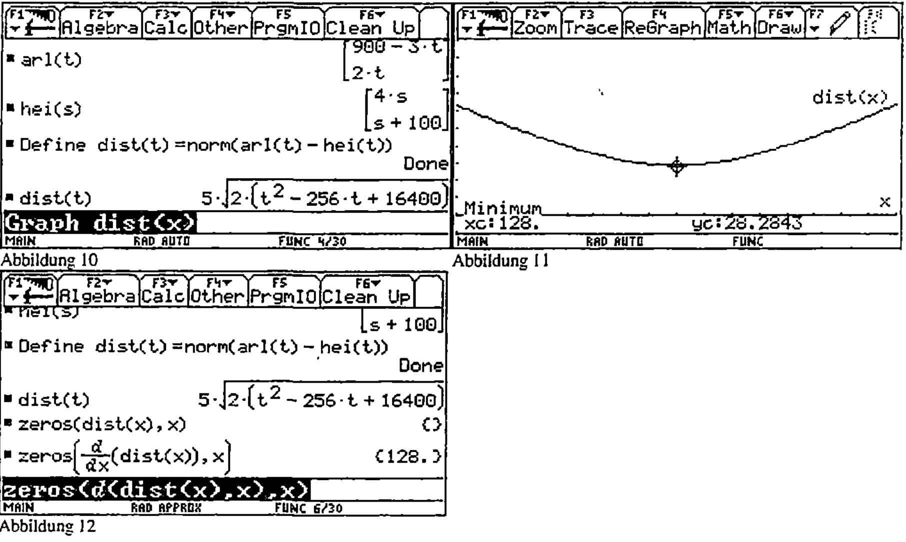

Abbildung 10   Abbildung 11

Abbildung 12

Beispiel 2.1.4: Riemannsummen - eine „klassische" Abituraufgabe
Berechne $\int x^2 dx$ zuerst mit den Grenzen a und b und danach mit a=-2 und b=4 mittels der ursprünglichen Definition des Grenzwertes von Summen (z.B.: Mittelsummen) und mache die Probe nach dem Hauptsatz der Diffential- und Integralrechnung.

Im traditionellen Mathematikunterricht treten solche Aufgaben selten auf und wenn, dann konzentriert sich die Tätigkeit der Schüler meist auf das Rechnen, wie etwa Termumformungen, Grenzwertberechnungen usw. Mit Hilfe des CAS kann das Operieren dem Computer übertragen werden und die Aufmerksamkeit des Lernenden kann sich auf die Theorie konzentrieren (Abb. 13 - 15) . Natürlich sollte die Black Box des Limes in einer vorherigen White Box Phase problematisiert worden sein.
Beobachtet man Prüfungsufgaben im CAS-Projekt so finden sich mehr Theorieaufgaben und Fragen zum Begründen und Interpretieren als bei klassischen Schularbeiten. Die Sorge, es würde nur mehr mit Black Boxes experimentiert ist unbegründet.

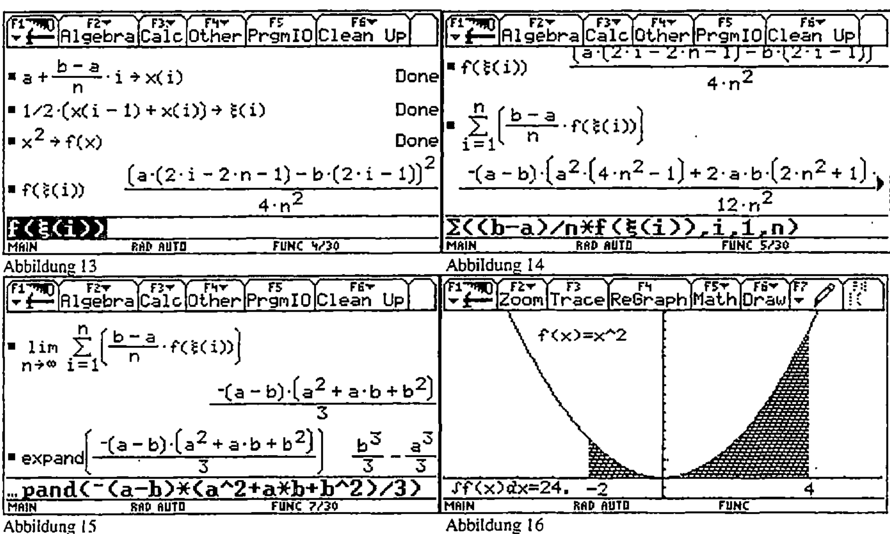

Abbildung 13

Abbildung 14

Abbildung 15

Abbildung 16

2.2 Veränderungen bei den Inhalten

Zumindest bisher beobachten wir bei den Inhalten bei Weitem nicht so gravierende Änderungen wie bei den Tätigkeiten. Das liegt sicher zum Teil auch an den Materialien und Lehrbüchern, die den Lehrern zur Verfügung stehen und auch beim derzeitigen Lehrplan. Bei den Materialien, welche die Versuchslehrer in unseren Projekten produzieren, zeichnet sich aber doch auch eine Veränderung bei den Inhalten ab.

Einige beobachtete Veränderungen:

- *Mehr Anwendungsorientiertheit: Neue Möglichkeiten beim Modellbilden; komplexere Operationen werden dem Computer überlassen, realistischere Datenmaterialien können besser bewältigt werden; der Einfluss einzelner Parameter auf die Lösung kann leichter untersucht werden.*
- *Das Softwaresystem stellt neue Modelle und Algorithmen zur Verfügung: Rekursive Modelle. Module zum Lösen komplexer Gleichungssyteme oder zum Lösen von Differentialgleichungen, können als Black Box verwendet werden. Damit können neue Inhaltsbereiche erschlossen werden.*

Beispiel 2.2.1: Sterile Insektentechnik (SIT)

Eine Insektenpopulation mit anfangs u_0 Weibchen und u_0 Männchen möge bei natürlichem Wachstum pro Generation jeweils auf das r-fache anwachsen. Zur Bekämfung der Population wird pro Generation eine bestimmte Anzahl s von sterilen Männchen ferigesetzt, die sich mit der Naturpopulation völlig vermischt. Modellannahme $u_0=1$ Million, r=3.

Rekursive Modelle erschliessen neue interessante Anwendungen. Es muss nur die Frage beantwortet werden: „Was passiert jedes Jahr?". Nachdem das rekursive Modell gefunden wurde, erfolgt die Simulation durch das CAS im sequence mode als Black Box (Abb. 17). Die Interpretation des Ergebnisses erfolgt dann in verschiedenen Darstellungsformen, entweder in der tabelle oder im Graphen. Entweder wird die Populationsgrösse als Funktion der Zeit dargestellt (Abb. 19) oder man nutzt die sehr anschauliche „Treppe" im $(x_n, f(x_n))$-System (Abb. 20)

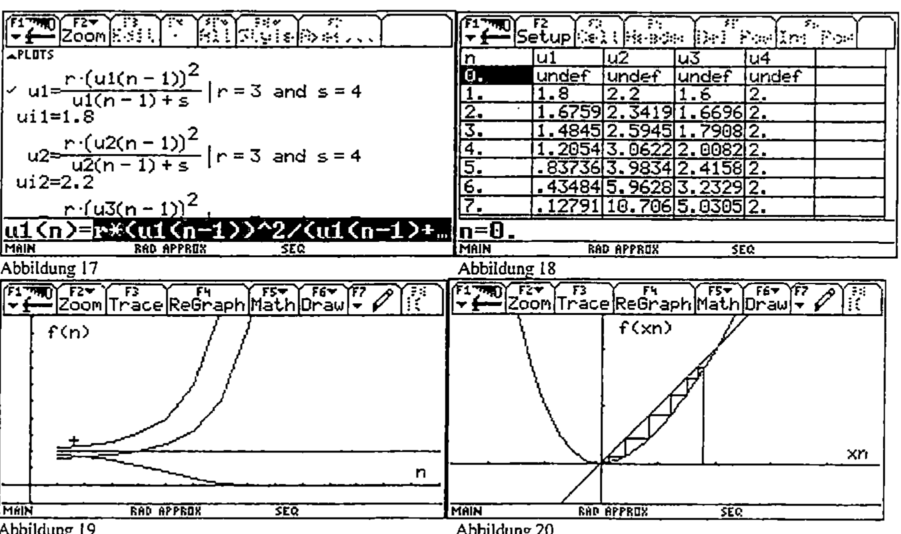

Abbildung 17

Abbildung 18

Abbildung 19

Abbildung 20

2.3. Der Computer als Medium für Prototypen

Wir finden in unseren Beobachtungen die Dörflersche These bestätigt, dass der Computer und insbesondere CAS eine *Vielfalt von Prototypen* anbietet und dazu noch *neue Prototypen*, die ohne Computer nicht denkbar wären. Dazu kommt noch eine weitere Eigenschaft, die auf den Lernprozess, das heisst auf den Aufbau eines kognitiven Systems, einen besonderen Einfluss hat, ist die Chance, diese verschiedenen Prototypen eines allgemeineren Begriffs nicht nur seriell, sondern auch parallel zur Verfügung zu haben. Dörfler verwendet in diesem Zusammenhang den Begriff der *Mehrfenstertechnik.*

Nehmen wir als Beispiel den **Funktionsbegriff**: Im traditionellen Mathematikunterricht war die Beschäftigung mit diesem fundamentalen Begriff eingeschränkt auf eine relativ kleine Klasse termdarstellbarer Funktionen. Zur Verfügung standen folgende Prototypen:

- Die Wortformel,
- die Termdarstellung bzw. Funktionsgleichung,
- die Tabelle, .
- der Graph
- (das rekursive Modell)

In der Regel stand immer nur ein Prototyp zur Verfügung, das rekursive Modell war ohne Computer bedeutungslos (daher eingeklammert). Ein wesentlicher Teil der Aktivitäten, vor allem in der Sekundarstufe II, bestand darin, die übrigen Prototypen zu finden. Man denke nur an die gute, alte Kurvendiskussion.

CAS stellen all diese Prototypen parallel zur Verfügung: Hat man die Funktionsgleichung lässt sich im Graphikfenster sofort der Graph zeichnen oder im Tabellenfenster eine Tabelle erstellen. Dazu kommt noch, dass die tabellarische Darstellung in Form des Tabellenfensters oder des Data/Matrix wie etwa beim TI-92 eine neue Qualität bekommt, da in dieser Darstellung auch gerechnet werden kann. Die Erforschung und Bearbeitung dieser Funktion erfolgt dann häufig durch hin- und herpendeln zwischen den verschiedenen Prototypen. Wir sprechen in diesem Zusammenhang von der **Window Shuttle Methode.**

Eine besondere Bedeutung für eine neue Qualität des Funktionsbegriffs ist das durch den Computer aktuell gewordene rekursive Funktionsmodell. Hier findet man besonders deutlich die Dörflersche These bestätigt, dass Mensch und Werkzeug als funktionales System an der Konstruktion eines kognitiven Systems beteiligt sind. Das Werkzeug unterstützt nicht nur Kognition, sondern wird zu einem Teil davon.

Beispiel 2.3.1: Ergebnisse des Beobachtungsfensters „Direktes - indirektes Verhältnis in der 7. Schulstufe.
Diese Untersuchung erfolgte in allen Klassen der 7. Schulstufe.

Ziel war die Untersuchung von Schülerverhaltensweisen bei der Auswahl von Modellen zur Beschreibung funktionaler Zusammenhänge sowie beim Nachweis bestimmter Abhängigkeiten.

Probblem: Die Entfernung Wien - Innsbruck ist ungefähr 500 km. Versuche die Fahrzeit für verschiedene mittlere Geschwindigkeiten zu berchnen.

a) Gib die Fahrzeit für bestimmte Geschwindigkeiten in der vorgegebenen Tabelle an. Was geschieht, wenn man die Geschwindigkeit verdoppelt, verdreifacht, verzehnfacht, ver-k-facht?

b) Gib eine Formel im y-Editor an. Ermittle mit dieser Formel eine Wertetabelle im Tabellen Editor und überprüfe mit dem TI-92 die Werte in der vorgegebenen Tabelle.

c) Bilde das Produkt von Geschwindigkeit und vorgegebener Zeit zuerst im Home Screen und dann im Data/Matrix Editor. Wähle selbst 7 Werte aus der Tabelle von (a) aus. Was fällt die auf?

d) Stelle die Werte der Tabelle (b) graphisch dar. Überprüfe durch die Wanderung auf dem Graphen die Werte der Tabelle (a).

Das erste Ziel war, die Schüler bei der Auswahl der verschiedenen Prototypen zu beobachten (Abb. 21 - 24)

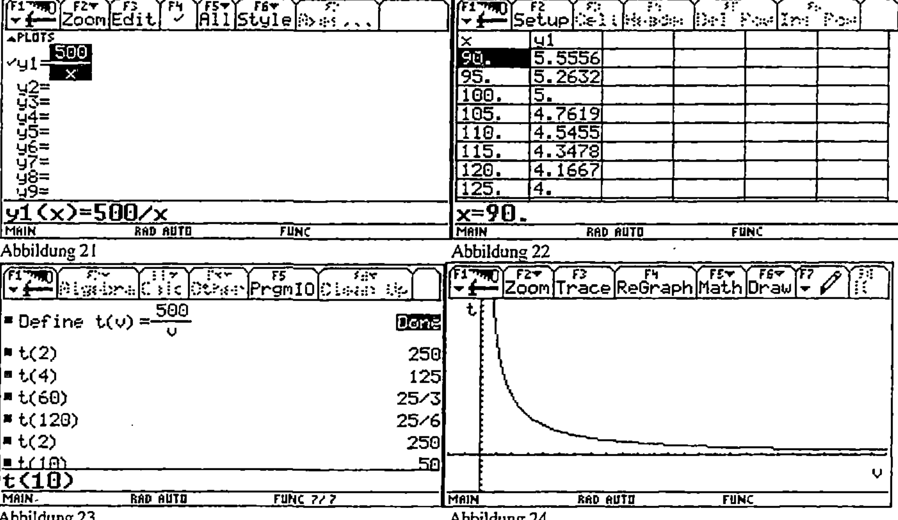

Ein weiteres Ziel war wie schon erwähnt die Auswahl verschiedener Nachweismethoden für das indirekte Verhältnis:

Nachweis Nr. 1:

Entweder mit der händisch ausgefüllten Tabelle im Tabellen Editor oder im Data/Matrix Editor wird an ausreichend vielen Fällen nachgewiesen:

- Zum Doppelten gehört die Hälfte,
- zum Fünffachen gehört ein Fünftel,
- zum k-fachen gehört ein k-tel.

Nachweis Nr. 2:

> Nachweis mit der Formel im Home Screen oder im y-Editor, entweder durch Einsetzen mit dem „with-Operator" oder durch Ermitteln der Funktionswerte einer als Funktion definierten Formel.

Nachweis Nr. 3:

> Entweder im Home Screen oder im y-Editor (mit Kontrolle in der Tabelle), oder im Data/Matrix Editor: Das Produkt von Argument und Funktionswert ist konstant.

Nachweis Nr. 4:

> Im Graphikfenster: Zeichnen des Graphen im geeigneten Intervall ⇒ die „typische Handbewegung" nennt man Hyperbel.

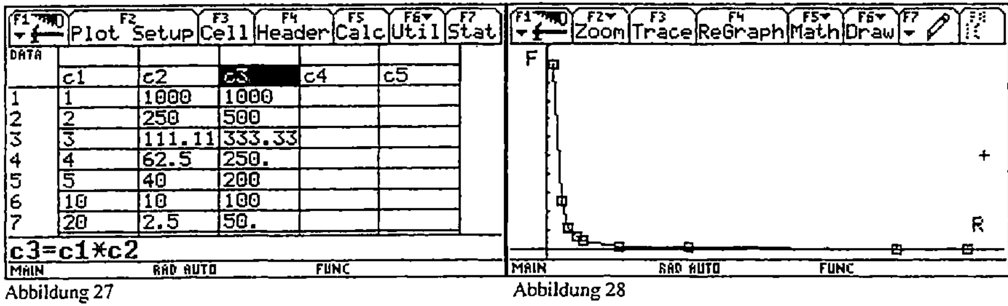

Abbildung 25

Abbildung 26

Dies Nachweismethoden sollen aber auch bei Abhängigkeiten zur Entscheidung verwendet werden, die weder ein direktes noch ein indirektes Verhältnis sind.

Problem: Anziehungskraft der Erde in Abhängigkeit von der Entfernung.

Die Schüler erhalten eine Wertetabelle im Data/Matrix Editor. Der Graph sieht wie eine Hyperbel aus,aber andere Nachweismethoden zeigen: Es liegt kein indirektes Verhältnis vor.

Abbildung 27

Abbildung 28

Genaue Auswertungen dieses Beobachtungsfensters liegen noch nicht vor aber die Unterrichtsbeobachtungen zeigen:

- Die Schüler nutzen die direkte, parallele Verfügbarkeit der verschiedenen Prototypen der Funktion und springen zwischen den Darstellungsformen hin und her.
- Verschiedene Schüler entwickeln Vorlieben für verschiedene Prototypen.

- Im traditionellen Unterricht ist die Tabelle meist der einzige Prototyp und man kann in der Tabelle natürlich nicht besonders gut rechnen. Überraschenderweise werden auch schon in der 7. Schulstufe die Prototypen Graph und Termdarstellung genutzt. Die Termdarstellung wird eher von besseren Schülern verwendet.
- Besonders die Möglichkeit im Data/Matrixeditor mit ganzen Spalten zu rechnnen oder Vermutungen im y-Editor als Formel zu formulieren und in der Tabelle zu überprüfen, sowie die rasche Verfügbarkeit des Graphen verstärken den Trend zum schülerzentrierten, experimentellen Unterricht.
- Diese Testmöglichkeiten erhöhen die Entscheidungskompetenz für oder gegen bestimmte Funktionstypen.

2.4 Modulares Denken und Arbeiten

Im Sinne der Thesen von Kapitel 1 können Module verstanden werden als
Wissenseinheiten,
- *in denen (komplexes) Wissen komprimiert wird, und*
- *in denen Operationen durch diese Kapselung als Ganzes abrufbar und einsetzbar werden.*

Natürlich wurden Module auch schon im traditionellen Mathematikunterricht verwendet, man denke nur an die Formeln im Formelheft, die dann oft nur als Black Boxes verwendet wurden. Ein Unterschied zu den durch das CAS möglichen Modulen ist, dass die traditionellen Module Ausgangspunkt für Berechnungen sind, während die CAS-Module die Rechnung meist auch ausführen.
Die Konstruktion und die Verfügbarkeit solcher Module führt auch nach unseren Beobachtungen zu signifikanten Änderungen beim mathematischen Denken und Arbeiten.

Nach der Entstehung kann man folgende Module unterscheiden:

(1) Module, die von den Schülern entwickelt wurden
Diese Module sind sozusagen die wertvollsten und gerade bei der Konstruktion der Module in der sogenannten White Box Phase des Lernprozesses zeigt sich diese deutliche Veränderung im mathematischen Tun.
Durch Speichern, Definieren von Funktionen oder Programmieren werden solche komplexe Wissenseinheiten geschaffen. Manche stehen als Funktionen oder Programme für den weiteren Problemlöseprozess zur Verfügung, andere werden nur temporär eingesetzt, um den Ablauf besser zu strukturieren

(2) Module, welche die Lehrer zur Verfügung stellen
Besonders als didaktisches Werkzeug werden von Lehrern in der White Box Phase des Lernens Module als Black Box angeboten, die zum Entdecken

verwendet werden, aber deren Inhalt für den Lernprozess nicht ausschlaggebend ist.

(3) Module die das CAS zur Verfügung stellt

Man kann sagen ein CAS ist ein System von Modulen. Das beginnt beim algebraischen Modul factor(t(x),x) zum Faktorisieren von Termen und geht bis zu Modulen zum Lösen von Differentialgleichungen. Betreffend der Chancen und Gefahren gilt dasselbe wie bei den Lehrermodulen.

Beispiel 2.4.1: Lösen von Gleichungssytemen - der Bau von Lösungsmodulen.

Im traditionellen Mathematikunterricht arbeiten die Schüler beim Lösen von Gleichungssystemen „**in den Gleichungen**". In einer Gleichung wird eine Variable ausgedrückt und in die andere eingesetzt usw.

Im computerunterstützten Unterricht sieht die Tätigkeit des Schülers anders aus: Das Lösen einzelner Gleichungen wurde in einer früheren White Box Phase schon problematisiert und wird jetzt mit Hilfe des solve-Befehls dem CAS als Black Box überlassen. Damit kann sich der Schüler auf die wesentlichen Schritte zum Finden eines Algorithmus für das Lösen von Gleichungssystemen konzentrieren.

Man kann sagen: Schüler arbeiten jetzt „**mit den Gleichungen**" (Abb. 29). Im Zentrum der Aktivität steht das verbale Beschreiben des Lösungsweges und das Umsetzen dieser Schritte in Rechnerbefehle.

Der nächst höhere Abstraktionsgrad wäre das Arbeiten „**mit den Namen der Gleichungen**" (Abb. 31). Dieser Schritt ergibt sich aus der vorhin beschriebenen Schülertätigkeit und zeigt den Trend zum modularen Arbeiten. Beim TI-92 wird dieser Trend noch durch den relativ kleinen Screen verstärkt. Von größeren Ausdrücken ist oft nur ein kleiner Teil sichtbar, so daß es besser ist, an Stelle des großen Ausdrucks einen Namen zu verwenden.

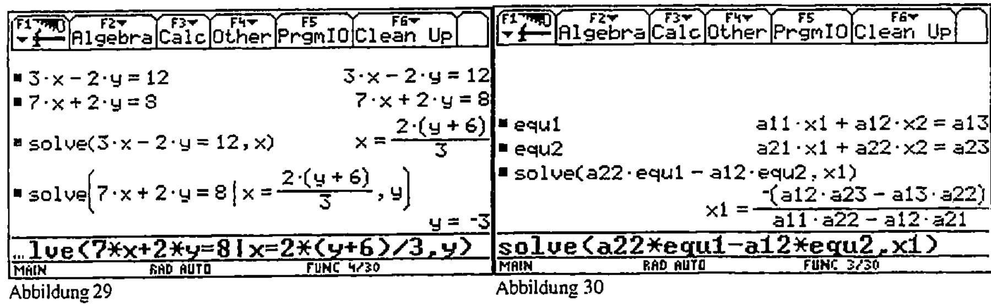

Abbildung 29   Abbildung 30

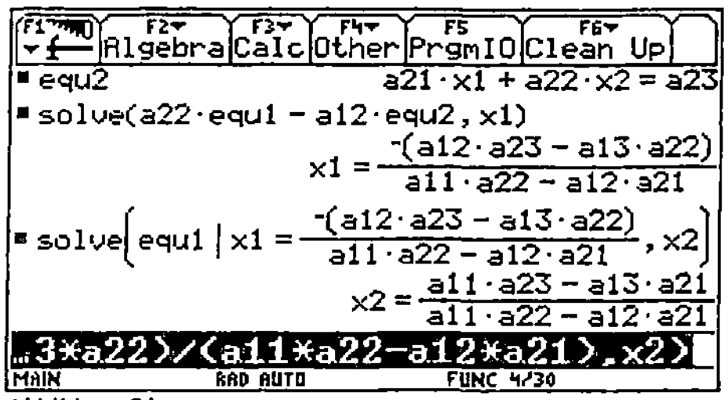

Abbildung 31

Beispiel 2.4.2: Ein Textmodul als Arbeitsblatt

Eine völlig neue Form von Modulen, die durch CAS wie zum Beispiel den TI-92 angeboten werden, sind Textmodule. Die Schüler können im Texteditor ganze Arbeitsblätter für den Problemlöseprozess bzw. für die Prüfungssituation entwickeln. Die algebraischen Formeln oder die Graphikbefehle können dann im Text direkt durch execute zum Leben erweckt werden. Wir beobachten immer häufiger Schüler, die neben ihrem traditionellen Lernmedium Heft auch ein elektronisches Lernmedium im Texteditor aufbauen. Damit wird sich aber auch die Prüfungssituation grundlegend verändern. Das wäre aber ein Thema für einen eigenen Vortrag.

Eine klassische Abituraufgabe:
Kurvendiskussion: Diskutiere die Funktion f(x) =(4x-4)/(x²-2x+2) und zeichne den Graphen.

Wenn die Schüler ein solches elektronisches Arbeitsblatt zur Prüfung mitbringen, bleibt von den traditionellen Schülertätigkeiten nicht mehr viel übrig. Der Schüler gibt nur den Term der Funktion in die Command-Zeile „define f(x)=" ein (Abb. 32) und danach, von seinem Arbeitsblatt geführt, aktiviert er mit der F4-Taste die entsprechenden Command-Zeilen (Abb 33 - 35).

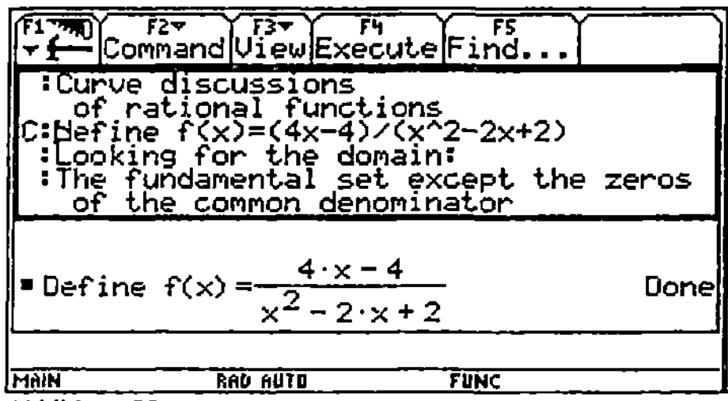

Abbildung 32

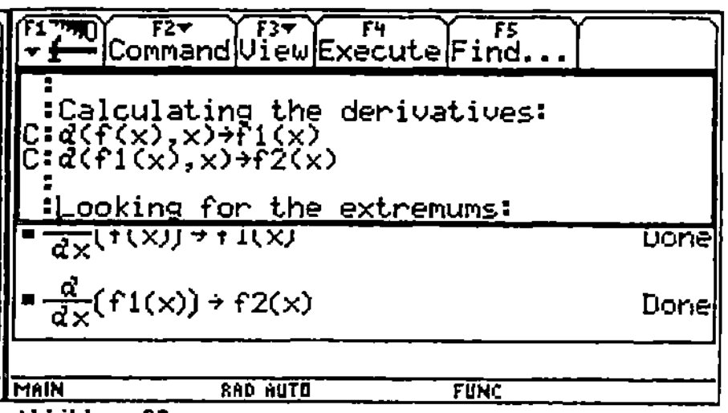

Abbildung 33

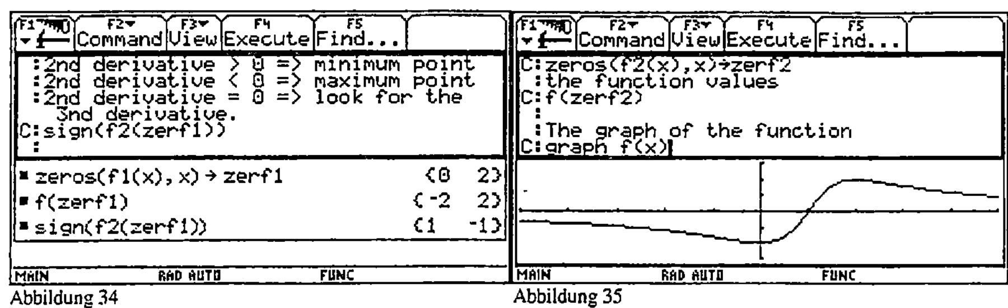

Abbildung 34 | Abbildung 35

Beispiel 2.4.3: Programmpakete als Black Box Module

Eine weitere Gruppe von Modulen könnte zur gefährlichen Waffe in den Händen der Schüler werden: Black Box Module, die das Operieren beim Problemlösen übernehmen.

Ein faszinierendes Beispiel ist das **Programmpaket Vektorrechnung** für den TI-92 von Thomas Himmelbauer [Himmelbauer, 1997]. Es besteht aus etwa 140 Funktionen und Programmen mit denen praktisch alle in den höheren Schulen vorkommenden Aufgaben der analytischen Geometrie berechnet werden können. Menugesteuert müssen die Schüler nur den richtigen Programmnamen ansprechen und die entsprechenden Daten als Funktionsvariablen eingeben. Solange dieses Paket so wie von diesem Lehrer verwendet wird, nämlich zuerst in einer White Box Phase wichtige Module von den Schülern selbst entwickeln lassen und erst danach in der Anwendungsphase das Paket als Black Box System zu nutzen, ist es ein positiver Schritt zu einem qualitätsvollen computerunterstützten Mathematikunterricht. Ohne die Inhalte der Module zu hinterfragen, würde sich Mathematiklernen aber nur mehr auf das Erlernen der richtigen Vokabel reduzieren und dann würde das Werkzeug nicht mehr Teil eines kognitiven Systems sein sondern den Aufbau eines solchen kognitiven Systems verhindern (siehe auch letzte These von W. Dörfler in Kapitel 1).

Problem: Abstand zweier windschiefer Gerader.

Alles was der Schüler wissen muß, sind die richtigen Vokabeln: „gepktrtg" ermittelt die Parameterform bei Eingabe der Punktkoordinaten und des Richtungsvektors, „AbsWinGe(ger1, ger2)" berechnet als Black Box den Abstand der Geraden, deren Gleichungen unter ger1 und ger2 gespeichert wurden (Abb. 36).

„DrEbenen(eb1,eb2,eb3)" ermittelt die gegenseitige Lage dreier Ebenen, entweder durch Ausgabe eine Schnittpunktes (Abb. 37), oder durch verbale Beschreibung der Lage (Z.B.: „eb1 und eb2 sind parallel, eb 3 schneidet eb1 und eb2")

Nicht einmal die Vokabeln müssen die Schüler auswendig lernen. Das Programm funktioniert Menugesteuert. Die Funktionsnamen können nach Aktivieren des entsprechenden Themas in der Menuleiste direkt abgerufen werden.

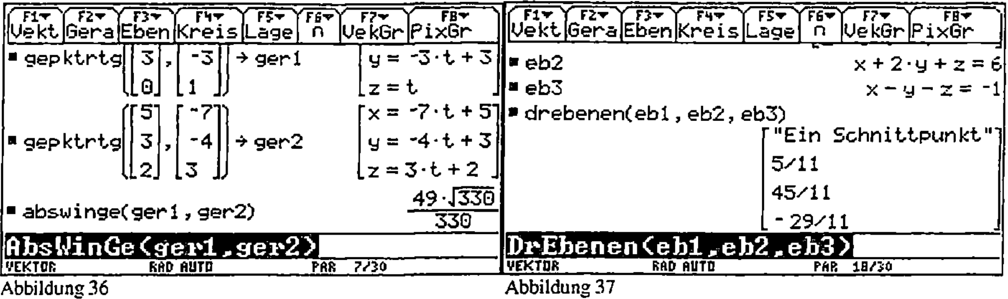

Abbildung 36   Abbildung 37

3. Wurde das gelobte Land gefunden?

Vergleicht man die Thesen von W. Dörfler mit Untersuchungsergebnissen aus unseren Projekten, so könnte man vermuten, wir sind dem gelobten Land schon sehr nahe:

Wir beobachten:

- Mehr experimentelles Lernen
- Mehr selbständige, produktive Schülertätigkeit.
- Nicht nur einen Verstärkereffekt durch das neue Werkzeug, CAS verändern Kognition qualitativ.
- Schwerpunktverschiebung vom Operieren zum zum Modellbilden und Interpretieren.
- Schwerpunktverschieben vom Ausführen zum Planen.
- Mehr Anwendungsorientiertheit.
- Neue Modelle ermöglichen die Erschließung neuer mathematischer Bereiche.
- Das parallele Angebot verschiedener Prototypen eines allgemeinen Begriffes ermöglicht den Aufbau neuer kognitiver Strukturen.
- Die Nutzung von Modulen ermöglicht strukturierteres Arbeiten bei komplexeren Problemen und eine Neuorganisation der Lernmedien.

Diese Ergebnisse reichen aber als Beweis für ein gelobtes Land bei weitem noch nicht aus. Dazu müssen noch viele Aspekte mit berücksichtigt werden, wie zum Beispiel:

- Wie sieht es auf der affektiven Ebene bei Schülern und Lehrern aus?
- Sind die obigen prognostizierten Effekte in gleichem Maße bei Burschen und Mädchen, bzw. bei guten und schwächeren Schülern zu beobachten? Schließlich waren ja die jetzt als unnötig eingestuften Rechenaufgaben oft der Anker für die schwachen Schüler.
- Wird das modulare Arbeiten von der Mehrheit der Schüler angenommen?
- Wie werden die Lehrer mit dieser neuen Autorität CAS im Klassenzimmer fertig?, usw.

Viele dieser Fragen können schwer vom unterrichtenden Lehrer untersucht werden. Daher war bei unseren beiden Projekten eine **Aussenevaluation durch das Zentrum für Schulentwicklung in Graz** geplant. Der Report über das im vergangenen Schuljahr gelaufene TI-92 Projekt ist vor kurzem fertig geworden [Grogger, 1998]

Einige Ergebnisse, die einen zur Anwort auf die Frage nach dem gelobten Land beitragen können:

3.1 Erhebungsinstrumente und Beschreibung der Stichprobe

Es werden die Erfahrungen der Schüler und Lehrer mit dem TI-92-Einsatz erhoben. Die Lehrerbefragung wurde als Längsschnitt konzipiert, so dass die Einschätzungen der Lehrer vor Beginn ihrer Versuchstätigkeit in diesem Schuljahr mit jenen am Ende des Schuljahres verglichen werden können. Für die Schüler- und Lehrerbefragung wurden Instrumente entwickelt, die die Einstellungen und Einschätzungen, sowie Wahrnehmungen über Veränderungen des Unterrichtes thematisieren. Die Beantwortung der Fragen erfolgte weitgehend auf 5stufigen Antwortskalen. In offenen Fragen konnten sich Schüler und Lehrer schriftlich zu Problemen im Zusammenhang mit dem Einsatz des CAS äußern.

Außerdem wurde bei der Konstruktion der Fragebogen für die Schüler- und Lehrerbefragung eine Schnittmenge von Items verwendet, die inhaltlich weitgehend identisch, in der Formulierung jedoch der jeweiligen Zielgruppe angepasst wurden. Damit konnte eine vergleichende Studie betreffend die Unterschiede zwischen den Einschätzungen zwischen Schülern und Lehrern zu bestimmten Fragen gemacht werden

In die Befragung waren alle Mathematiklehrer von 70 Versuchsklassen einbezogen. Von 59 Lehrern liegen Fragebögen sowohl vom Beginn als auch vom Ende des Schuljahres vor. 28 Lehrer gaben an schon Unterrichtserfahrung mit CAS zu haben, 31 hatten noch keine Erfahrung.
In 46 verschiedenen Schulen aus ganz Österreich nahmen 1380 Schülerinnen und Schüler an der Befragung teil (599 Mädchen).
Verteilung auf die Schulstufen:
7. Schulstufe: 238(davon 82 Mädchen)
9. Schulstufe: 466(181)
10. Schulstufe: 474(253)
11. Schulstufe: 202(83)

3.2 Zusammenfassung der Ergebnisse

Ergebnisse der Schülerbefragung

Die Freude der Schüler am Mathematikunterricht nimmt durch den Umgang mit dem TI-92 im Erprobungsjahr auf allen Schulstufen deutlich zu , wobei eine statistisch signifikante Wechselwirkung zwischen den Geschlechtern vorliegt: Die Zunahme der Freude bei den Burschen ist wesentlich stärker als bei den Mädchen ausgeprägt.

Mehr als zwei Drittel sehen bei der Bewältigung ihrer mathematischen Aufgaben im TI-92-Einsatz eine wertvolle Unterstützung und zwar gleichzeitig in mehreren Bereichen des schulischen Alltags: Am häufigsten bei Schularbeiten, Hausübungen, und beim Rechnen von Beispielen im Unterricht, sowie bei der Vorbereitung von Schularbeiten und Prüfungen.

Ein Großteil der Schüler nimmt keine Veränderungen in der Beurteilungspraxis wahr.

Vor allem die in Mathematik guten Schüler machen häufiger positivere Wahrnehmungen und sehen mehr Vorteile im CAS-Einsatz.

Geschlechtsspezifische Auswirkungen: Die männlichen Schüler zeigen gegenüber ihren Mitschülerinnen
- ein deutlicheres Ansteigen des Ausmaßes der Freude seit der Verwendung des TI-92,
- eine stärkere Förderung des mathematischen Interesses und Verständnisses,
- eine geringere zusätzliche Erschwernis, und
- eine schwächere Wahrnehmung hinsichtlich einer Minderung der mathematischen Grundkenntnisse.

Ergebnisse der Lehrerbefragung

Die persönliche Befriedigung und Bereicherung der Lehrer ist schon am Beginn des Versuchsjahres als relativ hoch auf der 5-stufigen Skala (1 bis 5) einzuschätzen (3,89 bei Lehrern mit CAS-Erfahrung, 3, 81 bei Lehrern ohne CAS-Erfahrung). Sie nimmt bei den Lehrern mit CAS-Erfahrung im Laufe des Jahre noch leicht zu 4,00), bei den Lehrern ohne Erfahrung leicht ab (3,65). Die Einschätzung der persönlichen Belastung ist zu Beginn des Jahres eher gering und nimmt für alle Lehrer im Laufe des Versuchsjahres statistisch bedeutsam zu.

Hinsichtlich unterrichtsmethodischer Aspekte zeigen die Ergebnisse positive Veränderungen in Richtung erweiterter didaktischer Möglichkeiten, innovativerer Gestaltung des Unterrichtes, sowie verstärkter Behandlung anwendungsorientierter Aufgabenstellungen.

Die Lehrer sehen die Notwendigkeit für neue Unterrichtsmaterialien, sowie für eine Änderung der Ziele und Inhalte des Mathematikunterrichts.

Die seitens der Lehrer erwartete oder beobachtete Auswirkung des TI-92 auf der Schülerebene wurde auch zu Beginn und am Ende des Forschungsjahres erhoben: Der TI-92 wird als wertvolle Rechenhilfe gesehen. Die von den Lehrern Anfangs stark erwartete höhere Motivierung der Schüler sinkt im Laufe des Jahres statistisch bedeutsam, wird aber am Ende des Jahres noch immer hoch eingeschätzt. Offenbar nehmen die Anfangs im Sog der Euphorie überzogenen Erwartungen im Laufe des Jahres realistischere, niedrigere, aber noch immer durchwegs positive Werte an.

Die Gefahr der Kluft zwischen leistungsstarken und leistungsschwächeren Schüler wird angesprochen, ebenso Probleme bei der Übersetzungsqualifikation von Problemen in die Sprache des CAS, aber am Ende des Jahres werden diese unerwünschten Auswirkungen nicht mehr als so gravierend angesehen. Dass durch CAS bei vielen Schülern mathematisches Grundwissen nicht im ausreichenden Maße gefestigt wird, wird als eher nicht zutreffend bezeichnet.

Vergleich der Ergebnisse von Schüler- und Lehrerbefragungen

Eine vergleichende Darstellung von Schüler- und Lehrereinschätzung zeigt deutlich die unterschiedlichen Einschätzungen der Lehrer und Schüler hinsichtlich der Förderung des mathematischen Interesses bei den Schülern. Die Lehrer erwarten eine deutlicher stärkere Entlastung der Schüler im Mathematikunterricht als es von den Schülern wahrgenommen wird.

RESÜMEE

**Computeralgebrasysteme -
das gelobte Land des Mathematikunterrichts?**

Nein wir haben **das gelobte Land nicht gefunden**, weder ein gelobtes Land für die Schüler noch eines für die Lehrer.

Aber wir haben **ein sehr interessantes Land gefunden mit sehr vielen Rohstoffen für einen**

- **sinnvolleren**
- **ertragreicheren**
- **motivierenderen**
- **schülerzentrierteren**
- **problemlöseorientierteren**
  Mathematikunterricht

Es ist aber noch sehr viel Forschungsarbeit und Arbeit innovativer Lehrer nötig, um diese Rohstoffe zum Wohle der Schüler nutzbar zu machen.

Der nächste Schritt ist für mich, unter Nutzung der vielfältigen Möglichkeiten der Informationstechnologie, Computeralgebrasysteme als Tool in globalere Lernumgebungen einzubetten. Die Aufgabe des Lehrers wäre dann, das Drehbuch oder die Partitur zu schreiben. Die Instrumente dazu müsste die elektronische Lernumgebung bereitstellen.

Vielleicht kommen wir dann dem gelobten Land wieder ein Stück näher, erreichen werden wir es nie.

Literatur

Dörfler, W.: Der Computer als kognitives Werkzeug und kognitives Medium. In: Schriftenreihe Didaktik der Mathematik, Universität für. Bildungswissenschaften, Band 21. Verlag Hölder-Pichler-Tempsky, Wien, 1991, ISBN 3-209-01452-3

Grogger, G.: Evaluation zur Erprobung des TI-92 im Mathematikunterricht an allgemeinbildenden höheren Schulen. ZSE-Report Nr. 40. Zentrum für Schulentwicklung 8010 Graz, Hans-Sachs-Gasse 3/II.

Heugl, H.,Klinger, W.,Lechner, J.: Mathematikunterricht mit Computeralgebra-Systemen. Addison-Wesley Publishing Company, Bonn, 1996. ISBN 3-8273-1082-2

Himmelbauer, Th.: Programmpaket Vektorrechnung. Software und Skriptum zu Lehrerfortbildung, BK Teachware 1998

Papert, S.: Mindstorms. Kinder, Computer und neues Lernen. Birkhäuser Verlag, 1982, ISBN 3-7643-1273-4.

Wheeler, J.: Graphing Calculators in Parametric Mode. Presentation for the T-cubed conference in Nashville, March 1998

Hans Werner HEYMANN, Siegen (Deutschland)

Was ist eine zeitgemäße mathematische Allgemeinbildung?

1 Mathematikunterricht zwischen Tradition, TIMSS und neuen Technologien

Dass der schulische Mathematikunterricht stark von Traditionen geprägt ist, dass es sich bei ihm um ein schwerfälliges „Schiff" handelt, dessen Kurs und Fahrtgeschwindigkeit sich nicht ohne Weiteres und schon gar nicht innerhalb kurzer Zeitspannen ändern lassen, das wissen wir alle. In den letzten Jahren ist der Mathematikunterricht allerdings zunehmend unter Veränderungsdruck geraten.

Stichwort „Neue Technologien": Seit etwa zwei Jahrzehnten – und wenn man den Taschenrechner einbezieht, sogar noch länger – wird darüber diskutiert, in welcher Weise neue computerbasierte mathematische Werkzeuge und Präsentionsmittel in den Unterricht Eingang finden sollten. Sollten sie vorrangig eingesetzt werden, um „alte" Ziele des MU besser zu erreichen, oder ist es notwendig, die Ziele des MU selbst völlig neu zu bestimmen (vielleicht sogar den MU in einem die Informatik umfassenden neuen Fach aufgehen zu lassen)? Durch die Verfügbarkeit preiswerter Hard- und Software, die die Lösung (nicht das Verständnis!) eines Großteils der gängigen Mathematik-Oberstufenaufgaben zu einem Kinderspiel werden lässt, sind diese Fragen sehr brisant geworden.

Stichwort „TIMSS": Die „Third International Mathematics and Science Study" (Baumert u. a. 1997) hat als internationale Vergleichsstudie die Effizienz des Mathematikunterrichts in vielen Ländern unübersehbar in Frage gestellt. Auch vor diesem Hintergund scheint es dringlich nach möglichen Konsequenzen zu fragen, und auch hier geht es nicht zuletzt um die Ziele des MU: Soll man vieles oder gar alles anders machen, um die „alten" Ziele besser zu erreichen, oder muss grundsätzlich neu geklärt werden, was denn überhaupt sinnvolle Ziele für den Mathematikunterricht an allgemeinbildenden Schulen sein könnten?

Es ist sicher nicht übertrieben davon zu sprechen, dass der schulische Mathematikunterricht – in Deutschland vielleicht stärker noch als anderswo – derzeit in einer dreifachen Krise steckt: in einer *Akzeptanzkrise*, einer *Legitimationskrise* und in einer *Effizienzkrise*. Pointiert gesagt: Es ist nicht nur so, dass das Lernen von Mathematik von einem Teil der Schüler als nicht sinnvoll angesehen wird (*Akzeptanzkrise*) und dass es schwer fällt, den üblichen Mathematikunterricht bildungstheoretisch und praktisch zu rechtfertigen (*Legitimations- oder Orientie-*

rungskrise), nein, darüber hinaus kommt offenbar auch noch viel weniger (Messbares) heraus als erhofft und erwartet *(Effizienzkrise)*.

Mein Vortrag setzt bei der Frage der Legitimation an: Um Klärungen herbeizuführen, überdenke ich von einem bildungstheoretischen Standpunkt her, in welche Richtung der Mathematikunterricht weiter entwickelt werden sollte und könnte. Rückkopplungen mit der Akzeptanz- und Effizienzfrage werden an verschiedenen Stellen augenfällig werden. Prinzipiell gehe ich dabei zunächst vom Bestehenden aus – damit zolle ich realistischerweise dem Gewicht der Tradition Tribut – und umreiße dann, wie durch *Akzentuierungen*, die an einer bildungstheoretisch begründeten Zielvorstellung orientiert sind, in kleinen Schritten wünschbare Veränderungen eingeleitet werden könnten.

Um die Logik meines Vorgehens noch einmal mit anderen Worten zu verdeutlichen: Wenn es in unserer Gesellschaft – allgemeiner: in modernen europäischen Gesellschaften – explizierbare und konsensfähige Zielvorstellungen darüber gibt, was mit der Schule insgesamt bei den Heranwachsenden erreicht werden sollte, dann muss sich auch schulischer Mathematikunterricht – wie jeder andere Fachunterricht – an diesen Zielen messen lassen und das ihm Gemäße zur Erreichung dieser Ziele beisteuern.

2 Orientierung an einem Allgemeinbildungskonzept: Sieben Aufgaben allgemeinbildender Schulen

Meine Ausgangsfrage ist: Warum sollen sich Kinder und Jugendliche überhaupt mit dem üblichen Schulstoff auseinandersetzen? Warum sollen sie sich beispielsweise mit mathematischen Symbolen und Formeln, mit historischen Ereignissen, mit Feinheiten der Orthographie und der Lyrik toter Dichter beschäftigen? Warum sollen sie grammatische Regeln und Vokabeln pauken? Warum sollen sie Bockspringen lernen, etwas über den Aufbau pflanzlicher Zellen und die Zusammensetzung eines Symphonieorchesters wissen?

Eine klassische Antwort auf diese Art von Fragen ist bildungstheoretischer Natur und lautet: Heranwachsende bedürfen der systematischen Auseinandersetzung mit und Aneignung von Welt, um sich selbst und ihre mögliche Rolle in der Welt zu finden. Erst im Prozeß der Bildung wird der Mensch zum Menschen. Und weiter unterstellt man gemeinhin, dass schulischer Fachunterricht einen geeigneten Rahmen für diese notwendige Auseinandersetzung und Aneignung bietet: Denn die Schulfächer repräsentieren im Prinzip die für unsere Kultur und Gesellschaft charakteristischen Zugänge zu der von uns zu erkennenden Welt.

Wie aber lässt sich bestimmen, ob vom Fachunterricht eine „bildende" oder „allgemeinbildende" Wirkung ausgeht? Und noch grundsätzlicher: Sind Bildung und Allgemeinbildung heutzutage überhaupt noch tragfähige Leitbegriffe, um über Ziele und Wege schulischen Lernens nachzudenken? Meine These, die ich in diesem Vortrag am Beispiel des Mathematikunterrichts plausibel machen möchte, ist diese: Die Idee der Allgemeinbildung kann, wenn sie hinreichend konkret, gegenwartsbezogen und schulnah ausgelegt wird, als *Orientierungsrahmen* und *pädagogischer Maßstab* dienen, um Lehrpläne und schulischen Fachunterricht kritisch zu bewerten. Zudem lassen sich aus einem geeigneten Allgemeinbildungskonzept nicht nur kritische Anstöße, sondern – im Zusammenspiel mit fachdidaktischen und fachwissenschaftlichen Überlegungen – auch reformerische Impulse gewinnen.

Im folgenden stütze ich mich auf ein Konzept, in dem ich Allgemeinbildung als zentrale schulische Aufgabe durch sieben Teilaufgaben näher beschreibe. Im Fokus des Konzepts steht die Frage: „Was und wie soll an öffentlichen Schulen für alle unterrichtet werden?" In diesem Vortrag kann ich lediglich stichwortartig die Grundgedanken dieses Allgemeinbildungskonzepts skizzieren, um den systematischen Zusammenhang der nachfolgenden Überlegungen zu verdeutlichen. Ausführlicher wird das Konzept bei Heymann (1996) oder auch, für eilige Leser, bei Heymann (1997) dargestellt und begründet.

Ich gehe davon aus, dass die allgemeinbildenden Schulen in unserer Gesellschaft vornehmlich folgende unterscheidbaren – wenn auch nicht überschneidungsfreien – Aufgaben zu erfüllen haben:

- *Lebensvorbereitung:* Schülerinnen und Schüler sind auf absehbare Erfordernisse ihres beruflichen und privaten Alltags – vor aller beruflichen Spezialisierung – pragmatisch vorzubereiten;

- *Stiftung kultureller Kohärenz:* Damit Schülerinnen und Schüler eine reflektierte kulturelle Identität aufbauen können, hat die Schule wichtige kulturelle Errungenschaften zu tradieren (diachroner Aspekt) und zwischen unterschiedlichen Subkulturen unserer Gesellschaft zu vermitteln (synchroner Aspekt);

- *Weltorientierung:* Die Schule hat einen orientierenden Überblick über unsere Welt und die Probleme zu geben, die alle angehen; sie sollte zu einem Denkhorizont beitragen, der über den privaten Alltagshorizont hinausreicht;

- *Anleitung zum kritischen Vernunftgebrauch:* Im Sinne der Aufklärungsidee ist selbständiges Denken und Kritikvermögen zu fördern und zu ermutigen;

- *Entfaltung von Verantwortungsbereitschaft:* Die Schule hat zu einem verantwortlichen Umgang mit den im Prozeß des Heranwachsens erworbenen Kompetenzen anzuleiten;

- *Einübung in Verständigung und Kooperation:* In der Schule ist ein Raum für Verständigung, Toleranz, Solidarität und gemeinsames Lösen von Problemen zu geben;

- *Stärkung des Schüler-Ichs:* Die Heranwachsenden sind als eigenständige Personen zu achten und ernst zu nehmen.

Diese Aufgaben allgemeinbildender Schulen, zu deren Einlösung der Fachunterricht (in allen Fächer) beizutragen hat, verwende ich nun als Orientierungsrahmen, um zu zeigen: Die Auseinandersetzung mit Mathematik – und zwar weit über die Aneignung lebensnützlicher Inhalte hinaus – ist im Rahmen einer zeitgemäßen Allgemeinbildung nicht nur zu rechtfertigen, sondern unverzichtbar. Aber der herkömmliche Mathematikunterricht schöpft sein Allgemeinbildungspotential keineswegs aus. Mitunter verschüttet er es gar. Er bedarf gründlicher Reformen, wenn er sowohl legitimen gesellschaftlichen Anforderungen wie auch den individuellen Qualifikationsinteressen einer Mehrzahl der Schülerinnen und Schüler gerecht werden will.

3 Fünf Akzentsetzungen für einen allgemeinbildenden Mathematikunterricht

3.1 Lebensnützliches ernst nehmen

Empirische Untersuchungen bestätigen, was als geteilte Erfahrung zum Alltagswissen in unserer Gesellschaft gehört – wenn es auch selten deutlich ausgesprochen wird: Die bei weitem überwiegende Mehrzahl der Erwachsenen verwendet in ihrem beruflichen und privaten Alltag tatsächlich keine Mathematik, die „höher" ist als Prozent-, Zins- und Dreisatzrechnung (vgl. Heymann 1996, S. 135 ff.). Üblicherweise gehören diese Gebiete zum Stoff der siebten Klasse.

Damit ergibt sich eine fast paradoxe Situation: Mathematik ist in unserer Gesellschaft für die Aufrechterhaltung und Weiterentwicklung der technischen Zivilisation unverzichtbar: Anwendungen von Mathematik durchdringen immer mehr Lebensbereiche. Doch in vielen Fällen verbirgt sich die Mathematik hinter ihren technischen Anwendungen. Wer z. B. Auto fährt, eine Quarzuhr benutzt oder mit einem modernen Textverarbeitungssystem umgeht, braucht von der in diese Produkte investierten Mathematik keine Ahnung zu haben. Der größte Teil der üblichen, im Sekundarschulbereich gelehrten mathematischen Inhalte lässt sich nicht über seinen lebenspraktischen Nutzen rechtfertigen.

Andererseits werden im üblichen Mathematikunterricht viele Qualifikationen, die im beruflichen und privaten Alltag sehr hilfreich sind, nur unzureichend vermittelt: Im beruflichen und gesellschaftlichen Alltag spielen zunehmend „weichere" mathematiknahe Qualifikationen eine Rolle. Das „harte" Rechnen kann in vielen Fällen Maschinen (Taschenrechnern, Computern) überlassen werden. Aber es kommt in vielen Situationen darauf an, ein „Feeling" für Zahlen und quantitative Zusammenhänge entwickelt zu haben, sich Größenordnungen vorstellen zu können, Abschätzungen und Überschläge vornehmen zu können. Und da Mathematik als Kommunikationsmittel eine immer größere Bedeutung erlangt, ist es wichtig, Zahlenangaben (etwa zu Wahrscheinlickeiten), Tabellen, Statistiken und graphische Darstellungen sachangemessen interpretieren zu können. Weiter kann der mathematisch verständige Umgang mit elektronischen Hilfsmitteln (die vielen Mathematiklehrern noch immer suspekt sind) im Alltag großen Nutzen bringen. Und last but not least ist dem Umsetzen einfacher Sachverhalte in mathematische Modelle und umgekehrt erheblich mehr Aufmerksamkeit zu schenken.

Wie mager es um entsprechende Kompetenzen deutscher Mathematikschüler bestellt ist, lässt sich anhand der folgenden Aufgabe aus TIMSS verdeutlichen:

Aufgabenbeispiel 1 (Baumert u. a. 1997, S. 69):

Der Preis einer Dose Bohnen wird von 60 Pfennig auf 75 Pfennig erhöht. Um wieviel Prozent ist der Preis gestiegen?

A. 15 %
B. 20 %
C. 25 %
D. 30 %

Von den deutschen Siebtklässlern lösten diese Aufgabe nur 33 % (8. Kl.: 37%).

Ein Aufgabenbeispiel aus dem nordrhein-westfälischen Lehrplan Mathematik für die Sekundarstufe I des Gymnasiums zeigt, wie man wie sich einen mathematisch verständigen Umgang mit grafischen Darstellungen vorstellen könnte (gleichzeitig ein Beispiel für Taschenrechner-Einsatz):

Aufgabenbeispiel 2 (Kultusministerium NRW 1993, S. 76):

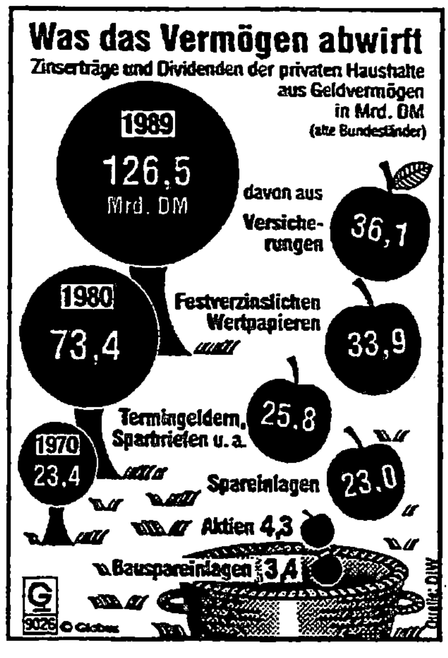

„Die drei kugelförmigen Baumkronen in der ... Grafik sollen das Wachstum von Zinseinnahmen veranschaulichen. Beim Betrachten der Grafik stellt sich die Frage: Sollen die Zinseinnahmen proportional zu den Volumina der Baumkronen, zu den abgebildeten Kreisflächen oder zu deren Durchmesser sein?

Entscheide durch Nachmessen und Rechnen."

An der Aufgabenformulierung lässt sich gewiss kritisieren, dass sie die Tätigkeit der Schüler bereits sehr eng kanalisiert und letztlich die Abarbeitung rechnerischer Algorithmen einfordert. Man könnte die Aufgabe aber, unter Einsatz der gleichen Grafik, durchaus auch sehr viel offener formulieren und damit noch stärker das „Feeling" für Größenverhältnisse sowie Fähigkeiten zum Schätzen und Überschlagen fördern.

Zusammenfassend: Im herkömmlichen Mathematikunterricht wird der praktische Nutzen des zu Lernenden sowohl überschätzt wie unterschätzt. Einerseits brauchen die meisten Absolventen später erheblich weniger Mathematik, als es vielen Mathematiklehrer(inne)n lieb wäre; andererseits wird vieles, was wirklich (fast) alle brauchen könnten, randständig oder so gut wie gar nicht thematisiert.

Akzent 1: Lebensnützliche Mathematik ernst nehmen

Lebensnützliche mathematische Alltagsaktivitäten wie Schätzen, Überschlagen, Interpretieren und Darstellen sowie die verständige Handhabung technischer Hilfsmittel sollten im Mathematikunterricht aller Stufen, bei steigendem Anspruchsniveau, häufiger und intensiver thematisiert, mathematisch reflektiert und geübt werden.

3.2 Zentrale Ideen verdeutlichen

Zweifellos dient der elementare Mathematikunterricht, in der Grundschule und den unteren Klassen der Sekundarstufe I, der Kontinuität der mathematischen Alltagskultur. Nicht umsonst wird die Beherrschung der Grundrechenarten, gleichrangig mit den Qualifikationen des Lesens und Schreibens, zu den basalen Kulturtechniken gezählt.

Wie steht es in dieser Hinsicht um die „höhere" Schulmathematik, die mit der elementaren Algebra einsetzt? Selbstverständlich repräsentiert sie hochrangige kulturelle Errungenschaften der antiken, arabischen und modernen abendländischen Kultur. Die Art, in der sie üblicherweise gelehrt wird, verschleiert allerdings eher den geschichtlichen Hintergrund. Der Anspruch, die historische Genese mathematischer Erkenntnisse sichtbar zu machen, steht im Widerspruch zu einem Merkmal der modernen wissenschaftlich-mathematischen Fachkultur: sich in der Darstellung mathematischen Wissens, etwa bei der Formulierung von Definitionen, Sätzen und Beweisen, auf die abstrakten Strukturen zu konzentrieren und „historisch Zufälliges" als unsachgemäßes Beiwerk beiseite zu schieben. Hier müßten in der Schule, durch das Sichtbarmachen der historischen Genese mathematischer Erkenntnisse, andere Akzente gesetzt werden (vgl. Jahnke 1995).

Fast noch wichtiger als die Anreicherung des Mathematikunterrichts um historische Bezüge scheint es mir, die Universalität der Mathematik und ihre Bedeutung für die Gesamtkultur anhand zentraler Ideen exemplarisch erfahrbar zu machen. Der

Gedanke, den Mathematikunterricht an einer überschaubaren Menge zentraler Ideen auszurichten, ist nicht neu, aber bis heute nicht auf überzeugende Weise curricular und unterrichtspraktisch wirksam geworden. Zentrale Ideen könnten etwa sein: „Zahl", „Messen", „funktionaler Zusammenhang", „räumliches Strukturieren", „Algorithmus", „mathematisches Modellieren" (Heymann 1996, S. 173ff). Wie man sieht, handelt es sich dabei nicht einfach um mathematische Grundbegriffe. Die genannten Ideen repräsentieren sozusagen „Schnittstellen" zwischen der Mathematik und der übrigen Kultur; sie stellen Verbindungen zu außermathematischen Tätigkeiten her und hängen vielfältig untereinander zusammen. Derartige Ideen lassen sich im Unterricht auf verschiedenen Niveaus und anhand unterschiedlicher mathematischer Einzelthemen immer wieder aufgreifen. Sie können als „rote Fäden" dienen, die den Schülern bei ihrer Begegnung mit der Mathematik Orientierung ermöglichen.

Akzent 2: Zentrale Ideen verdeutlichen

Mathematikunterricht sollte deutlicher an zentralen Ideen orientiert sein, in deren Licht die Verbindung von Mathematik und außermathematischer Kultur exemplarisch sichtbar wird.

3.3 Mathematik mit der „übrigen" Welt verbinden

Schon im Abschnitt über die lebensvorbereitende Funktion der Mathematik kam zum Ausdruck: Mathematik ist konstitutiv für unsere Welt und zugleich in ihr verborgen. Es bedarf deshalb eines besonderen Umgangs mit Mathematik im Unterricht, um ihren Weltbezug deutlich werden zu lassen.

Der allgemeinbildende Mathematikunterricht sollte Schüler dazu befähigen, Mathematik auch dort zu „sehen", wo sie bei flüchtiger Betrachtung unsichtbar bleibt. Das Anwenden von Mathematik oder – modelltheoretisch gesprochen und die letzte zentrale Idee des vorigen Abschnitts aufgreifend – das „mathematische Modellieren" bekommt damit eine besondere Bedeutung. Zwar lässt sich der Mathematikunterricht nicht durchweg von Anwendungsproblemen her und auf Anwendungsprobleme hin gestalten. Aber im herkömmlichen Mathematikunterricht kommen solche Probleme meist zu kurz: Sie dienen oft nur als „motivierende" Einstiegsbeispiele oder werden in Gestalt realitätsfremder „eingekleideter Aufgaben" an systematische Kurse angehängt. Durch die Beschäftigung mit Problemen, bei denen – im Unterschied zu den traditionellen eingekleideten Aufgaben – keineswegs von vornherein klar ist, ob Mathematik (und wenn, welche) zu ihrer Lösung dienlich sein kann, können Schüler etwas über Mathematik und das betreffende Stück Welt lernen.

Aktives mathematisches Modellieren schult darin, alltägliche Phänomene „mit anderen Augen" zu sehen, nämlich im Hinblick auf grundlegende Strukturen. Und gleichzeitig bietet ein Mathematikunterricht, in dem aktives Modellieren gepflegt wird, Gelegenheiten zur Reflexion darüber, dass (und warum) nicht alles, was wichtig ist im Leben, mathematisch modellierbar ist.

Im neuen Mathematik-Lehrplan für die Gesamtschule in Nordrhein-Westfalen, der sich zur Zeit im Genehmigungsverfahren befindet und an dem ich als wissenschaftlicher Berater mitgewirkt habe, ist ein neuer Weg eingeschlagen worden, Mathematik und „übrige" Welt stärker miteinander zu verbinden. Einige Grundzüge dieses Lehrplans möchte hier beispielhaft vorstellen.

Das Curriculum folgt als organisierendem Prinzip nicht primär einer „Fachsystematik", sondern durchläuft spiralig eine Reihe von „Themenfeldern", die in jeder Doppeljahrgangsstufe (5/6, 7/8 und 9/10) wieder neue Anlässe zu einer intensiven und vertiefenden Auseinandersetzung mit Mathematik bieten. Die Themenfelder, deren Behandlung obligatorisch ist, werden in vierspaltigen Tableaus erläutert: Neben einer kurzen inhaltlichen Beschreibung finden sich bei jedem Themenfeld Ausführungen zu den „Anforderungen", den „Inhalten", zu „Sinn, Bedeutung, zentralen Ideen" und jeweils zwei „Lernsituationen mit Handlungsmöglichkeiten". Die „Lernsituationen" sind nicht verpflichtend, sondern als Anregung gedacht.

Vor einer Gesamtliste der Themenfelder ein Einzelbeispiel aus der Jahrgangsstufe 5/6 (Richtlinien Gesamtschule NRW, 1998, S. 50f):

Anforderungen	Inhalte	Sinn, Bedeutung, zentrale Ideen	Lernsituationen mit Handlungsmöglichkeiten
Themenfeld: Daten Informationen sammeln und darstellen, Schaubilder zeichnen und deuten			
Wissen, wie Fragebögen erstellt und Umfragen durchgeführt werden können; Daten auswerten und in Diagrammen darstellen; einfache Kennwerte bestimmen und interpretieren	**Arithmetik:** Grundrechenarten; Dezimalzahlen; einfache Bruchzahlen; **Geometrie:** Diagramme, Koordinaten **Stochastik:** Daten erheben und darstellen; einfache statistische Kennwerte **Hilfsmittel:** Zeichengeräte; Taschenrechner	Mit Hilfe der Beschreibenden Statistik können größere Datenmengen strukturiert und nach bestimmten Gesichtspunkten ausgewertet werden, wobei graphische Darstellungen sehr hilfreich sind. Eine solche Aufarbeitung ermöglicht, Sachverhalte zu beschreiben, zu präzisieren, zu vergleichen und darüber zu sprechen.	**Wir lernen uns kennen** Fragen entwickeln (z. B. „Was möchte ich über meine neue Klassengemeinschaft wissen?"); einen Fragebogen zu Körpermaßen, Sozialdaten, Hobbys usw.entwickeln; Daten in Listen erfassen und in Diagrammen darstellen; Daten mehrerer Klassen nach unterschiedlichen Kriterien vergleichen. **Unsere Fernseh-(Medien-) gewohnheiten** Fragen entwickeln (z. B. „Wie sehen die Fernseh-(Medien-)gewohnheiten unserer Klassengemeinschaft aus?"); Fragebögen zu Fernsehzeiten, Lieblingssendungen, Dauer des Fernsehkonsums usw. entwickeln; Daten in Listen erfassen und in Diagrammen darstellen; Daten mit statistischen Aussagen in der Presse vergleichen.

Es folgt eine Liste der in 5/6 und 7/8 identischen (und in 9/10 weitgehend identischen) Themenfelder, illustrierend ergänzt durch die Lernsituationen für 5/6 und 7/8:

Themenfeld	Lernsituationen für 5/6	Lernsituationen für 7/8
Daten	Wir lernen uns kennen Unsere Fernseh-(Medien-) gewohnheiten	Mein Arbeitstag als Schüler Pubertät macht Probleme
Körper und Flächen	Wir erstellen ein Modell unserer Schule Wir untersuchen Verpackungen	Die eigene „Bude" unterm Dach einrichten Forschungen rund ums Dreieck
Vergleichen und Messen	Wie kommen wir am besten, am schnellsten zu unseren Freunden? Wie wir wohnen	Flächennutzungen vergleichen Bestandteile in Lebensmitteln
Beziehungen im Raum	Wir erkunden ein Gelände Wir orientieren uns mit Hilfe von Karten	Mit Gebäudeplänen umgehen In Karten zurechtfinden
Gesellschaft und Wirtschaft	Wir kaufen bewusst ein Was kostet mein Haustier?	Eine Klassenfahrt planen Augen auf beim Ratenkauf
Symmetrien und Muster	Wir entdecken und erfroschen Muster in der Natur Wir betrachten und erstellen Ornamente	Historische Gebäude oder Parkanlagen Platonische Körper bauen
Zufall	Wir würfeln und untersuchen unser Glück Wir entschlüsseln eine Geheimschrift	Zufallsgrößen untersuchen Chancen bei Glücksspielen
Zuordnungen und Modelle	Wir beobachten das Wetter im Jahreslauf Veränderungen bei Zeit und Weg	Verkehrsmittel vergleichen Veränderungen darstellen und vergleichen
Mathematische Reisen	Rechnen in früherer Zeit Geometrische Spiele	Codierung von Zahlen Figurierte Zahlen entdecken
Freizeit, Technik und Sport	Rund um den Ballsport Wir musizieren	Getriebe untersuchen und erstellen Modeschmuck basteln
Mathematische Grundfertigkeiten	(Aufgaben zur Sicherung der Grundrechenarten, Dezimalzahlen, Brüche, Schätzungen)	(Mit Brüchen und Variablen rechnen)

Schließlich, zur Verdeutlichung der Spiraligkeit, zeigt die folgende Liste, wie die Themenfelder (hier nur eine Auswahl) in den drei verschiedenen Doppeljahrgangsstufen mit steigendem mathematischen Anspruchsniveau jeweils neu aufgegriffen werden (Richtlinien Gesamtschule NRW, 1998, S. 45f):

Themenfeld: Daten (in 9 und 10: Daten und Zufall)

- Informationen sammeln und darstellen, Schaubilder zeichnen und deuten
- Daten erheben, darstellen und analysieren
- Wahrscheinlichkeitsaussagen treffen, darstellen und interpretieren

Themenfeld: Körper und Flächen

- Geometrische Körper und Flächen in der Umwelt entdecken, gestalten, beschreiben und benennen
- Ebene Figuren und Körper untersuchen, Beziehungen erkennen und berechnen
- Körper und Flächen konstruieren, berechnen und an Gegenständen des Alltags und der Technik wieder entdecken

Themenfeld: Vergleichen und Messen

- Messen in verschiedenen Lebensbereichen
- Mit Anteilen rechnen, sie interpretieren und vergleichen
- Große und kleine Zahlen in wissenschaftlicher Notation zur Beschreibung von Größenordnungen

Themenfeld: Beziehungen im Raum

- Die Ebene mit Richtungen, Entfernungen und Koordinaten erfassen
- Geometrische Beziehungen zwischen Raum und Ebene zur Orientierung benutzen
- Beziehungen in Dreiecken zur Berechnung von Strecken und Winkeln nutzen

Themenfeld: Gesellschaft und Wirtschaft

- Den alltäglichen Umgang mit Geld mathematisch vertiefen
- In Alltagssituationen kalkulieren und abwägen
- Situationen des privaten und gesellschaftlichen Lebens mit mathematischen Mitteln beschreiben und bewerten

Als Resümee dieses Abschnitts halte ich fest:

> *Akzent 3: Mathematik mit der „übrigen" Welt verbinden*
>
> Mathematikunterricht sollte vielfältige Erfahrungen ermöglichen, wie Mathematik zur Deutung und Modellierung, zum besseren Verständnis und zur Beherrschung primär nicht-mathematischer Phänomene herangezogen werden kann.

3.4 Mathematik als „Denkverstärker" erfahren lassen

Dass man durch die Beschäftigung mit Mathematik seine geistigen Fähigkeiten entwickele, insbesondere denken lerne, ist die traditionsreichste Begründung für Mathematik als allgemeinbildendes Schulfach. Doch ist diese Begründung stichhaltig? Überblicksartig seien einige Folgerungen aus der neueren kognitionspsychologischen Forschung und aus der Erforschung von Interaktionsprozessen im Mathematikunterricht benannt. Dabei verzichte ich auf die detaillierte Angabe von Quellen und beschränke mich auf Kernaussagen.

Empirische Untersuchungen, in denen eine allgemeine Denkschulung durch den Mathematikunterricht oder der Transfer des Gelernten auf Problemlösungen außerhalb des Unterrichts nachgewiesen werden sollte, verliefen in der Regel enttäuschend (eine detailliertere Auseinandersetzung mit der entsprechenden Forschung findet sich bei Heymann 1996, S. 95 ff. u. S. 205-248). Pointiert gesagt: Die Beschäftigung mit Mathematik führt nicht per se zu einer Verbesserung der allgemeinen Denkfähigkeit. Erst recht kann nicht die Rede davon sein, dass Mathematikunterricht ohne weiteres zum kritischen Vernunftgebrauch befähigt. Allzu viele Kinder, Jugendliche und Erwachsene gewinnen aus ihren Schulerfahrungen den Eindruck, dass zwischen ihrem vernünftigen Denken im Alltag und dem im Unterricht erwarteten „mathematischen Denken" eine tiefe Kluft besteht. Selbst bei vielen Personen, die an der Schulmathematik nicht offenkundig scheitern, kollidieren mathematische und alltägliche Konzepte.

Ein Beispiel dazu. Eine charakteristische Szene mit meiner Tochter Katharina – seinerzeit 13 Jahre alt und dem Fach Mathematik nicht sonderlich zugetan – illustriert dieses Phänomen und erlaubt zugleich erste Vermutungen darüber, durch welche Mißverständnisse die Kluft zwischen dem mathematischen und dem Alltagsdenken zustande kommt: Katharina hatte, im Rahmen einer Hausaufgabe, unter ordnungsgemäßer Anwendung der Bruchrechenregeln die Zahl 2 durch 1/4 dividiert und kam dann zu mir, weil sie sich über die 8 als Ergebnis wunderte. Wieso konnte das Ergebnis größer sein als der Dividend? Sie hatte doch "geteilt"! Ich versuchte ihr einsichtig zu machen, weshalb das (im Bereich positiver Zahlen) bei Division durch Zahlen, die kleiner als 1 sind, so sein muß. Als Gegenbeispiel hielt sie mir vor, wenn sie einen Apfel „in Viertel" teile, seien die Stücke aber kleiner als der Apfel. Ich wies sie auf den Unterschied zwischen „teilen in" und „teilen durch" hin. Abschließend meinte sie: „Okay, ich weiß jetzt, wie man das rechnen muß. Aber du willst mir doch wohl nicht weismachen, dass man in Mathe logisch denkt!"

Anhand dieses Beispiels lassen sich gleich mehrere Aspekte gut verdeutlichen, die so häufig zu einem Konflikt zwischen dem mathematischen und alltäglichen Denken führen.

Offensichtlich hat zu Katharinas Verwirrung der Umstand beigetragen, dass ein Wort der Umgangssprache in einer fachsprachlichen Bedeutung gebraucht wird. In der Tat wird das Wort „teilen" im Alltag fast immer verwendet, um das Zerlegen einer Gesamtheit in kleinere Bestand„teile" zu bezeichnen. Unterscheidungen wie die zwischen „teilen in" und „teilen durch" müssen Schülern als spitzfindig erscheinen, solange sie einer systematischen Präzisierung alltäglicher Teilungsprobleme durch mathematische Mittel keinen Eigenwert zubilligen – was ja schon eine spezifisch mathematische Haltung voraussetzen würde.

Das Verfahren der „Division" lässt sich als präzisierendes und vereinheitlichendes Modell in vielen Alltagssituationen einsetzen, in denen es um Teilungsprozesse geht und in denen – als Modellvoraussetzung – die Quantifizierbarkeit des Teilungsprozesses gegeben ist. Für die Modellierung der Prozesse des Verteilens und des Aufteilens reicht in der Tat die Division durch natürliche Zahlen aus; die (innermathematisch konsequente) Erfindung der rationalen Zahlen bringt dann sozusagen gegenüber den „natürlichen" Ausgangssituationen einen enormen Überschuß an Modellierungspotential mit sich. Auch dafür lassen sich „natürliche" Alltagssituationen angeben, in denen dann allerdings umgangssprachlich nicht mehr vom „Teilen" die Rede ist, sondern beispielsweise vom „Passen in": Wie viele Viertel passen in 2 Ganze? Der Denkweg zu derartigen „Passen in"-Situationen, die für einen erheblich größeren Teil von Divisonsproblemen einen anschaulichen Hintergrund stiften könnten, ist vielen Schülern, die herkömmlich unterrichtet wurden, allerdings versperrt, weil für sie „dividieren" mit „teilen" (im Sinne von „verteilen" und „aufteilen") anschaulich fest assoziert ist, und damit auch mit dem Spezialfall natürlicher Zahlen als Divisoren.

Damit aber drängt sich die Vermutung auf: Es ist nicht so sehr ein unterschiedliches *Denken*, durch das sich Katharina und ich in der geschilderten Szene unterscheiden, sondern die Interpretation der verwendeten Begriffe. Solange das mathematische „Dividieren" mit dem umgangssprachlichen „Teilen" gleichgesetzt wird, hat Katharina mit ihrer Kritik an der mathematischen Vorgehensweise recht. Denn die Erkenntis, die umgangssprachlich beschrieben wird mit „Teile sind stets kleiner als die Gesamtheit, die geteilt wird", lässt sich zweifellos im Alltag immer wieder durch Beobachtungen bestätigen, ist also hochgradig erfahrungsgesättigt. Wenn nun dieser Sachzusammenhang in der Mathematik (scheinbar) außer Kraft gesetzt wird, muß das jemandem, der von der Gültigkeit dieses Zusammenhangs überzeugt ist, befremdlich, unvernünftig oder eben sogar unlogisch vorkommen. In dem Moment, in dem ein Schüler einsieht, dass das mathematische „Dividieren" ein *verallgemeinertes* alltagssprachliches „Teilen" ist, mit dessen Hilfe sich neben den Spezialfällen des Aufteilens und Verteilens beispielsweise auch Situationen der Art „wie viele x passen in y?" oder – allgemeiner und gleichzeitig auf eine spezialistischere Art mathematisch – „mit welcher Zahl muß x multipliziert werden, dass y herauskommt?" beschreiben lassen, in dem Moment verschwindet der scheinbare Widerspruch, und die mathematische Sprechweise erscheint ganz selbstverständlich: logisch und vernünftig.

Als letztes möchte ich den Blick auf den motivationalen Auslöser der Episode lenken. Dass Katharina das korrekt errechnete Ergebnis nicht einfach hinnimmt, sondern hinterfragt, weil es einer durch ihre Alltagserfahrungen gestützten Erwartung widerspricht, ist selbst ein Zeichen für kritischen Vernunftgebrauch. Ein Mathematikunterricht, der derartige Fragen abblockt oder für unsinnig erklärt, leistet sicher keinen Beitrag zur Förderung kritischen Denkens.

Damit möchte ich die Betrachtung des Beispiels verlassen und in meinen allgemeinen Überlegungen fortfahren. Ganz sicher lässt sich festhalten: Ein denkfördernder Mathematikunterricht muß vor allem verstehensorientiert sein. Aus subjektiver Sicht stellt sich Verstehen ein, wenn ein zuvor fremdartiger Sachverhalt als sinnvoll erlebt wird. Verstehen lässt sich nicht von außen erzwingen. Es lassen sich aber Bedingungen schaffen, die dem Verstehen förderlich sind. Einige hat Wagenschein (1975) mit seinem genetisch-sokratischen Unterrichtskonzept beschrieben.

Zum Verstehen eines neuen mathematischen Sachverhalts gehört, dass er mit vorhandenem Wissen verknüpft werden kann. Ein verstehensorientierter Mathematikunterricht hat größere Realisierungschancen, wenn Denkstrategien und Heuristiken, Vorstellungsbilder und Metaphern des Alltagsdenkens für die Mathematik fruchtbar gemacht werden, wenn neben dem formalen Charakter der Mathematik (als eines abstrakten Symbolsystems, innerhalb dessen nach bestimmten „Spielregeln" verfahren weden kann) auch ihrem referentiellen Charakter (d. h., die mathematischen Symbole repräsentieren in bestimmten Situationen mehr oder weniger konkrete Bedeutungen) genüge getan wird, wenn – einfacher ausgedrückt – immer wieder „Brücken" zwischen dem mathematischen und dem alltäglichen Denken geschlagen werden. So wird Schülern die Chance gegeben, sich mit den Besonderheiten mathematischer Abstraktion schrittweise vertraut zu machen. Erst auf der Basis hinreichend verstandener Mathematik können Schüler erfahren, dass mathematische Begriffe und Techniken in vielen Situationen als „Verstärker" ihres Alltagsdenkens taugen. Und auf dieser Basis erst kann Mathematik auch als Mittel zur Aufklärung bzw. als Gegenstand kritischen Hinterfragens erlebt werden.

Das Verstehen der im Unterricht anstehenden Mathematik ist eine wichtige, jedoch keine hinreichende Voraussetzung für die angestrebte Anleitung zum kritischen Vernunftgebrauch. Da Denken immer inhaltsgebunden ist, hängt die Förderung kritischen Denkens auch von der Wahl der Inhalte ab. Gewiß lässt sich scharfsinniges Denken mittels Mathematik schulen. Soll dieser Scharfsinn aber nicht auf die Mathematik beschränkt bleiben, ist die erwünschte Übertragung immer wieder anhand beziehungsreicher Themen, in denen Mathematik und übrige Welt aufeinander bezogen werden, zu üben und im Blick auf dabei verwendete allgemeine Regeln und Prinzipien zu reflektieren.

Fast noch bedeutsamer als die Themenwahl erscheint schließlich, dass Kinder und Jugendliche den Umgang mit Mathematik und interessanten mathematischen Anwendungen in einer gelebten sozialen Praxis vernünftigen Argumentierens, Befragens, Anzweifelns und Begründens erfahren können.

Auch hier möchte ich noch einmal ganz konkret zwei Aufgaben anführen – stellvertretend für viele andere –, die zu einem denkfördernden Mathematikunterricht sicher besser passen als die meisten Standardaufgaben, die den Alltag in unseren Klassenzimmern prägen:

Aufgabenbeispiel 3 (Kultusministerium NRW 1993, S. 75):

In einem Zeitungsbericht war zu lesen: „Fuhr vor einigen Jahren noch jeder zehnte Autofahrer zu schnell, so ist es mittlerweile 'nur noch' jeder fünfte. Doch auch fünf Prozent sind zu viele, und so wird weiterhin kontrolliert, und die Schnellfahrer haben zu zahlen."
Wo stecken hier Fehler?

Aufgabenbeispiel 4 (Kultusministerium NRW 1993, S. 73):

a) Multipliziere schriftlich *3,26 · 4,37* und beantworte allgemein, wie die letzte Ziffer eines Produktes von den letzten Ziffern der Faktoren abhängt.

b) Welche Zahl liefert dein Taschenrechner für $\sqrt{2}$? Wie viele Nachkommastellen hat das Quadrat dieser Zahl, welches ist die letzte Ziffer?

c) Begründe mit a) , dass $\sqrt{2}$ keine Dezimalzahl mit endlich vielen Stellen sein kann.

Ob Mathematikunterricht mit Recht eine Schule des Denkens, vielleicht sogar des kritischen Denkens genannt werden kann, hängt also von Randbedingungen ab, die im Unterricht aller Schultypen und Altersstufen nur allzu oft verletzt werden. Ein Unterricht, in dem das Einschleifen der gängigen Lösungswege der Schulmathematik den Vorrang hat vor Verstehen, vor bewußtem Bemühen um Transfer, vor ausdrücklichen Herausforderungen der Kritikfähigkeit, trägt eher zur Einschläferung der kritischen Vernunft bei als zu ihrer Mobilisierung.

Akzent 4: Mathematik als „Denkverstärker" erfahren lassen

Den Schülern sollte genügend Zeit und Gelegenheitgegeben werden, den eigenen Verstand aktiv konstruierend und analysierend einzusetzen, um Mathematik zu verstehen und sich ihrer zur Klärung fragwürdiger Phänomene bedienen zu können – gleichsam als „Verstärker" ihres Alltagsdenkens.

3.5 Unterrichtskultur entwickeln

Die Beziehung des Faches Mathematik zu den bislang thematisierten Allgemeinbildungsaufgaben wies deutlich inhaltliche Komponenten auf:

- Es gibt einen spezifisch mathematischen Beitrag zur Bewältigung alltäglicher Lebenssituationen.

- Mathematik ist als hochrangige kulturelle Hervorbringung Teil unserer Kultur.

- Mathematik ist über ihre Anwendungen vielfältig in unsere Welt verflochten.

- Vernünftiges Denken ist gewissermaßen das Medium, durch das Mathematik als schöpferische Leistung des Menschen überhaupt erst in die Welt treten kann.

Hingegen hat Mathematik mit den in der letzten Überschrift genannten sozialethischen und auf die Person des Schülers bezogenen Aufgaben der Schule inhaltlich zunächst nichts zu schaffen. Darin zeigt sich ein Unterschied zu vielen anderen Schulfächern, in denen zumindest Teilaspekte dieser drei Aufgaben als Gegenstand fachbezogener Erörterung und Reflexion in Betracht kommen.

Das Fehlen eines *inhaltlichen* Bezugs zwischen den drei diesem Abschnitt vorangestellten Allgemeinbildungsaufgaben und dem Fach Mathematik mag mit dazu beitragen, dass im Mathematikunterricht häufig eine besondere Spannung zwischen pädagogischen und fachlichen Ansprüchen spürbar ist. Bestimmte Eigenheiten des Schulfaches Mathematik – Stichworte: Interaktionsstruktur, dominantes Expertentum des Lehrers, fachspezifische Sozialisation der Lehrer, übermäßige Betonung der formalen und algorithmischen Züge der Mathematik, Präsentation mathematischer Erkenntnisse als unanzweifelbares Wissen – scheinen potentiell mit allen drei Allgemeinbildungsaufgaben in Konflikt zu geraten: sowohl mit der Weckung von Verantwortungsbereitschaft, mit der Einübung in Verständigung und Kooperation wie auch mit der Stärkung des Schüler-Ichs. Es ist nicht etwa so, dass diese Ziele von Mathematiklehrern, die ja meist auch andere Fächer unterrichten, generell nicht angestrebt oder erreicht würden. Aber sogar dann, wenn in dieser Richtung Bemühungen und Erfolge zu verzeichnen sind, ergibt sich bei nüchterner Betrachtung häufig der Eindruck, dass die Erfolge nicht *durch* den Fachunterricht, sondern *trotz* des Faches zustande gekommen sind.

Die Kernthese des vorliegenden Abschnitts lässt sich pointiert so formulieren: Wenn im Mathematikunterricht die vorangestellten sozialethischen und personbezogenen Zielsetzungen ernstgenommen werden, hat das auch erhebliche Konsequenzen für den gemeinsamen Umgang mit der Mathematik im Unterricht: Denn *sozial* lernt man vor allem durch die Art, *wie* man zusammen mit anderen *fachlich* lernt.

Ein Mathematikunterricht, der sich neben den kognitiven auch die nicht-kognitiven Zielsetzungen des zugrunde gelegten Allgemeinbildungskonzepts zu eigen macht, bedarf deshalb einer Unterrichtskultur, in der soziales und fachliches Lernen nicht voneinander abgespalten sind. In einer solchen Unterrichtskultur muß Raum sein für eine produktive Auseinandersetzung mit Fehlern, für Fragen nach Sinn und Bedeutung, für Umwege, für die Diskussion alternativer Deutungen und subjektiver Sichtweisen, für Ideenaustausch und kooperative Arbeitsformen, für spielerischen und kreativen Umgang mit Mathematik sowie eigenverantwortliches Tun. Innere Differenzierung und vielfältige Arbeitsformen können helfen, allzu eintönige Ablaufrituale zu durchbrechen und der Unterschiedlichkeit individueller Zugänge zur Mathematik besser gerecht zu werden.

Akzent 5: Unterrichtskultur entwickeln

Es ist eine Unterrichtskultur zu entwickeln, in der Raum ist für die subjektiven Sichtweisen der Schüler, für Umwege, alternative Deutungen, Ideenaustausch, spielerischen Umgang mit Mathematik und eigenverantwortliches Tun.

4 Eine Vision: Mathematikunterricht im Jahre 2020

Bis zum Jahr 2020 sind es nur noch gut 20 Jahre. Weiter in die Zukunft möchte ich nicht gehen, weil ich über eine Zeit phantasieren möchte, in der ich mit einiger Wahrscheinlichkeit selbst noch lebe.

Realistischerweise sollten wir uns eingestehen: Alle Zukunftvisionen basieren in irgendeiner Form auf Erfahrungen der Vergangenheit, die wir lediglich auf unterschiedliche Weise deuten und extrapolieren. Deshalb beginne ich mit einem kurzen Blick zurück: Wie sah es vor 20 und wie vor zwei mal 20 Jahren in Mitteleuropa aus? Ohne das hier näher ausführen zu können, lässt sich wohl konstatieren: Die Lebenswelt hat sich für Kinder und Jugendliche, aber auch für berufstätige Erwachsene und Ruheständler im betrachteten Zeitraum, vor allem durch die Neuentwicklung und Verbreitung einer Vielzahl technischer Produkte, darunter nicht zuletzt die Computer und auf ihnen basierenden Technologien, drastisch gewandelt.

Können wir das ebenfalls vom Mathematikunterricht behaupten? Vor zwei mal 20 Jahren besuchte ich gerade die Klasse 6 eines Gymnasiums. Vor ca. 20 Jahren unterrichtete ich selbst, frisch examiniert, an einer Schule Mathematik, und mein Sohn, der heute Wirtschaftsmathematik studiert, stand kurz vor der Einschulung. Wenn ich nun die Eindrücke aus meiner eigenen Zeit als Mathematikschüler Ende der fünfziger Jahre, die aus meiner Zeit als Junglehrer und Vater eines mathematiklernenden Schülers Ende der siebziger und diejenigen, die ich zur Zeit bei Praktikumsbesuchen im Mathematikunterricht an allen Schulformen sammle, wenn ich diese Eindrücke kontrastiere mit dem, was sich generell in unserer Gesellschaft im gleichen Zeitraum verändert hat, so stelle ich verblüfft fest: *Im Mathematikunterricht hat sich vergleichsweise fast nichts geändert.* Selbst der zwischenzeitliche Modernisierungssturm, der durch die Propagierung von Strukturmathematik und Mengenlehre durch die Klassenzimmer fegte, hat, im Nachhinein gesehen, nur wenige Spuren hinterlassen. Wir brauchen es nicht bei persönlichen Eindrücken belassen, auch empirische Untersuchungen, zuletzt noch die im Rahmen von TIMSS auf Video aufgezeichneten Unterrichtsstunden, die die Konstanz bestimmter Interaktionsformen und methodischer Ablaufmuster beeindruckend dokumentieren, machen deutlich: Der Mathematikunterricht, zumindest in Deutschland, ist ein Hort der Tradition.

Was also sollte uns annehmen lassen, dass die Innovationsrate in den kommenden 20 Jahren dramatisch steigt? Eigentlich spricht nicht allzu viel dafür.

Dennoch ist es nicht undenkbar, dass sich einige schon heute absehbare Tendenzen synergetisch so miteinander verkoppeln lassen, dass es zu einem qualitativen Sprung kommt. Ich deute diese Tendenzen stichwortartig an:

- Deutliche Verjüngung der Lehrerschaft (bevorstehende Pensionierungswelle in Deutschland);

- Neue bildungspolitische Anstrengungen in Folge von internationalen Vergleichsuntersuchungen wie TIMSS (Qualitätssicherung);

- Reform der Lehrerbildung;

- Änderung des Beamtenrechts und neue Kooperationsstrukturen im Schulbereich;

- Neustrukturierung des allgemeinbildenden Mathematikcurriculums durch mehr Anwendungsorientierung, Vernetzung mit fachübergreifenden Fragestellungen und Einbezug von Sinnfragen (Tendenzen dazu in neuen Lehrplänen und Schülerbüchern);

- Eindringen reformpädagogischer Elemente (z. B. innere Differenzierung über Formen freier Arbeit) in die Sekundarstufen-Didaktik, mit Auswirkungen auf die mathematische Unterrichtskultur;

- Etablierung des (vernetzten) Computers als ganz „normales" Arbeitsmittel im Mathematikunterricht;

- Veränderungen in der gesellschaftlich-kulturellen Wertschätzung schulischen Lernens.

Dabei übersehe ich durchaus nicht, dass einige dieser Tendenzen sehr ambivalent sind und sich durchaus restriktiv auf die zukünftige Entwicklung von Schule im Allgemeinen und Mathematikunterricht im Besonderen auswirken könnten. Hier möchte ich jedoch einmal optimistisch davon ausgehen, dass es uns gelingt Mittel zu finden, die eingangs angesprochene dreifache Krise des Mathematikunterrichts, seine Akzeptanz-, Legitimations- und Effizienzkrise, merklich zu mildern.

Ich komme dann am 20.12.2020 in das blaue Mathematik-Lernkabinett der (noch zu gründenden) „Bertrand-Russell-Schule" in Siegen, in dem ca. zwanzig 15- bis 17-jährige Schülerinnen und Schüler intensiv arbeiten. Mir wird erklärt, dass es sich um einen „Mathe-LAL-Kurs" handele: „LAL" steht dabei für „Lust auf Leistung", und in diesem Kurs finden sich diejenigen Schüler dieser Altersgruppe, die bis zu diesem Zeitpunkt eine besondere Befähigung für und/oder ein besonderes Interesse an Mathematik entwickelt haben. (Wie mir berichtet wird, besuchen die anderen Schüler dieser Altersgruppe „MAMA-Kurse"; „MAMA" steht dabei offiziell für „Mathematik als Modul von Allgemeinbildung", die Schüler sagen schlicht und treffend „Mathe als Marschgepäck").

Mangels fehlenden Einblicks in die technischen Innovationen der kommenden zwei Jahrzehnte nehme ich vereinfachend an, dass in diesem Lernkabinett zwölf Computerarbeitsplätze zur Verfügung stehen. Gut die Hälfte der Schüler arbeitet, in Zweier-, Dreier- und Vierergruppen, an Modellierungsproblemen. Papier und Bleistift sowie Flip Charts finden ebenso Verwendung wie der Computer. Die Probleme haben sie sich entweder, mit Beratung der Lehrererin, selbst zurechtgelegt, oder aber aus einem per Internet verfügbaren Pool solcher Probleme ausgewählt (dieser Problempool ist aus einem inzwischen historischen Versuch hervorgegangen, der im vergangenen Jahrhundert unter dem Namen MUED bekannt wurde).

Die Schüler sind zum Teil in höchst intensive Diskussionen vertieft. Wenn sie Rat brauchen, können sie sich jederzeit an ihre dreißigjährige Lehrerin oder zwei Tutoren wenden, als die sich aus Oberstufenschülern der Bertrand-Russell-Schule rekrutieren und die auf diese Weise ein Didaktik-Praktikum absolvieren. Eine Spitzengruppe mathematisch besonders begabter Schülerinnen beschäftigt sich mit einem kniffligen Optimierungsproblem, mit dem ein mittelständischer Siegener Unternehmer an die Schule herangetreten ist – ein Service, den die Schule für die Region anbietet. Eine Vertreterin der Firma ist anwesend und diskutiert mit den Schülerinnen die bisher erarbeiteten Lösungsansätze durch. – Andere Schüler widmen sich intensiv der Aufarbeitung von Grundlagen und Wissenslücken. Per Computer haben sie Zugriff auf eine Fülle intelligent zusammengestellter Lehrgänge, Beispiele und Übungsaufgaben. Den durch ihre Lernanstrengungen bewirkten Fortschritt überprüfen sie wahlweise per Selbstevaluation oder durch wechselseitige Kontrolle in Kooperation mit einem Mitschüler.

Ich breche hier meine Schilderung einfach ab.

Schließen möchte ich mit der Behauptung: Wenn wir den Mathematikunterricht so verändern wollen, dass er eine zeitgemäße mathematische Allgemeinbildung verkörpert, brauchen wir dreierlei: ein auf dem Stand der Forschung gründendes und bildungstheoretisch reflektiertes Konzept, das offen ist für Kritik und neue gesellschaftliche und technische Entwicklungen, ansteckende und beflügelnde Visionen, über die wir uns immer wieder neu austauschen, und viele kleine Schritte aller am Mathematikunterricht Beteiligten.

Literatur

Baumert, J., Lehmann, R. u. a. (1997): TIMSS – Mathematisch-naturwissenschaftlicher Unterricht im internationalen Vergleich. Opladen: Leske und Budrich.

Jahnke, H. N. (1995): Al Khwarizmi und Cantor in der Lehrerbildung. In: Biehler, R. u. a. (Hrsg.): Mathematik allgemeinbildend unterrichten: Impulse für Lehrerbildung und Schule. Köln: Aulis: S. 114–136.

Heymann, H. W. (1996): Allgemeinbildung und Mathematik: Weinheim: Beltz.

Heymann, H. W. (1997): Allgemeinbildung als Aufgabe der Schule und als Maßstab für Fachunterricht. In: Heymann, H. W. (Hg.): Allgemeinbildung und Fachunterricht. Hamburg: Bergmann + Helbig.

Heymann, H. W. (1998): Eine bildungspolitisch provozierende Botschaft. Rezension zu: Baumert, J., Lehmann, R. u. a. (1997): TIMSS – Mathematisch-naturwissenschaftlicher Unterricht im internationalen Vergleich. In: Zeitschrift für Soziologie der Erziehung und Sozialisation 18 (1998), Heft 3, S. 318-320.

Kultusministerium des Landes Nordrhein-Westfalen (Hrsg.) (1993): Richtlinien und Lehrpläne für das Gymnasium – Sekundarstufe I – Mathematik. Frechen: Ritterbach.

Richtlinien und Lehrpläne für die Sekundarstufe I – Gesamtschule in Nordrhein-Westfalen – Mathematik (1998). Entwurfsfassung (zur Zeit im Genehmigungsverfahren).

Wagenschein, Martin (1975): Verstehen lehren. Genetisch – Sokratisch – Exemplarisch. Weinheim/ Basel: Beltz (5. Aufl.).

Gert KADUNZ, Klagenfurt (Österreich)

Visualisieren als Bildungsziel des Mathematikunterrichtes

Kurzfassung:

Der vorliegende Beitrag versucht in einem ersten Schritt den Begriff Visualisieren zu definieren um eine Standortbestimmung zu ermöglichen. Motiviert durch kritische Bemerkungen zur Visualisierung wird in weiterer Folge die Anknüpfung von Visualisieren an die Vorschläge von H.W. Heymann zur Allgemeinbildung und Mathematik (vgl. Heymann, 1996) unternommen. Im Speziellen werden Überlegungen unter dem Gesichtspunkt von Visualisieren und Verstehen von Mathematik vorgestellt. Den Abschluß bildet eine Bemerkung zum Verhältnis von Visualisieren und fundamentalen Ideen in der Mathematik.

Definition von Visualisierung

Im ersten Abschnitt soll eine Definition von Visualisierung mit Blick auf das Lernen von Mathematik angeboten werden. Durch diese Definition könnte der hier angebotene Begriff von Visualisieren vorerst die Vorstellung eines selbständig und aktiv Lernenden vermitteln, welcher durch die Verwendung von Bildern im weitesten Sinne Einsichten in Mathematik so erwirbt, dass er diese fruchtbringend sowohl innermathematisch als auch in für den Lernenden relevanten Anwendungssituation einzusetzen vermag. Im selben Augenblick müssen aber auch Kritiken zur Kenntnis genommen werden, welche eine solche unbedingte Tragfähigkeit des Visualisierungsbegriffes beim Erwerb mathematischer Fähigkeiten in Frage stellen. Gerade auch wegen solcher Kritik ist man dann motiviert, den Versuch zu unternehmen, die Position der Visualisierung im Mathematikunterricht zu stärken und genauer zu fassen. Eine solche Standortbestimmung kann durch die Bezugnahme auf bestehende und ausgearbeitete einschlägige Theorien geführt werden. Wenn angenommen werden kann, daß die Ausführungen H.W. Heymanns zu *„Allgemeinbildung und Mathematik"* (vgl. Heymann, 1996) ein tragfähiges Konzept zur Beschreibung des Lernens von Mathematik mit Bezug auf einen modernen Bildungsbegriff darstellen, und wenn die aus der vorgelegten Definition von Visualisieren zu ziehenden Schlüsse in eine fruchtbringende Verbindung zu den Heymannschen Ausführungen gebracht werden können, so sind neben bereits vorhandenen Argumenten (vgl. Kautschitsch, 1994) weitere Argumente gefunden, welche eine Beschäftigung mit Visualisierung lohnenswert erscheinen lassen.

Beginnen wir nun mit der knappen Referierung eines Artikels von Zazkis, Dubinsky und Dautermann (vgl. Zazkis, 1996). Aus diesem Artikel werden wir eine Definition von Visualisierung gewinnen und diese mit einigen Folgerungen aus Klagenfurter Perspektive (vgl. Kadunz, 1996) in Relation setzen. In ihrem Beitrag berichten die AutorInnen über eine Untersuchung, in welcher StudentInnen im Rahmen einer Einführungsvorlesung zur Algebra auf die Verwendung von Visualiserungen (Verwendung von Bildern bei der Bearbeitung der Diedergruppe D4) hin beobachtet wurden. Die AutorInnen verwendeten zur Beschreibung ihrer Beobachtungen kein Schema, durch welches eine Kategorisierung von Lernenden in z.B. „schwache, mittlere oder häufige Visualisierer" erfolgt, sondern sie versuchen die Probanden als Personen zu charakterisieren, welche Visualisierung in ihren Handlungen erkennbar werden lassen. Dabei beobachten sie ein Zusammenwirken von internen Konstrukten und externen Objekten, die durch Sinne vermittelt werden. Von besonderer Bedeutung scheint hier die Interpretation von Visualisierung als Tätigkeit des Lernenden. Nicht ein fertiges Produkt ist Ziel der Visualisierung (Anfertigung von Bildern am Papier, einzelne Aktivität am Computer u.ä.), sondern eine Kombination von Veranschaulichungen und analytischen Methoden, welche sich gegenseitig zu ergänzen scheinen. Im speziellen bedeutet dies sowohl Anregung zum Fortschreiten in einem Erkenntnisprozess als auch Korrektur von Fehlvorstellungen und Fehlhandlungen während des Erkenntnisfortschrittes. Ein solches Zusammenspiel von Veranschaulichungen im Verbund mit analytischen Methoden ist auch aus den bisherigen Klagenfurter Betrachtungen zur Visualisierung ableitbar (vgl. Kadunz, 1996). Dies meint, daß Bilder beim Lernen von Mathematik für den Lernenden nicht selbstevident sind. Erst die analytische Untersuchung von Bildern in verschiedensten Umgebungen (physische Modelle, Computersimulationen etc.) unter Verwendung des vom Lernenden bereits erworbenem Wissen hilft, mathematische Strukturen aufzubauen und diese in Problemsituationen einzusetzen. Kautschitsch nennt dies eine Rekonstruktion von Begriffs- und Operationssystemen (vgl. Kautschitsch, 1994).

Insgesamt kann Visualisierung als kognitive Tätigkeit gesehen werden, welche durch die Verknüpfungen von internen Konstrukten und Objekten, die durch die Sinne vermittelt sind, charakterisiert ist.

An dieser Stelle wollen wir kurz auf Widerstände gegen den Einsatz von Bildern[1] im weitesten Sinne hinweisen und von zwei Einwänden berichten. Das erste Argument ist historischer Natur. K. Volkert (vgl. Volkert, 1986) berichtet in seiner „Krise der Anschauung" über die Entwicklung des Anschauungsbegriffes seit Ende des 18. Jhdt. Der dort beschriebene Niedergang des Ansehens der Anschauung[2] und ihre Reduktion auf eine heuristische Funktion scheint sich auf den Mathematikunterricht übertragen zu haben. Nun kann aber bei einer Sicht von Visualisierung im oben definierten Sinne der Einsatz von Bildern „alte" Aufgaben der Anschauung, wie z.B.

---

[1]

Der Begriff des Bildes wird prototypisch für „alle" im Mathematikunterricht verwendeten Mittel zur Veranschaulichung von Sachverhalten verwendet.

[2]

Am Ende des 18. Jhdt. hatte die Anschauung in der Mathematik erkenntnisbegrenzende, erkenntnisbegründende und erkenntnisleitende Aufgaben. Was nicht anschaulich gegeben ist, hat in der Mathematik keinen Platz. Anschauung dient dem Beweisen und Anschauung lenkt als heuristische Strategie den Erkenntnisfortschritt in der Mathematik (vgl. Volkert, 1986).

„Beweisen" durchaus erfüllen. Wir verweisen dazu auf die im Rahmen der Klagenfurter Visualisierungsworkshops angestellten Überlegungen (vgl. Bender, 1989). Ein zweites, ebenfalls schwer wiegendes Argument liegt in der Struktur der in der Schule vermittelten Mathematik. Wir beziehen uns auf Autoren wie Eisenberg (1994) oder Sträßer (1992). Die innere Struktur von Mathematik, wenn sie im Entstehen begriffen ist, ist hochgradig vernetzt. Wird sie im Unterricht vermittelt, so wird die Vernetzung aufgebrochen und die gelehrte Mathematik wird linearisiert. Mathematik wird einer didaktischen Transposition unterworfen. Wenn nun Veranschaulichungen im Unterricht eingesetzt werden, so entspricht die Struktur der durch Bildeinsatz vermittelten Mathematik eher der Struktur einer im Entstehen sich befindenden Mathematik (in Bildern ist die Mathematik vernetzt aufgehoben[3]), als einer linearisierten und damit einer didaktischen Transposition unterworfenen Mathematik. Man denke nur, daß nach Fertigstellung einer Abbildung die Geschichte der Erstellung mit allen dazu verwendeten Argumentationen für den Lernenden meist nicht mehr sichtbar ist. Die Geschichte eines Bildes, welche die Mathematik der Konstruktion trägt, muß erst aus dem Bild rekonstruiert werden. Dies bedarf vielfältiger Kenntnisse. Als mögliche Lösung sei hier an die Verwendung von bewegten Bildern (Computereinsatz) und Handlungsprotokollen erinnert (vgl. Dörfler, 1991).

Dies motiviert nun zum zweiten Abschnitt. Hier soll versucht werden, Bezugspunkte zu finden, die eine gewisse Kompatibilität zwischen der vorgelegten Definition von Visualisierung, den dazugehörenden Folgerungen und vorerst zwei Abschnitten aus Heymanns „Allgemeinbildung und Mathematik" (vgl. Heymann, 1996) aufzeigen sollen.

Visualisieren und Verstehen[4]

Wir fokussieren unsere Aufmerksamkeit auf aussagekräftig erscheinende Abschnitte und versuchen einen Konnex zur Visualisierung herzustellen. Dazu wollen wir Bemerkungen zum Begriff des Verstehens[5] beim Lernen von Mathematik, welche Heymann im Abschnitt über kritischen Vernunftgebrauch vorstellt, mit Überlegungen zur Visualisierung verknüpfen. Im speziellen soll gezeigt werden, dass Visuali-

---

[3]

Im Sinne des Konstruktivismus ist eine solche Formulierung nicht haltbar. Die Mathematik ist im Bild nicht aufgehoben, sondern der Lernende wird durch die Verwendung des Bildes zur Konstruktion von Mathematik angehalten. Diese von ihm konstruierte Mathematik muß nun keineswegs mit jenen Vorstellungen übereinstimmen, welche der Hersteller der Abbildung mit „seinem" Bild intendiert hat.

[4]

Die vollständige Überschrift lautet: „Denken, Verstehen und kritischer Vernunftgebrauch im Mathematikunterricht" (siehe Heymann, 1996, S. 212)

[5]

Verstehen hat eine Erlebnis-, eine Gegenstands- und eine Sozialdimension (vgl. Heymann, 1996).

sieren die Gegenstandsdimension des Verstehens unterstützen kann. „*Die Gegen-standsdimension des Verstehen beinhaltet, dass Verstehen auf Erkenntnis, auf die Aneignung von Sachverhalten, von Gegenständen außerhalb des „Ichs" zielt. Die Aneignung geschieht dadurch, dass neue Erfahrungen in einem konstruktiven Akt mit vorhandenem Wissen vernetzt werden* "(siehe Heymann 1996, S. 217). Wir wollen also die angebotene Definition von Visualisierung verwenden, um zu zeigen, dass Mathematik durch den Einsatz von Visualisierungen praktische Bedeutung für den Lernenden gewinnen kann, weil diese zu Verstehen im angeführten Sinne führen kann. D.h., wir versuchen für Lernende relevante Situationen zu veranschaulichen, um dann in den entstehenden Situationen (Bildern) im obigen Sinne Handlungen durchführen und diese von den Lernenden besprechen und interpretieren zu lassen. Der hier gewählte Fragenkreis kann je nach Zugang und Bearbeitungsmethode innermathematische Bezüge herstellen oder an die Erlebniswelt der Lernenden unmittelbar anknüpfen. Dazu referieren wir zuerst einen Beitrag zum Thema „Hüllkurven" (vgl. Meyer, 1997). Die folgenden Bemerkungen sollen nicht als Kritik an diesem Artikel gedeutet werden, sondern wir betrachten Meyers Aus-führungen zu Hüllkurven als einen Vorschlag, der einsetzbare Basisinformationen für einen Schwerpunktskurs aus Analysis liefern kann. Meyer geht von einer De-finition der Hüllkurve aus und erarbeitet mit Methoden der Analysis[6] eine Reihe von Kurven, die er auch graphisch unter Verwendung von Software darstellt. Sein Ansatz lautet: „*Der Analysisunterricht behandelt die Aufgabe, wie man bei einer gegebenen Kurve in jedem Kurvenpunkt die Tangente berechnet. Eine Kurve wird dabei aufgefasst als Menge von Punkten; gesucht ist die Menge der Berührgeraden. Dualisiert[7] man diese Fragestellung, so ist eine Kurve aufzufassen als Hüllkurve von Berührungsgeraden; gesucht ist dann die Menge der Kurvenpunkte.* " (siehe Meyer 1997, S. 107). Bilder von Hüllkurven besitzen in diesem Zusammenhang vor allem eine ästhetische Rolle. Mit ihnen und in ihnen wird nicht erkennbar argumentiert. Dies ist aber auch nicht Ziel des Autors.
Unsere Frage lautet nun: Können wir den auch wegen seiner außermathematischen Bezüge fruchtbar erscheinenden Begriff der Hüllkurve nicht schon vor einem Vertie-fungskurs aus Analysis dem Lernenden näherbringen und ihn unter dem Blickwinkel von „Visualisieren" untersuchen? Dies bedeutet dann, dass der Zugang mit der Erlebniswelt des Lernenden kompatibel und vorerst mit möglichst wenig Fach-vokabular und Systematik beschreibbar sein soll. Man könnte exemplarisch mit der Besprechung folgender Phänomene beginnen:

- Ein Fahrzeug in einem Computerspiel auf einer Straße steuern;
- sich mit dem Fahrrad zwischen parkenden Autos durchschlängeln;

---

[6]

Ein Computeralgebra System wurde zur Umformung von Termen verwendet.

[7]

Dualisieren als fundamentale Idee der Mathematik. Siehe dazu den nächsten Abschnitt.

•   einen Schrank von einem Zimmer in ein anderes Zimmer ziehen[8].

Worauf ist bei diesen Tätigkeiten zu achten? Wann verliert man beim Spiel, wann wird ein Fahrzeug gestreift, wann wird der Schrank zum Transport zerlegt werden müssen?
Diese Fragestellungen können verbal beantwortet werden. Sie können aber auch in Bildern festgehalten werden. Zu bemerken ist hier, dass diese Fragen nicht auf Hüllkurven sondern auf Hüllflächen führen. Einer Behandlung im Sinne der Visualisierung (in Bildern Handlungen durchführen) macht man diese Fragen zugänglich, wenn die Lernenden die Probleme modellieren und mit Geometriesoftware z.B. Thales (vgl. Kadunz, Kautschitsch, 1993) bearbeiten. Mit dieser Software können sie dann z.B. den Grundriss eines Schrankes durch ein Labyrinth von Gängen ziehen und Situationen beschreiben, in denen Bewegung möglich ist und wann die Hüllkurve im „Türstock" endet. Bei solchen Aktivitäten werden wir aber noch keine Hüllkurven vor uns sehen, genauso wenig wie in einer Realsituation die Hüllkurve sichtbar ist. Ihre „Existenz" wird uns schlimmstenfalls schmerzlich bewusst. Wir würden selbst unter Verwendung von Software, da nur Objekte am Schirm bewegt werden, auf einer sehr elementaren Stufe einer phänomenologischen Beschreibung stehen bleiben. Hier kann sinnvoll die Option „Hüllkurve" der verwendeten Geometriesoftware eingesetzt werden, um die Geschichte der Bewegung am Bildschirm festzuhalten. Die „Schleifspur" einer Strecke am Schirm kann ertragreicher besprochen werden als zu verschiedenen Zeitpunkten beobachtete Positionen von Referenzpunkten (z.B. Eckpunkte) des bewegten Objektes. Die Besprechung eröffnet den Zugang zu einer Ebene, die über jener der Phänomene liegt. Die Gestalten der entstehenden Kurven können beschrieben und in Sonderfällen benannt werden. Man erkennt Kurven mit Spitzen, eventuell Kegelschnitte oder Kurven, die Schlingen (Doppelpunkte) besitzen. Ist nun die Software in der Lage, Hüllkurven aus steuernden Objekten „automatisiert" zu erzeugen, so geht hier das Erlebnis der Erzeugung verloren. Andererseits provoziert aber das Angebot von gleichsam vorgefertigten Lösungen die Frage, wie die Konstruktion einer Hüllkurve von der Software bewerkstelligt wird. Diese Frage führt zu anderen Fragestellungen der Geometrie, als die bekannten Ortslinienprobleme mit deren Konstruktionen. Will der Lernende durch die Beobachtungen motiviert die Frage der Konstruktion von Hüllkurven ernsthaft bearbeiten, so betritt er das Reich der kinematischen Geometrie[9].
Wir fassen zusammen: Unter Verwendung von Bildern war ein Problemkreis zu bearbeiten, welcher an die Erlebniswelt von Lernenden anknüpft. Der im Sinne der

---

8

Man kann sich auch an folgenden Fragen orientieren: Schleifen die Zähne zweier Zahnräder? Wie funktioniert das Zusammenspiel von Zahnrad und Fahrradkette? Wie viel Platz bleibt hinter der pneumatischen Tür eines Autobusses, wenn diese sich schließt?

9

Die kinematische Geometrie bietet die Möglichkeit ohne Analysis die Begriffe Grenzwert/ Grenzübergang und Bogenlänge anschaulich zu behandeln. Stichworte: Rollen und Rutschen.

Visualisierung handelnde Umgang mit Bildern verbunden mit dem Einsatz von Software führt zu einer sukzessiven Mathematisierung: Beschreibung der Ausgangssituation -> Modell (Grundriss des zu bewegenden Schrankes, Softwareeinsatz) -> Bewegung eines Rechteckes am Bildschirm -> Beobachtung von Einzelbildern -> Beschreibung der Einzelbilder -> Wahl von Referenzpunkten auf den Rechteckseiten (eventuell die Eckpunkte) -> bewegen und eine Hüllkurve der Rechteckseiten zeichnen lassen. Durch Überlegungen zu „Messen" und „Einpassen" soll der Lernende dann einen denkbaren Weg, eine Hüllkurve voraussagen.

Im steten Wechselspiel zwischen Modell herstellen, Aktivitäten setzen und die Folgen dieser Aktivitäten in Sprache fassen kann der Begriff der Hüllkurve als Kurve, die von Berührungsgeraden bestimmt ist, auf phänomenologischer Ebene erworben werben. In Folge kann bei neuen Ausgangssituationen (z.B. eine Leiter an die Wand lehnen und auf den Boden rutschen lassen, öffnen und schließen von pneumatischen Türen bei Autobussen usw.) die phänomenologische Betrachtung einen Schritt „höher" steigen. Kurven können klassifiziert werden (Kurven haben: Spitzen, Doppelpunkte, unendlich weit entfernte Punkte). Elementare Begründungen für diese speziellen Phänomene sind oft auch schon bei Betrachtung der Erzeugung der Kurven möglich. Dazu ist aber die Verwendung entsprechender Software notwendig, da erst bei wiederholter Betrachtung und gleichzeitiger Versprachlichung der Beobachtung eine „sinnvolle" Deutung von Seiten des Lernenden erwartet werden kann. Eine automatisierte Erzeugung von Hüllkurven führt möglicherweise zu Betrachtungen der vorliegenden Phänomene mit Methoden der kinematischen Geometrie.

In diesem Sinne kann eine erfolgreiche Stützung der Gegenstandsdimension von Verstehen, also der Aufbau von Verstehen durch die Aneignung von Sachverhalten, erwartet werden, da im Verlauf von Visualisierung der Lernende neue Erfahrungen mit vorhandenem Wissen vernetzt. Der Einsatz entsprechender Software fördert dies entscheidend.

Bemerkungen zum Verhältnis von fundamentalen Ideen in der Mathematik und Visualisierung[10]

Heymann verwendet einen großen Teil des Kapitels über kulturelle Kohärenz der Frage, wie fundamentale (zentrale) Ideen der Mathematik zur kulturellen Kohärenz beitragen können. *„Der entscheidende Beitrag des allgemeinbildenden Mathematikunterichtes zur kulturellen Kohärenz besteht darin, die besondere Universalität der Mathematik und ihre Bedeutung für die Gesamtkultur anhand zentraler Ideen exemplarisch erfahrbar zu machen"* (siehe Heymann, 1996, S. 158). Was sind nun solche fundamentale Ideen? Wir nennen exemplarisch: Idee der Zahl, des Messens, des funktionalen Zusammenhanges, des Algorithmus usw. Nach Bender (vgl. Ben-

---

10

In Anlehnung an den Abschnitt „Mathematik und kulturelle Kohärenz" (vgl. Heymann, 1996, S. 154f).

der, 1983) zeichnen sich diese Ideen durch logische Allgemeinheit, Anwendbarkeit und Relevanz in mathematischen Einzelgebieten und vor allem durch Verankerung im Alltagsdenken aus. Welches Verhältnis besteht nun zwischen Visualisieren und fundamentalen (zentralen) Ideen? Zunächst bemerken wir, dass Visualisieren in unserem Verständnis nicht zu fundamentalen Ideen der Mathematik zu zählen ist. Fundamentale Ideen sind in einem vortheoretischen Kontext des Faches Mathematik angesiedelt und bedürfen in der Mathematik selbst einer Exaktifizierung (vgl. Bender, 1983). Diesem Kriterium genügt Visualisierung sicher nicht. Visualisierung ist eine Tätigkeit, ein Denkmittel des Lernenden, welches er in verschiedensten auch außermathematischen Situationen einsetzen kann. Über Visualisierungen können Lernende auf fundamentale Ideen zugreifen, die dann die Lösung einer Aufgabe in Gang setzen.

Weiters sind im vorliegenden Kontext fundamentale Ideen hier fundamentale Ideen der Mathematik. Nun wird Visualisierung auch im oben definierten Sinne in zahlreichen anderen Wissenschaften (sowohl Naturwissenschaften als auch Sozialwissenschaften) verwendet. Diese Verwendbarkeit in verschiedenen Wissenschaften veranlasst uns zu folgender These, über die noch nachzudenken ist: Wenn fundamentale Ideen der Mathematik die Universalität der Mathematik exemplarisch erfahrbar machen sollen, dann soll das Vermögen zu visualisieren die Universalität der Verwendung von Bildern erfahrbar machen. Die Verwendung von Bildern, die auch sehr abstrakter Natur sein können, scheint auch eine Verbindung zwischen formalisierter Sprache und der uns umgebenden Welt (soziale, physische, mathematische) zu unterstützen bzw. zu vermitteln. Durch eine durch Visualisierung des Lernenden gelenkte Übersetzung von mathematischen Fragen in eine formalisierte mathematische Sprache kann Visualisieren dem Lernenden Sinn (Anbindung an Alltagswelt) beim Lernen von Mathematik erleben lassen. Insofern sehen wir Visualisierung als kognitive Strategie, die auch dem Aufspüren von fundamentalen Ideen der Mathematik dienen kann.

Literatur

Bender P.	*Zentrale Ideen der Geometrie für den Unterricht der Sekundarstufe I*	In: Beiträge zum Mathematikunterricht 1983 Bad Salzdetfurth, Franzbecker, 1983
Bender P.	*Anschauliches Beweisen im Mathematikunterricht unter besonderer Berücksichtigung von (stetigen) Bewegungen bzw. Verformungen*	In: Anschauliches Beweisen, S.95-146, Hrsg. H. Kautschitsch-W. Metzler, Wien, Stuttgart, hpt und B.G.Teubner 1989

Dörfler W.	*Meaning: Image Schemata and Protocols*	In: Program Commitee of the 15th PME Conference (Hrsg.): Proceedings Volume 1, Assisi, 1991, S.17-32
Eisenberg T.	*On understanding the reluctance to visualize*	In: ZDM 1994/4, S. 109-113
Heymann H.W.	*Allgemeinbildung und Mathematik*	Weinheim und Basel, Beltz, 1996
Kadunz G., Kautschitsch H.	*Thales*	Stuttgart, Klett, 1993
Kadunz G.	*Experimentelle Geometrie*	Dissertation, Universität Klagenfurt, 1996
Kautschitsch H.	*„Neue" Anschaulichkeit durch „neue" Medien*	In: ZDM 1994/4, S. 79-81
Meyer J.	*Hüllkurven Teil 1*	In: Praxis der Mathematik 3/39, Jg. 1997, S.107-116
Sträßer R.	*Didaktische Transposition - eine Fallstudie anhand des Geometrie-Unterrichts*	In: JMD 1992, Heft 2/3, S.231-252
Volkert K.	*Die Krise der Anschauung*	Göttingen, Vandenhoeck & Ruprecht 1986
Zazkis R. u.a.	*Coordinating Visual and Analytic Strategies*	In: Journal for Research in Mathematics Education, 1996, Vol 27, No.4, S. 435-457

Hermann KAUTSCHITSCH, Klagenfurt (Österreich)

Reaktivierung funktionalen Denkens durch computerunterstützte experimentelle Mathematik

Abstract: Es wird gezeigt, wie funktionale Denkweisen durch Verwendung verschiedener Computerprogramme verschieden gefördert werden können, im Zusammenhang mit einer experimentellen Unterrichtsform sind sie geradezu notwendig. Dabei orientiert sich der Begriff des funktionalen Denkens nicht nur am Funktions- bzw. Relationsbegriff.

1. Funktionales Denken

In der Literatur trifft man auf viele Denkarten. Man spricht von einem

logischen Denken:	Denken in und mit Regeln und Axiomen
anschaulichen Denken:	Denken in und mit Bildern
algorithmischen Denken:	Denken in und mit Prozeduren
relationales Denken:	Denken in und mit Relationen
stochastischen Denken:	Denken in und mit Wahrscheinlichkeiten

und schon sehr früh, insbesondere seit den Meraner Beschlüssen (1905) von einem funktionalen Denken. Damals war die "Erziehung zum funktionalen Denken" die dritte Säule des Mathematikunterrichts neben der Schulung des "Anschauungsvermögens" und der "logischen Schulung". Faßt man diesen Begriff weiter als zu Meraner Zeiten, dann ist funktionales Denken nach wie vor ein fruchtbares Prinzip im Mathematikunterricht und meiner Meinung nach aus entwicklungspsychologischen Gründen im jugendlichen Alter notwendig.

VOLLRATH (1988) plädiert in seinem Übersichtsartikel über funktionales Denken einerseits für eine "offene" Definition, andererseits aber auch für eine ziemlich enge Anbindung an den Funktionsbegriff (S. 32). In dieser Arbeit werden vier mögliche Ausprägungen (Aspekte) funktionalen Denkens betrachtet:

a)   Denken in und mit *Funktionen,* deren Eigenschaften und Darstellungen.

b)   Denken in und mit sowohl zeitlichen als auch räumlichen *Veränderungen,* auch *kinematisches Denken* genannt, das im Gegensatz zum statischen Denken, das mit unveränderlichen Zahlenwerten und mit sich nicht bewegenden Figuren arbeitet (STRUNZ 1968).

c)   Denken in und mit untereinander zusammenhängenden *Tabellen.*

d)   Denken in und mit *Mustern* (Regelmäßigkeiten, Aufbauprinzipien) in verschiedenen Sachzusammenhängen (LÖTHE 1997).

Denken, das nicht nur (und wenn, dann nur intuitiv) vom Funktionsbegriff Gebrauch macht, ist schon sehr früh vorhanden (BARDY 1998, WEIGAND 1988,

Heft 1). Bereits Kinder im Vorschulalter besitzen genug persönliche Erfahrungen mit der Zeit, um funktionale Zusammenhänge bewußt zu erfassen.

Darüber hinaus ist das Denken im jugendlichen Alter nicht statisch, sondern kinematisch orientiert (STRUNZ).

Charakteristische Fragestellungen und Tätigkeiten des funktionalen Denkens sind etwa:

"Was geschieht, wenn ... ?" ⇨ Systematisches Variieren

"Was bleibt gleich?" ⇨ Suche nach Invarianten

"Wie entsteht das Folgende aus dem Vorhergehenden? ⇨ Suche nach Bildungsgesetzen und Rekursionen

2. Computerunterstützte experimentelle Mathematik

Die in der Neuen Mathematik vorgenommene mengentheoretische Orientierung des Funktionsbegriffs hat viele Aspekte des funktionalen Denkens zugeschüttet, so daß bestenfalls die Definition des Funktionsbegriffs, aber nicht die Fähigkeit des Arbeitens *mit* Funktionen und deren Eigenschaften und Darstellungen übrigblieb. Im folgenden soll dargelegt werden, wie eine computerunterstützte experimentelle Mathematik (CAEM), eine spezielle Form des entdeckenden Lernens, das funktionale Denken fördern kann, ja es geradezu erfordert. Diese Unterrichtsform ist vielleicht nicht unbedingt die effizienteste Methode für einen bloßen Wissenserwerb, sie dient eher zur Förderung und Entwicklung kognitiver Strategien. In dieser Hinsicht war schon GALILEI vom Nutzen selbständigen Lernens überzeugt (nach WINTER 1990)

> "Ich sage euch, wenn jemand nicht die Wahrheit aus sich heraus erkennt, so ist es unmöglich, daß ein anderer sie erkennen läßt."

Durch die begriffliche Durchsetzung der Anschauung (wenn die "Vernunft die Sinne" leitet) verlieh er dem Experimentieren einen hohen Stellenwert.

Durch CAEM mit der starken Einbindung des funktionalen Denkens wird eine in der Physik erfolgreiche Methode auf Teile des Mathematikunterrichts übertragen. So wie dort spielen aber auch in der modernen Mathematik nichtdeterministische Modelle und damit stochastisches Denken eine immer bedeutendere Rolle. CAEM soll daher nur einen Teilaspekt des Mathematikunterrichts abdecken.

Beschreibung der CAEM:

a) *Handeln*
   i) Vertrautmachen mit der Situation: Welche Größen sind vorhanden?
   ii) Erkennen von Beziehungen: Was ändert sich *mit*? Feststellen von (auch mehreren) abhängigen Größen.
b) *Sammeln von Daten*
   i) Datensammlung durch Messungen und statistisches Material: Wie groß?
   ii) Rechnen mit Meßergebnissen: Wie groß sind abgeleitete Größen? Zusammenfassen in Tabellen und Abhängigkeits-Graphen.

c)   *Vermuten*
   i)   Systematische Abänderung einzelner Bedingungen und Beobachten der Auswirkungen: Was geschieht, wenn?
   ii)   Induktion: Was ist invariant? Strategie: Interpretation von Abhängigkeitsgraphen, eventuell Verknüpfung von Abhängigkeiten. Beschreiben des Zusammenhanges.

d)   *Begründen*
   Deduktion: Warum ist etwas invariant? Strategie: Finden einer stets durchführbaren Handlung = Beweisen (wenn Paßvorgänge erklärt werden).

e)   *Verallgemeinern*
   Welche Situationen lassen sich mit demselben Handlungsmuster beschreiben? Können mehrere Konstellationen ineinander übergeführt werden?

f)   *Spezialisieren*
   Gibt es spezielle Konstellationen (Situationen)?

CAEM unterscheidet sich also von üblicher experimenteller Mathematik durch die starke Betonung und Einbindung funktionaler Betrachtungen.

3.   Ein Beispiel mit DGS

Das folgende Beispiel soll die Vermutungsfindung demonstrieren..
Beispiel 1: Experimentelle Behandlung des Satzes von Pythagoras.
Gerade bei tiefliegenden Sätzen können Zusammenhänge oft nicht direkt gesehen werden. So ist es schon immer ein didaktisches Problem gewesen, beim rechtwinkligen Dreieck die Aufmerksamkeit auf die Quadrate zu lenken.

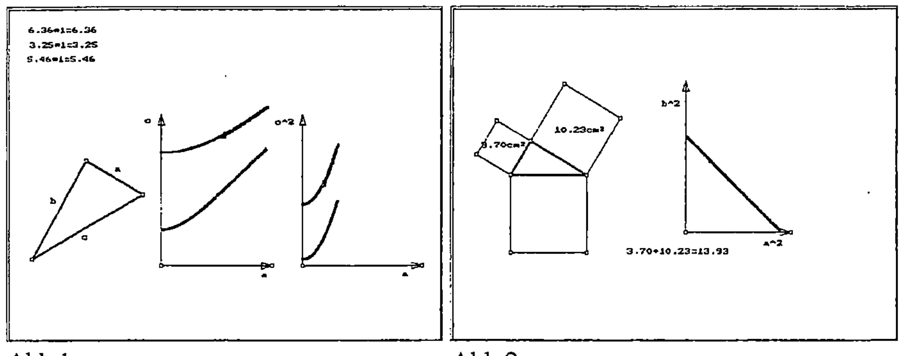

Abb.1   Abb.2

Variation von c und a bei verschiedenen, aber konstantgehaltenen b zeigen keine Muster bzw. "bekannte" Graphen. Eine in der Physik beliebte Strategie empfiehlt in solchen Fällen, es statt mit c mit c^2, $\sqrt{c}$, c^3, lnc, ... zu versuchen. Die "Fast-Parabelgestalt" von c(a) leitet den Schüler an, es mit c^2(a) zu versuchen. Man erhält eine Parabel, c^2 hängt also quadratisch von a und ebenso von b ab (Abb. 1). Tabellen bzw. geometrische Konstellationen haben in diesem Fall nicht eine so

stark heuristische Wirkung, der Graph lenkt den Blick auf das Ganze..
Trägt man b^2 gegen a^2 im Abhängigkeitsgraphen auf, so zeigt die Gerade mit
negativer Steigung, daß die *Summe* von a^2 und b^2 invariant ist (Abb. 2). Variation
der Ausgangsfigur zeigt eine schöne Lage, nämlich das gleichschenkelig-
rechtwinklige Dreieck, (SCHOPENHAUERs Figur), in der c^2 als invariante Summe
erkannt wird.
Funktionales Denken kann aber nicht nur auf Vermutungen, sondern auch auf
Beweisideen und Problemlösungen führen. So können isoperimetrische und andere
Extremwertprobleme lange vor der Differentialrechnung behandelt werden.

4. Rolle des Computers

Es ist augenscheinlich, wie Funktionen und deren Darstellungen als Werkzeug
benützt werden. Dies setzt allerdings voraus, daß Schüler damit schon sehr früh
(nicht nur mit der Definition der Funktion) konfrontiert werden. CAEM bietet die
Möglichkeit, weiter Erfahrungen zu sammeln.
*Wechselweises Konstanthalten und systematisches Variieren hat eine heuristische
Funktion für das Entdecken von Abhängigkeiten.*

Simultan *entstehende Abhängigkeits-Graphen* veranschaulichen, wie sich
Änderungen der einen Größe auf die abhängige Größe auswirken. Die Gestalt des
Graphen liefert Ideen, welchem Test man die durch Messungen gewonnenen
Spalten unterziehen soll: Summen-, Differenz-, Produkt- oder Quotientenkonstanz
(eventuell müssen einige Spalten vor den Konstanztests noch potenziert,
logarithmiert, ... werden); z.B.:
Hyperbel $\Leftrightarrow$ $y = const. \, / \, x \to y \cdot x =$ const. $\Leftrightarrow$ Produktkonstanz
Gerade mit negativer (positiver) Steigung $\to$ $y = kx + d \to y - kx = d \to$
Summen (Differenzkonstanz).
*Funktionales Denken mittels Graphen und Tabellen hat eine heuristische Funktion
für das Entdecken von Invarianten. Diese sind wiederum ein nützlicher Heurismus
für das formelmäßige Beschreiben von Zusammenhängen.*

Vorteile des Computers (neben der raschen Erzeugung von Bildern und Zahlen):

Die *simultane Darstellung* von Experiment, Abhängigkeitsgraph und Tabellen
verhindert, daß isolierte Vorstellungen aufgebaut werden. Defizite beim Beurteilen
und Interpretieren von Graphen werden so verringert. Sie nützt die verschiedenen
Bedeutungsgehalte der verschiedenen Darstellungen aus und erleichtert den
Transfer zwischen Darstellungsformen untereinander und dem Experiment.
Es gibt einige Untersuchungen (SMITH 1972, KERSLAKE 1980, JANVIER 1978),
die aufzeigen, daß Schüler Schwierigkeiten beim Umgang mit mehreren
Darstellungsformen haben. Die Simultaneität könnte eine Mittlerrolle zwischen
Darstellungen, Vorstellungen und der Realität sein.

Die *bewegte Darstellung*, sowohl beim Tabellenaufbau senkrecht nach unten und nebeneinander, als auch beim Aufbau des Graphen veranschaulicht die Veränderung der Werte, sodaß das Punkt-für-Punkt-Verständnis zu einem *Intervall-* bzw. *Variablenverständnis* erweitert wird. (WEIGAND 1988-4). Sie fördert das *"relative Lesen"* (WEIGAND 1988-4), d.h., die Beziehung zwischen einzelnen absoluten Werten zu sehen bzw. zu beschreiben oder einzelne Punkte des Graphen miteinander in Beziehung zu setzen. Bewegung kommt dem *kinematischen Denken* sehr entgegen, das nach STRUNZ gerade den eher mathematisch Uninteressierten und dem jugendlichen Geist, also der Mehrheit der Schüler, eigen sein soll. Beim kinematischen Denken wird die Aufmerksamkeit auf den Vorgang der Veränderung gelenkt, wodurch eine *verbindende Denktechnik* entsteht. Die kinematische Denkweise ist "bei all ihrer Ungenauigkeit für die produktive mathematische Arbeit, wie für das über das Formale hinausgehende Verständnis und damit auch für den Unterricht, unentbehrlich" (H. G. STEINER). Variation der Größen, Größenverhältnisse, der Lage und der Lageverhältnisse eröffnet ein weites Suchfeld und machen auch den Geist für gute Einfälle (oder Konstruktionen?) locker und beweglich, bis hin zu Entartungen und Sonderfällen. Dadurch werden Zusammenhänge sichtbar gemacht, auf die der statische Denker mit seiner isolierenden Denktechnik zunächst nicht kommt.

Computerunterstütztes funktional-kinematisches Denken hat eine verbindende und einsichtfördernde Funktion.

Darüber hinaus unterstützt die Bewegung eine *Ganzheitsschau* durch die Möglichkeit der *Ineinander-Überführbarkeit* von Lehrsätzen (Sehnensatz - Tangentensatz - Sekantensatz), Begriffen (Kreis - Ellipse, Abbildungsgeometrie). Dabei muß Bewegung als Vorgang, nicht als Abbildung gesehen werden, was gerade durch den Computer unterstützt wird. Diese Ineinander-Überführbarkeit bedeutet einerseits eine *Vertiefung* des mathematischen Verständnisses, andrerseits aber auch eine Entlastung des Gedächtnisses, weil statt Einzelheiten nur ein einheitlicher Vorgang zu merken ist. Dasselbe leistet auch die Möglichkeit der *Generalisierung durch Kinematik.* Die Konstellation des Sehnensatzes kann z.B. in jene des Höhensatzes übergeführt werden, wenn die eine Sehne zum Durchmesser wird oder der Satz von Ptolemäus wird zum Satz des Pythagoras. Ebenso lassen sich die funktionalen Betrachtungen des Pythagoras auf alle ähnlichen Figuren über den Seiten eines rechtwinkeligen Dreiecks übertragen, so daß eine Zusammenschau mehrerer auf gleicher Ebene liegenden Sätze möglich wird. Auch die sich simultan zum Experiment entwickelnden Graphen tragen zu einer Ganzheitsschau wesentlich bei.

Computerunterstütztes funktionales Denken erzeugt eine Gesamtschau eines Vorganges und entlastet dadurch das Gedächtnis.

Der Computer dient als *irrtumsfreie Kontrollinstanz* für das eigene Denken: Die Beweglichkeit und schnelle Erzeugung von Daten und "richtigen" Bildern liefert aus dem Kopf ausgelagerte Vorstellungen und Vorgänge, die in der Regel "sicherer" sind als das eventuell von Vorurteilen gelenkte eigene Denken. Vor einer zu großen Rechnergläubigkeit muß aber gewarnt werden.

Computer als *Mediator* : Die vom Kopf ausgelagerten Vorstellungen, gespickt mit mehreren Darstellungen und Messungen regen den Schüler leichter zum Reden über die Zusammenhänge an als sonst die "inneren" Bilder. Der Schüler hat die Möglichkeit, auf den Bildschirm zu zeigen, wenn ihm die Worte ausgehen.

5. Bedeutung verschiedener Computerprogramme

Neben der *Geometrie-Software* eignen sich aber auch *Tabellenkalkulations-programme* vorzüglich zur Förderung des funktionalen Denkens innerhalb einer experimentellen Unterrichtsform. Experimentiert wird dabei mit Zahlen und Funktionsgraphen, im Vordergrund steht jedoch das Arbeiten mit Tabellen. Um funktionale Betrachtungen durchführen zu können, muß darauf geachtet werden, daß sich Rechenergebnisse *konsequent nur über Zellbezüge* ergeben, dann lassen sich die Auswirkungen systematischer Veränderungen von (auch mehreren) Ausgangsgrößen infolge der Spaltentechnik übersichtlich bis zum Endergebnis verfolgen (in der englischen Literatur spricht man von einer "what-if-software"!). Die konsequente Eingabe über Zellbezüge erfordert aber ein rekursives Denken, und um Rekursionen zu finden, sind Mustererkennungen notwendig, wie auch bei der Interpretation der Ergebnisse.

Tabellenkalkulationsprogramme unterstützen den dritten und vierten, bei Verwendung von Graphen auch den ersten Aspekt funktionalen Denkens.

SENSIBILITÄTSANALYSE						
ERFOLGSRECHNUNG		Variation	VKP	Menge	Var.K	FixK
		-30%	114500	145700	282200	281000
Verkaufspreis(pro Stück)	350	-25%	137250	163250	277000	276000
Mengenumsatz(pro Stück)	1300	-20%	160000	180800	271800	271000
Var.Kosten(pro Stück)	80	-15%	182750	198350	266600	266000
Fixkosten(gesamt)	100000	-10%	205500	215900	261400	261000
		-5%	228250	233450	256200	256000
Umsatz(ATS)	455000	0%	251000	251000	251000	251000
Var.Kosten(gesamt ATS)	104000	5%	273750	268550	245800	246000
		10%	296500	286100	240600	241000
Erfolg(ATS)	251000	15%	319250	303650	235400	236000
		20%	342000	321200	230200	231000
		25%	364750	338750	225000	226000
		30%	387500	356300	219800	221000

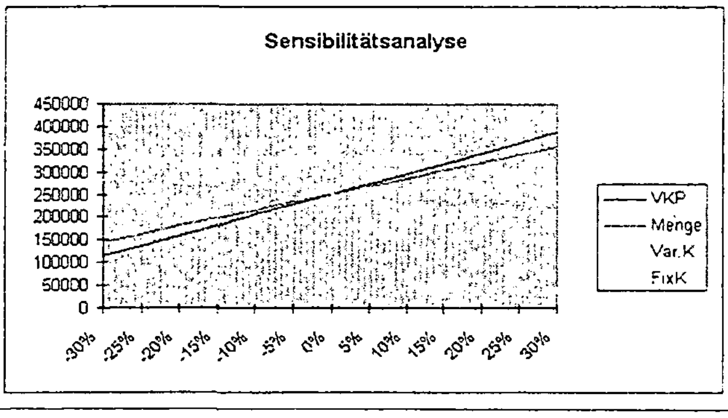

Abb.3

Beispiel 3: Sensitivitätsanalyse
Es werden verschiedene Variationen von Einflußgrößen (Inputwerten) einer Zielgröße durchgerechnet und damit das Ausmaß der Auswirkung auf die Zielgröße ermittelt. Variationsalternativen geben Entscheidungshilfen, z.B. ob ein Projekt auch bei Eintritt ungünstiger Bedingungen noch wirtschaftlich ist (Input-Sensitivitätsanalyse). Als Beispiel diene eine Erfolgsrechnung: Erfolg =
Verkaufspreis · Mengenumsatz - variable Kosten (Stück) · Mengenumsatz - Fixkosten
Man sieht, daß schon einfache Situationen auf Funktionen mehrerer Variablen führen, diese also schon früh im Schulunterricht eingeführt werden können. Mittels Tabellenkalkulationsprogrammen ist dies auch leicht auf einer intuitiven Ebene möglich.
Gleichzeitige Veranschaulichung durch Graphen liefert wieder eine *Zusammenschau* und damit auch Ideen für *weitere Denkrichtungen*.
Folgende funktionale Betrachtungen im Sinne des "was geschieht, wenn" und "was bleibt gleich" sind möglich:
Um wieviel kann sich der Erfolg bei einer Änderung einer Einflußgröße ändern und umgekehrt?
Wie stark kann eine Einflußgröße von ihrem ursprünglichen Wert abweichen, damit die Zielgröße einen bestimmten Wert nicht überschreitet? (z.B.: Der Verkaufspreis darf sich höchstens um 20 % verringern, damit der Erfolg nicht unter 160.000 sinkt). Wie wirkt sich eine gleichzeitige Änderung von mehreren Einflußgrößen auf die Zielgröße aus?
Auf welche Weise kann ein bestimmter Zielgrößenwert erreicht werden, eventuell ein maximaler? (*Optimierung, Output-Sensitivitätsanalyse*).
Eine Verminderung bzw. Vergrößerung des Verkaufspreises um 10 % ändert den Erfolg jeweils um 45.500. Dieselbe prozentuelle Änderung beim Mengenumsatz ergibt eine Erfolgsänderung um 35.100. Damit: Der Erfolg reagiert auf eine Änderung des Mengenumsatzes weniger sensibel als beim Preis. Ebenso sieht man, daß der Erfolg auf eine Änderung der Fixkosten (10.000) weniger stark reagiert als bei den variablen Kosten (10.400), allerdings nur minimal weniger. Die Graphen zeigen die Effekte besonders deutlich, das "relative Lesen" wird durch die Ganzheitsschau erleichtert: Da ein hoher Verkaufspreis und Mengenumsatz den Erfolg steigern, verlaufen die Geraden von links unten nach rechts oben, die Gerade des Verkaufspreises verläuft steiler (entsprechend der größeren Sensibilität des Erfolgs aus Preisänderungen).
Die Tabellentechnik gestattet es auch z.B. Schuldtilgungen lange vor der Behandlung geometrischer Reihen zu behandeln.

In der *Chaostheorie* und der *fraktalen Geometrie* eröffnet sich ein aktuelles und weites Gebiet, in dem Computerexperimente und funktionales Denken von zentraler Bedeutung sind *(Chaos-Software)*. Die Beispiele sind schon so allgemein bekannt, daß auf ihre Darstellung verzichtet werden kann.
Denken in *Mustern* und *Gesetzmäßigkeiten:* Die oft phantastischen Muster widerspiegeln die Struktur im Chaos: "Dasselbe noch einmal, nur etwas kleiner".
Denken in *Iterationen* und *Rekursionen:* Iterationen können intuitiv mit der

Verkettung von Funktionen, sowohl graphisch als auch numerisch, entwickelt werden. Der Computer ermöglicht rasch zahlreiche Iterationsvorgänge, so daß Eigenschaften und Muster erkannt werden können (Fixpunkte, Attraktoren, Repeller, Periodische Punkte, Expansion und Kompression von Intervallen).
Reflexion zum Graphen usw.
Sensitivitätsanalyse: Kleine Veränderungen in den Anfangsbedingungen haben manchmal große Auswirkungen (schwaches Kausalitätsprinzip).
Trotz strenger Determiniertheit sind zahlreiche Phänomene nicht vorhersagbar, Chaos und Ordnung existieren nebeneinander, der Übergang von Ordnung ins Chaos erfolgt gesetzmäßig.
Chaos-Software unterstützt den vierten und ersten Aspekt funktionalen Denkens, das in der Chaostheorie neben der erkenntnisvermittelnden, auch eine allgemeinbildende Funktion besitzt.

Zusammenfassung: Moderne Computer-Software kann viele Aspekte eines auch weit gefaßten Begriffs von funktionalem Denken unterstützen. Die Gefahr einer zu engen Entwicklung des Funktionsbegriffs oder daß jede Tabelle und Gleichung bzw. jeder Graph eine Funktion *ist* oder daß man glaubt, alles in der Welt sei durch Funktionen beschreibbar, ist zwar gegeben, kann durch die Verwendung verschiedener Software (GTS, CAS, DGS, Tabellenkalkulation, Chaos-Software) und durch Behandlung verschiedener Probleme gemildert werden. Zu beachten ist, daß Funktionen im Curriculum früher als jetzt üblich behandelt werden sollen. Funktionale Betrachtungen ermöglichen dann ein frühes Behandeln von Problemstellungen ohne den Einsatz "höherer" Mathematik.

Literatur

BARDY, P., Ergebnisse empirischer Untersuchungen zur Entwicklung funktionalen Denkens im Verlauf der Grundschulzeit, JMD 14 (1993), Heft 3/4, 307-330.
KERSLAKE, D., Graphs, in: Hart, K. M. (ed), Children's Understanding of Mathematics: 11-16, London 1981.
LÖTHE, H., Muster und Funktionen und ihre Rolle im Mathematikunterricht mit Informatik, Beiträge zum Mathematikunterricht, 1997, 327-330.
STRUNZ, K., Der neue Mathematikunterricht in pädagogisch-psychologischer Sicht, Quelle & Meyer, Heidelberg 1968.
VOLLRATH, H.-J., Funktionales Denken, JMD 10 (1989), Heft 1, 3-37.
WEIGAND, H.-G., Zur Bedeutung von Zeitfunktionen für den Mathematikunterricht, JMD 9 (1988), Heft 1, 55-86.
WEIGAND, H.-G., Zur Bedeutung der Darstellungsform für das Entdecken von Funktionseigenschaften, JMD 9 (1988), Heft 4, 287-325.
WINTER, H., Philosophieren im Geleit der Geometrie - Annäherung an Galilei unter mathematikdidaktischem Blickwinkel, JMD 11 (1990), Heft 1, 3-43.

Vlasta KOKOL-VOLJČ, Maribor (Slovenija)

Integralrechnung – welche Änderungen bringt der Einsatz von symbolischen Taschenrechnern im traditionellen Unterricht

Integralrechnung ist eines der typischen Kapitel des Mathematikunterrichts der Sekundarstufe II – durch das u.a. auch der Anwendungsbereich der Mathematik auf außermathematische Bereiche demonstriert und eingeübt werden kann.
Ein Mathematiklehrer kann bei diesem Kapitel an die Anwendbarkeit der Mathematik in verschiedenen Situationen zeigen.

In diesen Beitrag stelle ich Überlegungen an darüber, wie nahe man im traditionellen Unterricht der Anwendbarkeit der Integralrechnung kommt und welche Rolle dabei ein sinnvoller Einsatz von CAS-fähigen Taschenrechnern bzw. Computern haben kann.
Im ersten Teil stelle ich einen traditionellen Unterricht zum Thema Integralrechnung an slowenischen Schulen vor und analysiere ihn bezüglich der Schwerpunkte und intendierten sowie realisierten Zielen. Im zweiten Teil stelle ich den traditionellen Unterricht dem von CAS-fähigen Taschenrechnern unterstützten Unterricht im Hinblick auf die Schwerpunkte und Ziele gegenüber.

1. Integralrechnung und Curriculum

Dem Thema gehören laut slowenischem **Lehrplan** folgende Abschnitte an:
- Das unbestimmte Integral und Stammfunktion (Eigenschaften des Integrals, Integrationsmethoden: Substitutionsregel, Partielle Integration)
- Das Integral und die Fläche
- Verbindung zwischen unbestimmtem und bestimmtem Integral (Hauptsatz der Differential- und Integralrechnung)
- Anwendungen des Integrals (Flächenberechnungen, Physikalische Anwendungen des Integrals, Volumsberechnungen)
- Numerische Integration
- Integrationspraxis (weitere Integrationsmethoden: Partialbruchzerlegung, usw. ...)

mit dem **Ziel**: *Entwicklung des mathematischen Integralbegriffes*, insbesondere:
- Mathematische Bedeutung von Stammfunktion und Integral
- Exaktifizierung des Integralbegriffes
- Integral-Rechenpraxis
- Anwendungen des Integrals innerhalb und außerhalb der Mathematik

Diesem Stoff wird an slowenischen Gymnasien mit 4 Wochenstunden Mathematik fast 9 Wochen gewidmet.

2. Integralrechnung im (gegenwärtigen) traditionellen Unterricht

Zur Umsetzung der Lehrplanvorgaben im Unterricht wurden 23 Lehrer befragt. Das Untersuchungsergebnis wird nachfolgend vorgestellt.

Im ersten Abschnitt (*Das unbestimmte Integral und Stammfunktion*), wird das unbestimmte Integral vom Lehrer deduktiv und frontal eingeführt, es werden die Haupteigenschaften des Integrals und die Integrale der elementaren Funktionen aufgelistet. Einige davon werden mathematisch bewiesen. Einige Unterrichtsstunden werden für das Üben des Rechenverfahrens aufgewandt. Dann werden noch die Integrationsmethoden (Substitutionsregel, Partielle Integration) deduktiv eingeführt und ebenfalls geübt.

Dazu gibt es im Lehrbuch und im Übungsheft zahlreiche Übungsaufgaben, wie z.B.:

5. Izračunaj:

a) $\int (x-1)^3\, dx$ b) $\int \frac{dx}{x+2}$ c) $\int \sin(3x)\, dx$

d) $\int \cos(7x)\, dx$ e) $\int xe^{-\frac{x}{2}}\, dx$ f) $\int (3x-1)^{100}\, dx$

g) $\int (1-5x)^{11}\, dx$ h) $\int \sqrt{x+2}\, dx$ i) $\int \frac{3dx}{5x-2}$

j) $\int \sin\left(x-\frac{\pi}{3}\right)\, dx$ k) $\int \frac{5\, dx}{\cos^2 3x}$ l) $\int \frac{du}{\sin^2\left(\frac{u}{2}\right)}$

m) $\int \frac{x^2\, dx}{x^3+1}$ n) $\int \frac{x^2\, dx}{8-x^3}$

6. Izračunaj:

a) $\int \frac{p\, dp}{(p^2+1)^2}$ b) $\int (x^4+10x)^{99}(2x^3+5)\, dx$

c) $\int \frac{x^4\, dx}{(3+5x^5)^2}$ d) $\int \frac{t\, dt}{(3t^2+2)^2}$

e) $\int \cos\left(\frac{\varphi}{5}\right)\, d\varphi$ f) $\int (t+1)^{\frac{3}{2}}\, dt$

g) $\int \frac{x}{x-1}\, dx$ h) $\int \sqrt{3x+2}\, dx$

7. Izračunaj:

a) $\int \left[\frac{1}{x+1}-\frac{1}{x-1}\right]\, dx$ b) $\int [3\cos 3x - 3\sin 3x]\, dx$

c) $\int \left[\frac{1}{(1-x)^3}-\frac{1}{(1+x)^3}\right]\, dx$ d) $\int \frac{x^2+2x-2}{x+1}\, dx$

△ 8. Izračunaj:

a) $\int \frac{dx}{1+\sqrt{x}}$ b) $\int \frac{2+\sqrt{x}}{(1+\sqrt{x})^2}\, dx$ c) $\int \frac{dx}{x(x+1)} = \int \left[\frac{1}{x}-\dots\right]\, dx$

Abb.1: Schulbuch LEGIŠA, S.128

Es folgen zwei Abschnitte, die von den meisten Lehrern unmittelbar hintereinander (ohne Übungsphase dazwischen) behandelt werden:
Das Integral und die Fläche und
Verbindung zwischen dem unbestimmten und bestimmten Integral.

Nach der (meist) frontalen und deduktiven Behandlung beider Themen, folgen
wieder viel Raum einnehmende Übungen:

Abb.2: Übungsheft COKAN-ŠTALEC, S.104

Dem Lehrplan nach kämen nun die Abschnitte:
- Anwendungen des Integrals
- Numerische Integration
- Integrationspaxis

Die meisten der befragten Lehrer gaben an, als nächstes den Abschnitt
Integrationspraxis zu behandeln.
Das Schulbuch und das Übungsheft bieten dazu wieder zahlreiche Übungsbei-
spiele an:

Abb.3: Schulbuch LEGIŠA, S.176

Beim Abschnitt *Anwendungen des Integrals* werden von meisten Lehrern nur die Aufgaben zur Flächenberechnungen gemacht wie z.B.:

1.) *Berechne den Inhalt der Fläche, die im Intervall [0,1] vom Graphen der Funktion f(x) = 2^x und der ersten Achse begrenzt wird!*

2.) *Berechne den Inhalt der Fläche, die vom Graphen der Funktion und f(x) = x^3+8 und der ersten Achse eingeschlossen wird!*

3.) *Berechne den Inhalt der Fläche, die von den Graphen der Funktionen f(x) = x+2 und g(x) = x^2-2x+2 begrenzt wird!*

Für weitere Anwendungen ist meist keine Zeit mehr übrig.

In der Praxis werden diese »Anwendungsaufgaben« zu Aufgaben des Typs »Berechne das Integral«.

Dafür gibt es zwei Gründe. Entweder ist die Übersetzung in ein Berechnungsproblem zu einfach (die Schüler automatisieren die Übersetzungen nach 2-3 Aufgaben desselben Typs), oder die Schüler verirren sich in »kilometerlangen« Berechnungen und verlieren damit die Gesamtschau für die Aufgabe.

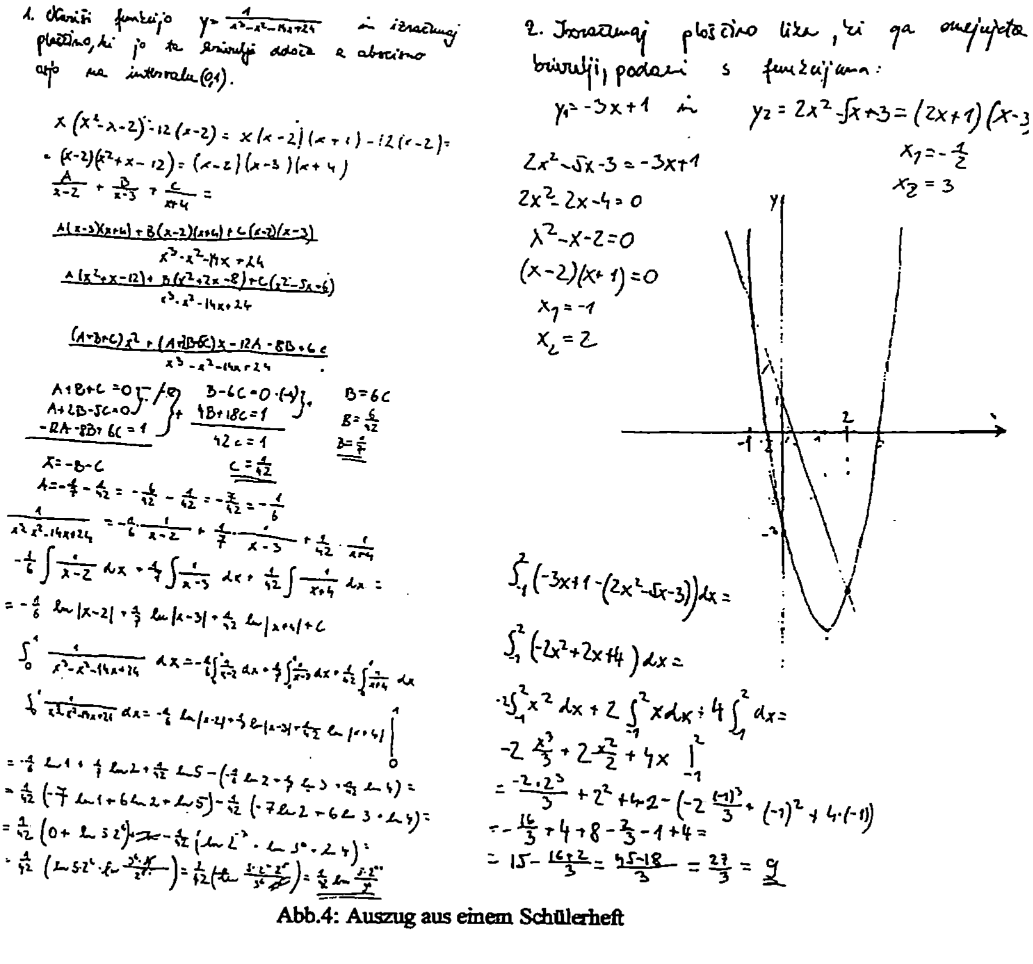

Abb.4: Auszug aus einem Schülerheft

Übersetzung der Aufgabentexte:

> 1.) *Berechne den Inhalt der Fläche, die von den Graphen der Funktionen*
> $y_1 = -3x + 1$ *und* $y_2 = 2x^2 - 5x - 3$ *begrenzt wird.*
> 2.) *Zeichne den Graphen der Funktion* $y = 1/(x^3 - x^2 - 14x + 24)$ *und*
> *berechne den Inhalt der Fläche, die von diesem Graphen und der ersten*
> *Achse im Intervall [0,1] bestimmt wird.*

Das Lösen der »Anwendungsaufgaben« zum Integral, wandelt sich somit um in das Üben der Rechenverfahren.

Aufgaben wie die oben gezeigten können nur mit Vorbehalt als realitätsbezogene Anwendungsaufgaben bezeichnet werden. Aufgaben, bei denen der mathematische Inhalt erst aus der Beschreibung einer reellen Situation zu erfassen ist, wie z.B.:

> *Welche Arbeit ist erforderlich, um einen Nachrichtensatelliten mit einer*
> *Masse von 2,5·10^3 kg auf eine Höhe von 35 000 km zu bringen?*

werden im Unterricht nur selten gelöst.

Ein <u>weiteres Problem</u> beim Thema Integralrechnung ist die *Zeit.*
Das Thema Integralrechnung kommt im Unterricht meistens erst gegen Ende der letzten Klasse. So bleibt den Lehrern auch nicht viel Spielraum – und wegen des Zeitdrucks (das gaben die meisten Lehrer als Hauptgrund an) bleiben die weiteren Anwendungen des Integrals, wie auch der Abschnitt *Numerische Integration,* unbehandelt.

Im folgenden analysieren wir das oben Beschriebene.

- *Ziele:*

Das gesteckte Ziel, die *Entwicklung des mathematischen Integralbegriffes* (insbesondere: mathematische Bedeutung von Stammfunktion und Integral, Exaktifizierung des Integralbegriffes, Integral-Rechenpraxis, Anwendungen des Integrals innerhalb und außerhalb der Mathematik), reduziert sich somit im tatsächlichen Unterricht auf das

- **Erlernen der Integrationsverfahren**

<u>Die Praxis des Integrierens</u> ist somit ein Schwerpunkt des tatsächlichen, traditionellen Unterrichts zum Thema Integralrechnung.

- *Methodische Grundform und Sozialform:*

Der überwiegende Teil der Unterrichtszeit wird für Lehreraktivitäten und Vorrechnen der Schüler/innen angewandt. Selbständige Schülertätigkeit nimmt im Unterricht eine untergeordnete Rolle ein.

- *Zeit:*

Die den einzelnen Tätigkeiten gewidmete Zeit verteilt sich gruppiert nach Themen, wie folgt (Abb.5):

Unbestimmtes Integral		Bestimmtes Integral und die Fläche. Verbindung zwischen unbestimmtem und bestimmtem Integral			Integrations-praxis		Anwendungen des Integrals	
Ein-füh-rung	Üben des Rechenverfahrens	Ein-füh-rung	Üben des Rechenverfah-rens	An-wen-dun-gen	Einführung	Üben des Rechen-verfahrens	Einführung	Üben des Re-chen-ver-fah-rens	An-wen-dung

Abb.5: Integralrechnung Tätigkeits-/Zeitverteilung (nach Abschnitten)

Akkumuliert ergibt sich damit folgende Zeitverteilung (Abb.6):

Integralrechnung		
Einführung der Begriffe	Üben des Rechenverfahrens	Anwendung der Begriffe

Abb.6: Integralrechnung: Tätigkeits-/Zeitverteilung

Dieses Bild ergibt sich für einen tatsächlichen, traditionellen Unterricht, bei dem vorwiegend alles per Hand gerechnet wird (Ausnahmen sind die gelegentliche Verwendung von Integraltafeln, wie z.B. Bronstein).

Gegen die Verwendung des Bronsteins (also gegen der Verwendung von Integraltafeln) gibt es seit Längerem kaum mehr didaktisch begründete Argumente. Dieser Behelf erlaubt schließlich das Lösen von Aufgaben, die andernfalls wegen des zu treibenden Aufwandes im Unterricht überhaupt nicht durchführbar wären ...

»Die Verwendung von Tafeln und Tabellen« erscheint heute doch schon ein wenig altertümlich. Wer verwendet heute noch Logarithmentafeln, wo fast jeder Taschenrechner eine Logarithmustaste hat?
Statt Tabellen stehen uns viel leistungsfähigere, leichter bedienbare und vor allem didaktisch rechtfertigbare Werkzeuge zu Verfügung. Computer Algebra Systeme (CAS) auf PCs und CAS-fähige Taschenrechner (z.B. TI-92) bieten schier unbegrenzte Möglichkeiten des Einsatzes im Unterricht.

3. Mit CAS-fähigen Taschenrechnern unterstützter Unterricht zur Integralrechnung:

Wie ein Computer bzw. ein CAS-fähiger Taschenrechner im Unterricht zum Thema Integralbegriff eingesetzt werden kann wurde schon vielfach erörtert. Es gibt auch in Österreich dazu Unterrichtsvorschläge, z.B. Kutzler 1995, Aspetsberger&Schlöglhofer 1996, Böhm&Pröpper 1998.

Durch einen sinnvollen Einsatz von CAS-fähigen Taschenrechner kann in einem wie oben dargestellten traditionellen Unterricht unter anderen folgendes geändert werden.

Die Art der _Begriffseinführung_ (Begriffsentwicklung), die im traditionellen Unterricht meist frontal und deduktiv erfolgt, kann verändert werden.
Einen CAS-fähigen Taschenrechner kann der Lehrer zur Unterstützung einer _induktiven_ und _tätigkeitsorientierten Begriffsbildung_ verwenden.

Die _Sozialformen_ sind heute im traditionellen Unterricht überwiegend lehrerzentriert (Lehrervortrag). Mit CAS-fähigen Taschenrechnern kann schülerzentrierte Individual- oder Gruppenarbeit betrieben werden.

Beides wird in der Literatur (Heugl 1996) als _Veränderung des Methodeneinsatzes_ bezeichnet.

Weiter werden in der Literatur (Heugl 1996) die _Veränderungen in der Übungsphase_ als wichtig herausgehoben.
Zum Beispiel wird ein Block von Aufgaben wie in (Abb.1), für den man traditionell viele Stunden aufwenden muß, mit einem CAS-fähigen Taschenrechner in einem Bruchteil der Zeit bearbeitet.
Eine Aufgabe, wie die in der (Abb. 4) löst ein Schüler, wenn er die Integralberechnung mit dem Taschenrechner durchführt, in der Zeit, in der er noch nicht auf die eigentliche Forderung der Aufgabe vergißt.

In der Literatur (Heugl 1996, Schneider 1996) werden noch weitere, durch den Einsatz von CAS-fähigen Taschenrechner bzw. Computer ausgelöste Veränderungen in der Unterrichtskonzeption im Mathematikunterricht allgemein dargestellt.

Bezogen auf die oben herausgehobenen Tätigkeiten und Ziele des traditionellen Unterrichts könnten die, durch den Einsatz von CAS-fähigen Taschenrechner erzielbaren Veränderungen wie folgt veranschaulicht werden:

Aus den _Veränderungen in der Übungsphase_ ergäbe sich folgende Verschiebung in der Zeitverteilung (Abb.7):

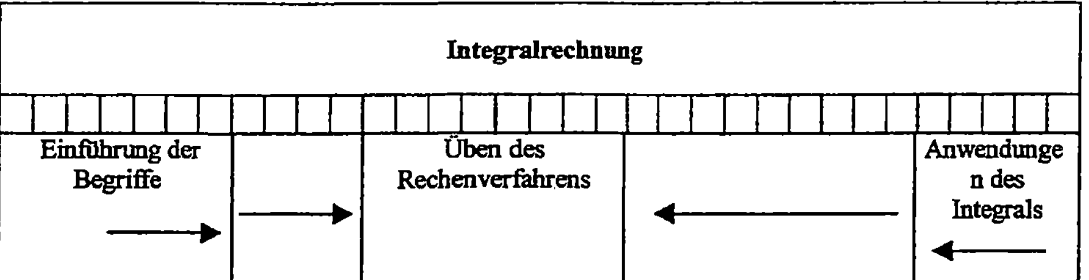

Abb.7: Zeit/Tätigkeit/Schwerpunkte – Verschiebung

Für die Unterrichtsziele kann eine Verschiebung erreicht werden: Die das Ziel *Entwicklung des mathem. Integralbegriffes* charakterisierenden Teilaspekte

- Mathematische Bedeutung von Stammfunktion und Integral
- Exaktifizierung des Integralbegriffes
- Integral-Rechenpraxis
- Anwendungen des Integrals innerhalb und außerhalb der Mathematik

können viel ausgewogener verfolgt werden.

4. Statt einer Schlußbemerkung

Die Mathematikdidaktik steht nun vor der anspruchsvollen Aufgabe, den sinnvollen Einsatz und Nicht-Einsatz von CAS-Werkzeugen zu hinterfragen.

Literatur:

ASPETSBERGER, K., SCHLÖGLHOFER, F. (1996): Der TI-92 im Mathematikunterricht. *Texas Instruments. Freising.*

BÖHM; J, PRÖPPER, W. (1998): From counting raindrops to the fundamental theorem. *Proceedings 3rd Imt. DERIVE & TI-92 Conf. (CD), Gettysburg, USA.*

HEUGL, H., KLINGER, W., LECHNER, J. (1996): Mathematikunterricht mit Computeralgebra-Systemen. *Addison-Wesley Publishing Company. Bonn, Reading, Massachusetts (u.a.)*

KUTZLER, B. (1995): Mathematik unterrichten mit DERIVE. *Addison-Wesley Publishing Company. Bonn, Paris (u.a.)*

SCHNEIDER, E. (1996): Mathematische Begriffsbildung unter dem Aspekt des Computereinsatzes. *Schriftenreihe Didaktik der Mathematik, Band 23: Trends und Perspektiven. Verlag Hölder-Pichler-Tempsky, Wien*

Schulbücher und Übungshefte:

LEGIŠA, P. (1991): Matematika. Odvod. Integral. *Državna založba Slovenije. Ljubljana*

COKAN, A., ŠTALEC, I. (1989): Zaporedja. Diferencialni in integralni račun. *Državna založba Slovenije. Ljubljana*

Theo Kreutzkamp, Hans Wolpers, Hildesheim (Deutschland)

Neue Konzepte zur Gestaltung von Lernsoftware

1. Traditionelle Konzepte von Unterrichtssoftware

Schon ein erster Blick in die SODIS-Datenbank vermittelt einen Eindruck von den Leistungsmerkmalen der erfaßten Programme. Sowohl von der Auswahl wie auch von der Präsentation der Unterrichtsgegenstände bedeuten die von SODIS erfaßten Programme noch keine "Revolution im Klassenzimmer": Es überwiegen Tutorials und Übungsprogramme. Die meisten dieser Programme für den Mathematikunterricht sind auf ein mehr oder weniger schematisches Üben von Algorithmen ausgerichtet. Intelligente tutorielle Systeme, die von den heutigen multimedialen Möglichkeiten Gebrauch machen, fehlen. Selbst neuere Programme, die sehr wohl die Multiamediamöglichkeiten heutiger Software für eine aufwendige Rahmenhandlung nutzen, bieten wenig an multimedialer Präsentation von Lernstoff und von Hilfen, die vor allem auf ein Verstehen von Begriffen und Verfahren zielen. Auch diesen Programmen unterliegt meist das Konzept: zufallsbedingte Generierung von Aufgaben zum Zwecke des Übens von Rechenverfahren, anforderbare Hilfen als (textlich erläuterte) Musterlösungen.

2. Konzepte neuerer Unterrichtssoftware

Erst in jüngster Zeit kommen Programme auf den Markt, die den Anspruch erheben, Lernprozesse zu initiieren und umfassend zu begleiten. Besonders für ein Lernprogramm, das auf den Heimmarkt zielt und daher in der Regel ohne fachkundige Unterstützung verwendet wird, wäre es wünschenswert, daß es intelligente tutorielle Funktionen besitzt. Mit solchen Funktionen wäre ein Programm idealerweise in der Lage, fehlerhafte Eingaben auf die zugrundeliegende Fehlerstrategie zu untersuchen und darauf dann mit angepaßten Hilfen zur Korrektur der entsprechenden Fehlvorstellungen zu reagieren. Es scheint möglich zu sein, intelligente tutoriellen Funktionen zu solchen Gebieten der Schulmathematik zu realisieren, für die die wichtigsten Fehlerstrategien gut erforscht sind. Eines dieser Gebiete ist die Bruchrechnung. Als Konzept für solche Programme, die einen nachhaltigen Wissens- und Fähigkeitserwerb bewirken sollen, favorisiert ein Teil der Lehr- und Lernforschung eine Verbindung von kognitionstheoretischen und konstruktivistischen Ansätzen (Issing/Klimsa 1995, Tulodziecki 1996, Schulmeister 1997). Elemente einer solchen „instruktionalen Strategie" sind:

2.1 Verankerung von Lerninhalten an anregenden Situationen

Damit das Lernprogramm einen Bezug zu den Erfahrungen des Lerners hat, ist es zweckmäßig, von Anwendungssituationen auszugehen. Durch realistische und authentische Situationen soll einerseits ein motivierender Rahmen für die Entwicklung von Begriffen und Methoden bereitgestellt und andererseits auf spätere Anwendungen vorbereitet werden. Solche Situationen können durch Lehrervortrag oder einen Schulbuchtext dargestellt werden. Besonders gut lassen sich Anwendungssituationen aber auch mit dem Medium Computer präsentieren, der mehrere verschiedene Sichtweisen auf eine Situation ermöglichen kann. Dies ist möglich etwa bei Situationen des Schullebens, solchen des Einkaufs von Waren- und Dienstleistungen, denen der Freizeitgestaltung usw..

2.2 Multiperspektivität

Multiperspektivität bedeutet, daß ein Lerninhalt auf vielfältige Weise dargeboten und gesehen werden kann. Indem die Vielfalt der Aspekte eines Gegenstandes gesehen und diese miteinander verbunden werden, soll es möglich sein, in entsprechenden Anwendungssituationen flexibel ein Problem zu analysieren und geeignete Lösungsstrategien zu entwerfen.

2.3 Interaktivität

Der Lerner soll z. B. Komponenten einer Situation verändern können und dabei beobachten, welche Folgerungen sich aus den Veränderungen ergeben. Abgesehen vom „Lehrer" gibt es bislang kein Medium, mit dem sich so flexibel (und anschaulich) eine Situation unter der Fragestellung „Was wäre, wenn...?" inter-

aktiv befragen läßt wie mit geeigneten Computerprogrammen. Daß für den Lern-
und Behaltensprozess die Aktivität des Lerners im Umgang mit dem Lernstoff
eine besondere Rolle spielt, ist eine pädagogische Binsenweisheit. Eine große
Kunst des Lehrers ist es, diese Aktivität zu initiieren und in Gang zu halten. Arbeitet der Schüler mit einem geeigneten Lernprogramm, so wird diese Aktivität
durch den Programmablauf geradezu erzwungen. Damit der Lernprozess möglichst effektiv ist, sollten die Programme so gestaltet sein, daß sie durch ihre
interaktiven Anteile eine intrinsische Motivation erzeugen und erhalten.

2.4 Kooperatives Lernen und Üben

Aus pädagogischen Gründen und nicht zuletzt deshalb, weil in der modernen
Arbeitswelt Teamfähigkeit als eine der Schlüsselqualifikationen gilt, versucht
man bei der Gestaltung von Unterricht, auch sozialen Lernformen wie Partner-
oder Gruppenarbeit Raum zu geben. Bevorzugt werden diese Lernformen in den
geisteswissenschaftlichen Fächern eingesetzt, in denen es offenbar besonders gut
möglich ist, im Diskurs zu lernen. Im Mathematikunterricht werden soziale Unterrichtsformen systematisch und in größerem Umfang bisher hauptsächlich im
Projektunterricht verwendet. Multimediale Lernumgebungen für den Mathematikunterricht sind bis auf Ausnahmen für ein individuelles Lernen und Üben gedacht und können so den üblichen fragend-entwickelnden lehrerzentrierten Unterricht gut ergänzen. Es sollte gleichwohl der Versuch gemacht werden, dort,
wo es möglich erscheint, auch für multimediale Lernumgebungen für den Mathematikunterricht Abschnitte für Partnerarbeit vorzusehen.

3. Anwendung auf ein Bruchrechenprogramm

Am Institut für Mathematik und angewandte Informatik der Universität Hildesheim wird zur Zeit an der Entwicklung eines intelligenten tutoriellen Programms
gearbeitet, wobei versucht wird, die vorgenannten konzeptionellen Vorstellungen umzusetzen. Ein weiteres Entwicklungsziel stellt die Implementierung einer
adaptiven intelligenten Hilfefunktion dar, die im Hintergrund Schülereingaben
auswertet und auf Fehlerstrategien angepaßte Hilfen gestuft ausgibt.

3.1 Verankerung von Lerninhalten an anregenden Situationen

Im Mathematikunterricht wird seit je her versucht, neue Stoffe an anregenden Situationen zu verankern. Dies gilt auch für die Bruchrechnung, die ja in der 6. Klasse sehr anwendungsorientiert eingeführt und behandelt wird.

Abb. 1: aus Mathematik, Orientierungsstufe 6, Westermann

Solche Veranschaulichungen können in das Programm eingebunden werden. Aktuelle Multimediatechnik bietet auch die Möglichkeit, anregende Situationen in eine Animationssequenz umzusetzen, und in das Programm aufzunehmen.

3.2 Multiperspektivität in der Bruchrechnung

Ein Problem der Bruchrechnung besteht darin, daß der Bruchbegriff außerordentlich vielfältig ist:

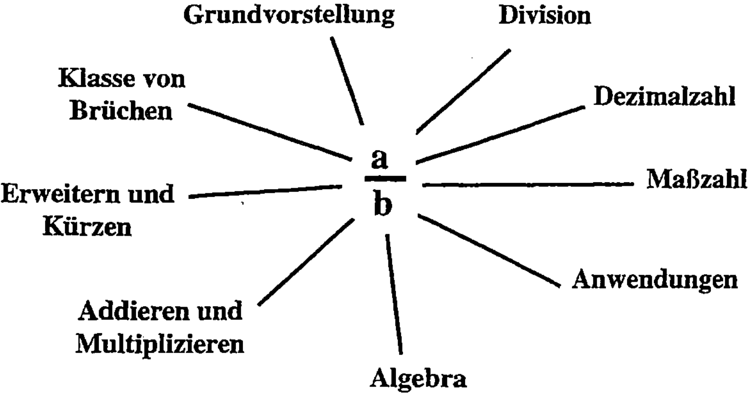

Abb. 2

Für ein sicheres Verstehen des Bruchbegriffs als wesentliche Grundlage dafür, daß er unter den verschiedensten Perspektiven sicher angewendet werden kann, ist es aber notwendig, daß diese Perspektiven vermittelt und in einen Zusammenhang gebracht werden.

3.3 Interaktivität

In unserem Bruchrechenprogramm soll die Interaktivität durch mehrere Elemente unterstützt werden. Es wird ein Hilfesystem hinterlegt, das dem Benutzer die Möglichkeit verschafft, sich gewünschte Informationen zu besorgen. Das Hilfesystem arbeitet adaptiv, d. h. es reagiert flexibel auf die Vorkenntnisse des Benutzers. Im Hintergrund läuft ein Fehleranalyseprogramm, das die Fehler des Schülers erkennt und die Häufigkeit, mit der ein Schüler einen bestimmten Fehler macht, registriert. Die angebotenen Hilfen werden nach dieser Häufigkeit ausgewählt (vgl. M. Hennecke in diesem Tagungsband). Tritt der Fehler das erste Mal auf, so erhält der Schüler nur einen kurzen Hinweis. Bei mehrfachem Auftreten eines Fehlers wird der Hinweis etwas konkreter. Schließlich wird dem Schüler die Möglichkeit einer umfassenden Erklärung und alternativ dazu das Vorrechnen der Aufgabe angeboten.

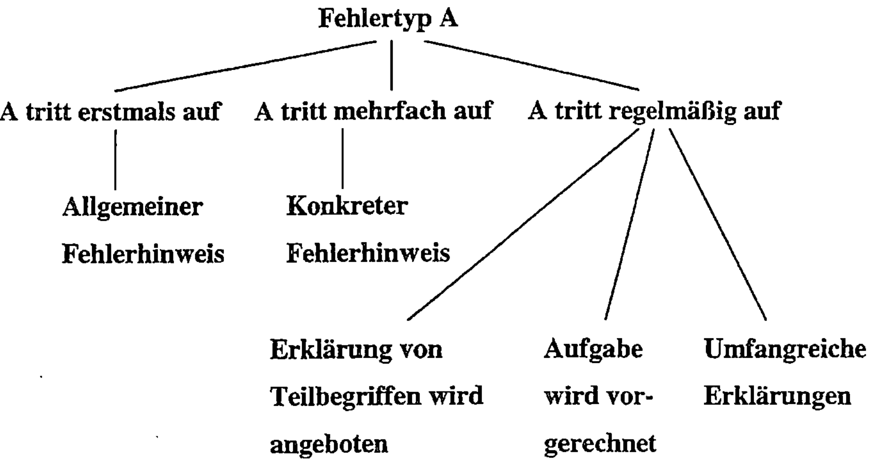

Abb. 3

Die Hilfen selbst sollen zumindest teilweise interaktiv angeboten werden. Beispielsweise können Pizzateile vom Benutzer mit der Maus bewegt werden.

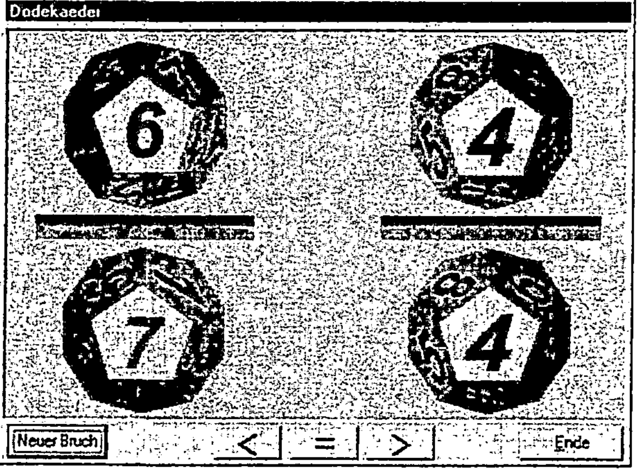

Abb. 4

In anderen Beispielen kann der Benutzer parallel zum Rechnen mit passendem Anschauungsmaterial auf dem Bildschirm hantieren. Eine weitere Möglichkeit zur interaktiven Nutzung soll in der Bereitstellung von Spielen (Puzzeln, Domino, Memory,...) bestehen, die aber einen engen Bezug zum Lernstoff haben.

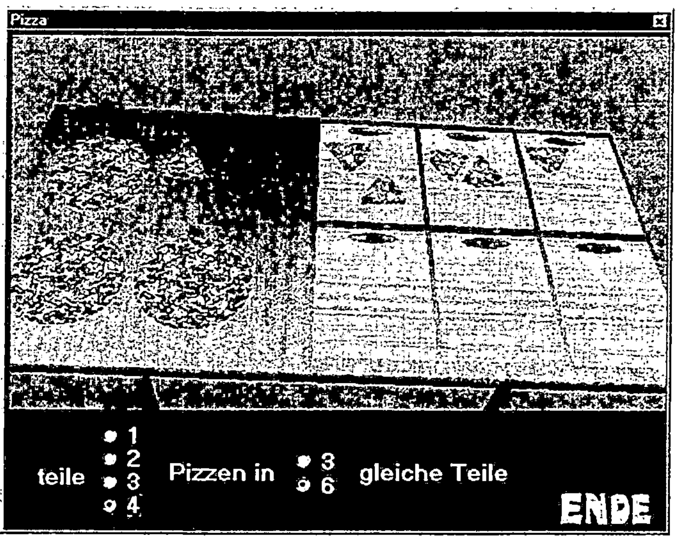

Abb. 5

3.4 Kooperatives Lernen und Üben

In einem Programm zur Bruchrechnung sind für kooperatives Arbeiten am ehesten Übungen in Form von Partnerspielen geeignet. Als Beispiel wird ein Puzzle
gezeigt. Es ist geplant, daß mehrere Schüler an verschiedenen Rechnern durch
Drehen und Verschieben Paare von äquivalenten Brüchen in Nachbarschaft
bringen können.

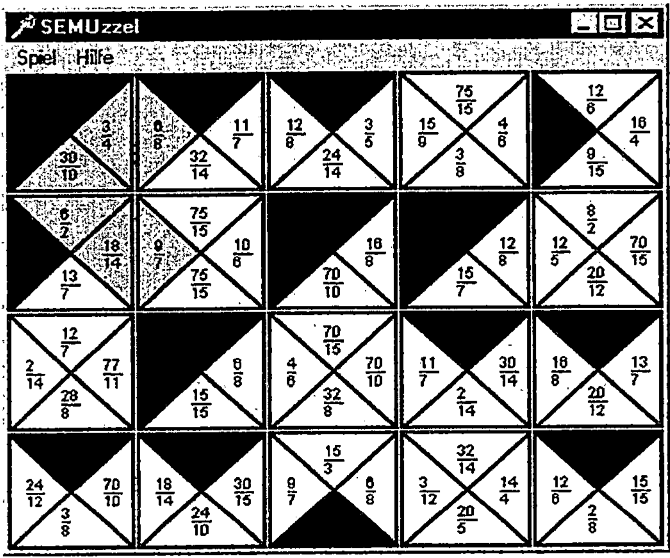

Abb. 6

Über solche kooperative Übungen hinaus ist angestrebt, kooperatives Entdecken,
Erarbeiten von Begriffen und Lösen von Sachproblemen im Programm zu ermöglichen.

4. Schwierigkeiten bei der Umsetzung und Ausblick

Eine grundsätzliche Schwierigkeit besteht darin, daß in der Bruchrechnung Entwurf und Durchführung von Lösungsstrategien zu Aufgaben von vielen Voraussetzungen abhängen können (Addition ungleichnamiger Brüche), so daß es i. a.
schwierig ist, einem Nutzer von Hilfen diese in geraffter, aber doch ausreichen-

der Form anzubieten. Weitere Schwierigkeiten sind technischer Art. Es sind eine ganze Reihe von einzelnen Komponenten weitgehend fertig entwickelt worden, die z. Z. miteinander verbunden werden. Das ist wegen der vielen Verzweigungen und Verbindungen nicht ganz einfach. Während dieser Arbeiten werden aber die Komponenten schon regelmäßig mit Schulklassen getestet, was z. T. zu Nacharbeit führt. Nach Fertigstellung soll das Programm in einem Feldversuch getestet werden. Hier wird sich die Schwierigkeit ergeben, daß vielen Schulen die erforderliche Rechenleistung nicht zur Verfügung steht.

Literatur

Hennecke, M., Computergestütze Analyse von Schülerfehlern bei der Bruchrechnung, Beiträge zum MU, Hildesheim 1997

Hole, V., Erfolgreicher Mathematikunterricht mit dem Computer, Donauwörth 1998

Issing, L. J., Klimsa, P., Information und Lernen mit Multimedia, Weinheim 1995

Klimsa, P., Neue Medien und Weiterbildung, Weinheim 1993

Kreutzkamp, Wolpers, Bruchrechnung neu entdeckt von kommerziellen Anbietern, Beiträge zum MU, Hildesheim 1997

Petersen, J., Reinert, G.-B. (Hg), Lehren und Lernen im Umfeld neuer Technologien, Frankfurt 1994

Schulmeister, R., Grundlagen hypermedialer Lernsysteme, München 1997

Tulodziecki, G., Lehr-/lerntheoretische Konzepte und Software-Entwicklung, in: Bertelsmann Stiftung/H. Nixdorf Stiftung (Hg), Neue Medien in den Schulen: Projekte-Konzepte-Kompetenzen, Gütersloh 1996

Colette LABORDE, Grenoble (Frankreich)

Probleme und Potentiale dynamischer Computer-Darstellungen beim Lehren und Lernen von Geometrie

I Zwischen geometrischen Objekten und räumlich-graphischen Darstellungen

In diesem Text wird die Geometrie als ein theoretisches Feld begriffen, auch wenn sie sich durch die Erfordernisse von Problemen aus der realen Welt entwickelt hat. Die geometrischen Objekte und Relationen, die von theoretischer Natur sind, werden von ihren Darstellungen in verschiedenen Ausdruckssystemen (natürlichen Sprachen, formalen Sprachen, Zeichnungen) unterschieden. Hier werden die graphischen Darstellungen, die gewöhnlich Figuren genannt werden, besonders betrachtet. Als materielle Gegenstände visualisieren die graphischen Darstellungen in der Zeichenebene ebene oder räumliche Relationen. Die Objekte und Relationen der Geometrie erfordern theoretische Kenntnisse und Kontrollmittel, während die Darstellungen in erster Linie die - eventuell durch Instrumente gestützte - Wahrnehmung hervorrufen. Nur in einem Interpretationsprozeß erfordern diese Darstellungen theoretische Kenntnisse.

Die Existenz dieser beiden Wissens- und Kontrollarten findet sich in der Literatur unter verschiedenen Namen: dessin/figure (Parzysz 1988, Arsac 1989, Laborde & Capponi 1994), Komplementarität zwischen dem Empirischen und dem Theoretischen (Sträßer 1996), figural concept (Fishbein 1993, Mariotti 1995), problématique pratique/problématique théorique (Salin & Berthelot 1994). In Duval (1988,1994), Matos (1992) und Salin & Berthelot wird gezeigt, wie die Wahrnehmung eine relevante geometrische Interpretation manchmal verhindern kann. Insbesondere Prototypen können die Wahrnehmung geometrischer Informationen behindern oder die Konstruktion von Zeichenelementen fehlsteuern (Matos 1992, S. 109).

II Mikrowelten

Eine Mikrowelt ist eine Welt von künstlichen Objekten, die ein Modell (im Sinne der Logik) einer Theorie liefert. In dieser Welt kann man die Objekte manipulieren oder sogar erzeugen. Sobald die Objekte erzeugt werden, ist ihr Verhalten durch die Theorie kontrolliert, die der Mikrowelt zugrunde liegt. Auch wenn diese Objekte vom Benutzer manipulierbar sind, haben diese Objekte eine gewisse Selbständigkeit. Eine Mikrowelt, wie Cabri-géomètre (Laborde & Straesser 1990), ermöglicht es, räumlich-graphische Darstellungen von geometrischen Objekten durch geometrische Primitive (Mittelpunkt, Mittel-senkrechte, ...) zu erzeugen. Der Benutzer kann eine geometrische Zeichnung kontinuierlich verformen, während gleichzeitig alle per Konstruktion definierten geometrischen Relationen sowie diejenigen, die in einer ungefähr euklidischen Geometrie daraus folgen, unverändert bleiben. Man könnte diese Cabri-Zeichnungen mit materiellen Objekten vergleichen, insofern sie auf die Handlungen des Benutzers zurückwirken, indem sie die Gesetze der Geometrie erfüllen. Diese Metapher faßt die Philosophie der Mikrowelten zusammen: es handelt sich darum, eine Verkörperung einer Theorie vorzustellen, aber eine geräuschlose Verkörperung, ohne die Nebenseiten der Realität, wo „der Computer die Konstruktion besonders „reiner" Modelle erlaubt, die beliebig verfügbar, manipulierbar und wiederholbar sind" (Dörfler 1989). In dieser Philosophie wird vorausgesetzt, daß in der Interaktion mit der Mikrowelt der Lerner Kenntnisse über die Theorie konstruiert und geometrische Begriffe entwickelt werden. „Wissen entsteht im Lernenden als Ergebnis produktiver und explorativer Tätigkeiten" (Dörfler, ebd).

Mehrere Untersuchungen zeigen, daß das erwartete Lernen nicht unbedingt stattfindet (vgl. Hoyles & Sutherland 1990 über den Begriff von Winkel, Hillel & Kieran 1987). Es ergibt sich die Notwendigkeit der Organisation einer geeigneten Lernumgebung durch den Lehrer (in der französischen Mathematikdidaktik: der Herstellung eines geeigneten „milieu"), der Organisation von Problemsituationen sowie der Phasen, in welchen der Lehrer das mathematische Wissen mit der Terminologie der Mathematik institutionalisiert.

In diesem Beitrag möchten wir untersuchen, wie im Falle der geometrischen Mikrowelt Cabri-géomètre die Schüler Beziehungen zwischen dem Verhalten dieser Darstellungen am Bildschirm des Computers und den theoretischen Objekten knüpfen. Eine solche Studie soll zur Gestaltung eines „Milieu", welches das Lernen von Geometrie unterstützt, beitragen.
Insbesondere wird beobachtet und analysiert, wie die Schüler diese neue Art von Zeichnungen, deren Verhalten zeichnerische und theoretische Aspekte kombinieren, beim Problemlösen behandeln.

III Interaktion zwischen Zeichnung und Theorie beim Problemlösen in Geometrie

Wir gehen zunächst von der Hypothese aus, daß beim Problemlösen im Bereich der Geometrie auch in einer Papier-Bleistift-Umgebung eine Interaktion zwischen der Ebene der Zeichnungen und der Ebene der theoretischen Objekten stattfindet. Bei der Exploration der Zeichnung werden räumliche Relationen bemerkt und in der theoretischen Ebene interpretiert. Dies kann mit theoretischen Mitteln (Theoremen, Definitionen) entweder begründet werden oder zu neuen theoretischen Ergebnissen führen. Dies ermöglicht eine andere Sichtweise der Zeichnung oder führt sogar dazu, neue Elemente in die Zeichnung einzufügen. Es ergibt sich ein Kreislauf, der aus inneren Verarbeitungen in jeder Ebene und aus Übergängen von einer Ebene zu der anderen besteht (vgl. Fig. 1 weiter unten). Geometrische Probleme werden meistens in der theoretischen Ebene ausgedrückt und die Antwort soll auch theoretisch formuliert werden. Dennoch wird in Zwischenphasen die Zeichnung verarbeitet – und zwar auch oder sogar besonders von einem Experten.

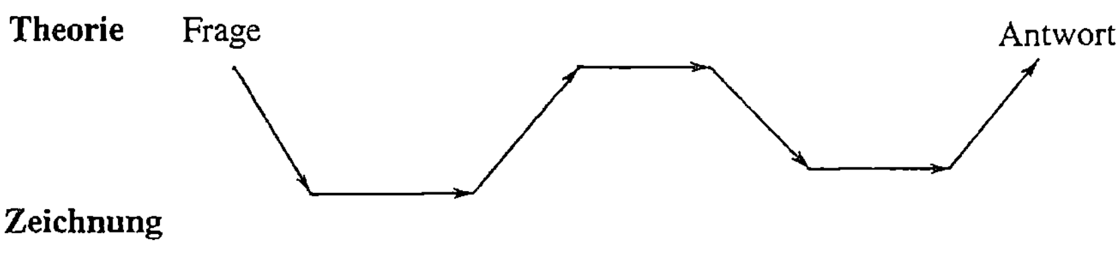

Fig. 1

Eine geeignete Illustration eines solchen Problemlösungsprozeß wurde von Seutter und Sträßer (1996) berichtet. Es handelte sich um die Konstruktion einer gemeinsamen „inneren" Tangente an zwei disjunkte, nicht kongruente Kreise mit Mittelpunkten M und N. Die Lösung fing in der theoretische Ebene an. Sie startete mit der Kenntnis der Eigenschaft, daß die Tangente senkrecht zum Radius ist. So sollte die Tangente den Kreis an Punkte A und B berühren, die Endpunkte von zwei parallelen Radien sind. A wurde konstruiert als Punkt auf dem Kreis M und B als Schnittpunkt des Kreises N und der parallelen Geraden zu der Geraden MA durch N. Eine Phase der Bearbeitung in der Ebene der Zeichnung fand statt (vgl. Fig. 2 und 3). Dabei wurde visuell bemerkt, daß sich in einem bestimmten Bereich die Lage aller Geraden AB beim Ziehen von A kaum verändert.

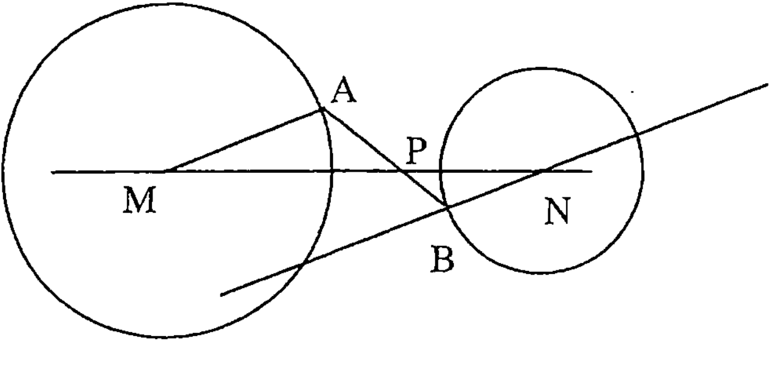

Fig. 2   Fig. 3

Dann wurde diese visuelle Beobachtung in eine geometrische Vermutung umgewandelt: es sollte ein fester Punkt P sein, durch welchen alle Geraden AB gehen. Durch geometrische Kenntnisse wurde daraus gefolgert, daß dieser Punkt aus Symmetriegründen auf der Geraden MN liegt. So konnte man diesen Punkt P konstruieren, nämlich als Schnittpunkt von MN und irgendeiner Geraden AB (Ebene der Theorie, vgl. Fig. 4).

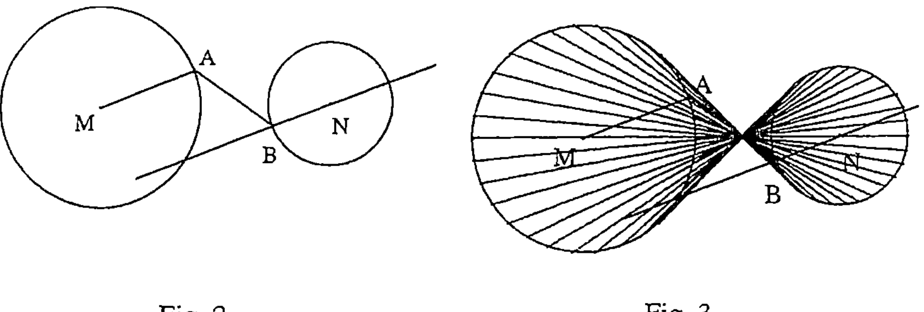

Fig. 4

Beim Ziehen von A konnte man überprüfen, daß alle Geraden AB durch P gehen (pragmatisches Prüfen in der Zeichnung). Das Problem wurde in ein bekanntes Problem transformiert: die Konstruktion einer Tangente an einem Kreis durch einen vorgegebenen Punkt.

Diese Reihenfolge von Übergängen von einer Ebene zur anderen und von Bearbeitungen in jeder Ebene konnte nur stattfinden, weil geometrische Kenntnisse verfügbar waren und weil ebene Invarianten in der Zeichnung beobachtet wurden. Es ist auch wichtig zu betonen, daß oft eine Phase auf den Ergebnissen der vorigen Phasen beruht.

Es soll bemerkt werden, daß die offizielle Lösung im Mathematikunterricht über diese heuristische Arbeit in der Regel nicht Rechenschaft ablegt. Die Zeichnung ermöglicht „nur" Vermutungen und Ideen, die jeweils theoretisch begründet werden sollen. Die Regel (manchmal in den Schulbüchern explizit gemacht) lautet, daß man ein Ergebnis nur behaupten kann, wenn man es durch Eigenschaften, die im MU gelernt werden, beweisen kann.

Tatsächlich ist die Situation aber nicht so einfach. Implizit wird im Mathematikunterricht erlaubt, einige Informationselemente (wie Informationen über die Ordnung von kollinearen Punkten oder über die Position eines Punktes im Inneren einer geschlossenen Figur) aus der Zeichnung (in einigen Fällen sogar über die Existenz des Durchschnitts von zwei Geraden) zu entnehmen, ohne sie mit einem Beweis zu begründen. Dies entspricht genau den Eigenschaften, die von den Mathematikern historisch relativ spät formuliert und zu Axiomen erhoben wurden.

In der mathematischen Klasse wird so ein spezifischer didaktischer Vertrag eingesetzt. In einer systematischen Untersuchung von Aufgaben zur Geometrie ergab sich etwa, daß im neunten Schuljahr für 142 von 258 Aufgaben französischer Schulbücher die Schüler einige Voraussetzungen der Aufgabe aus der Zeichnung ablesen müssen (Clouzeau 1997). Wenn über den Einfluß von Computern auf das Lernen diskutiert wird, ist es wichtig zu betonen, daß das Beweisbedürfnis in der Klasse meistens mehr auf einem Vertrag beruht als auf einem Bedürfnis aus der Situation heraus. Anstatt zu behaupten, daß die Software das Bedürfnis des Beweises im MU vernichtet, scheint die Frage interessanter zu sein, wie durch die Verwendung von Software der didaktische Vertrag verändert wird. Diese Veränderungen sind zu analysieren. So könnte man die Eigenschaften von Problemsituationen besser bestimmen, die in einer Computerumgebung das Beweisbedürfnis befördern.

IV Das Wechselspiel von Theorie und Zeichnung: das Erkennen von Invarianten

Vergnaud (1994) schlägt vor, daß der Lernende Konzepte von mathematischen Begriffen konstruiert und bestimmt ein Konzept durch drei Elemente

- die Problemklasse, die dem Begriff eine Bedeutung gibt

- die Invarianten, die vom Subjekt in der Handlung verwendet werden und die nicht unbedingt von ihm geäußert werden
- die Darstellungen und sprachlichen Formulierungen, um die zugehörigen Probleme zu lösen.

Die von Vergnaud betrachteten Invarianten gehören zur Theorie, auch wenn sie nicht vom Lernenden geäußert werden, oder nicht mit Worten der Theorie ausgedrückt werden. Sie sind mathematische Relationen, Eigenschaften. Mehrere Didaktiker betonen die Rolle der Anschauung in der Begriffsbildung (Peters 1994, Kautschitsch 1994, Presmeg 1994, Eisenberg 1994). Dabei gehen wir von der Hypothese aus, daß der Lernende beim Lernen von Geometrie auch zeichnerische Invarianten konstruiert und auch daß er Verbindungen zwischen theoretischen und zeichnerischen Invarianten entwickelt.

Wir erwähnen hier einige zeichnerische Invarianten:
- die räumliche Position eines Gegenstandes in Bezug auf einen anderen: innerhalb, außerhalb, die Überschneidung, die Nähe, die Ordnung
- die Gestalt: eine runde, quadratische Gestalt ...
- die Überdeckung von Gegenständen
- die Abschätzung von Längen, Größen.

Die Erkenntnis solcher Invarianten erwächst beim Lernen von Geometrie und ist selbst das Ergebnis eines Lernens. Ein Mathematiker kann weitere Formen erkennen wie z.B. elliptische Formen oder die Form von gewissen Konfigurationen (wie die Thales-Konfiguration; Kollinearität von drei Punkten, Schnittpunkt von drei Geraden). Junge Lernende bemerken nicht die Kollinearität, weil sie im Hintergrund keine Kenntnisse über die Wichtigkeit einer solchen Relation in der Geometrie haben. Für den Mathematiker aber ist es eine bemerkenswerte zeichnerische Invariante, die eine mathematische Eigenschaft darstellt.

Aus unserer Perspektive über den Problemlöseverlauf in der Geometrie ergibt sich, daß die Fähigkeit, Beziehungen zwischen zeichnerischen Invarianten und theoretischen Invarianten zu konstruieren, von großer Bedeutung in diesem Lösungsprozeß ist.

Um unsere Analyse empirisch zu validieren, haben wir einige empirischen Untersuchungen durchgeführt.

V Empirische Untersuchungen

Wir haben 14-15 jährigen Schülern verschiedene Probleme entweder in Papier-und-Bleistift-Umgebung oder in Cabri-géomètre gegeben. Zwei Arten von Problemen wurden benutzt:
- Konstruktionsprobleme
- Beweisprobleme.

Wir stellen unten drei von den Problemen vor, die wir benutzten werden, um unsere Analyse zu illustrieren.

V.1 Die Probleme

Konstruktionsprobleme, die in beiden Umgebungen gelöst wurden (aber nicht von denselben Schülern).

Problem 1 (vgl. Fig. 5)

Eine Strecke AB, die Mittelsenkrechte d von AB und ein Punkt O von d werden gegeben. Zeichne das Rechteck mit Eckpunkten A und B und Mittelpunkt O.

1) Erkläre, wie Du das Rechteck konstruiert hast (in der Papier-und-Bleistift-Umgebung).

1') Speichere Deine Lösung (in der Cabri-Umgebung).

2) Begründe Deine Konstruktion (in beiden Umgebungen).

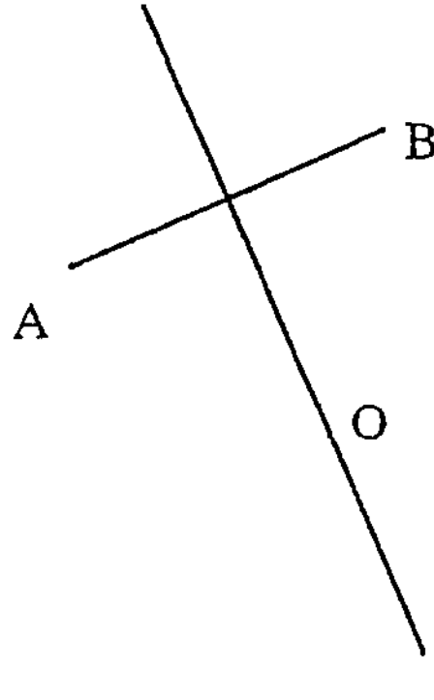

Fig. 5

Problem 2 (vgl. Fig. 6 auf der nächsten Seite)

d und d' sind zwei Geraden, die sich in einen Punkt O schneiden. P ist ein Punkt, der nicht zu d und d' gehört. Konstruiere zwei Punkte A und B, so daß A zu d, B zu d' gehört und P der Mittelpunkt der Strecke AB ist.

1) Erkläre, wie Du A und B konstruiert hast (in der Papier-und-Bleistift-Umgebung)

1') Speichere Deine Lösung (in der Cabri-Umgebung)

2) Begründe Deine Konstruktion.

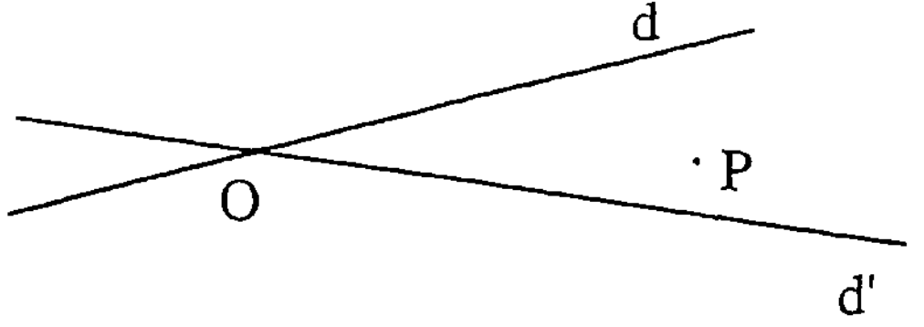

Fig. 6

Diese Probleme erfordern eine Arbeit in der Zeichnung, um die Konstruktion durch theoretische Mittel zu erzeugen und ermöglichen so Übergänge hin und her zwischen Zeichnung und Theorie. Aber sie unterscheiden sich darin, daß die zeichnerische Lösung und die theoretische Lösung im Problem 1 sehr nah beieinander sind, während im Problem 2 die möglichen theoretischen Lösungen von der zeichnerischen Lösung sehr abweichen: die zeichnerische Lösung besteht aus Versuchen, mit einem Lineal mit Längenskala in einer Trial Error Strategie die Position von A und B zu finden. Die theoretische Lösung erfordert die Verwendung entweder von Konfigurationen (wie ein Parallelogramm oder die Mittelparallele in einem Dreieck) oder von einer Punktspiegelung.

Ein Beweisproblem

Problem 3 (vgl. Fig. 7)

Etappe 1: Papier-und-Bleistift-Umgebung

Die Schüler werden aufgefordert, ein Rechteck ABCD und dann das Viereck der Mittelpunkte IJKL der Seiten von ABCD zu zeichnen. Sie sollten die Natur von IJKL bestimmen und ihre Antwort begründen. Alle Schüler haben gefunden, daß es sich um eine Raute (einen Rhombus) handelt. Sie sollten dann voraussagen, ob das Viereck noch eine Raute ist, wenn sich B so bewegt, daß ABCD kein Rechteck mehr ist. Alle Schüler sagten, daß IJKL keine Raute sein wird.

Etappe 2: Cabri-Umgebung

In einer Cabri-Zeichnung wurden den Schülern ein Rechteck und die Raute IJKL der Mittelpunkte gegeben. Dann wurden sie aufgefordert, den Kreis mit Mittelpunkt D und Radius AC zu erzeugen und den Punkt B als einen Punkt auf diesem Kreis umzudefinieren.

Die Schüler sollten die Natur von IJKL bestimmen und sie begründen.

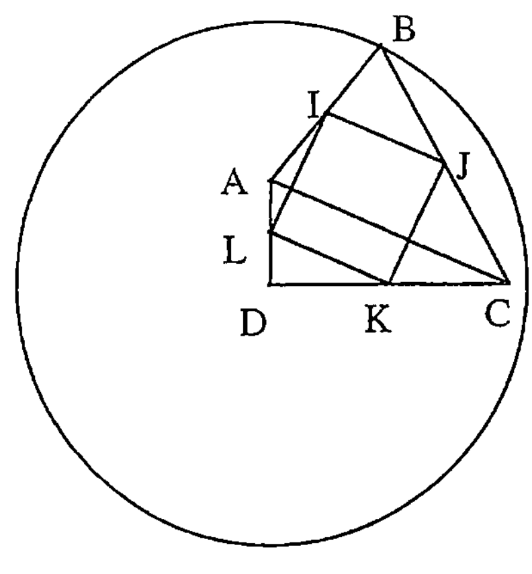

Fig. 7

In diesem Problem gab die Zeichnung eine unmittelbare Antwort über die Natur des Vierecks IJKL in jedem Fall. In der ersten Etappe, weil ABCD ein Rechteck ist, gab es mehrere Begründungen der Natur von IJKL, die auf den Eigenschaften des Rechtecks beruhen und nicht nur auf der Gleichheit der Diagonalen: Anwendung des Satzes von Pythagoras oder der Symmetrie des Rechtecks. Deshalb haben alle Schüler vorausgesagt, daß, sobald ABCD kein Rechteck ist, IJKL keine Raute ist. In der zweiten Etappe war es sehr überraschend für die Schüler festzustellen, daß, auch wenn ABCD kein Rechteck ist, IJKL eine Raute ist. Das Problem war so organisiert, um eine Überraschung bei den Schülern zu verursachen und das Bedürfnis einer Erklärung zu fördern. Eine solche Erklärung konnten die Schüler aufbauen, indem sie in der Zeichnung die Konfiguration der Strecke der Mittelpunkte eines Dreiecks erkannten und daraus folgerten, daß

IJ = AC/2, LK=AC/2, KJ=BD/2, LI=BD/2.

Aus der Definition des Kreises BD = AC folgt, daß IJ=LK=LI=JK.

Die Lösung entsteht aus einer geometrischen Interpretation eines Teils der Zeichnung als einer Konfiguration und aus der Kenntnis, daß für diese Konfiguration ein Satz gültig ist (Analyse der Zeichnung, Übergang zur theoretischen Ebene und Bearbeitung auf dieser Ebene).

V.2 Eine Analyse

Die Schüler arbeiteten zu zweit. Ihre verbalen Interaktionen wurden aufgenommen. Diese Aufnahmen liefern das Untersuchungsmaterial. Die Transkription ihrer Gespräche und die Beobachtung ihrer Handlungen ermöglichen ein Protokoll. Jede Handlung oder Formulierung der Schüler wurde einer der drei folgenden Kategorien zugeordnet:

- sie weisen auf die Zeichnung hin
- sie weisen auf theoretischen Objekte und Relationen hin
- sie stellen eine Verbindung zwischen Theorie und Zeichnung her.

Das Protokoll wurde so in Einheiten zerlegt, daß jede Einheit einer solchen Kategorie entspricht. Natürlich gab es mehrere Fälle, in welchen wir gezögert haben, die Einheiten zu bestimmen und danach eine Einheit der geeigneten Kategorie zuzuordnen. Die Wahl der Kategorie wurde anhand der verwendeten Wörter der Schüler und ihrer Handlungen gemacht. Eine Schwierigkeit, der wir uns gegenüber sahen, besteht darin, daß - besonders bei den Grundbegriffen der Geometrie - sehr oft die geometrischen Begriffe und die zeichnerischen Begriffe mit denselben Worten ausgedrückt werden. Wie kann man wissen, ob „perpendiculaire" (senkrecht) oder „parallèle" (parallel) auf theoretische Relationen hinweist oder auf Relationen der Zeichnung? In der Cabri-Umgebung war die Klassifikation leichter, da die Schüler oft Bewegungen beschreiben, wenn sie in der Ebene der Zeichnung arbeiten.

In dieser Analyse haben wir die folgenden Fälle unterschieden, in welchen die Schüler Beziehungen zwischen den beiden Ebenen hergestellt haben:
Beziehungen von der Zeichnung zur Theorie:
- Die Schüler haben direkt Invarianten der Zeichnung als geometrische Invarianten interpretiert:
  Beispiele: „das ist ein Parallelogram" oder „dieses Dreieck ist gleichschenklig".
  In der ersten Frage des Problems 3 haben einige Schüler sofort rechtwinklige Rechtecke erkannt. Wie oben gesagt ist es eine grundsätzliche Fähigkeit in der Geometrie, solche theoretische Objekte aus der graphischen Darstellung heraus zu erkennen.
- Seltener arbeiten die Schüler bei der Erkennung einer Invarianten der Zeichnung eine theoretische Begründung für die Existenz dieser Invariante der Zeichnung aus. Eine solche Begründung haben wir beobachten können, wenn die Problemsituation ein solches Bedürfnis hervorrief oder wenn die Schüler davon überrascht waren, was sie am Bildschirm feststellen konnten. Die Überraschung kam am häufigsten vor, wenn es einen Widerspruch gab zwischen dem, was sie erwarteten und dem, was sie am Bildschirm sahen. Ausschließlich in der Computerumgebung konnten wir eine andere Situation für eine theoretische Begründung feststellen: die Schüler erkannten zwei gleichzeitige Invarianten und versuchten, theoretisch zu begründen.

„Wenn der Punkt B sich auf dem Kreis bewegt, bleibt das Viereck IJKL stets eine Raute" (Problem 3, Etappe 2).

Beziehungen von der Theorie zur Zeichnung
- Die Schüler sagen anhand von geometrischen Kenntnissen voraus, was sie in der Zeichnung erzeugen sollen. Dies geschieht besonders in Konstruktionsaufgaben und insbesondere in der Computerumgebung, da die Papierumgebung den Schülern erlaubt, mit der Zeichnung zu schummeln, um das erwartete Ergebnis zu erzeugen. Die Computerumgebung erlaubt es nicht und so können mehr Widersprüche bei Schülern auftreten. Von diesem Standpunkt aus könnte die dynamische Geometrie Software eine bedeutende Rolle beim Lernen spielen.

- Eine zweite Möglichkeit von Beziehungen von der Theorie zur Zeichnung besteht daraus, daß die Schüler echte Experimente in der Zeichnung vorplanen, die auf geometrischen Kenntnissen beruhen und Deduktionen enthalten.
So waren z.B. Paul und Jean-Manuel sich bei einem Viereck nicht einig, ob es ein Rechteck oder ein Quadrat ist. Paul hatte dann die Entscheidung getroffen, den Winkel der Diagonalen zu messen, und wenn es kein rechter Winkel war, so konnten sie sicher sein, daß das Viereck kein Quadrat war.

Aufgrund der Analyse dieser Beziehungen zwischen Theorie und Zeichnung, die von Schülern hergestellt wurden, kann man die Potentiale einer dynamischen Geometrie Software wie Cabri hervorheben, weil sie mehr geometrische Kenntnisse in diesen Beziehungen zu fördern scheinen. Im folgenden wird anhand der empirischen Untersuchungen berichtet, welche Veränderungen in den Lösungsstrategien von solcher Software hervor gebracht werden.

VI Veränderungen in den Lösungsstrategien

VI.1 Wiederentdeckung von vorgegeben Daten

Es ist üblich und wurde mehrmals in der Literatur erwähnt, daß Schüler den Text eines Problems nur einmal lesen und während des Lösungsverlaufes darauf nicht zurückkommen. Daraus folgt, daß sie sehr oft Daten des Textes nicht berücksichtigen oder sogar völlig vergessen (Laborde 1995).

In der Cabri-Umgebung haben wir mehrmals beobachten können, wie die Schüler Relationen, die im Text vorgegeben wurden, wiederentdeckten, da sie zeichnerische Invarianten bemerkten.

So haben z.B. mehrere Schüler im Problem 3, in der zweiten Etappe mit Cabri, in der Zeichnung wiedergefunden, daß AC = BD, obwohl der Kreis im Text so definiert ist, daß sein Radius zu AC gleich ist. Véronique hat sogar ihre Partnerin gebeten, BD und AC zu messen, um sich von der Gleichheit zu überzeugen.

Marianne äußert eine Begründung für die Gleichheit von AC und BD:

„Der Radius des Kreises ist AC, B ist immer auf dem Kreis, der Radius variiert nicht, deshalb gilt AC = DB."

Für Marianne ist es die Invarianz des Radius in der Bewegung von B, die diese Gleichheit ermöglicht und nicht die Definition im Text des Problems. Während des Lösungsprozesses sagt Marianne später, daß man *sieht*, daß B ein Punkt des Kreises ist, daß BD ein Radius ist und daß daraus folgt, daß AC sei immer gleich zu AC.

Der Computer liefert so ein Fenster auf die Lösungsprozesse der Schüler und zeigt, wie wichtig die Rolle der Zeichnung bei der Erfassung des Problems ist.

Die Schüler verstehen oder eignen sich das Problem nicht unmittelbar aus dem Text heraus an, sondern nach einer Bearbeitung in der Zeichnung: Messung oder Beobachtung der Zeichnung im Zugmodus. Die zeichnerischen Invarianten in der Bewegung im Zugmodus, die die Schüler besser als statische Relationen bemerken, spielen in diesem Fall eine große Rolle.

VI.2 Entdeckung von zeichnerischen Invarianten

In einigen Fällen, haben wir beobachtet, daß die Schüler bei der Entdeckung zeichnerischer Invarianten, die sie nicht mit geometrischen Invarianten verbinden, sehr überrascht sein können.

So haben z.B. einige Schüler am Bildschirm von Cabri bemerkt, daß die Gerade, die einen Punkt und sein Abbild durch eine Spiegelung verbindet, senkrecht zur Achse ist. Obwohl sie sicherlich diese Eigenschaft vom theoretischen Standpunkt wußten, war ihre Überraschung groß, weil sie noch nicht die zeichnerische Darstellung dieser Eigenschaft erlebt hatten.

„Senkrecht? Es soll reiner Zufall sein" hat ein Schüler zu seinem Partner gesagt. „Zieh doch stark den Punkt". Die Schüler haben den Punkt stark gezogen und die

Invarianz der Eigenschaft in der Zeichnung gesehen. Unserer Meinung nach fehlte diesen Schülern nicht die theoretische Kenntnis, wohl aber die Beziehung zwischen dem theoretischen Ausdruck der Eigenschaft und ihrer zeichnerischen Darstellung. Der Zugmodus erscheint in diesem Fall für ein solches Erlebnis als notwendig.

VI.3 Kombination von zeichnerischen und theoretischen Invarianten

In mehreren Forschungsarbeiten (Jones 1995, Hölzl 1995, Noss & Hoyles 1996) wurde festgestellt, daß die Schüler zeichnerische und geometrische Invarianten kombiniert haben, um eine Lösung von Konstruktionsproblemen zu erzeugen. Um geometrische Objekte zu konstruieren, die mehrere Bedingungen erfüllen sollen, realisieren die Schüler einige Bedingungen durch geometrische Relationen (Kontrolle durch theoretische Kenntnisse) und die restlichen nur in der Ebene der Zeichnung durch die Bewegung (Kontrolle durch die Wahrnehmung).
Hölzl (1995, S. 87 - 89) beschreibt so den Fall von Igor, der versuchte, das folgende Problem zu lösen (vgl. Fig. 8):
Zwei Dreiecke werden gegeben, die durch je einen geraden Schnitt in zwei gleichschenklige Dreiecke zerlegt sind. Die Frage lautet: "Läßt sich jedes Dreieck so zerlegen, oder handelt es sich in der Zeichnung um Dreiecke mit besonderen Eigenschaften?"
Igor konstruiert die Mittelsenkrechte *m* auf die Seite BC und die Winkelhalbierende *w* bei A, dann das Lot *l* durch C auf *w*. Der gemeinsame Punkt P von *m* und *l* liefert zwei gleichschenklige Dreiecke PCB und PAC (vgl. Fig. 9).

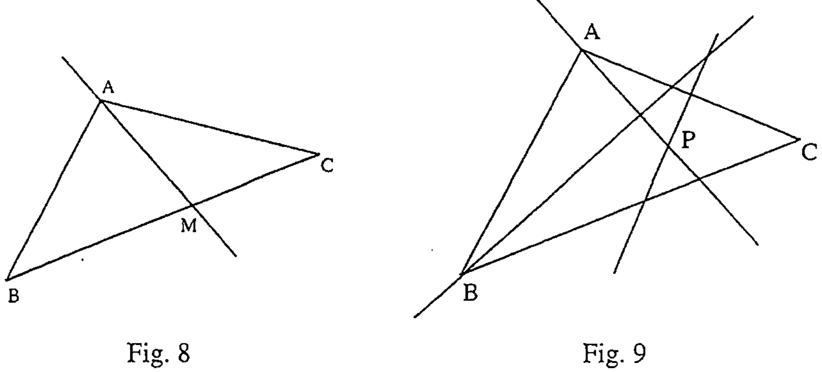

Fig. 8   Fig. 9

Igor versteht, daß P auf BC liegen sollte, um eine geeignete Antwort zu erzeugen. Er kann es aber nur in der Zeichnung schaffen, indem er die Gestalt des Dreiecks

ABC im Zugmodus verändert, so daß P auf der Seite BC liegt. Er will P mit BC anhand der Möglichkeit in Cabri, eine Relation umzudefinieren, verbinden, aber es gelingt ihm nicht (aus logischen Gründen). Was von Interesse für uns ist, ist diese Kombination von theoretischen und zeichnerischen Invarianten, die der Zugmodus zu fördern scheint. Die anderen Beispiele, die aus anderen Arbeiten kommen, beruhen auf demselben Prinzip der Kombination. Wir interpretieren diese Lösungsart als eine Zwischenphase zwischen einer völlig empirischen Lösung und einer rein theoretischen Lösung. Die Schüler haben angefangen, eine theoretische Analyse durchzuführen, aber stoßen auf eine Schwierigkeit, um die theoretische Analyse zu ergänzen. Wir vermuten, daß hier genau die richtige Zeit für eine Intervention des Lehrers wäre. Der Lehrer kann einen Hinweis geben, der eine Entwicklung der Lösung fördert, ohne die Lösung anzugeben. Weil die Schüler versucht haben, die vorgegebene Frage nur theoretisch zu lösen, aber gezwungen waren, auch teilweise empirisch zu lösen, haben sie das Problem reduziert und haben genau eine Schwierigkeit isoliert. Wir sehen diese Phase als mögliche Wendepunkte für eine geeignete Lehrerintervention.

VI.4 Eine neue Art von Komplexität: die Variabilität

Die Variabilität liegt in der Natur der dynamischen Geometrie und trägt in großem Maße zu ihrer wichtigen Anschaulichkeit bei. Die Variabilität kann ein sehr wirksames Instrument in den Händen des Mathematikers oder des Experten sein, weil sie in der Ebene der Theorie die Variabilität beherrschen. Wir haben noch nicht alle diese Variabilitätsformen untersucht, aber unsere empirischen Untersuchungen haben zwei Quellen für begriffliche Komplexität gezeigt:
-   den Unterschied zwischen Gleichheit und Invarianz der Längen
-   den Unterschied zwischen dem, was im Text des Problems als fest vorgegeben ist und dem, was man variieren kann.

In Problem 3 z. B. war die Gleichheit der Diagonalen AC und BD der Grund für die Natur von IJKL. Einige Schüler hat aber beindruckt, daß die Länge der Seiten von IJKL im Zugmodus unverändert bleibt. Auch wenn sie bewiesen haben, daß IJKL wegen dieser Gleichheit eine Raute ist, haben einige Schüler den Wunsch geäußert, in ihrem Beweis hinzu zu fügen, daß BD oder AC eine invariante Länge hat.

Marianne schreibt so am Ende ihrer Lösung: „Comme DB est toujours de la même longueur alors cette démonstration est toujours valable." (Weil DB immer dieselbe Länge hat, ist diese Lösung immer gültig.)

Die Invarianz einer Länge ist im Zugmodus leicht am Bildschirm zu beobachten und mit den Werkzeugen von Cabri zu überprüfen. Eine statische Umgebung ermöglicht die Unterscheidung zwischen Invarianz und Gleichheit nicht, weil Invarianz in einer solchen Umgebung nicht offenbar ist.
Im selben Sinne beobachtet Caroline zuerst, daß die Größe der Winkel von IJKL im Zugmodus unverändert bleibt.
Probleme 2 und 3 unterscheiden sich darin, daß es einen direkten Algorithmus für Problem 2 gibt, um das Rechteck zu erzeugen, der dem freien Zeichnungsprozeß von Hand ähnlich ist. Eine Sequenz von Operationen ist auszuführen. Im Problem 3 gibt es keine solche Lösung, aber zwei Möglichkeiten, die im Mathematikunterricht unterschiedlich bearbeitet werden:
- die Strategie, die darin besteht, das Problem als gelöst zu betrachten und eine Planfigur zu entwerfen. Dann fängt ein Prozeß von Analyse der Zeichnung an, um geometrische Relationen in der Zeichnung zu sehen. In einer zweiten Phase (Synthese) werden die Relationen bestimmt, die die Konstruktion ermöglichen. Die Philosophie einer solchen Lösung ist, ein Konstruktionsproblem in ein statisches Beweisproblem umzuwandeln. Diese Strategie wurde in Frankreich vor der Reform der modernen Mathematik unterrichtet.
- die Strategie, die darin besteht, die zu konstruierenden Objekte als Variablen, die ein System von Bedingungen erfüllen, zu betrachten. Es wird also eine algebraische Strategie adoptiert, in welcher in einer ersten Phase nur ein Untersystem gelöst wird. Die Lösung des Untersystems liefert variable Objekte, die von einem oder mehreren unbekannten Objekten abhängen. Diese variablen Objekte werden danach bestimmt, um die restlichen Gleichungen des Systems zu erfüllen. Diese Strategie wird am Beispiel vom Problem 3 illustriert.
A und B sind die unbekannten Objekte, die zu bestimmen sind. Sie erfüllen vier Relationen:

    B gehört zu d'

    A gehört zu d

    A, B und P sind kollinear

    $AP = PB$

A wird als die Lösung des Untersystems

    B gehört zu d'

    A, B und P sind kollinear

    AP = PB

bestimmt.

So hängt A vom variablen Punkt B ab. A ist das Abbild von B durch eine Punktspiegelung an P. Da B ein variabler Punkt auf d' ist, ist A irgendein Punkt der Geraden d", die das Abbild von d' bei dieser Spiegelung ist. Da A die vierte Relation „A gehört zu d" erfüllen soll, ist der Punkt A der Durchschnitt von d und d".

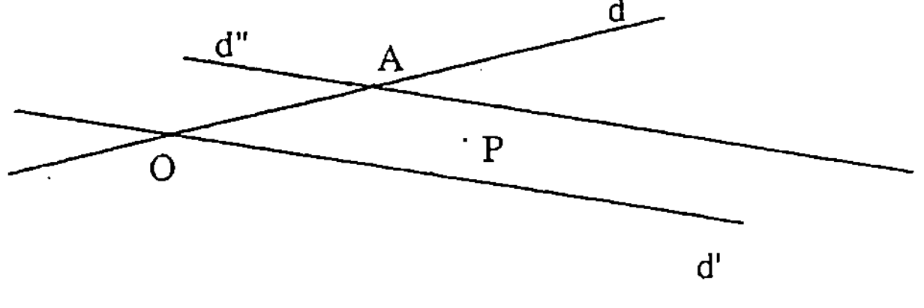

Fig. 10

Einige Schüler haben versucht, A und B als irgendwelche Punkte auf d und d' zu betrachten und die Geraden AP und BP sich decken zu lassen. Wenn sie aber feststellen, daß P nicht der Mittelpunkt von AB war, zogen sie auch P, damit er der Mittelpunkt von AB ist. Nachdem sie diese Lösung erzeugt hatten, konnten sie nicht weiter gehen: jedes Element war unabhängig von den anderen. Dieses Verfahren ist der Lösungsstrategie von Anfängern in Algebra ähnlich. Sind sie mit einem Wortproblem konfrontiert, so nennen die Anfänger jede Unbekannte mit einem Buchstaben, ohne algebraische Relationen auszudrücken. Ein Schüler fühlte diese Übervariabilität und sagte: „ Wir müssen einen Trick finden, um die beiden Punkten gleichzeitig zu bewegen".

Der Zugmodus führt zwei Komplexitätselemente ein:
- er erfordert eine Unterscheidung der Variabilität von P, die vorgegeben ist (ein Mittel, um die Stabilität der Konstruktion von A und B zu überprüfen) und der Variabilität von A oder B, die benutzt wird, um eine Lösung zu finden.
- der Zugmodus ermöglicht es, A und B unabhängig zu variieren, und dabei die explizite Formulierung der theoretischen Beziehungen auszuschließen.

VII Probleme und Potentiale

Aus welchem fortschrittlichen Land stammt das folgende Zitat aus einem didaktischen Werk, das die Notwendigkeit der dynamischen Geometrie im Mathematikunterricht beschreibt?

> „Als einer der Hauptunterschiede altgriechischer und neuzeitlicher Geometrie gilt, daß in jener die Figuren sämtlich als starr und fest gegeben angenommen werden, in dieser als beweglich und gewissermaßen fließend, in stetem Übergang von einer Gestaltung zu anderen Begriffen.
>
> Sollen unsere Schüler in die heutige Form der Wissenschaft und gar gelegentlich in deren Anwendung eingeführt werden, so müssen sie beizeiten daran gewöhnt werden, die Figuren als jeden Augenblick veränderlich zu denken und dabei auf die gegenseitige Abhängigkeit ihrer Stücke zu achten, diese zu erfassen und beweisen zu können.“

Diese Worte sind schon fast ein Jahrhundert alt und von Treutlein (1911, S. 202-203) in seinem Buch zum „geometrischen Anschauungsunterricht“ geschrieben. Sie zeigen, daß die Idee der Bewegung in der Geometrie nicht neu ist. Was neu ist, ist die Materialisierung dieser Idee, die empirische Untersuchungen ermöglicht. Wir sind nur am Anfang solcher Untersuchungen, aber wir können schon feststellen, daß die Software für dynamische Geometrie die Beziehungen zwischen Zeichnung und Theorie akzentuiert. Wir sehen diese Beziehungen als wichtig für das Lernen von Geometrie an, aber sie werden von den Schülern nicht automatisch beherrscht. Wie wir in unseren Beobachtungen festgestellt haben, kann solche Software dazu beitragen. Wir haben jedoch beobachten können, daß eine neue Art von Komplexität in den Lösungsprozeß eingeführt wird und möchten betonen, daß man einerseits von komplexen Problemen lernt, und andererseits der Lehrer eine bedeutende Rolle spielen kann, um dieser Komplexität eine positive Rolle im Lernprozeß zu geben.

Literatur

Arsac G. (1989) La construction du concept de figure chez les élèves de 12 ans, *Actes de la 13ème conférence Psychology of Mathematics Education* (Vol. I, pp. 85-92) Paris: Ed. GR Didactique 46 rue St Jacques 75 005 Paris.

Clouzeau O. (1997) Variable rédactionnelle Texte-dessin, *Mémoire de DEA de Didactique des Disciplines Scientifiques*, Université Claude Bernard, Lyon 1.

Doerfler W. (1989) *Überlegungen und Beispiele zum Einsatz von Computern im Mathematikunterricht: Computer Mikrowelten.* Wiss. Z. Karl-Marx-Universität Leipzig, Math.-Naturwiss. Reihe Vol. 38(1), 72-80.

Duval R. (1988) Pour une approche cognitive des problèmes de géométrie en termes de congruence, *Annales de didactique et de sciences cognitives,* Université Louis Pasteur et IREM de Strasbourg, Vol 1, 57-74.

Duval R. (1994) Les différents fonctionnements d'une figure dans une démarche géométrique, *REPERES-IREM* n°17, octobre 1994, 121-138.

Fishbein E. (1993) The theory of figural concepts, *Educational Studies in Mathematics,* Vol. 24, n°2, 139-162.

Eisenberg T. (1994) On understanding the reluctance to visualize, *Zentralblatt für Didaktik der Mathematik* 4, 109-113.

Hillel J., Kieran C. (1987) Schemas used by 12-year-olds in solving selected turtle geometry tasks, *Recherches en didactique des mathématiques,* Vol. 8, 1.2, 61-102.

Hölzl R. (1995) Eine empirische Untersuchung zum Schülerhandeln mit Cabri-géomètre, *Journal für Mathematikdidaktik,* n°16, 79-113.

Hoyles C. & Sutherland R. (1990) Pupil collaboration and teacher intervention in the LOGO environment, *Journal für Mathematik-Didaktik,* 4, 323-343.

Jones, K. (1995) Intuition and geometrical problem solving, in *Perspectives on the teaching of geometry for the 21st century,* C. Mammana (ed.), pp. 112-21, University of Catania, Italy.

Kautschisch H. (1994) Neue Anschaulichkeit durch „neue" Medien, *Zentralblatt für Didaktik der Mathematik,* 3, 79-82.

Laborde C. (1995) Occore apprendere e leggere e scrivere in matematica? *La Matematica e la sua didattica,* n°2, April 1995, 121-135.

Laborde J.-M. & Sträßer R. (1990) Cabri -géomètre: a microworld of geometry for guided discovery learning, *Zentralblatt für Didaktik der Mathematik* Vol. 22(5), 171-77.

Matos J.M. (1992) Cognitive Models in Geometry Learning in: *Mathematical Problem Solving and New Information Technologies,* J.P. Ponte, J.F. Matos, J.M. Matos, D. Fernandes (eds), (93-112), NATO ASI Series, Berlin-Heidelberg: Springer Verlag.

Noss R. & Hoyles C. (1996) *Windows on Mathematical Meanings - Learning Cultures and Computers,* Dordrecht: Kluwer Academic Publishers.

Parzysz B. (1988) Knowing vs Seeing, Problems of the plane representation of space geometry figures, *Educational Studies in Mathematics,* Vol. 19.1, 79-92.

Peters W.S. (1994) Geometrische Intuition, mathematische Konstruktion, und einsichtige Argumentation, *Zentralblatt für Didaktik der Mathematik,* Vol. 26(4), 118-127.

Presmeg N.C. (1994) The role of visually mediated processes in classroom mathematics, *Zentralblatt für Didaktik der Mathematik* Vol. 26(4), 114-117.

Salin M.-H. & Berthelot R. (1994) Phénomènes liés à l'insertion de situations adidactiques dans l'enseignement élémentaire de la géométrie, *Vingt ans de didactique des mathématiques en France*, Artigue et al. (eds), (275-82) Grenoble: La Pensée Sauvage Edition.

Seutter R. & Sträßer R. (1996) *Gemeinsame Tangenten zweier Kreise – die Geschichte einer computerunterstützen Entdeckung,* Sondernummer der Zeitschriften-Reihe "SeDiMa" der Fak.f.Math.,Universität Bielefeld, Bielefeld, WS 96/97, zum 60. Geburtstag von H. Althoff.

Sträßer R. (1996) Students' Constructions and Proofs in a Computer Environment – Problems and Potentials of a Modelling Experience In: *Intelligent Learning Environments: the Case of Geometry*, Laborde J.-M. (ed.) (203-217), NATO ASI Series Heidelberg: Springer Verlag.

Treutlein P. (1911) *Der geometrische Anschauungsunterricht*, Leipzig und Berlin: B.G. Teubner.

Vergnaud G. (1994) Le rôle de l'enseignant à la lumière des concepts de schème et de champ conceptuel, In *Vingt ans de didactiquedes mathématiques en France* (Artigue M., Gras R. Laborde C. & Tavignot P.) (eds) (177-191) Grenoble: Editions La Pensée Sauvage.

Jürgen Maaß, Linz (Österreich)

Neue Technologie - neuer Mathematikunterricht?

In gewisser Weise ähnelt die derzeitige Situation des Mathematikunterrichts der der Manufaktur zu Zeiten von Ford und Taylor oder jener der technischen Zeichenbüros kurz nach der Einführung der ersten CAD - Systeme. Viele Vorschläge zur Verwendung von Computerprogrammen oder tragbaren Geräten wie TI 92 im Mathematikunterricht lesen sich so, wie Werbebroschüren für die ersten CAD - Systeme („Hier wird ein Werkzeug angeboten, mit dem das Gleiche besser und schneller gemacht werden kann"). Aus der Industrie- und Techniksoziologie sind eine Vielzahl von Studien bekannt, nach denen die Neuen Technologien keinesfalls „nur ein Werkzeug" in diesem Sinne sind. Sie waren und sind ein Mittel, ganze Wirtschaftszweige zu verändern. Wir leben im Zeitalter der permanenten - und beschleunigten - technologischen Revolution. Wenn die Analogie stimmt, werden auch Veränderungen des Mathematikunterrichts sehr umfassend sein. Und: Wir stehen gerade am Beginn!

1. Einleitung: Theorieimport aus der Techniksoziologie?

Die Didaktik der Mathematik als Wissenschaft hat immer wieder wesentliche Impulse durch den Import und die mathematikdidaktikspezifische Bearbeitung von Theorien aus anderen Wissenschaften erhalten, etwa der (Lern-)Psychologie oder der Mikrosoziologie als wesentlicher Wurzel der interpretativen Unterrichtsforschung. Da ich mich seit vielen Jahren mit u.a. Techniksoziologie beschäftige (ich hatte z.B. die Ehre, zur Gründungstagung der Sektion Techniksoziologie der Deutschen Gesellschaft für Soziologie eingeladen zu werden), ist mir aufgefallen, daß sich zur Zeit der Mathematikunterricht in einer Situation befindet, die in anderen gesellschaftlichen Teilbereichen schon in ähnlicher Weise zu beobachten war und mit techniksoziologischen und –philosophischen Theorien analysiert wurde. Mit anderen Worten: Der technologische Wandel, der ja eines der herausragenden Merkmale unserer Zeit zu sein scheint, hat in Gestalt von elektronischen Rechenhilfs- oder Denkmitteln wie grafik- und computeralgebrafähigen Taschenrechnern und Computern mit ihren vielfältigen Programmen begonnen, die materielle Basis des Lehrens und Lernens von Mathematik zu verändern. Daher möchte ich in diesem Beitrag andeuten, daß es durchaus sinnvoll sein kann, einen neuen Theorieimport in die Mathematikdidaktik zu wagen, indem techniksoziologische Theorie und Forschungsresultate auf ihren Nutzen für die Mathematikdidaktik hin erwogen und überprüft werden. Selbstverständlich kann in diesem Tagungsbeitrag nur die Idee dazu mit einigen Folgerungen umrissen werden. Bis dieser Theorieimport für die Mathematikdidaktik so wichtig wird, wie heute schon Theorien aus der Lernpsychologie oder der Mikrosoziologie, muß vielleicht ebenso viel und ebenso intensiv an der Adaption für die Mathematikdidaktik gearbeitet werden.

2. Ausgangspunkt: Technologischer Wandel – Neue Technologien verändern Lebens- und Arbeitswelt

Neue Technologien sind für viele von uns schon so selbstverständlicher Bestandteil des Lebens und Arbeitens, daß es vielleicht sinnvoll ist, zunächst noch einmal auf die Vielfalt und Dynamik der Veränderung hinzuweisen. Stellen wir uns einfach einmal vor, wir fragen unsere (Ur-)Großeltern[1], wie denn das Leben in ihrer Jugend war: Welche Fernsehserien haben sie damals besonders gern geschaut? Welche Filme haben sie auf Video aufgenommen? Wohin sind ihre Eltern in den Urlaub geflogen? Brauchte vor einem Urlaub in Afrika auch schon so viele Schutzimpfungen? Haben sich die Computer beim Finanzamt auch damals schon so oft geirrt? Wie hat man die Datenschutzprobleme bei der Abrechnung mit der Krankenkasse gelöst?

Offenbar war das Leben damals ganz anders. Und es zwar interessant, aber im Hinblick auf die Konsequenzen für unseren Alltag ziemlich müßig, ob man das damalige weit weniger technologiedurchsetzte Leben für besser oder schlechter hält. Wer heute versucht, weitgehend technologiefrei zu leben, lebt am Rande der Gesellschaft.

Die im Zusammenhang mit dieser Tagung und allgemeiner mit der Zukunft des Mathematikunterrichtes bedeutende Frage ist schlicht: Wird man im nächsten Jahrtausend einen weitgehend technologiefreien Mathematikunterricht nur noch im Gedächtnis der Großeltern finden? Wird dann der Unterricht so weitgehend technologiedurchsetzt sein wie unser Alltag es schon heute ist? Wird also in 100 Jahren ein Kind mit Unverständnis in der Stimme fragen: Wie war denn das überhaupt damals im 20.Jahrhundert möglich, Mathematikunterricht ohne Computer?

Einige Hinweise auf Beispiele aus der Geschichte sollen verdeutlichen, daß die Durchdringung von gesellschaftlichen Teilbereichen, von Alltagsleben und Berufszweigen zu sehr unterschiedlichen Konsequenzen geführt hat und damit auch andeuten, wie offen und unbestimmt die Zukunft des Mathematikunterrichts ist.

2.1 Lehrreiche Beispiele?

Wer heute ein Bild von sich besitzen möchte, geht vielleicht zum Paßbildautomaten oder zum Fotografen, höchstwahrscheinlich aber nicht zu einem Portraitmaler. Auch wer ein ganz besonderes, ein künstlerisch wertvolles Bild von sich haben

---

[1] Für den Fall, daß die Großeltern MathematiklehrerInnen waren, bitte nicht vergessen zu fragen, ob nicht auch damals schon der Eindruck vorherrschte, daß die Leistungen der SchülerInnen im Mathematikunterricht immer schlechter werden.

möchte, wird eher zu einem Fotografen gehen, der das Bild kunstvoll arrangiert und eventuell mit einem Grafikcomputer nachbearbeitet. Stellen wir uns eine Schule vor, in der kurz nach der Erfindung des Fotoapparates das Malen von Portraits unterrichtet wurde, so diskutierten die LehrerInnen dort vielleicht über die beste Ölfarbe oder den besten Stil, wohl kaum aber über den technologiebedingten Wandel ihres Berufsfeldes.

Seit einigen Jahren ist bei uns der Beruf des Bleisetzers aus der Liste der Lehrberufe gestrichen. Selbst für künstlerisch gestaltete Dokumente oder besondere Urkunden wird nicht mehr in Blei gesetzt, sondern am Grafikcomputer gestaltet. Optionen wie **Fettdruck**, *Kursivschrift*, andere Zeichensätze oder ähnliches lassen sich mit einem üblichen Schreibprogramm am PC und einem Laserdrucker ohne Mühe von einem Laien verwirklichen. Bei anderen Berufen, von denen man heute nur noch im Museum erfährt, wie dem Nagelschmied oder dem Reifenbauer (der Holzreifen für Pferdekutschen fertigte), wird das Produkt heutzutage in industrieller Massenfertigung von weitgehend automatisierten Maschinen hergestellt oder ist schlicht und einfach nicht mehr gefragt.

Als Beispiel für den Wandel, den Computer in Verwaltungen gebracht haben, erwähne ich den Außendienst in einer Versicherung. EinE VertreterIn hat heute beim Kundenbesuch einen Laptop mit einem passenden Programm und einem kleinen Drucker, um die erfaßten Daten gleich ins passende Formular einzutragen und auszudrucken. Die Daten werden vom Büro aus direkt in den Zentralcomputer der Versicherung eingespeist und weiterverarbeitet. Sämtliche früher notwendigen Arbeitsschritte zur Datenerfassung und –übermittlung entfallen. Und es ist weitaus schwerer als früher, Vereinbarungen zu schließen, die nicht einem vorgefertigten Formular entsprechen: „Der Computer sagt, das geht nicht!"

Ein anderes Beispiel dafür, daß geeignete Computerprogramme eine Integration von früher getrennten und anhand der notwendigen Qualifikationen auch deutlich hierarchisch angeordneten Tätigkeiten bewirkt haben, ist das Zeichen und Konstruieren etwa im Maschinenbau. Zunächst wurden CAD – Programme entwickelt, um die Arbeit des technischen Zeichnens zu erleichtern. Dann stellte es sich schnell heraus, daß die Tatsache, daß nun die zu konstruierenden Objekte als Datenfile im Computer verfügbar waren, zusätzliche Möglichkeiten eröffnete. Einerseits konnten Zeichnungen wesentlich leichter variiert werden als mit der traditionellen Methode „Zeichenbrett". Als Folge davon hatten bald jene Konstruktionsbüros Konkurrenzvorteile, die mit CAD schneller Kundenwünsche berücksichtigen konnten. Andererseits wurden Zusatzprogramme für CAD angeboten, die die konstruierten Maschinenteile am Bildschirm in Bewegung setzen (Stichwort: Kollisionen), Gewicht und Kosten (durch Bezugnahme auf die Datenbank der Lagerhaltung) kalkulieren etc. Schließlich ging zumindest ein Teil der Zeichenarbeit an die Konstruktionsarbeit: Statt mit einer Skizze auf Papier werden Ideen (Daten) gleich mit CAD erfaßt.

Für den Mathematikunterricht könnten diese beiden Beispiel deshalb lehrreich sein, weil zu Beginn für die Einführung von Computern jeweils damit argumentiert wurde, daß die selbe Arbeit leichter und schneller getan werden könne. Vom grundlegenden Wandel des gesamten Arbeitsbereiches (inklusive des Wegfalls einiger traditioneller Arbeitsplätze) wurde in der Werbung nicht gesprochen.

Das folgende Beispiel soll daran erinnern, wie schwierig es selbst bei bestem Willen und Bemühen ist, technologische und gesellschaftliche Veränderungen zu prognostizieren. Als Verfahren entwickelt wurden, Stahl zu produzieren, wurden auch Überlegungen angestellt, zu welchen Zwecken Stahl verwendet werden könnte. Naheliegend waren kriegerische Technologien: Stahlpanzerungen, Kanonenrohre etc. Ebenfalls im Blick waren Maschinenbau und Werkzeuge. Eins wußte man jedoch genau: Flugzeuge aus Stahl wird es niemals geben, weil Stahl viel schwerer als Luft ist. Prognosen darüber, wie sich z.B. die Mittelmeerinsel Mallorca unter dem Einfluß der einfliegenden Touristenströme verändern wird, wären deshalb bestenfalls als Science Fiction belächelt worden. Nun dürfen wir gespannt abwarten, welche Inseln des mathematischen Wissens in Zukunft von welchen Besucherströmen aufgesucht werden...

Zum Schluß sei noch daran erinnert, daß sich mit Hilfe jeweils „neuer" Technologien auch gravierende Änderungen der Arbeitsorganisation in Produktion und Verwaltung ergeben haben. Stark vereinfacht lassen sich in der Fahrzeugproduktion unterscheiden die Fertigung durch verschiedene Handwerker in Kooperation, in Manufakturen (organisierte Arbeitsteilung, Dequalifizierung der einzelnen Arbeiten), Fließbandproduktion (Fordisierung bzw. Taylorisierung) und verschiedene Automatisierungskonzepte, die je nach sogenannter Unternehmensphilosophie mit noch weitergehender Arbeitsteilung, Gruppenfertigungsmodellen oder Reintegration von Fertigungs-, Überwachungs- und Reparaturqualifikation verbunden sind. Insbesondere für die Diskussion über Lehrziele des Mathematikunterrichts wird von entscheidender Bedeutung sein, mit welcher „Philosophie" für die gewünschte Qualifikation argumentiert wird.

2.2. Wer ist schuld?
Über einige Jahrzehnte hinweg galt technologischer Fortschritt nahezu automatisch als gesellschaftlicher Fortschritt, als Hoffnung als neue Märkte, neuen Komfort und neuen Profit auf der einen Seite und als Entwicklung der Produktivkraft als Basis für den Aufbau des Sozialismus auf der anderen Seite. Durch verschiedene Unfälle oder Fehlentwicklungen (Stichworte dafür sind etwa Tschernobyl oder Seweso, Ozonloch oder Rohstoffvernutzung) und nicht zuletzt durch ein wachsenden Gefühl der Verunsicherung inmitten des beschleunigten Wandels wurde der Fortschrittsglaube erschüttert. Fortschritt im Zeichen technologischen Wandels bedeutet eben oft auch den Verlust von etwas, das bisher immer so war und dem schon deshalb oft große kulturelle Bedeutung beigemessen wird. Insbesondere die Sicherheit, bzw. die Erwartung, das Erreichte in Ruhe genießen zu können, sind gefährdet. Nicht zufällig findet sich das Wort Sicherheit deshalb in vielen Werbungen für Versicherungen und politische Parteien.

In diesem Sinne ist es kein Zufall, daß angesichts der jetzt schon absehbaren Veränderungen des Mathematikunterrichts im Zeichen der elektronischen Rechner ähnlich wie in der Gesellschaft insgesamt Fortschrittsgläubige und Skeptiker unterschiedliche Meinungen vertreten. Hier sei am Rande vermerkt, daß – wenn die Analogie stimmt – die Skeptiker die besten Chancen haben, überhaupt etwas zu erreichen, wenn sie sich auf aktive Einflußnahme auf die Technikgestaltung statt auf Verweigerung oder Ablehnung konzentrieren (vgl. dazu und zu den oben angedeuteten Beispielen die unten exemplarisch angeführte Literatur zur Techniksoziologie, insbesondere Tschiedel 1989 und 1990).

Wenn über Veränderungen unseres Lebens debattiert wird, die im Zeichen sogenannter Neuer Technologien stehen, wird oft mit einem eher anklagenden Unterton der Technik die Schuld am Negativen oder als negativ Empfundenen gegeben. Deshalb möchte ich auch an dieser Stelle anmerken, daß Taschenrechner und Mathematiklernsoftware kein eigenes Interesse haben, nichts aus Eigennutz oder Altruismus bewirken. Gesellschaftliche Veränderungen werden im allgemeinen so wie solche des Mathematikunterrichts im besonderen von Menschen gewollt und durchgesetzt. Es hängt von den Theorien über Gesellschaft (und Macht) ab, welche Verantwortung welchen Menschen(gruppen) zugerechnet wird

3. Zwischenfazit: Ist es sinnvoll, mit techniksoziologischen Theorien auf Mathematikunterricht zu schauen?

Meine Antwort ist: Ja! Das Motto „Aus der Geschichte lernen!" kann hier wirksam werden. Und wenn ich manche Äußerungen zum Thema höre, denke ich mir, es wäre nicht schlecht, wenn Erfahrungen, die in anderen gesellschaftlichen Bereichen gemacht wurden, die mit grundlegenden Veränderungen durch technologischen Wandel konfrontiert wurden, nicht einfach in ähnlicher Weise wiederholt werden müssen. Das gleiche gilt natürlich für Strategien im Umgang mit dem Wandel. Bevor ich darauf nähe eingehe, scheint es notwendig, einen zentralen Einwand zu bedenken: Ist denn die Königin der Wissenschaft nicht arg indigniert, wenn ihre Zukunft aufgrund einer materialistischen Position prognostiziert wird?

3.1. Exkurs: Mathematik(unterricht) aus materialistischer Sicht?

Wenn über Mathematik philosophiert wird, dann ist eine idealistische Sicht vorherrschend. Diese Sicht wird auch im Studium üblicherweise vermittelt. E. Nagel und J.R. Newman haben in ihrem berühmten Buch über den Gödel' schen Beweis dieses Verständnis von Mathematik so beschrieben: "Es wurde deutlich, daß die Mathematik schlechthin jene Disziplin ist, die die Folgerungen zieht, die von einem vorliegenden Axiomen- oder Postulatensystem logisch impliziert werden. Tatsächlich erkannte man, daß die Gültigkeit einer mathematischen Ableitung von einer speziellen Bedeutung der in den Postulaten benutzten Zeichen oder Ausdrücken in keiner Weise abhängt... Wir wiederholen, daß sich der reine Mathematiker ... nicht mit der Frage befaßt, ob die festgesetzten Postulate oder die abgeleiteten Folgerungen wahr sind, sondern einzig damit, ob die behaupteten Folgesätze tatsächlich aus den ursprünglichen Festsetzungen logisch notwendig folgen." (Nagel, Newman 1964, S. 17f.)

Demgegenüber ist schon der Ansatz unrein, über den Einfluß von Rechenhilfsmittel auf die Entwicklung der Mathematik zu forschen oder gar zu behaupten, dieser Einfluß sei wesentlich. Die Vorherrschaft der idealistischen Mathematikphilosophie wird auch nicht dadurch in Frage gestellt, daß für die Numerik, ebenso wie für den Bereich Chaos/dynamische Systeme oder die Industriemathematik Computer unerläßliche Werkzeuge sind. Eine wenig öffentliche, aber weitgehend folgenlose Debatte hat m.W. nur eingesetzt, als der Vierfarbensatz mit Hilfe eines Computerprogramms „bewiesen" wurde. War das ein gültiger Beweis?

Ohne die These hier näher begründen zu wollen, gehe ich davon aus, daß eine materialistische Sicht auf Mathematik nicht zur zulässig, sondern auch nützlich ist. In gewisser Weise läßt sie sich sogar selbst als Technologie sehen (vgl. Maaß/Schlöglmann 1989). Auch für den Mathematikunterricht scheinen mir nicht nur idealistische mathematische, mathematikdidaktische und pädagogische Sichtweisen zulässig – auch hier ist es m.E. hilfreich, auf die materielle Basis des Unterrichtsgeschehens zu schauen und zu überlegen, welchen Einfluß neue Technologien haben sollen und können. Auch rückblickend – um nur ein Argument anzudeuten – kann wohl kaum bestritten werden, daß Unterricht mit Abakus, Rechenschieber oder Taschenrechner anders abgelaufen ist als ohne solche Rechenhilfsmittel.

3.2. Was kommt dabei heraus? Einige Überlegungen zu möglichen Resultaten eines Theorieimports

Die zentrale Frage ist – wenn einmal akzeptiert ist, daß man sich überhaupt auf ein Experiment einläßt – die nach der Tragfähigkeit der Grundidee: Läßt sich aus den Analysen der Veränderungen verschiedenen Bereiche der Gesellschaft im Zeichen des technologischen Fortschritts überhaupt etwas für den Mathematikunterricht lernen? Oder ist der Mathematikunterricht prinzipiell ein so ganz anderer Bereich der Gesellschaft, daß es keinen Sinn macht, auf andere Bereiche zu achten? In diesem Zusammenhang wird noch gründlicher zu erörtern sein, was ich unter 3.1 mit dem Hinweis auf idealistische und materialistische Philosophie angerissen habe.

Wenn es Sinn macht oder einleuchtet oder theoretisch gut begründet werden kann, daß Analogien bestehen, liegen scheinbar einige Schlußfolgerungen nahe, die jedoch - wie in der Wissenschaft so üblich - noch genauer zu untersuchen sind:

1. Der zu erwartende Wandel ist grundsätzlich und nachhaltig.
Mancher Text von Felix Klein liest sich so, als habe er erst gestern eine Unterrichtsstunde besucht und würde aufgrund dieser Erfahrung seine Vorschläge und Ideen formulieren. In 100 Jahren wird diese Aussage jedoch definitiv falsch sein. Zwar wird es – so fürchte ich – auch dann noch „schlechten" Unterricht geben, aber keine endlosen Stunden, in denen mit Bleistift und Papier bestimmte Algorithmen geübt werden.

2. Der zu erwartende Wandel ist auch eine Wertewandel
Gesellschaftliche Werte oder Normen haben nicht den Rang von göttlichen Geboten oder Naturkonstanten. Technologisch bedingte Veränderung hat auch und teilweise sogar wesentlich zu einem Wertewandel beigetragen. Heute weniger wichtige Werte sind in den Augen vieler Menschen oft zu Unrecht weniger wichtig geworden – der Fortschritt schreitet bisweilen auch über kulturell Wertvolles, traditionell Bedeutsames und „objektiv" oder „intersubjektiv" hervorragend gut Begründetes einfach hinweg.

3. Dynamik und Beschleunigung des Wandels werden zunehmen
In allen Bereichen der Gesellschaft, in denen „der Computer" einmal einen wichtigen Platz erobert hat, verdrängt die jeweils nächste Computergeneration mit den jeweils noch leistungsfähigeren Programmen und zusätzlichen Optionen die vorhandenen Computer und Programme. Es ist kein stabiler Gleichgewichtszustand in Sicht. Derzeit scheint sogar völlig offen, ob überhaupt ein stabiler Zustand mit konstanten Bedingungen über einen längeren Zeitraum erreichbar ist, wenn nicht generell auf „Hoch"-Technologie verzichtet wird.

4. Mensch – Maschinen und Maschinen - Menschen
Bereits 1983 wiesen A. Bammé u.a. auf ein Spezifikum der Technologie unserer Zeit hin: Die qualitativ neuartige enge Verbindung von Mensch und Maschine, die vielleicht am deutlichsten in der Medizintechnologie wird (Stichwort: Herz – Lungen – Maschine). Im Zusammenhang mit dem oben erwähnten Wertewandel ist darauf hinzuweisen, daß solche Verbindungen immer weniger als monströs oder bedrohlich angesehen werden. Vielleicht erscheint es ja schon in naher Zukunft nicht nur als Negativbeispiel, daß jemand ganz selbstverständlich zu einer elektronischen Maschine greift, wenn etwas Mathematisches zu tun ist (und sei es auch nur etwas, daß wir heute selbstverständlich im Kopf ausrechnen).

5. Und der Mathematikunterricht?
Das Spektrum der Möglichkeiten ist weit: Es könnte sein, daß in ferner Zukunft die jeweils benötigen mathematischen Kenntnisse und Fähigkeiten integriert in dem Gegenstand und zu der Zeit unterrichtet werden, wenn sie benötigt werden, also etwa Formelmanipulation im Physikunterricht, kaufmännisches Rechnen in der Wirtschaftskunde und formale Logik beim Thema Datenbanken in der EDV. Nur einige angehende SpezialistInnen erhalten in der Schule „richtigen" Mathematikunterricht, nämlich jene, es später einmal studieren wollen. Am anderen En-

de der Skala der Möglichkeiten steht ein besserer Mathematikunterricht, der zu einem im Vergleich zu heute wesentlich vertieften Verständnis führt (s.u.).

3.3. Mathematikdidaktische Konsequenzen

Wenn die allgemeine Prognose (s.o.) stimmt, stehen wir vor nachhaltigen Veränderung. Was heißt das im Detail? Hier sollte die Mathematikdidaktik Antworten finden. Selbstverständlich sagt die Techniksoziologie nichts über „guten" Mathematikunterricht in Gegenwart und Zukunft. Zweifelsohne ist es dabei nicht auf Dauer hinreichend, sich zu fragen, wie man bisher übliche Inhalte des Mathematikunterrichts mit dem neuen Hilfsmittel etwas besser unterrichten kann. Schon bald stellt sich die Frage, ob diesen Inhalt überhaupt noch unterrichten soll. Generell wird eine überzeugende Antwort auf die Frage erwartet, die schon im Unterrichtsministerium im Zusammenhang mit der Diskussion über den neuen Lehrplan für die Handelsakademien gestellt wurde: Wozu braucht man noch (so viel) Mathematikunterricht, wenn doch der Computer alles ausrechnet?

Meine Überlegungen zu einem sinnvollen Mathematikunterricht im Zeichen Neuer Technologien habe ich anderer Stelle ausgeführt (vgl. zu Stichworten wie „Vertieftes Verständnis von und Wissen über Mathematik", „Modellierung", „Umgang mit Black Boxes" etc. Maaß/ Schlöglmann 1993, 1994). Generell scheint es mir notwendig, die Debatte darüber wesentlich intensiver und offensiver als bisher zu führen – der technologische Wandel wartet nicht auf einen sozial(partnerschaftlich)en Konsens.

Literatur

A. Bammé, G. Feuerstein, R. Genth, E. Holling, R. Kahle und P. Kempin: Maschinen - Menschen. Mensch - Maschinen. Grundrisse einer sozialen Beziehung, Reinbek bei Hamburg 1983

J. Maaß, W. Schlöglmann (Hrsg.): Mathematik als Technologie? Wechselwirkungen zwischen Mathematik, Neuen Technologien, Aus- und Weiterbildung, Deutscher Studien Verlag, Weinheim 1989

J. Maaß, W. Schlöglmann: Mathematik als Technologie - Konsequenzen für den Mathematikunterricht, in: mathematica didactica (2/1992), erschienen 1993

J. Maaß, W. Schlöglmann: Black Boxes im Mathematikunterricht, in: Journal für Didaktik der Mathematik 1/1994

R. Tschiedel: Sozialverträgliche Technikgestaltung. Wissenschaftskritik für eine soziologische Sozialverträglichkeitsforschung, Habilitationsschrift, Münster und Laer 1987, Westdeutscher Verlag Opladen 1989

R. Tschiedel (Hrsg.): Die technische Konstruktion der gesellschaftlichen Wirklichkeit, Profil-Verlag München 1990

Roland MITTERMEIR, Universität Klagenfurt (Österreich)

Mathematik und Informatik
Halbbrüder oder Geschwister unterschiedlichen Geschlechts

Abstract

Sowohl Mathematik als auch Informatik können als Formalwissenschaften bezeichnet werden. Sie bieten Hilfestellungen an, Probleme allgemeiner Anwendungsgebiete so zu abstrahieren, daß sie einer formalen und damit eindeutig nachvollziehbaren Behandlung zugänglich werden. Daß diese formale Behandlung als Berechenbarkeit bezeichnet werden kann, mag – im Sinne numerischen Rechnens – zu Mißverständnissen führen, die ebenfalls Mathematiker und „computer scientists" verbindet.

Doch während Mathematiker ihrem gesellschaftlichen Umfeld die Lösung an sich (manchmal auch nur die Lösbarkeit an sich) anbieten und der Lösungsweg eher von innerfachlichem Interesse ist, wird von Informatikern gefordert, eben diesen Lösungsweg so anzugeben, daß eine Maschine, der Computer, diesen für alle Inputwerte innerhalb des Definitionsbereichs, des Lösungsraumes nachvollziehen bzw. ausführen kann. Doch spätestens dadurch tritt dieser Lösungsweg, das Programm, aus seiner Abstraktheit heraus und wird, obzwar immateriell, zur tangiblen technischen Realität, zur abstrakten Maschine, die das Umfeld der von ihrem Wirken betroffenen beeinflußt. Dieses Bewußtsein und das daraus erwachsende Verantwortungsbewußtsein sollte in gutem Informatikunterricht keineswegs zu kurz kommen. Es ist auch nicht delegierbar, wie vieles im Bereich der Software-Entwicklung nicht delegierbar ist. Informatik muß als Integrationsfach aufgefaßt werden, das die daraus erwachsende Komplexität durch methodisch sauberes Bauen konzeptioneller Brücken überwindet. Einige dieser Brücken sollen hier näher angesprochen werden.

1. Die rasche Antwort

Schulmathematik wir vielfach mit Rechnen gleichgesetzt. Für Informatik kommen wir über den amerikanischen Begriff Computer Science, bzw. das englische Computing ebenfalls zu Rechnen. Wir können diese Kette sogar sehr einfach formal darstellen und so einen formal richtigen Beweis führen. Wenn ich etwa die Volksmeinung (oder das, was ich einer Auswahl an Schulbüchern entnehme) als

Axiomenmenge V und die diversen Wörterbüchern enthaltenen Korrespondenzen als Axiomenmenge W beschreibe, kann ich obige Vermutung, daß Informatik und Mathematik eigentlich doch dasselbe sind, sogar in einem formalen Baumbeweis führen:

$$\frac{V \vdash \textit{(Mathematik = Rechnen)} \qquad W \vdash \textit{(Computing = Rechnen)}}{\{V, W\} \vdash \textit{(Mathematik = Informatik)}}$$

$$W \vdash \textit{(Informatik = Computer Science)}$$
$$W \vdash \textit{(Computer Science = Computing)}$$

Doch so sehr sich manche Kollegen, insbesondere Mathematiker, über diese Beweisführung freuen mögen, sie ignoriert den großen Bereich der nichtnumerischen Datenverarbeitung und des dafür erforderlichen Theoriegebäudes, das in Ansätzen auch im Schulunterricht nicht nur behandelt werden kann sondern in einem auf Allgemeinbildung zielenden Informatikunterricht auch behandelt werden muß. Wo sonst, als etwa bei einer Einführung in Datenbanken kann man über Semantik von Zeichen und Zeichenketten, von Strukturierung als Mittel der Effizienzerzielung (Suchkomplexität, Verknüpfungskomplexität) und als Mittel der Korrektheitserhaltung nach Modifikationen (naive Normalisierung) so rasch zu tiefen Aussagen, auch zu Aussagen über die Interpretation von Zahlen, die uns in vielfältiger Form im Alltagsleben präsentiert werden, kommen.

Somit erscheint obiger Beweis falsch zu sein, und das wohl in mehrfacher Hinsicht. Offenbar erfaßt er die Realität nicht richtig. Da er aber in sich stimmig erscheint, hält wohl das Fundament, auf dem er fußt, nicht gut genug Genehmigen wir uns einen zweiten Versuch, und wenn im ersten Ansatz der (allgemeingültige) Beweis zurückgewiesen werden mußte, versuche ich es nun auch methodisch mit dem Gegenteil, ich individualisiere und betrachte die beiden Wissensgebiete anhand eines Beispiels.

2. Ein (Gegen-?)-Beispiel

Informatik, oder „Computer Science" hat wohl mit Rechnen zu tun. Also rechnen wir:

Wenn zum Ausheben einer Grube
4 Arbeiter 20 Tage benötigen,
wie lange benötigen 8 Arbeiter?

Irgendwann, gegen Ende meiner Volksschulzeit lernte ich, wie man derartige Schlußrechnungen löst und das Modell, das dieser Lösung zugrunde liegt wie auch den zugehörigen Lösungsalgorithmus habe ich seither auf eine Reihe vergleichbarer Probleme erfolgreich angewandt. Obwohl die Begriffe Modell und

Algorithmus im Volksschulunterricht nicht vorkamen (vorkommen) schaffen wir
es alle, von obigem Beispiel auf 17 Bäcker, die 255 Striezel backen, zu
verallgemeinern und auszurechnen, wieviel Striezel denn mit 15 Bäckern zu
schaffen wären (oder auch, wieviel Bäcker nötig wären, 100 Striezel zu backen).

Das Problem mit obiger Schlußrechnung trat erst auf, als ich im
Informatikunterricht lernte, daß

wenn zur Fertigstellung eines großen Software-Projektes
4 Programmierer 20 Tage benötigen,
8 Programmierer mindestens 30 Tage benötigen.

Also: „Informatik ist anders!" – War dies der Unterschied? Ich meine, dies war
nicht der Unterschied, sondern eher die Gemeinsamkeit. Beide Gebiete sind
Wissensgebiete, in denen der Modellbildung eine zentrale Rolle zukommt und zur
Modellbildungsproblematik gehört eben auch, daß man versteht und verstehen
lernt, welche Grundannahmen einem Modell zugrunde liegen.

Somit haben wir in diesem Schlußrechnungs-Beispiel, unabhängig davon, daß das
im Mathematikunterricht der Volksschule erworbene Wissen nicht mehr hält,
doch ein Beispiel dafür gefunden, daß Mathematik und Informatik Geschwister
sind. Wir müssen lediglich verstehen, daß im Fall der physischen Arbeit der
Gegenstandsbereich (im wesentlichen) teilbar und rekombinierbar ist. Damit ist
die Division durch die Zahl der Arbeitskräfte eine zulässige Operation und
gleiches gilt für die anschließend ausgeführte Multiplikation.

Offenbar ist nicht jede arithmetische Operation auf beliebige Operatoren
anwendbar. Innerhalb der Informatik sprechen wir von Datentypen und von
Operator-/Operand-Kompatibilität. (Man überlege sich etwa die Variation der
Frage: „Wieviel Arbeiter benötigt man, wenn man für den Aushub der Grube 27
Tage Zeit hat"). Diese Operator-/Operand-Kompatibilität ist aber nicht nur auf der
Modellebene zu prüfen. Analoges gilt auch auf der Gegenstands-Ebene. Dort
erkennen wir etwa am Beispiel des Programmieraufwandes, daß Software-
Entwicklung als intellektuelle Aktivität eben nicht unkritisch geteilt werden kann.
Wir können auch hier abstrahieren und festhalten, daß bei Tätigkeiten (oder zu
modellierenden Tatbeständen) die nicht homogen sind, Division keine
realitätskonforme Abbildung und damit kein zulässiger Teilungsoperator ist.
Disaggregationsmöglichkeiten sind in diesen Fällen vielmehr durch eine
inhaltliche Analyse des Gegenstandsbereiches festzulegen. Gleiches gilt für die
Rekombination und den mit der Rekombination verbundenen Aufwand. Wir
erkennen an dieser Argumentation, daß in einem Modellbildungsfach wie
Mathematik und Informatik die Freude am Basteln von Modellen und das reine
Erlernen des Modellbastelns hochgradig unprofessionell und gefährlich sein kann.
Seriöser Unterricht wird nicht nur Modellierung sondern auch die Grenzen der
jeweiligen Modelle lehren.

Doch obiges Beispiel des Programmieraufwandes geht über diese Überlegungen hinaus. Wenn Division schon ein unzulässiger Operator war und eine inhaltsbezogene Arbeitsaufteilung vorgenommen werden sollte, so müßte diese doch wenigstens darin eine obere Schranke gefunden haben, daß trotz Erweiterung des Entwicklungsteams der Zeitplan nicht verkürzt werden kann. Aber daß wir durch mehr manpower auch noch länger brauchen, scheint doch mehr als paradox und bedarf einer zusätzlichen Erklärung.

Wir finden diese Erklärung, wenn wir eine erfahrene Projektleiterin beobachten. Sie würde den neu hinzugekommenen Personen eine abgegrenzte Aufgabe geben und sicherstellen, daß sie mit der bereits länger im Projekt tätigen Mannschaft möglichst wenig Kontakt haben. Sie mögen sich „still beschäftigen", zum Beispiel Testfälle ausarbeiten und exekutieren und so entweder den Zeitplan unverändert lassen oder wenigstens allfällige Verzögerungen, die sie bewirken, durch eine höhere Produktqualität rechtfertigen. Diese Projektleiterin zeigt uns, daß nicht nur die Frage, *wie* wir modellieren von Bedeutung ist, sondern viel zentraler ist noch *was* wir modellieren. Im Fall des „Adding people to a late software project late makes it even later" [1] ist es unbedeutend, ob wir dadurch neue Programmierkapazität zuführen. Das Entscheidende ist, daß sich die neuen Mitarbeiter erst einarbeiten müssen. Dies erfordert Kommunikation - Kommunikation mit jenen, die bereits im Projekt tätig waren. Doch Kommunikation kostet Zeit und diese Zeit wird dem bereits bestehenden Team entzogen. Und selbst wenn wir annehmen, daß die Neuen noch auf ein adäquates Produktionsniveau gebracht werden können (Es fehlen uns die nötigen Informationen über Umfang und Komplexität des Gesamtprojektes, um hierüber eine Aussage zu treffen.), ist der Kommunikations-Overhead in einem 8-Personen-Team mehr als doppelt so hoch als in einem 4-Personen-Team. Damit wird die Kommunikationssituation in dieser Situation zur bestimmenden Größe und nicht die eingebrachte Roh-Arbeitskraft. Jene genügt allerdings ganz anderen Gesetzen und damit ist das Schlußrechnungs-Modell als solches ungeeignet, das Beispiel der Personalaufstockung in einem Software-Projekt zu modellieren.

Die Moral von der Geschicht: vergiß die richtige Abstraktion nicht! Die Realität ist stets komplexer als das Modell, mit dem wir sie zu erfassen versuchen. Wäre es nicht so, wäre das Modell überflüssig und wir sollten zu einem Experiment als Mittel der Erkenntnisgewinnung schreiten. Da wir im Zuge der Modellbildung jedoch von Details abstrahieren und aus der Vielzahl von Facetten der Realität eine (einige) auswählen und auf diese projizieren, stellt sich die Frage, ob die ausgewählte(n) Dimension(en) tatsächlich relevant sind, welche Interaktionen zwischen ausgewählten und ausgeblendeten Dimensionen vorliegen, und ob damit Transformationen im Modell legitime Abbilder von Transformationen in der Realität sind.

In keiner dieser methodischen Fragen besteht ein Unterschied zwischen guter Mathematik und guter Informatik. Allerdings scheint die Beantwortung dieser Fragen in den beiden Wissensgebieten unterschiedliche Aspekte berücksichtigen zu müssen, also von unterschiedlichen Modellen auszugehen. Während – ich bin mir der Gefahr dieser Verallgemeinerung für eine Schwesterdisziplin bewußt – Mathematiker heute eine Antwort auf ein Anwendungsproblem geben sollen, die heute richtig ist, soll die Antwort von Informatikern auch morgen noch richtig sein. Dies deshalb, weil die Antwort alleine nicht genügt, sondern es einer technischen Umsetzung bedarf, die mit (hohen) Investitionskosten verbunden ist. Diese Investitionskosten sollen über die Zeit hinweg abgeschrieben werden. Wegen Alterungseffekten von Software [2], wird es nötig sein, der Software von Zeit zu Zeit eine Frischzellen-Kur angedeihen zu lassen. Doch die Kosten dieser Kur müssen in vernünftiger (günstiger!) Relation zu dem Streß stehen, dem diese Software im abgelaufenen Zeitraum durch Veränderung ihres Anwendungsumfelds und ihres technologischen Umfelds ausgesetzt war.

3. Die Herausforderung

Informatik ist also keine Wissenschaft im klassischen Sinn, jedenfalls keine Papier-und-Bleistift-Wissenschaft. Sie ist ein Technologiefeld, allenfalls eine Ingenieurswissenschaft. Ingenieurstätigkeit hat jedoch mit Brückenbau zu tun. Ingenieure streben nicht nach den letztgültigen Wahrheiten des Universums. Ingenieure, im positiven Sinn, bemühen sich auf einer (natur-)wissenschaftlichen Basis innerhalb eines ökonomischen Rahmens um Problemlösungen zum Wohle der Menschheit bzw. der Gesellschaft.

In obiger Definition haben wir aber das gesamte Spannungsfeld, in dem sich Informatik befindet, aufgezeigt. In verkürzter Form können wir folgende Facetten erkennen:

- Die *Mensch-Maschine Schnittstelle*: Hier tritt die soft-sciences Komponente des Faches am augenscheinlichsten in den Vordergrund. Dabei müssen wir sehen, daß darunter nicht nur irgendwelche GUI-gadgets zu verstehen sind. Neben der visuellen Gestaltung der Bedienoberfläche müssen wir auch den Umgang von Benutzern mit dem System bei deren Entwicklung berücksichtigen. Dazu gehört nicht zuletzt der Langfrist-Aspekt der Schulung, sei es Einschulung oder sei es fortgeschrittenes oder kontinuierliches Training, wie es etwa bei sicherheitskritischen Systemen erforderlich ist. Wie sichern wir etwa, daß Benutzer in jenen Situationen, die eigentlich nie auftreten sollten, die jedoch gegebenenfalls extrem kritisch sind, richtig verhalten?

- Die *Technologie-Schnittstelle*: Eine Informatik-Lösung findet ihren Abschluß nicht im richtigen Modell. Die Lösung liegt in der richtigen, sicheren, effizienten, ..., langfristig stabilen Realisierung eines richtigen Modells. Dies fußt auf einer technologischen, und damit letztlich natur- und formalwissenschaftlichen Basis. Doch Technologie, und Informationstechnologie insbesondere, ist dem Wandel unterworfen und die in Frage stehende Informatik-Lösung wird wohl in einem größeren Kontext eingebunden sein.

Dabei gilt es zu verstehen, daß Technologie nicht nur Hardware-Technologie ist. Wir können uns vielleicht dazu entschließen, einen neuen Prozessor oder eine neue Speichertechnologie zu verzichten. Ob man auch auf eine neue Betriebssystem-Release, auf neue Kommunikations- oder Datenbank-Software verzichten kann mag fraglich erscheinen, wenn neue (später hinzukommende) Systeme künftig mit dem eben zu entwickelnden System kommunizieren sollten. Adaptierungsfähigkeit in diesem Sinne bedeutet also Investitions-sicherung.

- Die *Anwendungs-Schnittstelle*: Dies ist ein wohl unüblicher Begriff. Doch er erscheint zulässig. Wenn ein Informatik-System ein Modell einer Realität ist, muß es eine Abbildung(svorschrift) zwischen dieser Realität und ihrem Modell geben. Nun wissen wir, daß die Realität, um welche Realität es sich auch immer handeln möge, im Zeitablauf Änderungen unterworfen ist. Das Modell freilich ändert sich nicht von selbst. Mithin gilt es zu prüfen, ob Modell und Realität noch in Übereinstimmung sind, die Abbildungsvorschrift also noch eingehalten ist, oder ob entweder das Modell der Realität nachgeführt werden muß oder die Abbildungsvorschrift so geändert werden muß, daß nach wie vor eine „saubere" Beziehung zwischen Modell und Realität vorliegt. Dies ist, würden wir es innerhalb der technischen Lösung betrachten, eine klare Schnittstellen-Frage. Sie ist nicht nur zu lösen, sondern es ist auch festzulegen, wer interface-violations dieser Art festzustellen hat.

- *Ökonomische Aspekte*: Was immer eine reale Manifestation hat, bewirkt Kosten, Errichtungs- wie Erhaltungskosten. Die reale Manifestation von Software wird oft angezweifelt oder geleugnet. Insbesondere Mathematiker haben Mühe zu erkennen, daß ein Algorithmus sobald er in einer Programmiersprache ausgedrückt und auf einem Computer implementiert ist, seinen „Aggregatszustand" gewandelt hat und zu etwas sehr konkreten und sehr tangiblen wurde. Auch Informatiker entschuldigen ihre Sünden ja oft genug mit der „Unsichtbarkeit" von Software. Buchhalter haben hier schon ein weit nüchterneres Verhältnis zu dieser Sache. „Alles was kostet ist!" Als einziges Problem bleibt, wo denn der Inventarkleber für Software anzubringen ist. Die Frage nach dem Unterschied einer unbespielten CD zu einer mit Daten oder Software geladenen CD-ROM ist schwierig. Eigentlich wurden doch nur ein paar Bit „umgelegt".

Diese vier Punkte reichen wohl, um das Spannungsfeld, das vom Techniker im allgemeinen und vom Informatiker im besonderen zu überbrücken ist, aufzu-zeigen. Vieles wurde dabei ausgeblendet. Vielleicht mag am schmerzlichsten erscheinen, daß ich unter den gesellschaftlichen Bezügen den Aspekt der Technologiefolgen-Abschätzung nicht erwähnte. Doch hier unterscheidet sich Informatik nicht von anderen Ingenieurswissenschaften. Ebenso habe ich auf die nicht-materiellen Eigenschaften von Software nicht ausreichend abgehoben. Dies wohl deshalb, weil dieser Aspekt von anderen ohnehin permanent in den Vordergrund geschoben wird. Dies so sehr, daß er unseren Blick auf das Wesentlichste zu verdecken droht. Wir werden dennoch an geeigneter Stelle darauf zurückkommen.

4. Der Kompromiß

Wie fängt man diese Realität im Unterricht ein? Die Lehrenden sind zweifellos gefordert, stets neue Technologie zu präsentieren. Was wäre eine Informatik-übung, die nicht mindestens auf einem windows-2000-fähigen Rechner, gespickt mit den neuesten „Gadgets" abgehalten wird? Wir sehen das Bild des Lehrers, getrieben von sich ständig ändernder Technologie und von Schülern (und einer Gesellschaft), die sich Information über eben diese Technologie erwarten. Mit Neidgefühlen mag dieser Informatiklehrer auf seine Kollegin blicken, die in angemessener Muße bei Adam Riese und Leonhard Euler verweilen darf.

Doch Vorsicht! Zu groß ist die Gefahr, auf dieser Flucht flüchtig zu werden. Welchen Sinn macht es, Schüler mit transientem Wissen vollzupacken, nur weil der nächste Computer-Store solches interessant erscheinen läßt und weil Kräfte-messen mittels Armdrücken (oder Schachspielen) durch Kräftemessen mittels Taktfrequenz der CPU und Speicherkapazität des zu Hause stehenden Rechners ersetzt wird.

Die Antwort auf diese Frage wird im Informatik-Sachunterricht wohl in der Präsentation von Stabilem, in Informatik-Praktikas in geeigneten Labor-Experimenten sein.

4.1. Modernes Stabiles

„Modernes Stabiles" scheint wohl ein Widerspruch in sich zu sein. Habe ich nicht eben allen Informatik-Lehrkräften einen Freibrief erteilt, sich auf das Prinzipielle und ewig Gültige zurückzuziehen: Boolsche Algebra, Schalt-Algebra, binäres Rechnen, und in fortgeschrittem Stadium Komplexitätsberechnungen für unterschiedliche Sortieralgorithmen. Das lernt man einmal und es bleibt über Generationen von Schülern, gültig. Leicht prüfbar sind diese Gebiete auch und zur Informatik gehören sie allemal.

Selbstverständlich gehören diese Gebiete zur Informatik und Schüler werden Informatik nicht verstehen, wenn sie mit diesen Grundlagen nie in Berührung kamen. Aber Informatik ist doch weit spannender. Informatik ist ein technisches Fach, und in einem solchen muß die Frage „Wie und Warum funktioniert dies denn?" als Leitfaden dienen. Über diesen Leitfaden läßt sich nun eine Brücke spannen zwischen moderner Hard- und Software und der Theorie, die nötig ist, damit diese funktioniert. Die Technologie, die erforderlich ist, um diese auch zu bauen, wird in der Schule nicht verfügbar sein. Doch dies scheint kein Mangel zu sein. Hier unterscheidet sich Informatik in keiner Weise vom Chemie- oder Physik-Unterricht. Auch dort kann man keine Raffinerie oder kein Motorenwerk aufbauen und dennoch ist es möglich, Schülern die Funktionsweise eines Benzinmotors nahezubringen und vielleicht so gar an einem kleinen Modell zu zeigen.

Versuchen wir ein solches Modell an Hand eines Beispiels aus dem Informatik-Unterricht anzugeben. Vergleichen wir etwa die pull-down Menues eins GUIs mit irgend einem rein textuellen Command-Interpreter. Wir können damit sehr rasch (und schmerzlos) bei einer einfachen Theorie formaler Sprachen landen und auch sehen, was nötig ist, um etwa einen neuen Menuepunkt einzufügen. Doch warum können wir vom Command-Interpreter verlangen, daß er einfache (arithmetische) Verknüpfungen zuläßt, während wir dies vom pull-down Menue wohl nicht erwarten können? Was unterscheidet diesen so erweiterten Command-Interpreter nun von einer Programmiersprache wie etwa Pascal? Sehr rasch finden wir uns mitten in der Chomsky-Hierarchie formaler Sprachen und bei grundlegenden Sätzen dazu. Wie tief man hier gehen möchte, wird wohl situationsabhängig sein, doch sollte man nicht übersehen, daß diese Übung weit aus dem technologiegetriebenen Teil der Informatik herausführt und sich das so erworbene Wissen etwa bei der Gestaltung von identifizierenden Kennzahlen und Schlüsselworten wieder finden sollte.

Ähnliche Ketten vom Schillernden zum Tiefen lassen sich auch im Datenbank-Bereich, in der Computer-Graphik, selbstverständlich in der Artificial Intelligence, ja in nahezu allen Bereichen der Informatik finden. Der Lösungsweg eines spannenden und wertvollen Informatik-Sachunterrichts liegt wohl in der Suche nach Stabilem, gespiegelt an technischer und anwendungsbezogener Aktualität.

4.2.   Fortgeschrittene Labor-Experimente

Eine Laborsituation sollte stets ein Abbild der Realität sein. Doch ein Labor ist eben nicht diese Realität. Folglich muß man sehr genau konzipieren, welchen Ausschnitt der Realität das Labor letztlich repräsentieren soll. Übersieht man dies, entsteht kein Labor, sondern eine Scheinrealität die bestenfalls zu einer Spielwiese degeneriert.

Im Zusammenhang mit Informatik denken wir beim Begriff „Labor" wohl in erster Linie an ein Hardware-Labor. Doch ein solches steht nicht im Fokus meiner momentanen Überlegungen. Dies scheint auch kein großer Mangel zu sein, denn bei einem Hardware-Labor wird nicht nur den Schülern sondern auch dem oberflächlichsten Betrachter sofort klar, daß hier Schaltungen in prototypischer Werkstattfertigung gebaut und erprobt werden, und daß dieses nicht etwa eine Silicon-Foundry ist. Die Probleme scheinen im Software-Labor zu liegen; dort wo intensiv nachdenkend und hektisch erprobend Pascal-Statement an Pascal-Statement gereiht wird (oder um welche Sprache es sich dabei auch immer handeln möge). Das Ergebnis ist ein Programm, also Software. Etwas anderes entwickeln die Profis bei Siemens PSE, Microsoft, DEC, HP, IBM, ... auch nicht. Das die dort entwickelten Großsysteme mehr Statements enthalten und vielleicht auch in einer anderen Sprache geschrieben wurden, ist wohl klar, doch Statements ausgedrückt in irgendeiner Programmiersprache sind es doch allzumal.

Diese Analogie greift nicht nur zu kurz. Sie ist gefährlich, weil inhärent falsch. Ein über einen Straßengraben geworfenes Brett ist eine Brücke; die Talüberquerung einer Autobahn ebenfalls. Niemand wird meinen, man lernt Brückenbau dadurch, daß man Bretter über Straßengräben legt. Doch ist nicht das Programm zur Berechnung des größten gemeinsamen Teilers etwa ein solches Brettchen, über das wir die Schienen einer Spielzeugeisenbahn legen können. Selbst ein Quicksort ist noch kein wirkliches Brett. Ein gut entwickeltes Programm zur Verwaltung eines Prefix-B*-Baumes könnte man vielleicht als solches Brett ansehen. Doch dazu wird man in der Schule wohl nicht mehr kommen. Und eine Brücke ist auch dieses Programm noch lange nicht. Das Problem, dies zu erkennen, liegt wohl einerseits im Immateriellen von Software und anderseits darin, daß Software ein intellektuelles Produkt ist [3].

Schüler sehen in der Software-Entwicklung Kreativität, Experimentieren, Mühe, und letztlich (hoffentlich) Erfolg. Dieser motiviert. Diese Motivation dadurch zu stören, daß man eine korrekte Lösung hintanstellt und den völlig inadäquaten Prozeß, in dem sie entstand, in den Vordergrund hebt, kann demotivieren. Dennoch sollten wir von Anbeginn trachten, unsere Schüler nicht zu unverbesser-lichen chaotischen Hackern zu erziehen (Schülerinnen scheinen hier etwas weniger gefährdet). Freilich kann man auch keinen industriellen, von einem komplexen Entwicklerhandbuch getriebenen und von CASE-tools unterstützten Entwicklungsprozeß in der Schule aufziehen. Wo läßt sich hier also ein Kompromiß finden.

Ein solcher Kompromiß könnte etwa ein Schüler Projekt sein, das als Labor-Experiment für Aging und Maintenance dient. Die Vorstufe dazu wäre etwa ein einfacher Dreier-Ringtausch. Gruppe *i* entwickelt ein Programm, *Gruppe ((i+1) MOD 3)* testet dieses Programm (und führt – in unrealistischer, doch didaktisch wohl begründeter Weise) auch gleich die dabei als nötig erkannten Änderungen durch. Ist das Programm nun fertig getestet, wird die Problemstellung leicht variiert, sodaß Veränderungen im Programm erforderlich werden. Diese Verände-rungen werden von Gruppe *((i+2) MOD 3)* ausgeführt.

Dieses Experiment scheint ein wenig unfair, insbesondere für Gruppe *((i+1) MOD 3)*. Doch das Leben ist nicht faierer und wirkliche Software-Entwicklung besteht nicht aus in-den-Bildschirm-starren. Sie ist Dialog. Dialog mit Anwendern, mit Kollegen, mit Entwicklern aus einer früheren oder aus einer nachfolgenden Phase. Dies erfordert soziale Kompetenz und solche soziale Kompetenz wird wohl auch gefordert sein, wenn Gruppen meinen, sie sollten aus Mist plötzlich funktionierende Software machen.

Das Beispiel läßt sich selbstverständlich in vielfältiger Weise variieren. Wer Bedenken gegenüber der Testgruppe hat, kann auf Error-Seeding (Fehler-Einpflanzung) [4] zurückfallen. Das Verfahren ist vielleicht befremdlich, doch es ist „real" und auch der Aufwand, der mit gutem Seeding verbunden ist, mag interessant erscheinen. Schließlich erkennt man, daß Testen nicht jener überflüssige Schritt ist, mir zu zeigen, daß das, was ich ohnehin richtig gemacht habe auch richtig ist, sondern daß es sich wohl um das Gegenteil handelt. Testen ist die Suche nach diesen wenigen durch die Intelligenz der Entwickler unabsichtlich gut versteckten Fehlern im Code. Hier eine Strategie zu finden ist wohl ebenso reizvoll und spannend, wie jede klassische Detektivsarbeit in einem Kriminalfall.

Um es noch spannender zu machen, kann ein weiteres Labor-Experiment des Informatikunterrichts aus dem Fach heraustreten. Ein fächerübergreifendes Projekt mit einem echten Kunden, etwa in Form eines Kollegen oder einer Kollegin, die ein anderes Fach unterrichtet, könnte einen schönen Abschluß der schulischen Informatikausbildung setzen. Der Kunde ist vorher zu warnen. Der Erfolg des Projektes als laufende Applikation kann nicht garantiert werden. Vielleicht muß eine andere Schülergruppe im nächsten Jahr einen Erstlings-Prototyp noch so weiterentwickeln, stabilisieren, vielleicht auch re-implementieren, daß etwas einsetzbares entsteht. Doch der Lernerfolg in einem Projekt, daß mit einer echten Problemanalyse beginnt und mit einer vollständig dokumentierten „Produkt"-Übergabe endet kann bei etwas Motivation jedenfalls garantiert werden.

5. Zusammenfassung

Informatik ist ebenso wie Mathematik ein Gebiet, dessen Kern die Modellbildung und damit die Frage nach der richtigen (!!!) Abstraktion ist. Doch während die Mathematik – selbst als angewandte Mathematik – „rein" ist, steht die Informatik in einem Spannungsfeld zwischen Anwendung und technischer Realisierung bzw. technischer Realisierbarkeit. Dieses Spannungsfeld gilt es nicht bloß im Augenblick zu überbrücken, sondern die Lösung muß über die Zeit halten. Auch dann, wenn sich über die Zeit hinweg anwendungs- oder/und technologieseitig Änderungen ergeben. Ein Modell ist mithin nicht dann gut, wenn es *jetzt* eine Lösung bietet, sondern dann, wenn es bei Änderung der Rahmenbedingungen mit einem zum Änderungsinkrement proportionalen Änderungsaufwand *weiterhin* eine Lösung bietet. Letzteres im Unterricht zu zeigen darf als die eigentliche Herausforderung an den Informatikunterricht angesehen werden.

Literatur

[1]   Brooks F.: „The Mythical Man-Month – Essays on Software Engineering"; Addison-Wesley, 1975 (1995).

[2]   Parnas D.L.: „Software Aging"; Proc. 16th International Conference on Software Engineering, IEEE Computer Society Press, Los Alamitos, 1994, pp. 279-287.

[3]   Mittermeir R.T.: „Software – The Tension between Conceptual Models and Executable Artifacts"; Institut für Informatik-Systeme, Universität Klagenfurt, TR-ISYS 6/98, 1998.

[4]   Wallmüller E.: „Software Qualitätssicherung in der Praxis"; Hanser Verlag, 1990.

[5]   Mittermeir R.T.: „Hypertext: Werkzeug? - Denkzeug?"; in: Fleissner P., Niyri Ch. (eds.): „Politics and Philosophy of Electronic Networking", Vol. 2, Studienverlag, 1998.

Postludium

Mancher Leser mag von der engen Sicht von Mathematik, die ich eben darstellte, verwundert sein. Dazu noch einige nachgereichte, hoffentlich klärende Bemerkungen: In obigem Beitrag wurde Mathematik als Schulmathematik aufgefaßt, während bei Informatik zwar auf die Schulsituation abgehoben wurde, der Blick wurde jedoch auf das Fach solches in seiner tatsächlichen Ausprägung in der nichtschulischen Realität gelenkt. Dies mag gegenüber der Mathematik als Fach, aber auch gegenüber Mathematikern als Fachexperten unfair erscheinen.

Die Unfairnis dem Fach gegenüber erscheint mir in diesem Zusammenhang nicht wirklich gegeben. Als wissenschaftliches Fach wohnen Mathematik und Informatik Aspekte inne, die jedem wissenschaftlichen Fach und jeder wissenschaftlichen Tätigkeit innewohnen. Als Beispiele dafür mag man die gemeinsamen mentalen „Werkzeuge", wie Selektion (Individualisation und Spezialisation), Disaggregation, Abstraktion (Projektionsabstraktion, Generalisationsabstraktion) sowie Kombination (Gruppierung, Vereinigung, Verschmelzung) und Komposition ansehen. Der wissenschaftliche Arbeitsplatz wird wohl in beiden Bereichen mit Computern ausgestattet sein.

Doch der Einsatz dieser Computer ist unterschiedlich. Dies zeigt die Unterscheidung zwischen dem Modellebauer und dem Modellexekutierenden. Für den Modellebauer, gleichviel ob Mathematiker oder Informatiker, besteht die Verantwortung der Abbildungstreue von Realität zum Modell (Abbildung von bzw. auf geeignete Operanden, Operatoren, Dynamik-Abbildung und Ermessen der Signifikanz des Nichtabgebildeten), die Verantwortung zur sauberen Modellkonstruktion (saubere Modellstruktur und Operator-Operand-Kompatibilität), sowie die Zulässigkeit der Rücktransformation und die Abschätzung des/der dabei auftretenden Fehler. Von einem hinreichend hohen Abstraktionsniveau besehen, unterscheiden sich auch in diesem Bereich angewandte Wissenschaften, insbesondere Mathematik und Informatik noch wenig.

Der Kern des Unterschieds wird allerdings bei der Modell-Exekution klar: Hier muß also ein, wie auch immer realisiertes Modell vorliegen und es gilt, den Fehler innerhalb der Modellausführung gering zu halten, oder, wenn möglich sogar zu einer fehlerfreien Modellausführung zu kommen. Ich gehe davon aus, daß das Modell der Informatiker auf einer Maschine ausgeführt wird, während sich Mathematiker allenfalls einer Maschine zur Unterstützung der Modellausführung bedienen. Wenn wir also die Beziehung zwischen Mensch und Repräsentation, also sehr oft zwischen Mensch und Maschine betrachten, so wird die Maschine die Möglichkeiten mathematischen Denkens selbstverständlich beeinflussen – man vergleiche Nietzsches Aussagen zu seiner Schreibmaschine – doch dies ist eine Beziehung innerhalb des Prozesses (vgl. dazu auch die in [5] behandelten „Kommunikationsbilder" und die Argumentation, daß Hypertext und Hypermedia-Systeme dem Experten neue Wege erschließen und alte leichter begehbar machen). Die Einbringung der Ergebnisse des Prozesses in die Realität erfolgt bei rein mathematischer Problemstellung jedoch durch den interpretierenden intelligenten Menschen.

Anders in der Informatik. Hier wird das Modell nicht *mit* einer Maschine sondern *durch* eine Maschine ausgeführt. Dies bedingt nicht nur zusätzliche Anforderungen an den Modellkonstrukteur (stärkere Notwendigkeit zur Antizipation unerwarteter (Zwischen-) Ergebnisse), sondern auch zusätzliche Anforderungen an das Modell selbst. Der Puffer des zwischengeschalteten interpretierenden, gefühlsbehafteten, intelligenten Menschen (oder wenn wir an Kommunikationsprozesse denken: des Menschenpaares) fehlt. Dadurch müssen wesentliche Teile des Gesamtprozesses, Teile, die beim rein mathematischen Modell der Mensch, meist ohne viel darüber zu raisonieren, übernimt, ebenso vom Informatiker für die Maschine vorgedacht werden. Daraus folgt, daß die Gesellschaft gerade bei Informatiklösungen besonders technologiekritisch zu sein scheint. Dies dürfte berechtigt sein. Dennoch zeigen viele Phänomene, daß auch andere Wissenschaftsgebiete sich mitunter zu sehr auf den die Rücktransformation abfedernden intelligenten menschlichen Interpreten verlassen.

Bleibt die Frage, ob ich angewandt arbeitende Mathematiker fair behandelt habe. Hier bin ich skeptisch, da diese ihre mathematischen Lösungen ja heute im Regelfall in Software implementieren. Sobald sie diesen Schritt setzen und damit ihrer Lösung erlauben, sich in gewisser Weise gegenüber Nichtmathematikern quasi als black-box zu verselbständigen, werden sie in diesen Teilen aus der Sicht der oben vorgebrachten Argumente wohl zu Ingenieuren, im Regelfall eben zu Informatikern. Damit darf allerdings auch für diese Personengruppe eine entsprechende Professionalisierung erwartet werden.

Petra OBERHUEMER, Wien (Österreich)

mathe online

1. Einleitung

mathe online ist ein Projekt zur Entwicklung eines interaktiven und multimedialen Mathematik-Lehrmittels in Form einer einheitlich gestalteten Lernumgebung, das unter der WWW-Adresse

http://www.univie.ac.at/future.media/mo/

abzurufen ist. Die damit angesprochene Zielgruppe besteht einerseits aus SchülerInnen und Unterrichtenden der AHS-Oberstufe, der BHS, aus StudentInnen von Studienrichtungen mit Mathematik als Hilfswissenschaft, BesucherInnen von Kursen der Erwachsenenbildung und andererseits aus Nutzern wirtschaftlicher Einrichtungen (Fortbildungsinstitutionen, Ausbildungsunterstützung in Firmen).

Die Entwicklung erfolgt in Zusammenarbeit mit SchulpraktikerInnen, KursleiterInnen und FachkollegInnen der Universität Wien. Im Laufe des Wintersemesters 1998/1999 wird der Einsatz des bisher erstellten Angebots in einigen AHS- und BHS-Klassen getestet werden. Weiters werden in Zusammenarbeit mit dem Verband Wiener Volksbildung eine Reihe von Tests in Kursen der Erwachsenenbildung mit anschließender Evaluierung durchgeführt werden.

Das Projekt mathe online wurde im März 1998 begonnen und wird im Februar 1999 abgeschlossen werden. In dieser ersten Ausbaustufe werden das didaktische Konzept und die Struktur des Angebots erstellt, erste Kapitel des AHS-Oberstufenstoffs ausgearbeitet und einige Einheiten der dynamischen und interaktiven Diagramme (Java-Applets) programmiert. In Folgeprojekten werden die noch fehlenden Stoffgebiete sowie zusätzliche Komponenten (Sammlung interaktiver Aufgaben, Tests mit Rückmeldesystem, Diskussion und Analyse häufig gemachter Fehler) in das Angebot aufgenommen werden.

2. Motivation

Mathematische Inhalte bieten sich geradezu zur multimedialen und interaktiven Ausgestaltung an. Die durch die modernen Technologien gegebenen Darstellungsmöglichkeiten wie Hypertext und Multimedia erlauben die Gestaltung von Lehrmittel, die auf neue Weise den Prozeß des Verstehens unterstützen können. Ich darf an dieser Stelle auf den Vortrag von Franz Embacher im Rahmen dieses Symposiums verweisen.

Es wurden daher in der Phase der Konzeptentwicklung von mathe online festgelegt, daß das Angebot die nachfolgenden drei Aspekte bieten soll:

- Hypertext
- Multimedia
- Online

In einem Hypertextkörper bewegen sich Lernende einerseits individuell durch ein System untereinander verknüpfter Dokumente (diese Form des freien Navigierens stellt ein exploratives Verfahren der Informationssuche dar), andererseits können sie entlang eines empfohlenen Pfades durch den Lerninhalt geführt werden (tutorielle Leitung), wobei sie diesen zu jedem Zeitpunkt verlassen können. Hypertext unterstützt somit ein aktives und selbstorientiertes Lernen. Den Nutzern ist größte Bewegungsfreiheit gegeben, fehlende Lernstrategien können unter Umständen jedoch zu Orientierungslosigkeit führen.

Die Einbettung von Multimedia-Komponenten (Bild, Ton, Animation und Video) in ein Hypertextsystem erlaubt neue Arten der Visualisierung mathematischer Inhalte. Zusätzlich zu animierten Bildern (im Gegensatz zu rein statischen in Lehrbüchern) wird den Lernenden das interaktive Eingreifen in dynamische Diagramme angeboten. Dadurch können vor allem mit einer auditiv erweiterten Programmoberfläche abstrakte Sachverhalte sehr gut veranschaulicht werden.

Schließlich ist mathe online ein Internet-Angebot. Es ist – vorausgesetzt ein Zugang steht zur Verfügung und die erforderliche Software (Java-fähiger Browser) ist installiert – frei zugänglich und jederzeit erweiter- und aktualisierbar. Es unterstützt somit die Möglichkeit der Wissensakquisition "nach Bedarf", d. h. bei Vorliegen eines Problems ist notwendiges Wissen rasch verfüg- und erlernbar. Dieser globale Zugang zur Information und die damit einhergehende Überwindung von räumlichen Entfernungen zu Bildungseinrichtungen eröffnen besonders Lernenden ohne begleitenden Unterricht oder Kursbetreuung neue Perspektiven.

Vorteile für die Lernenden können wie folgt zusammengefaßt werden:

- Multimediale Lehrmittel können traditionelle Lehrveranstaltungen wie Schulstunde, Vorlesung und Kurs sinnvoll ergänzen und unterstützen.

- Lernprozesse werden örtlich und zeitlich von Bildungsinstitutionen entkoppelt.

- Lernen wird zu einem stetigen Prozeß, der das meist vorherrschende Bewußtsein "Lernen für eine Prüfung" zu überwinden hilft.

- Lernende können selbst bestimmen, was sie lernen wollen, welche Wissensmangel oder –stärken sie beseitigen oder vertiefen wollen.

- Lernende bestimmen selbst ihre Lerngeschwindigkeit und werden so weder unter- noch überfordert.

- Lernende haben die Möglichkeit der Selbstkontrolle ihres Lernfortschrittes.

- Die Chancengleichheit – vor allem für BesucherInnen von Kursen der Erwachsenenbildung – steigt. Sie können aus zeitökonomischen Gründen auch zu Hause lernen.

3. Zielsetzung

Ziel von mathe online ist, die genannten Möglichkeiten in einem bisher nicht zur Verfügung stehenden Ausmaß zu realisieren. Im Zentrum steht die Entwicklung eines Programmpakets, das die im Unterricht auftretenden Verständnisschwierigkeiten mildern will, auf verschiedene Lern- und Verstehenstypen Rücksicht nehmen wird und sich für das Selbststudium eignet. Das Angebot versteht sich nicht als "Werkzeug" - etwa im Sinne eines Computer-Algebra-Systems oder eines Geometrieprogramms -, sondern als Lehrmittel, das durch den Unterrichtsstoff der AHS-Oberstufe, der BHS und einzelner Universitätsstudien führt.

Bisherige Online-Angebote überdecken nur wenig Stoff (meist Spezialgebiete der AutorInnen) und integrieren lediglich einen Teil der zur Verfügung stehenden Medien

4. Aufbau und didaktisches Konzept

Das dem Projekt zugrundeliegende didaktische Konzept besteht in einem Zusammenwirken multimedialer und hypertextbasierter Komponenten sowie der Einbeziehung von im WWW vorhandenen Ressourcen.

Kernstück des Angebots sind die Zentraldokumente der *mathematischen Hintergründe*, in denen die Grundzüge der Mathematik dargestellt werden und von denen aus das gesamte Material überblickt und aufgerufen werden kann. Die Lehrinhalte sind in Kapitel unterteilt (wobei ein Zentraldokument einem Kapitel entspricht) und jedes dieser Kapitel zerfällt wiederum in eine Anzahl von Modulen, kleinste inhaltliche Einheiten, die eine Zuordnung zu Teilqualifikationen, Klassen und Schulzweigen gestatten.

Aufgrund einer strukturellen Verwandtschaft des Lehrinhaltes mit dem Verbund vernetzter Dokumente kann Hypertext als didaktisches Gestaltungswerkzeug eingesetzt werden. Verweise auf Voraussetzungen und frühere Kapitel, Querverbindungen und Vorgriffe werden gemäß didaktischer Erfordernisse eingesetzt.

Der lineare Aufbau der Zentraldokumente gestattet eine tutorielle Führung, die Verweise zu den Komponenten *Galerie, Übungsaufgaben, Tests, Fehlerdiskussion* und zum *Lexikon* und den externen *Web-Ressourcen* beinhaltet.

Die *Galerie* besteht aus einer Reihe interaktiv gestalteter Multimedia-Einheiten, die das intuitive Verstehen von theoretischen Inhalten fördert. Die Einheiten ("Applets") sind in der plattformunabhängigen Sprache Java programmiert. Einzig Java bietet zur Zeit die Möglichkeit, Multimedia-Funktionalität (ohne Verwendung zusätzlicher Software durch die BenützerInnen) über das WWW zu übertragen. Die Applets stellen dynamische Diagramme dar, die unmittelbar auf Eingaben von BenützerInnen (z. B. Betätigung eines Schiebereglers) reagieren und auf diese Weise zur mathematischen Begriffsbildung beitragen.
Die Detailgestaltung der Applets erfolgt auf Basis einer modernen Mathematik-Didaktik, die die konkreten Aufbereitungsformen (Aufgabenstellung oder "nur" Veranschaulichung, Formen der BenützerInnen-Aktivität, Ausmaß der Verwendung mathematischer Formelsprache) aus dem jeweils behandelten Sachverhalt heraus entwickelt.

Die *interaktiven Übungsaufgaben* sollen den klassischen Zwecken der Übung und Selbstkontrolle dienen. Ein mehrstufiges Rückmeldesystem (Richtig/Falsch-Anzeige, Lösungsvorschlag, prinzipieller Lösungsweg, vollständiger Lösungsweg), gekoppelt mit der Möglichkeit, Zwischenergebnisse einzutragen, dient Hinweisen auf den (möglichen) Ursprung von fehlerhaften Endresultaten. Die Möglichkeit und der didaktische Sinn einer automatisierten Fehleranalyse wird vom Stoff abhängen.

Die *Tests* werden aus zusammengestellten Übungsaufgaben bestehen und als Einheit bewertet. Sie dienen der Selbstkontrolle hinsichtlich Verständnis und Lernfortschritt und werden mit der Programmiersprache JavaScript in die Web-Dokumente integriert. Die BenützerInnen haben die Möglichkeit, ihren Status bezüglich absolvierter Tests und Erfolgsrückmeldungen abzuspeichern und

jederzeit (auch in einer späteren Session) abzurufen. Ebenso können Tests
unterbrochen und begonnene Tests abgespeichert werden.

Eine *Besprechung* und *Analyse häufig gemachter* (d. h. im Voraus zu
erwartender) *Fehler* dient nicht nur dem Vermeiden dieser, sondern auch der
Illustration mathematischer Begriffsbildung.

Das *Lexikon* bietet Kurzbeschreibungen zu den wichtigsten mathematischen
Begriffen und führt die BenützerInnen über (fettgedruckte) Hyperlinks in das
Kapitel der mathematischen Hintergründe, in welchem der jeweilige Begriff
erstmals auftaucht.

Schließlich umfaßt das Angebot eine kommentierte Liste externer *Web-
Ressourcen*, die sich in *Online-Werkzeuge*, *Einzelthemen* und *Collections* gliedern
und somit eine problemlose Auswahl durch die BenützerInnen gewährleistet.
Besonders nützliche Ressourcen sind die Online-Werkzeuge für den praktischen
Einsatz (Rechner, Graphikprogramme, Computer-Algebra-Systeme,...). Die
Rubrik der mathematischen Einzelthemen beinhaltet ausgewählte Verweise zu
Web-Sites meist interaktiver Lernhilfen, die ein bestimmtes Stoffgebiet zum
Thema haben. Bei der Auswahl wurden bevorzugt diejenigen Sites berücksichtigt,
die kein Downloaden von Programmen und keine zusätzliche Software erfordern.
Die Collections beinhalten Verweise zu umfangreichen Angeboten an
Multimedia-Software und Online-Lernhilfen, die zum Surfen einladen.

5. Navigation und tutorielles System

Eine Reihe von Einstiegsdokumenten soll den BenützerInnen einen deutlichen
Überblick über die allgemeine Struktur und den Inhalt des Angebots geben.
Information über und Aufruf von einzelnen Komponenten (Galerie,
Übungsaufgaben, Tests, Historisches) sind auch unabhängig von den
Zentraldokumenten möglich. Dies ist insbesondere für jene BenützerInnen
sinnvoll, die z. B. ausschließlich an der Galerie oder den Aufgaben interessiert
sind.

Das Problem des Orientierungsverlusts angesichts der Vielzahl der verschiedenen
Komponenten wird weiters abgemildert durch die Stellung der Zentraldokumente
der mathematischen Hintergründe und ihr Verhalten im Browser: Ein geladenes
Zentraldokument bleibt solange im – maximierten – Browserfenster bestehen, bis
es bewußt durch ein anderes ersetzt wird. Die Aktivierung aller anderen
Hyperlinks bewirkt das Öffnen eines weiteren Browserfensters. Diese sind kleiner
als das maximierte "Stammfenster", was die Frage "wo bin ich?" gar nicht
aufkommen läßt. (Einzige Ausnahme: externe Web-Ressoucen werden in einem
neuen, aber maximierten Fenster geladen). Durch diese Ausgliederung bestimmter

Teile (z. B. Beweise, tiefergehende Bemerkungen zum Stoff) wird der Haupttext möglichst flüssig gehalten.

Die unterschiedliche Kennzeichnung verschiedener Typen von Hyperlinks (normal gedruckt, fett gedruckt, Graphik-Icon, Button, im Hauptteil oder am Kopf/Ende des Dokuments) vermindert noch in weiterer Form die Gefahr von Mißverständnissen, die vom inhaltlichen Geschehen ablenken. Je nach Art des Ausgangsdokuments (Einstiegsseiten, mathematische Hintergründe, mathematische Hintergründe/Bemerkungsebene, Übungsaufgaben, Tests, Galerie, Lexikon, Web-Ressourcen) und des verwendeten Hyperlinks weiß der Lernende genau, wo er sich in Folge hinbegibt.

Das *tutorielle System* besteht in Empfehlungen, nicht in automatisch ablaufenden Aktionen. Es gibt keine vorgegebene Abfolge von Dokumenten. Ausgehend vom Zentraldokument der mathematischen Hintergründe wird den BenützerInnen ein Lernweg vorgeschlagen, für den sie sich bewußt entscheiden müssen. Insofern ist das System offen gestaltet und erlaubt den Lernenden die Gewichtung der einzelnen Komponenten selbst zu wählen. Es läßt mehrere Arten von Benützung zu (ermöglicht selbstständiges und eigenverantwortliches Agieren und bietet gleichzeitig eine tutorielle Führung an).

Tutorielle Informationen über Teile des Stoffs, Voraussetzungen und inhaltliche Bedeutung der einzelnen Module können in Abhängigkeit von der Klasse und vom Schulzweig abgefragt werden. Neben der erhöhten Benutzbarkeit ist dadurch mehr Freiheit gegeben, auch anspruchsvollere und vertiefende Inhalte anzubieten.

6. Evaluation

Um die Qualität eines Bildungsangebots "messen" zu können, ist die Beurteilung seiner Effektivität ein bedeutsamer Faktor.

Die zu stellenden Fragen sind:

- Fördert das Angebot den Verstehensprozeß?
- Steigert es in Folge den Lernerfolg der BenützerInnen?
- Kommt es zu Veränderungen in Lehr- und Lernmethoden?

Die Entwickler eines solchen Programmpakets sind also auf Informationen und Rückmeldungen von den BenützerInnen angewiesen, um bereits während der Entwicklungsphase und spätestens bei der Überarbeitung des Angebots die Bedürfnisse der Lernenden in ausreichendem Maß berücksichtigen zu können.

Eine laufende Evaluation des Projekts mathe online wurde bereits in Form eines Online-Fragebogens begonnen und wird - wie bereits erwähnt - im

Wintersemester 1998/99 intensiviert. Das Angebot wird während der gesamten
Projektdauer durch Auswertung von Rückmeldungen der BenützerInnen
(Lehrende und Lernende) dynamisch optimiert. Die Ergebnisse der begonnen
Evaluation fließen in das Projekt ein.

Kriterien zur Evaluation können sein:

- Befragung der BenützerInnen zur Handhabung des Programmpakets
  (Benutzerfreundlichkeit).

- Befragung der BenützerInnen zur Verständlichkeit des Angebots.

- Vorher- /Nachher Befragung (Selbstkontrolle) der Lernenden zur Messung der
  Wissensänderung.

- Test der Lernenden auf die Haltbarkeit des vermittelten Wissens.

- Test des Angebots mit den verschiedenen Zielgruppen.

Günther Ossimitz, Klagenfurt (Österreich)

Internet-Ressourcen in einem technologisch orientierten Mathematikunterricht

1. Zur historischen Situation der Mathematik

Die Mathematik und die Mathematik-Ausbildung haben eine sehr lange Tradition. Die deduktiv-axiomatische Methode wurde bereits in den "Elementen" des Euklid um ca. 300 v. Chr. verwendet. Die nächste wesentliche methodologische Innovation in der Mathematik war G. Cantor's Einführung der Mengenlehre ca. um 1900. Knapp fünfzig Jahre später begann die bislang gravierendste Umwälzung in unserer Art, Mathematik zu betreiben: der Computer wurde erfunden. Bereits an der Wiege der Computer-Ära standen hochkarätige Mathematiker, wie etwa John von Neumann, der das Design moderner Digitalcomputer entscheidend mitgestaltete (J. v. Neumann-Architektur).

Die Tradition der Mathematik-Ausbildung ist noch älter. Stoffdidaktische Beispielsammlungen (wie den "Papyrus Rhind" von ca. 1650 v. Chr.) gab es schon im alten Ägypten. Der "fragend-entwickelnde Mathematikunterricht" hat seine Vorläufer bereits im "Sokratischen Dialog" bei Platon (ca. 400 v. Chr.).

2. Die Computer-Revolution in der Mathematik

Der Computer hat die Mathematik in zweierlei Hinsicht revolutioniert:

a) *"Traditionelle" Mathematik wird an den Computer ausgelagert.* Was bislang mit der Hand gerechnet, gezeichnet, bewiesen usw. wurde, wird zunehmend vom Computer (oder elektronischen Taschenrechner) übernommen.

b) *Es entwickeln sich neue Formen von Mathematik,* die ohne Computer in dieser Form gar nicht möglich bzw. realisierbar sind (z.B. in der Angewandten Mathematik, Simulationen, Optimierungsverfahren, multivariate Statistik, Kryptographie, Chaos-Theorie, beim Beweisen usw.).

Der rechnerisch-deskriptiv orientierte Zweig der Mathematik nimmt an Bedeutung gewaltig zu, der axiomatisch deduktive Zweig verliert eher an Bedeutung (vgl. dazu Horgan 1993) – trotz enormer Produktivität der modernen Mathematiker beim Beweisen von Sätzen. Immer mehr Nicht-Mathematiker nutzen in ihrem Fachgebiet mathematisches Know-How mittels leistungsfähiger Software für ihre Zwecke:

– Aktien-Analysten beurteilen Kursverläufe mit ausgefeilter Chart-Software.
– Ökologen simulieren Klimaveränderungen mit systemdynamischer Software.
– Nachrichtentechniker nutzen selbstkorrigierende Codes zur Datenübertragung.
– Marketingfachleute (und viele andere) setzen statistische Software zur Auswertung von Erhebungen und Befragungen ein.
– Controller stellen betriebliche Kenndaten mit MS-Excel-Charts dar.
– Anlagentechniker berechnen ihre Konstruktionen mit Finite-Elemente-Software.

Diese Beispiele zeigen, dass mathematisches Know-How (in einem weiten Sinne) durch Softwareprodukte vermittelt wird und so in einer Unzahl von Anwendungsgebieten Einzug hält (v.a. auch durch leistungsfähige, millionenfach verbreitete Standardsoftwareprodukte wie MS Excel). In Softwareprodukten eingebaut ist Mathematik heute weiter verfügbar als je zuvor und hat damit an gesellschaftlicher Bedeutung in den letzten Jahrzehnten gewaltig zugenommen.

Dies ermöglicht die schier unglaubliche Entwicklung der Computer-Hardware: jeder gewöhnliche Home-Pentium PC von 1998 übertrifft hinsichtlich Prozessorleistung und Speicherplatzangebot ein Rechenzentrum aus der Zeit um 1970 deutlich!

3. Und der Mathematik-Ausbildungssektor?

Was sind nun die "Megatrends" am Mathematik-Ausbildungssektor? Überspitzt gesagt: es gibt kaum welche. Die aufgabenorientierte Methodik gibt es seit den Zeiten des Papyrus Rhind. Der Unterricht ist seit jeher lehrerzentriert; der heute übliche fragend-entwickelnde Unterrichtsstil ist eher ein Nachfahre des sokratischen Dialoges als eine echte Innovation.. Geändert hat sich in den letzten 20 Jahren vor allem zweierlei:

– Taschenrechner haben (trotz einiger Abwehrkämpfe) Einzug in den MU gehalten.
– Die Stofffülle und das Anspruchsniveau haben deutlich zugenommen. Die Abituraufgaben, die Torbergs "Schüler Gerber" in der Zwischenkriegszeit noch verzweifelt aus dem Fenster springen ließen, würden heute wohl von fast jedem Maturanten mit Handkuß akzeptiert und gelöst werden.

Kurz zusammengefasst: Im MU gab es in den letzten Jahrzehnten keine (computer)-revolutionäre Entwicklung, wie sie die Mathematik durchlaufen hatte: es ist eine *zunehmende Entkoppelung zwischen der Mathematik und dem Mathematikunterricht* festzustellen.

Die *Mathematikdidaktik* nahm als professionelle Wissenschaft in den letzten drei Jahrzehnten einen beachtlichen Aufschwung. Dies ist an der steigenden Zahl von Planstellen, Forschungsprojekten, Publikationen usw. leicht zu erkennen. Dennoch gelang es der Mathematikdidaktik nur in Teilbereichen, Einfluss auf den MU auszuüben. Am ehesten noch auf der stoffdidaktischen Ebene: Inhalte wurden didaktisch aufbereitet, komplizierte Begriffe durch ausgeklügelte Beispiele oder Argumentationen "motiviert" usw. Insgesamt hat die Didaktik durch eine Unzahl gutgemeinter Unterrichtsvorschläge und didaktisch ausgefeilter Konzepte ihren Teil dazu beigetragen, die Stofffülle zu vergrößern. Einen grundlegenden Einfluss auf die Methodologie und Sinnorientierung des MU scheint mir die Mathematikdidaktik jedoch nur in geringem Maß gehabt zu haben. Wir müssen auch hier eine (sehr bedauerliche und z.T. sogar beschämende) *Entkoppelung zwischen Mathematikdidaktik und Mathematikunterricht feststellen*. Ein wesentlicher Grund dafür scheint mir schon darin zu liegen, dass vielen Didaktikern die zunehmende Entfremdung des MU einerseits von der Mathematik, andererseits aber auch von unserer Gesellschaft und Lebenswelt ziemlich egal oder womöglich gar nicht einmal bewußt ist.

4. Die Zukunft: Orchideen- oder Integrationsfach?

Ich kombiniere nun die bisherigen Argumente
- *dramatisch zunehmende gesellschaftliche Bedeutung der Mathematik durch Computernutzung in verschiedensten Bereichen*
- *keine Computerrevolution im MU der letzten Jahrzehnte*
zu folgender Schlussfolgerung:
= *ein Beibehalten des traditionalistisch "computerfreien" MU wird die gesellschaftliche Bedeutung des MU auf Dauer empfindlich schmälern.*
Tatsächlich ist der MU bereits heute innerhalb des schulischen Fächerkanons deutlich von außen unter Druck:
- Im Lehrplan der österreichischen Handelsakademien drohen Kürzungen der (ohnehin schon beschnittenen) Gesamtstundenzahlen.
- Mathematiklehrer in diesem Schultyp klagen, dass sie nicht in den Computer-raum können, weil dieser permanent für Fächer wie Rechnungswesen, Buch-haltung o.ä. reserviert ist. Selbstverständlich gilt in diesem Schultyp Excel auch als kaufmännische und nicht etwa als mathematische Software. So ergibt sich die etwas eigenartige Situation, dass ein Power-Mathematikwerkzeug wie Excel von Fächern quasi "besetzt" wird, deren Mathematikbedarf kaum über die Grund-rechnungsarten und Prozentrechnung hinausreicht, während der MU sich techno-logisch mit Taschenrechnern bescheiden sollte (oder dies vielleicht sogar frei-willig tut!).
- Viele traditionelle Inhalte der Mathematik, die sich am Computer realisieren lassen, werden ungeniert vom Fach 'Informatik' übernommen und als infor-matische Aufgaben bzw. Fragestellungen verkauft. Darüber hinaus erfährt die Informatik als Schulfach eine kräftige Förderung durch Industrie und Wirtschafts-verbände. Ob der MU eine ähnlich starke gesellschaftliche Lobby (noch) hinter sich hat, wage ich zu bezweifeln.
Selbstverständlich ist der MU nicht unmittelbar von der Abschaffung bedroht. Dazu ist auch unser Schulsystem viel zu träge. *Sehr wohl sehe ich jedoch eine starke Tendenz, dass der MU eine ähnliche Entwicklung nimmt wie das Fach Latein.* Bis weit in das 20. Jahrhundert war Latein *das* "Bildungsfach" schlechthin. Doch die Bildungsrevolution der 68er-Generation veränderte die Situation. Latein hatte im neuen Bildungsverständnis plötzlich keinen besonderen Wert mehr, sondern einen eher konservativ-elitären Touch. Und so wurde Latein von einem zentralen Bildungsfach zu einem peripheren "Orchideenfach", das zwar jeder lernen darf, der es unbedingt will, das aber keine zentrale Bildungsfunktion mehr hat.
Eine ähnliche Entwicklung sehe ich für das Fach Mathematik als allgemeinbildendes Schulfach kommen, wenn es sich nicht in einer dramatischen Weise selbst neu positioniert. *Mathematik als Orchideenfach* heißt für mich:
- traditionalistische Aufgabendidaktik
- der Computer spielt keine besondere Rolle
- Mathematik auf hohem Niveau (Zielgruppe: mathematische Olympioniken)
- Mathematik bleibt "bei sich selbst" (Fischer (1980): nennt das "Ideologie der Selbstbeschränkung")

- Berufsvorbildung für künftige Spezialisten
- Pseudo-allgemeinbildende Bedeutung (man benutzt ähnlich wie bei Latein Argumente wie "logisch denken lernen", "abendländisches Kulturgut" usw.)

Dem möchte ich ein Konzept von *Mathematik als technologisch orientiertes Integrationsfach* gegenüberstellen:

- *Mathematik als Darstellungs- und Kommunikationsmittel* (R. Fischer 1984)
- *Mathematik als Technologiefach*: man lernt im MU in erster Linie moderne Technologie und weniger antike Theoreme.
- *offensiver Umgang mit dem Computer*: z.B. Excel wird selbstverständlich als primär mathematische Software angesehen; der MU reklamiert für sich z.B. eine Priorität bei der Ausbildung in Excel. Dazu muss man allerdings bereit sein, sich im MU mit der Bedienung von Computersoftware und elektronischen Rechnern auseinanderzusetzen. Der MU wäre m.E. prädestiniert, etwa über die (sehr sinnvolle) Prozentformatierung in Tabellenkalkulationsprogrammen aufzuklären, die jeden Kommerzialisten überfordert, der Hundertstel (=Prozente) noch mit Hundert multiplizieren *muss*, um zu Prozentzahlen zu kommen.
- Das Fach Mathematik übernimmt *Servicefunktionen für andere Fächer*: z.B. systemdynamische Darstellungs- und Simulationstechniken, die in Biologie, Geographie oder Physik angewendet werden können.
- Mathematik präsentiert sich als *Fach mit hohem Bildungswert*: man lernt hier Dinge, die man wirklich brauchen kann und nicht bloß Pseudoanwendungen.
- Insgesamt bleibt die Mathematik dadurch ein *Pflichtfach auch in der SII*.

Der o.a. Druck auf den MU von außen geht eher in die Richtung, den MU zu einem Orchideenfach zu reduzieren. Die Vision eines Integrationsfaches erscheint mir nur durch sehr starke, vom Fach selbst kommende Innovationskräfte erreichbar zu sein.

5. Das Internet als Wundermittel?

Was kann das Internet dazu beitragen, um aus dem Schulfach Mathematik ein technologisch orientiertes Integrationsfach zu machen? Dazu einige Thesen:

a) *Das Internet allein bewirkt noch gar nichts für den MU. Erst durch seinen schulischen Einsatz kann es dazu beitragen, dass sich der MU ändert.*

b) *Der Einsatz des Internets kann eine "herkömmliche" Ausbildung radikal und nachhaltig verändern.* Ich kann dies aus zwei Jahren eigener Erfahrung mit internet-orientierter Ausbildung an der Universität feststellen. Ich nutze es
   - zur *Verbreitung von Lehrmaterialien*: Lehrveranstaltungsunterlagen, Vorlesungsfolien und Skripten sind online im Internet abrufbar
   - zur *Information der Studierenden*
   - *zur Öffnung von Lehrveranstaltung nach aussen* (Online-Lehrgänge)
   - als *Hilfsmittel zur Qualitätssicherung* (studentische Arbeiten im Web)
   - um *studentisches Feedback* via e-mail zu erhalten
   - als Hilfsmittel für eine *long-distance-Ausbildung* (geplant: Betreuung von Studierenden anderer Universitäten).

c) *Das Internet ermöglicht neue Zugänge zum Wissen oder auch zu speziellen Themen*: eine Internet-Recherche zum Thema "Pythagoras" liefert (neben

unbrauchbaren Kuriosa wie die Firma "Pythagoras Konsult") nicht nur den Satz
von Pythagoras in den verschiedensten Varianten, sondern auch Beiträge über die
Bedeutung von Pythagoras für die Musiktheorie (Harmonienlehre), geschicht-
liche Hintergründe bis hin zu Informationen über seine Heimatinsel Samos.

d) Um im Internet die Spreu vom Weizen zu trennen, ist die *Entwicklung und
Nutzung spezialisierter Kompetenz* notwendig; zum Stichwort "Pythagoras" etwa
in Form einer Link-Liste mit den besten Links zum Thema Pythagoras (z.B. die
Adresse http://laplaza.org/~drzero/numerology/Pythagoras_sites.html). Solche "spezia-
lisierte" Kompetenz kann auch in Form von Bildungsservern oder Materialsamm-
lungen (wie die Math Archives http://archives.math.utk.edu/ oder die Creative
Learning Exchange http://archives.math.utk.edu/) bereitgestellt werden. Eine andere
Form "spezialisierter Kompetenz" bieten Suchmaschinen oder facheinschlägige
Newsgruppen. In der newsgroup alt.algebra.help etwa finden Schüler und Studenten auf einer weltweiten Basis Hilfe für ihre mathematischen Hausaufgaben durch
freundliche Sachkundige, die dort mal eben vorbeischauen. (Besonders dreist-
bequeme Anfragen werden dabei durchaus auch mit dem trockenen Tip "na, *das*
schau doch mal in deinem Lehrbuch nach" beantwortet.)

6. Internet und schulischer (Mathematik-)Unterricht

Das Internet kann auf verschiedensten Ebenen schulischen Unterricht fördern und
verändern. Die im folgenden angeführten Aspekte sind nicht unbedingt mathematik-
spezifisch, sie gelten aber sicherlich ohne Einschränkung auch für den MU:

Verbesserter Zugang zu Materialien und Informationen:

Das Internet bietet *Zugang zu völlig neuen Unterrichts- und Lehrmaterialien,
Beispielsammlungen* usw. Dies ist insbesondere für einen softwareorientierten
Unterricht oft sehr vorteilhaft, wenn sich aufwendigere Modelle direkt aus dem Web
herunterladen lassen. Ein systemdynamisches Weltmodell oder ein Tabellen-
kalkulationsmodell, das etwa den Simplex-Algorithmus tableauweise rechnet, ist
sicherlich leichter im Web zu finden als selbst erstellt. Öfter noch wird es vorkommen, dass man beim Stöbern im Internet Materialien findet, die erst den Anstoß
zu einer bestimmten Unterrichts- bzw. Projektidee geben.
Fallweise hört man den Einwand, dass das Internet größtenteils nur Informations-
müll und Datengerümpel enthält, vor dem wir uns eigentlich eher schützen müssten
als darin herumzuwühlen. Dies erinnert mich ein wenig an die Argumentation eines
Altkommunisten, der meint, dass die Marktwirtschaft durch ihre Flut an über-
flüssigen und unnützen Waren den Verbraucher nur überfordert und dass es daher
wohl besser sei, bei einer vernünftigen kommunistischen Planwirtschaft zu bleiben.
Wenn es nur eine Sorte Brot und eine Art von Schuhen gibt, dann braucht man sich
in der Tat nicht den Kopf darüber zu zerbrechen, welches Brot oder welche Schuhe
man nun kaufen möchte. Man kann diesen Vergleich durchaus noch dahingehend
ausbauen, dass das herkömmliche Schulwesen einem planwirtschaftlichen, das
Internet hingegen einem marktwirtschaftlichen Zugang zu Wissen, Informationen

und vielleicht sogar auch zu so etwas wie "Bildung" entspricht. Dazu ein Beispiel: Eine Lehrerin berichtete auf dieser Tagung, dass sie einen Schüler hatte, der mit der Art, wie sie die Bruchrechnung einführte, nicht zurechtkam. Der Schüler gab sich aber damit nicht zufrieden, stöberte (vom heimischen PC aus) im Internet und stieß dabei auf eine Erklärung der Bruchrechnung, die er "verstand".
Durch das Internet wird quasi ein "demokratischer Bildungsmarkt" geschaffen, bei dem jeder auf einer weltweiten Ebene anbieten und nachfragen kann, was er will. Der Erfolg eines "Produkts" auf diesem Markt ergibt sich in erster Linie aus der Anzahl der "Besuche" bzw. "Downloads". Qualitativ schwache Angebote, die nicht ständig verbessert und up-to-date gehalten werden, finden kaum Beachtung. Sie kommen in keine Link-Liste, werden nicht weiterempfohlen und höchstens zufällig (über Suchmaschinen) gefunden. Meist werden sie nach einer gewissen Zeit wieder vom Server gelöscht, um Platz für Neues zu schaffen. Der Müll entsorgt sich gewissermaßen selbst, indem unbrauchbare Angebote in der Regel gar nicht erst wahrgenommen werden. Kurz gesagt: wer im Internet nur "Schrott" findet, hat noch nicht gelernt, so zu suchen, dass man auch Nützliches und Sinnvolles findet. Es wird ihm vermutlich genauso ergehen wie jemandem, der in einem Supermarkt oder in einer Buchhandlung aus 15.000 Produkten 20 Artikel rein zufällig auswählt: da wird vermutlich auch fast alles davon unbrauchbarer "Müll" sein.

Verbesserte Kommunikationsmöglichkeiten:

Das Internet eröffnet überdies neue Möglichkeiten in der Kommunikation zwischen Lehrern, zwischen Lehrern und Schülern und auch zwischen den Schülern. Elektronische Mail verbindet die Vorteile des geschriebenen Wortes (beinahe) mit der Geschwindigkeit des Telefons, und das bei minimalsten variablen Kosten. Insbesondere ermöglicht das Internet distanzübergreifende Projekte oder Lernvorhaben in einer Weise, die sonst unvorstellbar wäre. Ein Beispiel: In den USA nahmen (im ganzen Land verteilte) Schulen am "Biosphere2 Global Testbed" Projekt teil, bei dem aus einem (künstlich angelegten) Biotop gelieferte (http://www-.bio2.edu/data/senselect.htm) Umweltdaten via Internet an die teilnehmenden Schulen übermittelt und dort lokal von den Schülern ausgewertet wurden.

7. Was gibt es im Internet konkret für den MU zu holen?

Diese Frage läßt sich aus mehreren Gründen schwer beantworten:
- das Angebot im Internet wächst mit unglaublicher Geschwindigkeit
- ältere (z.T. auch gute) Angebote verschwinden wieder aus dem Netz
- ich habe selbst längst keinen Überblick über das, was für den MU insgesamt im Internet angeboten wird.

Daher beschränke ich mich auf den mir gut vertrauten, sehr engen Bereich "Didaktik der Systemdynamik - Entwicklung vernetzten Denkens". Bereits hier gibt es im Internet ein breites Angebot an Materialien. In meiner "Systems Dynamics Mega Link List" sind derzeit (Oktober 1998) ca. 150 einschlägige Web-Adressen aufgelistet. Die Links sind thematisch gruppiert und zumeist kurz kommentiert, sodass man sehr gezielt zu den gewünschten Sites kommt. Die Liste wird bei jeder monatlichen Aktualisierung um ca. 10 Einträge länger (wobei nicht mehr erreichbare Adressen laufend eliminiert werden) und erfreut sich in der einschlägigen Community mittlerweile erstaunlicher Beliebtheit (ca. 700 Zugriffe pro Monat!).

Zum Thema "systemisches Denken" findet man im Internet ca. 15-20 Artikel unterschiedlichster Qualität und Herkunft. Sie reichen von publizierten Beiträgen im PDF-Format bis hin zu locker formulierten "how to do"-Instruktionen. An Lehrmaterialien lassen sich Hunderte Artikel und Beiträge zur Systemdynamik bei der "Creative Learning Exchange" sowie im Rahmen des Systemdynamik-Fernlehrganges "Road Maps" (beide beheimatet am MIT, http://sysdyn.mit.edu/) kostenlos beziehen. Eine ganze Reihe dieser Beiträge beschäftigt sich mit konkreten Unterrichtsversuchen oder dokumentiert konkrete systemdynamische Simulationsmodelle. Simulationsmodelle werden auch anderswo angeboten, (z.B. die Website von Goldkuhle, Kohorst und Portscheller zur Modellbildung und Simulation http://www.learn-line.nrw.de/Themen/Modell/medio.htm) oder eine umfangreiche, didaktisch kommentierte Sammlung von W. Hupfeld (http://www.ikarus.uni-dortmund-.de/Wissenschaft/Modellbildung/Modelle/index.htm). Eine besonders interessante und ganz junge Entwicklung ist das Angebot sogenannter WebSims (http://www.power-sim.no/html/f_demo_websimi.htm). Über ein WebSim können einzelne (oder auch mehrere) Benutzer ein beim Anbieter gelagertes und dort gerechnetes konkretes Simulationsmodell durchspielen. So können z.B. im "Beer Game" verschiedene Mitspieler (die über die ganze Welt verstreut sein können) versuchen, um einen simulierten Biermarkt zu konkurrieren.

Im Internet finden sich auch eine Reihe von Projektangeboten oder Beschreibungen von tatsächlich laufenden Projekten zur Didaktik der Systemdynamik. Dazu gehört das "System Dynamics in Education Project" (http://sysdyn.mit.edu/) am MIT oder das Waters Grant System Dynamics Project (http://falcon.cfsd.k12.az.us/~sysdyn/). In letzterem Projekt geht es etwa um das ehrgeizige Vorhaben, den gesamten Catalina Foothills School District in Arizona, USA, quasi flächendeckend über alle Schulen, Fächer und Jahrgänge mit systemdynamischem Know-how zu versorgen.

Das Internet bietet auch bereits Möglichkeiten, sich systemdynamisches Wissen über (mehr oder weniger gut ausgearbeitete) Fernkurse anzueignen. Ein voll ausgearbeitetes Konzept bietet der schon erwähnte Lehrgang "Road Maps" am MIT. Direkt für den Schulgebrauch einsetzbar ist der sehr gut ausgearbeitete Lehrgang von W. Hupfeld (http://www.ifs.uni-dortmund.de/whupfeld/modsim/index.htm), der auch viele Beispiele in der Simulationssprache Dynasys enthält. Wesentlich bescheidener und bruchstückhaft sind meine eigenen Versuche, einen "Online Kurs zur Didaktik der Systemdynamik" (http://www.uni-klu.ac.at/users/gossimit/sdyn/sdlv.htm) anzubieten. Selbstverständlich ist es auch möglich, systemdynamische Simulationssoftware aus dem Internet herunterzuladen (vgl. http://www.uni-klu.ac.at/users/gossimit/sw/sdsw.htm). Das Angebot reicht von deutschsprachiger, graphisch orientierter Shareware für den Schulgebrauch (DYNASYS von W. Hupfeld) bis hin zu einer etwas abgespeckten Gratisversion eines Power-Simulationssystems (Vensim PLE von B. Eberlein).

Insgesamt soll diese sehr exemplarisch gehaltene Schilderung zeigen, dass sich bereits in einem so engen Teilgebiet wie der Didaktik der Systemdynamik erstaunlich viel und auch qualitativ Hochwertiges im Internet zu finden ist. Wenn man diese Angebote sichtet, nutzt und eventuell auch mit dem einen oder anderen Anbieter direkt Kontakt aufnimmt, ist man sofort in eine internationale, facheinschlägige Community integriert, die es (als Community) ohne das Internet wohl kaum gäbe.

8. Fazit und Ausblick

Diese Arbeit sollte klarmachen, dass ich die Bedeutung des MU als zentrales Bildungsfach ernsthaft gefährdet sehe, wenn das Fach nicht von sich aus eine dramatische Änderung hin zu einem technologisch orientierten Integrationsfach vollzieht. Das Internet bietet dazu eine Reihe von technologischen Möglichkeiten, die man für diesen Zweck nutzen könnte. Die methodologische Trägheit des MU (angesichts der in der Mathematik längst gelaufenen Computerrevolution!) stimmt mich jedoch sehr skeptisch, ob es noch gelingt, die Entwicklung der Mathematik hin zu einem Fach am Rande des Fächerkanons à la Latein noch abzuwehren. Auch unsere eigenen empirischen Forschungen dazu stimmen mich eher pessimistisch. Eine unter ausgewählten, als besonders technologisch-computerinteressiert bekannten Mathematiklehrern in Österreich im Frühsommer 1998 durchgeführte, (z. Zt. noch nicht publizierte) Umfrage ergab, dass das Internet im MU an österreichischen Höheren Schulen derzeit de facto praktisch (noch?) keine Rolle spielt. Und so bleibt mir die (mich gar nicht freuende) Prognose, dass das Internet wohl eher die österreichische Kaffeehauskultur (Stichwort "Internet-Cafe") als die österreichische Schulkultur revolutionieren wird, während der Mathematikunterricht einer seligen Zukunft als Orchideenfach entgegenzuträumen scheint.

Literatur:

Fischer, R: (1984): Offene Mathematik und Visualisierung. mathematica didactica (1984)7, S. 139-160.
Fischer, R.: (1980): Zur Ideologie der Selbstbeschränkung im Mathematikstudium. In: Zeitschrift für Hochschuldidaktik, S. 64-72.
Horgan, J. (1993): Der Tod des Beweises. Spektrum der Wissenschaft, (1993)12, S. 88-101.
Ossimitz, G. (1994): Modellierung dynamischer Systeme im Mathematikunterricht - wozu? In: Hischer (Hg): Mathematikunterricht und Computer: neue Ziele oder neue Wege zu alten Zielen? S. 72-79. Hildesheim: Franzbecker.
Ossimitz, G. (1995): Leitideen für einen Mathematikunterricht im Informationszeitalter. In. Hischer / Weiß (Hg): Fundamentale Ideen. S. 132 - 139. Hildesheim: Franzbecker.

Marcus OTTO, Ludwigsburg

Schreiben und Programmieren in der Mathematiklehrerausbildung

1 Einleitung

Viele Lehramtsstudierende messen dem Schreiben im Fach Mathematik nur eine geringe Bedeutung bei und werden dabei durch die meisten Lehrveranstaltungen bestätigt. Formale und halbformale Darstellungen dominieren. Gerade für Lehrerinnen und Lehrer ist jedoch die Fähigkeit, formal dargestellte Sachverhalte verständlich zu erklären, wichtig. Auch neuere Lehrplanvorgaben wie die „Standards" des National Council of Teachers of Mathematics (NCTM) [7] in den USA betonen die Bedeutung der Kommunikationsfähigkeit für die Mathematik.

Auch der Umgang mit formalen mathematischen Notationen bleibt häufig oberflächlich. Typische Schreibfiguren werden zwar beherrscht, der Bezug zu den dahinterliegenden mathematischen Begriffen und Strukturen bleibt aber oft unklar, Zusammenhänge werden nicht gesehen und Variationen bereiten Schwierigkeiten. Kleine Computerprogramme zu entwickeln, fördert hier ein tieferes Verständnis.

Ausgehend von der Idee des „Literate Programming" [3] wird der Versuch unternommen, neben einem tieferen Verständnis die Erklärungsfähigkeit der Lehramtsstudierenden zu fördern und dabei gleichzeitig die didaktischen Möglichkeiten des Programmierens – z. B. Präzisieren und Ausprobieren – zu nutzen. „Literarische Programme" kann man als mathematisch-informatische Aufsätze bezeichnen, in deren Text Programmteile integriert sind. Zusätzlich stellen diese Texte jedoch lauffähige Programme dar, deren Wirkung praktisch erfahren werden kann.

2 Zu den Begriffen „Schreiben" und „Programmieren"

Schreiben Daß die Sprache in der Mathematik und ihrem Unterricht eine wichtige Rolle spielt, wird in jüngster Zeit immer häufiger gesehen [2, 7]. Dabei geht es nicht nur um den Aspekt der mathematischen Fachsprache, sondern auch um das Sprachvermögen, welches für das Mathematisieren von Problemen, das Beschreiben von Lösungswegen und das Interpretieren von Ergebnissen nötig ist. Insgesamt leistet die Eigenproduktion von Texten einen wichtigen Beitrag, um den Lernprozeß zu unterstützen. Eigene Sichtweisen schriftlich zu formulieren, unterstützt die gedankliche Reflexion, eröffnet Kommunikationsmöglichkeiten und erlaubt es Lösungs- und Lernvorgänge zu evaluieren. Vielen Lehramtsstudierenden mangelt es aber an solchen Schreiberfahrungen in der Mathematik.

Programmieren Der Computer und informatische Begriffe prägen in immer stärkerem Maße das Bild der Mathematik [4]. Computer-Algebra-Systeme installieren den Computer als mathematisches Werkzeug im Unterricht und trivialisieren traditionelle Unterrichtsinhalte. Rekursive Definitionen und Beschreibungen von Algorithmen erscheinen durch informatische Ideen in einem neuen Licht. Der Eigenproduktion von Programmen fällt bei der Bewältigung der neuen (und auch alten) Inhalte eine tragende Rolle zu. Mathematische Sachverhalte werden konstruktiv erschlossen und während des gesamten Prozesses liefert der Rechner Rückmeldungen zu den eigenen Überlegungen. Er erzwingt eine präzise Darstellung und ermöglicht es auch komplexere Beispiele durchzuarbeiten. Vielen Lehramtsstudierenden mangelt es aber an solchen Programmiererfahrungen.

3 Zielsetzung

Durch die Integration von Schreib- und Programmieranlässen in ihr Studium sollen künftige Lehrerinnen und Lehrer lernen und üben mathematische Sachverhalte in Worten (informell) zu beschreiben und sich so dieses Mittel der Reflexion, Kommunikation und Evaluation erschließen. Sie sollen lernen und üben mathematische Sachverhalte auf dem Computer umzusetzen und dort damit arbeiten, um ein konstruktives Verständnis von mathematischen Begriffen zu erhalten und mehr Erfahrung mit ihnen zu sammeln. Besonders wichtig ist dabei, daß sie sich mit dem Zusammenspiel von informeller und formaler Darstellung auseinandersetzen. Sie sollen lernen die Übergänge vom einen zum anderen besser zu bewerkstelligen. Auch sollen sie sich an die informelle, schriftliche Darstellung von mathematischen Sachverhalten gewöhnen und sie als wichtigen Teil mathematischen Tuns anerkennen. Viel zu oft fällt dieser Aspekt bisher unter den Tisch. Als angenehme Nebenwirkung werden sich die Studierenden intensiver mit mathematischen Inhalten beschäftigen.

4 Grundprinzipien

Mit dem Konzept des „Literate Programming" vertritt Knuth [3] die Ansicht, daß man sich beim Programmieren von der Vorstellung leiten lassen solle, man erkläre einem anderen Menschen, was der Computer tun soll, statt der Maschine Anweisungen zu erteilen.

> Let us change our traditional attitude to the construction of programs. Instead of imagining that our main task is to instruct a *computer* what to do, let us concentrate rather on explaining to *human beings* what we want a computer to do.

> The practitioner of literate programming can be regarded as an essayist, whose main concern is with exposition and excellence of style. Such an author, with thesaurus in hand, chooses the names of variables carefully and explains what

each variable means. He or she strives for a program that is comprehensible because its concepts have been introduced in an order that is best for human understanding, using a mixture of formal and informal methods that nicely reinforce each other. [3, S. 97]

Seine Grundideen sind dabei:

a) Das Programm und seine Beschreibung bilden eine Einheit und sollten nicht getrennt formuliert werden. Dadurch wird eine hohe Übereinstimmung erzielt und Programmierentscheidungen bleiben nachvollziehbar.

b) Es ist eine menschen- und nicht eine maschinengerechte Darstellung anzustreben. Die üblichen Techniken des Kommentierens leisten dies nur unzureichend, da sie zu vielen Einschränkungen unterworfen sind.

c) Dazu wird das Programm in Teile zerlegt, die der Erläuterung angemessen sind und ähnlich mathematischen Formeln in den Text eingebettet werden. Dabei können, von der Programmiersprache auferlegte, syntaktische Zwänge zugunsten einer besseren Darstellung umgangen werden.

d) Das eigentliche Programm oder Teile davon kann der Rechner aus dem Text (re-)konstruieren. Ein Eingriff des Menschen ist an dieser Stelle nicht mehr erforderlich.

„Literarische Programme" haben die Form mathematisch-informatischer Abhandlungen, die in Abschnitte und Absätze gegliedert sind. Das Beispiel zeigt ein Programm über das Sortierverfahren, „Direktes Einfügen". Es basiert auf der Idee, eine Seite in einen Stapel numerierter Blätter einzufügen. Der Text ist so aufgebaut, das zuerst die vorliegende Problemstellung erläutert wird. Im zweiten Abschnitt wird eine geeignete Modellvorstellung aufgebaut und erläutert, wie sie mit den Mitteln der gewählten Programmiersprache formal repräsentiert wird. Die verwendete Sprache ist Scheme-L.

Exkurs:

Scheme-L ist eine Erweiterung des Lisp-Dialekts Scheme der am MIT in Boston entwickelt wurde und durch das Lehrbuch von Abelson, Sussman und Sussman [1] bekannt wurde (vgl. auch [8, 9], sowie [11]). Die Ludwigsburger Erweiterungen umfassen vor allem deutsche Bezeichner, Infix-Notation und Module zu speziellen Themen, wie Kombinatorik, Lineare Algebra, Vektorgeometrie, usw.

Entscheidendes Merkmal von Lisp-Sprachen ist, daß zusammenhängende Objekte geklammert werden. Eine solche geordnete Zusammenfassung wird Liste genannt. Die einzelnen Objekte werden dabei durch Leerzeichen getrennt. Die Anwendung der Sinusfunktion auf x lautet somit `(sin x)` und nicht $\sin x$ oder $\sin(x)$.

Ein vorangestellter Apostroph bedeutet, daß der folgende Ausdruck „wörtlich" zu verstehen ist und nicht als das Ergebnis seiner Auswertung. Mit dem Kürzel `def` für „definiere" wird ein Objekt benannt. Im Beispiel `(def s '(2 4 7 8))`. Funktionen können durch ihr Aufrufmuster eingeführt werden.

```
(def (quad x) (x * x))
```

Neben einfachen Termen steht auch die Fallunterscheidung zur Funktionsdefinition bereit. Jeder Fall besteht dabei aus einer Bedingung und einem Ausdruck, der als Folge der erfüllten Bedingung, den Wert der Fallunterscheidung bestimmt.

```
(def (betrag x)
   (falls
       ((x < 0) (- x))
       (sonst     x)))
```

Die weiteren Abschnitte bestehen aus dem Text, der den Sachverhalt informell erläutert und sind mit Programmstücken versetzt, die den Inhalt formal fassen. Die Programmstücke werden durch eine kurze Umschreibung benannt (gekennzeichnet durch ⟨...⟩ ≡) und können so in anderen Programmstücken referenziert werden. Umschreibungen fungieren somit als Platzhalter wie dies von Pseudocode-Darstellungen bekannt ist und werden beim Ausführen durch das zugeordnete Programmstück ersetzt. Auf diese Weise ist es möglich, Programmstücke in passendem Umfang an geeigneter Stelle in den Text einzufügen ohne den Fluß der Erläuterung zu stören.

Direktes Einfügen – ein einfaches Sortierverfahren

1 Das Ordnen von Zahlenfolgen

Oft stehen wir im Alltag vor der Aufgabe eine Anzahl von Dingen ihrer Reihe nach zu ordnen: Adresslisten den Namen nach, Spielkarten ihrem Wert entsprechend. Es gibt viele Verfahren wie wir dabei vorgehen können. Eines der einfachsten soll hier dargestellt werden: das Direkte Einfügen. Um die Sache nicht zu kompliziert werden zu lassen, wollen wir uns darauf beschränken, eine Folge von Zahlen zu ordnen.

Beispiel:

Die Zahlenfolge 9, 3, 5, 8, 2, 6 wird der Reihe nach aufsteigend geordnet. Man erhält 2, 3, 5, 6, 8, 9.

2 Zahlenfolgen gestapelt denken

Stellen wir uns vor, wir hätten einige Seiten aus einem Buch fotokopiert. Statt einer Folge von Zahlen haben wir einen Stapel Blätter, die mit einer Seitennummer beschriftet sind. Die Höchste unten, die Niedrigste oben auf. Wenn sie uns beim Transport herunterfallen und durcheinander geraten, müssen wir sie wieder in die richtige Reihe bringen.

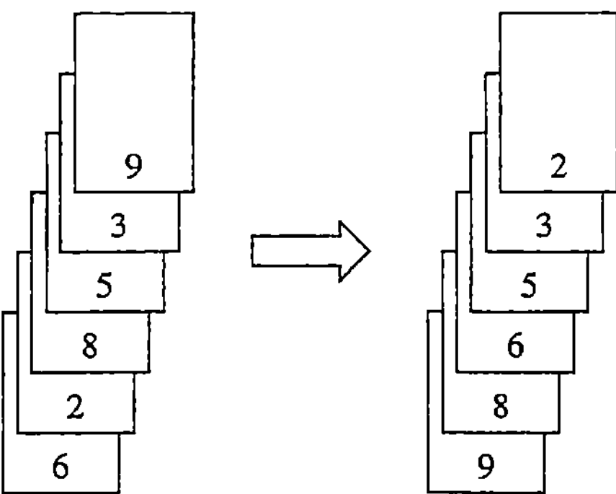

In Scheme-L können wir einen Stapel durch eine Liste modellieren, die die Nummern der Seiten enthält. Die Operation `(mit-erstem n s)` ergibt den Stapel s auf den oben die Seite mit der Nummer n gelegt wurde. Mit `(erstes s)` lesen wir die Nummer der Seite, die oben auf dem Stapel liegt. `(ohne-erstes s)` liefert den Stapel s, von dem die oberste Seite heruntergenommen wurde. Die leere Liste `' ( )` steht für einen Platz auf dem gestapelt werden kann und mit `(leer? s)` prüft man, ob auf dem Stapel(-platz) s überhaupt noch Blätter liegen.

Beispiele:

Mit der Definition `(def s '(2 4 7 8))` ergeben sich die folgenden Auswertungen:

```
(mit-erstem 1 s)   ⇒   (1 2 4 7 8)
(erstes s)         ⇒   2
(ohne-erstes s)    ⇒   (4 7 8)
(leer? s)          ⇒   falsch
(leer? '())        ⇒   wahr
```

3 Wie man eine Seite einfügt

Stellen wir uns zunächst vor, uns sei nur die Seite n aus dem Stapel s herausgefallen. Wie stecken wir sie wieder an die richtige Stelle? Nun, zunächst wissen wir, daß die restlichen Seiten im Stapel an der richtigen Stelle liegen. Wir müssen also die Stelle im Stapel finden, bei der die folgende Seite eine größere Nummer hat als die, die herausgefallen ist.

Im einfachsten Fall ist die Nummer unserer Seite kleiner als die, die obenauf liegt. Wir können die Seite also einfach auf den Stapel legen.

⟨*Seite kleiner als Oberste, Seite wird obenauf gelegt*⟩ ≡
```
((n < (erstes s))
    (mit-erstem n s))
```

Ist die Nummer der oben liegenden Seite größer, nehmen wir sie vom Stapel herunter und legen sie daneben. Die Seite, die herausgefallen ist, muß also irgendwo in den Reststapel (ohne die obersten Seite) eingefügt werden. Hinterher dürfen wir allerdings nicht vergessen, die oberste Seite wieder oben aufzulegen.

⟨*Seite größer als Oberste, Seite wird in Reststapel eingefügt*⟩ ≡

```
((n > (erstes s))
   (mit-erstem (erstes s)
               (einfügen n (ohne-erstes s))))
```

Ein besonderer Fall liegt vor, wenn die einzufügende Seite größer ist als alle anderen Seiten im Stapel. Wir kommen dann in die Situation, daß wir bereits alle Seiten vom Stapel heruntergenommen haben und die herausgefallene Seite als unterste auf den Stapelplatz legen müssen.

⟨*Stapel leer, Seite wird auf Stapelplatz gelegt*⟩ ≡

```
((leer? s)
   (mit-erstem n s))
```

Betrachten wir nun den Vorgang des Einfügens insgesamt, so müssen wir drei Fälle unterscheiden.

⟨*Einfügen einer Seite in einen geordneten Stapel*⟩ ≡

```
(def (einfügen n s)
   (falls
       ⟨Stapel leer, Seite wird auf Stapelplatz gelegt⟩
       ⟨Seite kleiner als Oberste, Seite wird obenauf gelegt⟩
       ⟨Seite größer als Oberste, Seite wird in Reststapel eingefügt⟩))
```

4 Wie man durch schrittweises Einfügen einen geordneten Stapel aufbaut

Was ist nun aber, wenn uns alle Blätter durcheinander geraten sind und wir gar keinen geordneten Stapel mehr haben? Nun, wir nehmen einfach einen freien Platz und bauen dort den geordneten Stapel auf. Dies tun wir, indem wir Seite für Seite vom ungeordneten Stapel nehmen und in den geordneten Stapel einfügen. Ist der Stapel mit den ungeordneten Seiten leer, sind wir fertig.

⟨*ungeordnete Seiten schrittweise in geordneten Stapel einordnen*⟩ ≡

```
(def (einordnen ungeordnet geordnet)
   (falls
       ((leer? ungeordnet)
           geordnet)
       (sonst
           (einfügen (erstes ungeordnet)
                     geordnet))))
```

5 Anwendung in der Lehrerausbildung

Das literarische Programmieren kann in lehrveranstaltungsbegleitenden Computerübungen eingesetzt werden. Typische Aufgabenstellungen dazu sind:

a) Ein beschriebenes Programm um einen Abschnitt erweitern. Im obigen Beispiel könnte etwa eine Analyse des Laufzeitverhaltens bei verschiedenen Vorsortierungen erfolgen.

b) Ein in Text oder Programm unvollständiges beschriebenes Programm ergänzen. Dies könnte man erreichen, wenn man im Beispiel einen der Fälle offen ließe.

c) Ein beschriebenes Programm begutachten und abändern. So könnte z. B. eine als unangemessen empfundene Erläuterung umgeschrieben werden.

Die Aufgaben sollten dabei in dem Stile formuliert sein: „Erklären Sie ihrem Freund ..., Erläutern Sie Ihrem Nachbarn ...". Auch Partner- oder Gruppenarbeit ist denkbar, etwa wenn umfangreichere Themen auf mehrere Studierende verteilt werden, die am Ende einen gemeinsamen Text verfassen müssen. Ebenfalls naheliegend ist es, die Studierenden ihre Arbeiten gegenseitig revidieren zu lassen.

An der PH Ludwigsburg werden schon seit mehreren Jahren Programmierübungen zu Grund- und weiterführenden Lehrveranstaltungen angeboten. Im Projekt CIMS wurde hierzu folgende Konzeption entwickelt:

a) Auf den linken Seiten des Skripts ist der Stoff der Vorlesung in relativ straffer Form dargestellt.

b) Auf den rechten Seiten des Skripts finden sich vorbereitete Beispiele und kleinere Aufgaben, unvollständige Veranschaulichungen und Computerdialoge, die während der Vorlesung ausgefüllt bzw. durchgerechnet werden.

c) Im Anschluß an ein abgeschlossenes Themengebiet sind Aufgaben für klassische Papier- und Bleistiftübungen in das Skript eingefügt.

d) Ebenfalls in Aufgabenform werden an entsprechenden Stellen des Skripts Computerübungen angeregt; sie enthalten neben den Aufgabenstellungen auch Information, Impulse und Hilfen.

e) Für die individuelle Arbeit im Netz oder am heimischen PC gibt es den Scheme-L-Interpreter. Zusätzlich können Informationen zu Sprachelementen, sowie Hilfen und Lösungen zu den Aufgaben abgerufen werden.

Zu den Computerübungen werden wöchentliche Tutorien angeboten, die von den Studierenden rege genutzt werden. (vgl. hierzu [5, 6])

In Zukunft sollen verstärkt Schreibanlässe in die Übungen integriert werden. Erste Ansätze hierzu stoßen bei den Studierenden allerdings auf eher ablehenede Reaktionen; bestenfalls auf Verwunderung (Zitat: „Wir sind doch hier in Mathe."). Aus den Erfahrungen mit den Programmierübungen leitet sich jedoch die Hoffnung ab, daß mit Beharrlichkeit und stetiger Weiterentwicklung auch eine zunehmende Akzeptanz für das Schreiben in der Mathematik und Informatik erzielt werden kann (vgl. [10, 6]).

6 Schlußbemerkungen

Jede/r Lehrer/in sollte am Ende des Studiums über zahlreiche Schreiberfahrungen verfügen, die über die herkömmlichen formalen und halbformalen Darstellungen hinausgehen. Desweiteren sollte sie/er in der Lage sein mathematische Sachverhalte auf dem Computer umzusetzen und damit zu arbeiten. Denkt man an die „Arbeitsblätter" oder „Notizbücher" bei Maple oder Mathematica wird der Bezug des Schreibens und Programmierens zum mathematischen Arbeiten und Unterrichten offensichtlich.

Literatur

[1] Abelson H.; Sussman, G.J.; Sussman, J: *Struktur und Interpretation von Computerprogrammen.* Springer-Verl., 1991.

[2] Humenberger, J.; Reichel, H-C: *Fundamentale Ideen der angewandten Mathematik – und ihre Umsetzung im Unterricht.* BI-Wiss.-Verl., 1995.

[3] Knuth, Donald E.: Literate Programming. *The Computer Journal,* 27(2):97–111, 1984.

[4] Löthe, Herbert: *Informatik, Computeranwendungen und Schulmathematik – Probleme und Chancen einer Integration.* In: Beiträge zum Mathematikunterricht. Franzbecker, 1989.

[5] Löthe, Herbert: *Lernfeld statt Lehrtext – Beispiele und Befunde aus Projekt CIMS.* In: Beiträge zum Mathematikunterricht. Franzbecker, 1998.

[6] Löthe, Herbert: Mathematik mit Informatik – Ein Programm und ein Projekt. *LOG IN,* 18(2):19–26, 1998.

[7] National Council of Teachers of Mathematics: *Curriculum and evaluation standards for school mathematics.* NCTM, 1996.

[8] Seiffert, Monika: Verschlüsselungsmethoden (Teil 1). *LOG IN,* 14(2):25–31, 1994.

[9] Seiffert, Monika: Verschlüsselungsmethoden (Teil 2). *LOG IN,* 14(3):33–40, 1994.

[10] Vogel, Rose: *Computer-Integration in das Mathematiklehrer-Studium – Ein Erfahrungsbericht.* In: Beiträge zum Mathematikunterricht. Franzbecker, 1995.

[11] Wagenknecht, Christian: *Rekursion – Ein didaktischer Zugang mit Funktionen.* Dümmler, 1994.

Werner PESCHEK, Klagenfurt (Österreich)

Mathematische Bildung
meint auch Verzicht auf Wissen

1. Black Boxes als didaktisches Problem

Mit der breiten, auch unterrichtlichen Verfügbarkeit von mathematischer Software, allen voran Computeralgebrasystemen, ist ein Problem aufgetaucht, das es zwar im Prinzip immer schon gab, das bis dahin aber kaum als grundlegendes didaktisches Problem gesehen und sicher nicht in der heutigen Intensität diskutiert wurde: das Problem der sogenannten „Black Boxes" - womit ich im Folgenden das Problem des Umganges mit Modulen meine, in denen operatives Wissen so materialisiert ist, dass es als Ganzes aufrufbar und einsetzbar wird, ohne dass ihre innere Funktionsweise verstanden werden oder auch nur bekannt sein muss.

Bekanntlich stellen Computeralgebrasysteme ja für fast alles, was üblicherweise in der Schule an operativem mathematischem Wissen vermittelt wird, entsprechende Module auf Tastendruck zur Verfügung. Für eine mathematische Ausbildung, die schwerpunktmäßig auf die Vermittlung operativen Wissens abzielt, stellt sich da natürlich sofort die Frage, was angesichts derartiger technologischer Möglichkeiten für die mathematische Ausbildung noch zu tun übrig bleibt.

Der österreichische Mathematiker B. Buchberger hat eine Antwort angeboten, die in der Folge zu einem Leitprinzip für viele CAS-Projekte und Unterrichtsversuche in Österreich wurde (vgl. etwa Heugl u. a. 1996, S. 158 ff): Das Lernen von mathematischen Inhalten habe zunächst traditionell zu erfolgen, erst was händisch einwandfrei beherrscht wird und zur Routine geworden ist, dürfe auf nächster Stufe an den Computer ausgelagert und als „Black Box" (die dann ja keine mehr ist!) verwendet werden. Buchberger (1989, S. 3 - 4) hat dies in folgender Weise formuliert:

> Should math students learn area X of mathematics when this area has been trivialized? (Anm.: Buchberger nennt ein mathematisches Gebiet trivialisiert, sobald es einen Algorithmus gibt, der alle Problemfälle löst.) My answer is ....
> - In the *stage where area X is new* to the students, the use of symbolic software system realizing the algorithms of area X as black boxes would be a desaster ...

- In the *stage where area X has been thoroughly studied*, when hand calculations for simple examples become routine and hand calculations for complex examples become intractable, students should be allowed and encouraged to use the respective algorithms available in the symbolic software systems.

Let me call this didactical principle the

White-Box/Black-Box Principle for Using Symbolic Computation Software in Math Education.

Meines Erachtens verdankt dieses White-Box/Black-Box Prinzip seine Attraktivität weniger seiner didaktischen Plausibilität als seiner hohen sozialen Verträglichkeit: Dieses so formulierte Prinzip weist dem Computer eine Werkzeugfunktion zu, ohne die Rückwirkung des Werkzeugs auf dessen Einsatzbereich oder auf die Vermittlungs- und Lernprozesse mit zu reflektieren: es verlangt beispielsweise weder eine Umstellung im methodisch-didaktischen Zugang zu mathematischen Inhalten, noch stellt es die Dominanz der operativen Anteile im Mathematikunterricht in Frage (eher scheint das Gegenteil der Fall zu sein, da ja nach der Beherrschung des Händisch-Operativen auch noch das entsprechende Operieren mit CAS gelernt werden muss - allenfalls kann die dafür benötigte Zeit durch Anwendung des Gelernten an späterer Stelle wieder eingespart werden).

Damit sind die Wogen der ersten Verunsicherung auch schon wieder geglättet: Weder ist der Mathematikunterricht durch die Computeralgebrasysteme obsolet geworden (eher wird man darüber reden müssen, ob nicht angesichts der zusätzlich zu erbringenden Leistungen in der technologischen Ausbildung mehr Mathematikstunden als bisher benötigt werden), noch scheinen grundlegende Veränderungen in den Zielen, Inhalten oder in der Methodik des Mathematikunterrichts erforderlich (siehe dazu etwa Schneider 1997). Das sollte auch weniger technologiebegeisterten Lehrern/innen helfen, eventuelle Berührungsängste abzubauen, und sie einladen, sich auf diese neuen Technologien einzulassen.

In diesem *strategischen Sinne* ist das White-Box/Black-Box Prinzip zweifellos hilfreich, unter diesem Anspruch kann ich es auch gut nachvollziehen und akzeptieren. Aus *didaktischer Sicht* hingegen halte ich dieses Prinzip für eine unnötige Einengung, ja geradezu für eine Sackgasse. P. Drijvers (1995) hat eine sehr fundierte Kritik des White-Box/Black-Box Prinzips vorgelegt, die ich im Folgenden um einige Aspekte erweitern möchte.

2. Zur Funktion von Black Boxes

Effiziente Werkzeugverwendung ist subjektiv, Verständnis ist relativ

Selbstverständlich will kein vernünftiger Mensch, dass der TI-92 zur Ableitung von x^2 verwendet wird und zugleich noch unklar ist, warum im Ausdruck dy/dx das d nicht weggekürzt werden darf. Selbstverständlich wollen auch die provokanteste Didaktikerin und der progressivste Lehrer, dass elektronische Werkzeuge effizient und verständig eingesetzt werden. Aber ob es effizienter ist, den Ausdruck $x \cdot \sin(x^2)$ händisch oder mit dem TI-92 zu differenzieren, hängt sehr davon ab, welche Mühe zuvor investiert wurde, um die benötigten Ableitungsregeln entsprechend sicher, routiniert - fast hätte ich gesagt: ohne viel nachdenken zu müssen - einsetzen zu können. Wer Bedenken hat, diese Zirkularität zugunsten eines offensiven Technologieeinsatzes aufzulösen, sollte sich vor Augen führen, dass angesichts sehr leistungsfähiger Rechner nicht nur die individuell-kognitive Verfügbarkeit, sondern auch die Nachfrage nach operativen Routinefertigkeiten, deren individuelle und gesellschaftliche Relevanz, stark rückläufig ist. Wenn wir solche Entwicklungen ignorieren, unterrichten wir *heute* eine Mathematik von *gestern* für die Gesellschaft von *morgen* - womit die Mathematik dann tatsächlich zu dem von G. Ossimitz (z. B. 1995, S. 134 f) prophezeiten „Orchideenfach" verkümmern könnte.

Zum Verständnisbegriff gibt es sehr reichlich Literatur, ich greife nur einen mir wichtigen Aspekt heraus: Verständnis ist nicht etwas Absolutes, es ist immer relativ, kontextabhängig und zweckgebunden.
Unbestritten tragen gewisse Algorithmen (wie auch Beweise) zum inhaltlichen Verständnis von mathematischen Begriffen und Konzepten bei - andere hingegen sind eher technischer Natur und fördern das Begriffsverständnis nicht oder nur sehr marginal: Ich möchte das arithmetische Mittel nicht erklären müssen, ohne den Berechnungsalgorithmus zur Hand zu haben, und ich wüßte keinen Weg, den Begriff der Gleichung plausibel zu erklären, wenn ich keine Gleichung händisch lösen darf. Aber die händische Invertierung großer Matrizen führt kaum zum Verständnis oder zur sinnvollen Anwendung des Konzepts der Inversen, die sichere Beherrschung verschiedener Integrationssregeln garantiert noch keineswegs das Verständnis des Integralbegriffs und die routinierte Durchführung von Kurvendiskussionen ist noch lange kein Beleg dafür, dass die Analysis als infinitesimales Modell zur Beschreibung und Untersuchung nichtlinearer Zusammenhänge verstanden wurde.

Die Kontextabhängigkeit und Zweckgebundenheit von Verständnis sei anhand der Linearen Regression exemplarisch skizziert:

Für viele Anwendungssituationen wird es genügen zu wissen, dass dieses Konzept versucht, einen formalen Zusammenhang zwischen zwei Merkmalen durch eine möglichst gut passende Geradengleichung in seiner Tendenz zu beschreiben und zu verstehen, dass es sich dabei nicht nur um ein deskriptives sondern auch um ein normatives Modell handelt, das für die zweidimensionale Statistik eine ähnliche Bedeutung hat wie der Mittelwert in der eindimensionalen Statistik - und man muss natürlich die Geradengleichung inhaltlich interpretieren können. Für viele Anwendungssituationen (bis hin zum Konfidenzintervall der Regressionsparameter) ist es aber nicht einmal nötig zu wissen, in welchem Sinne die Trendgerade gut passt. Wenn im Anwendungskontext oder in der Lernsituation jedoch die Frage bedeutsam wird, warum die vom Computer ermittelte Regressionsgerade so gar nicht mit dem intuitiven Empfinden von „gut passen" übereinstimmt, wenn es nicht mehr belanglos ist, zu welcher Variablen die Quadrate der Abstände miniminiert werden oder wenn die sachliche Bedeutung der Ausreißer unklar ist, dann muss auf die Grundidee der Methode der kleinsten Quadrate zurückgegriffen werden. Wenn man dann auch noch erklären will, warum die um eine *flache* Regressionsgerade stark streuenden Daten stärker korrelieren als Daten, die nur sehr wenig um eine *steile* Regressionsgerade streuen - was ja wirklich nur in Sinne dieses fragwürdigen mathematischen Verfahrens der Fall ist - dann muss man schon eine ganze Menge über die Funktionsweise dieses Verfahrens wissen. Das Verfahren selbst wird man aber auch in diesem Fall weder in seinen operativen Details noch in seinen theoretischen Grundlagen kennen müssen - derartiges Wissen kommt bestenfalls dann zum Tragen, wenn eine Verallgemeinerung oder auch eine spezielle Adaptierung des Verfahrens erforderlich ist - und selbst dann kommt man wohl kaum in die Verlegenheit, das Verfahren einem Schreibtischtest mit Papier und Bleistift unterziehen zu müssen.

Ich behaupte - und glaube aus 25 Jahren Lehrerfahrung dafür genügend Belege zu haben -, dass weniger oft sehr viel mehr ist. So etwa lenkt die operative Beherrschung der Methode der kleinsten Quadrate die Lernenden nicht selten davon ab, den eigentlichen Sinn und Zweck bzw. die Wirkungsweise des Verfahrens zu begreifen und die sehr geschätzte Kombinatorik hat sicher mehr Lernende daran gehindert, eine brauchbare Vorstellung von Wahrscheinlichkeit und diskreter Wahrscheinlichkeitsverteilung zu entwickeln als jede andere didaktische Ungeschicklichkeit.

Wissenschaftstheoretische Argumente

Wir haben vor einigen Jahren im Rahmen lernpsychologischer Untersuchungen u. a.
eine Textaufgabe folgenden Typs (mit verschiedenen Kontexten) eingesetzt:

> Auf einem Bauernhof leben 21 Hasen und Hühner mit zusammen 58 Beinen.
> Wie viele Hasen und wie viele Hühner sind es?

Viele unserer Interviewpartner/innen hatten noch nie etwas von linearen Gleichungssystemen gehört, einige davon überlegten in folgender Weise:

*Wenn jedes der Tiere 2 Beine hätte, also Huhn wäre, dann wären 16 Beine zu viel.
Daher müssen 8 Tiere weitere 2 Beine haben, also Hasen sein, somit sind es 8
Hasen und 13 Hühner.*

Die übliche mathematische Vorgehensweise ist bekanntlich eine andere:
Man versucht anhand des Kontexts Beziehungen zu abstrahieren, diese durch mathematische Symbole darzustellen (zu materialisieren), um diese dann nach festen
Regeln so umzuformen, dass das innermathematische Ergebnis im aussermathema-
tischen Kontext sinnvoll (im Sinne der Fragestellung) interpretierbar ist. Die entscheidenden mathematischen Strategien sind hier also Abstraktion und *Auslagerung*,
wobei die Auslagerung es uns ermöglicht, entlastet vom inhaltlichen Kontext und
ohne Bezug dazu (in diesem Sinne also „verständnislos"), auf syntaktischer Ebene zu
operieren. (Es wäre denkstrategisch höchst ineffizient und kontraproduktiv, die im
mathematischen Algorithmus durchzuführenden Operationsschritte jeweils im inhaltlichen Kontext zu interpretieren.)

Man kann einwenden, dass dabei sehr wohl Verständnis verlangt ist, Verständnis für
das regelhafte syntaktische Umformen mit Äquivalenzumformungen o. Ä. Das mag
ja (gelegentlich) so sein, aber zum einen handelt es sich dabei um eine andere
Verständnisebene, zum anderen gilt einmal mehr: Verständnis ist relativ! Wenn für
mich durch das Konzept der Äquivalenzumformung alles geklärt und verständlich ist,
dann ist das für den Mengentheoretiker oder Logiker noch längst nicht der Fall - und
ich bin sehr froh darüber, dass ich mich hinsichtlich aller mengentheoretischer und
logischer Probleme rund um die Äquivalenzumformung auf die Kollegen/innen aus
der Grundlagenforschung verlassen, diese Verständnisebene an sie *auslagern* kann.
Wir müssen uns von absoluten Ansprüchen lösen, von der Vorstellung, dass genau
das unverzichtbar ist, was wir selbst gut beherrschen, und all das weit weniger
wichtig ist, was wir selbst noch nie gehört oder verstanden haben.

Zurück zur Auslagerung, zu den Black Boxes: In einem gewissen Sinne arbeiten wir in der Mathematik ständig mit der Auslagerung von Problemen, mit relativen Black Boxes. Das reicht, wie R. Fischer (1996, S. 43) anmerkt, „vom Divisionsalgorithmus über kompliziertere Rechenverfahren bis zu Beweisprinzipien", das ist der Mathematik genuin, das ist eines ihrer Wesenszüge (vgl. auch Winkelmann 1992, S. 32), mehr noch: daraus erklärt sich nicht unwesentlich ihre Effizienz! Der Computer ist dabei nur ein vorerst letzter Entwicklungsschritt, eine Perfektionierung der praktischen Umsetzung des Auslagerungskonzepts auf der Basis einer spezifischen Materialisierung mathematisch-abstrakter Sachverhalte.

Sozialphilosophische Argumente [1]

Wir leben in einer hochtechnisierten, arbeitsteiligen Gesellschaft, in der die ständige Verwendung von Black Boxes längst zur Notwendigkeit und auch Selbstverständlichkeit geworden ist: Wenn nur diejenigen von uns ein Auto fahren würden, die die Mechanik und Elektronik eines Autos lückenlos verstehen, hätten wir keinerlei Verkehrsprobleme; wenn nur jene Autofahrer/innen bei einer Verkehrsampel anhalten würden, die die Steuerung der Ampel vom Algorithmus über die Programmierung bis hin zu den Mikroprozessoren und deren Schaltung verstehen, hätten wir auch keine mehr.

In diesen und zahlreichen anderen Beispielen aus unserem Alltagsleben steckt sehr viel Mathematik als Black Box - und zwar so black, dass wir sie auf den ersten Blick oft gar nicht mehr erkennen. Und die Mathematik verdankt ihre hohe gesellschaftliche Relevanz nicht zuletzt der Tatsache, dass sie - via Auslagerungen - auch dann funktioniert, wenn der Anwender schon längst nicht mehr weiß warum. Mathematik ist relativ gut gesichertes, sozial ausgehandeltes, codifiziertes Wissen, das in besonderem Maße eine Trennung zwischen Verstehen und Tun zulässt - und nicht zuletzt deshalb so effizient gesellschaftlich nutzbar ist (vgl. J. Maaß 1992, S. 13).

R. Fischer (1996, S. 43) nennt es das „Bildungsparadoxon" der Mathematik und Naturwissenschaften und meint damit:

> Wir bemühen uns, diese Wissenschaften verständlich zu machen, obwohl
> ihr Wert für die Gesellschaft gerade darin liegt, dass sie funktionieren, ohne
> dass man sie versteht.

---

[1] R. Fischer (z. B. 1991 und 1996), J. Maaß (1992), J. Maaß und W. Schlöglmann (1988 und 1994) haben sehr umfassend dazu gearbeitet und geschrieben. Ich beschränke mich hier auf eine kurze, plakative Darstellung der aus meiner Sicht zentralen Argumentationslinie.

Bildungstheoretische Argumente

Der Umfang menschlichen Wissens hat längst völlig unüberschaubare Ausmaße angenommen, zugleich wurde uns dieses Wissen - nicht zuletzt aufgrund technologischer Möglichkeiten - zugänglicher denn je. Der Anspruch, alles wissen zu wollen, ist in einer solchen Situation absurd, der Anspruch auf lückenloses Wissen führt zwangsläufig zu extremer Spezialisierung, die wohl mit keinen der von H. W. Heymann (1996) - oder auch anderswo - genannten Kriterien mathematischer Allgemeinbildung verträglich ist.

Worum es aus bildungstheoretischer Sicht wohl nur gehen kann, ist die Distanzierung, die Befreiung von dem bedrohlichen Moloch Wissen (vgl. Fischer 1984) und den emanzipierten Umgang mit Nichtwissen - worüber wir ja zwangsläufig sehr viel umfassender verfügen als über Wissen; es geht um einen bewussten Verzicht auf Wissen, oder besser gesagt: Es geht auch aus bildungstheoretischer Sicht um die bewusste und verständige *Auslagerung* von Wissen, wo immer dies sinnvoll möglich ist. Im extremsten Fall ist ein Problem dann am effizientesten gelöst, wenn man jemanden findet, der sich erfolgreich damit beschäftigt.

Hinter diesen etwas flapsigen Formulierungen steht ein komplexeres bildungstheoretisches und gesellschaftliches Problem, nämlich das des Umgangs zwischen Laien und Experten (vgl. Fischer 1996, S. 42; Heymann 1996, S. 113 f). Experte kann man bestenfalls in einigen wenigen Bereichen sein, auf allen übrigen Gebieten ist man Laie. Für eine produktive Kommunikation mit Experten braucht man als Laie aber ganz andere Kompetenzen als die, die einen selbst zum Experten machen. Nicht weniger anspruchsvolle würde ich meinen, aber eben andere.

3. Black Boxes als didaktisches Prinzip

Ich möchte dem von B. Buchberger formulierten White-Box/Black Box Prinzip eine These entgegenstellen, die man etwa so formulieren könnte:

Die mathematische Ausbildung sollte sich bei der Einführung wie auch bei der Anwendung mathematischer Konzepte zeitgemäßer Mittel bedienen; sie sollte insbesondere auch versuchen, operatives Wissen und operative Fertigkeiten an diese auszulagern, soweit dies didaktisch sinnvoll möglich ist. Sie hat dabei darauf bedacht zu sein, die Lernenden

- *zur effizienten Nutzung von mathematischen Black Boxes*
- *zur Beurteilung der Voraussetzungen, Wirkung, Reichweite und Grenzen der verwendeten Black Boxes*
- *und zur Einsicht in die wissenschaftstheoretische wie auch gesellschaftliche Bedeutung der Verwendung mathematischer Black Boxes*

*zu befähigen. Ich nenne dieses didaktische Prinzip **Auslagerungsprinzip**.*

Eine didaktische Begründung dieses Prinzips habe ich hier mit der Relativität und Kontextabhängigkeit von Effizienz und Verständnis, mit wissenschaftstheoretischen, sozialphilosophischen und bildungstheoretischen Argumenten zu skizzieren versucht. Auf wichtige andere Begründungen, etwa motivationale oder methodische, bin ich nicht eingegangen - man findet solche Argumente implizit wie auch explizit in vielen didaktischen Arbeiten zum Einsatz neuer Technologien im Mathematikunterricht.

Literatur

Buchberger, B. (1989): Should Students Learn Integration Rules? RISC-Linz Series no. 89-07.0.

Drijvers, P. (1995): White-Box/Black-Box revisited. Int. DERIVE Journal 1995, Vol. 2 No 1, S. 3 - 14.

Fischer, R. (1984): Unterricht als Prozeß der Befreiung vom Gegenstand - Visionen eines neuen Mathematikunterrichts. JMD 84/1, S. 51 - 85.

Fischer, R. (1991): Mathematik und gesellschaftlicher Wandel. JMD 91/4, S. 323 - 345.

Fischer, R.(1996): Perspektiven des Mathematikunterrichts. ZDM 96/2, S. 42 - 46.

Heugl, H. u. a. (1996): Mathematikunterricht mit Computeralgebra-Systemen. Addison-Wesley, Bonn.

Heymann, H. W. (1996): Allgemeinbildung und Mathematik. Beltz, Weinheim-Basel.

Maaß, J. (1992): Black Boxes im Mathematikunterricht - Prinzipielle Überlegungen zur Notwendigkeit einer Neubewertung. In: Maaß, J. und Winkelmann, B.: "Black Boxes" im Mathematikunterricht. Occ. Paper 140, IDM Bielefeld, S. 1 - 31.

Maaß, J. und Schlöglmann, W. (1988): Die mathematisierte Welt im schwarzen Kasten - die Bedeutung der Black Box als Transfermedium. In: Bammé, A. u. a. (Hrsg.): Zivilisation und die Transformation des Wissens. Profil: München. S. 379 - 398.

Maaß, J. und Schlöglmann, W. (1994): Black Boxes im Mathematikunterricht. JMD 94/1, S. 123 - 147.

Ossimitz, G. (1995): Leitideen für einen Mathematikunterricht im Informationszeitalter - Perspektiven für die nächsten Jahrzehnte. In: Hischer, H. und Weiß, M. (Hrsg.): Fundamentale Ideen. Zur Zielorientierung eines künftigen Mathematikunterrichts unter Berücksichtigung der Informatik. Franzbecker, Hildesheim, S. 132 - 139.

Schneider, E. (1997): Veränderungen im Mathematikunterricht durch Computeralgebrasysteme (CAS). Beiträge zum Mathematikunterricht 1997, S. 447 - 450.

Winkelmann, B. (1992): Anmerkungen zum Black Box Problem im Mathematikunterricht. In: Maaß, J. und Winkelmann, B.: "Black Boxes" im Mathematikunterricht. Occ. Paper 140, IDM Bielefeld, S. 32 - 39.

Hans-Christian REICHEL, Wien (Österreich)
Fundamentale Ideen der Angewandten Mathematik und Einsatz moderner Techniken im Mathematikunterricht - Differenzengleichungen als Beispiel

Wir alle stimmen sicherlich darin überein, daß die Schule neben rein erzieherischen Aufgaben vor allem die Aufgabe hat, den Schülern ein adäquates Bild der an der Schule vertretenen Gegenstände zu bieten, das heißt: der heute wichtigsten wissenschaftlichen Bereiche. Also neben anderen etwa der Geschichte, der Wirtschaftskunde, der Psychologie, der Biologie, Philosophie, Religion, Physik, Chemie und eben auch der Mathematik.

Aber was genau ist das, ein adäquates Bild der Mathematik. Da zeigen insbesondere die letzten Jahrzehnte, daß keineswegs Einigkeit herrscht. Weder über Inhalte noch über Methoden. Und das ist – nur nebenbei gesagt - auch gut so, denn Unterricht ist immer nur so gut als er den Lehrerinnen und Lehrern erlaubt, ihre eigene Persönlichkeit zu entfalten. Und da resultieren die verschiedensten Sichtweisen; Gott-sei-Dank! Andererseits sollte ein gewisser Konsens da sein, und diesem Ziel dienen ja auch die vielen Mathematikerkongresse und Didaktiktagungen, unter anderem eben diese hier.

Woraus besteht als ein sogenanntes adäquates Bild der Mathematik dieser Zeit, das auch im Unterricht anklingen und vermittelt werden soll?
Zu einem zeigt die Mathematik von jeher ein zweifaches Bild (das sich während all der Unterrichtsjahre ja so auch darstellt). Bei dem einem geht es um Theorien, um hypostasierte (das heißt vergegenständlichte) Denkweisen, Begriffe und Zusammenhänge zwischen diesen. Früher sprach man von der reinen Mathematik, ein Begriff, der heute nicht mehr gebraucht wird. Denken wir an die klassische Geometrie, an die Zahlentheorie, die Mengenlehre, die Topologie usw. Hier sind es vor allem Sätze und *Beweise*, die im Zentrum stehen und die hiefür gebildeten Begriffe. Die Haupttätigkeit eines Mathematikers dieser Richtung ist das Beweisen, und zuvor noch das Finden der sozusagen „richtigen" Definitionen und Veranschaulichungen. Hier wird auch oft von der Schönheit der Mathematik gesprochen, von sogenannten ewigen Wahrheiten, von einem menschenunabhängigen Bereich. Pädagogisch geht es da unter anderem etwa um Theoriebewußtsein und um „Rationale Distanz", wie es einmal Roland FISCHER genannt hat. Darum, daß - grob gesagt - Phänomene und Bereiche existieren, die unabhängig von der augenblicklichen Befindlichkeit des Menschen sind. Vielleicht auch unabhängig

von Rasse, von gender, von sozialen und psychischen Komponenten und vielleicht sogar von kulturellen. (Obwohl darüber natürlich zu diskutieren ist).-
Jedenfalls ist es die Aufgabe insbesondere des Gegenstandes Mathematik in der Schule, diesen Aspekt einzubringen, und das aus ganz allgemein bildungspolitischem Grund. (Denken Sie z.B. an die Medien-Debatten im Anschluß an das Buch von H. W. HEYMANN über Mathematikunterricht an der Schule.

Andererseits sind es die vielen *Anwendungen* der Mathematik in fast allen Gebieten, die ihr ihren Ruf und ihre Bedeutung eingebracht haben. Und natürlich wäre es sträflich, würden wir den Schülern die breite Anwendbarkeit der Mathematik vorenthalten, oder besser: sie zu kurz kommen lassen. Tatsächlich waren es im Lauf der Geschichte vielfach Probleme, die außerhalb der Mathematik liegen, welche Anlaß zu mathematischen Entwicklungen gegeben haben, die *Motiv* für die Beschäftigung mit Mathematik waren.

Seit der Antike stehen diese beiden Gesichter der Mathematik einander gegenüber, denken sie stellvertretend an PLATO und ARCHIMEDES, die diese verschiedenen Standpunkte in typischer Weise eingenommen haben. Und tatsächlich sollten auch beide Gesichtspunkte den Schülern geläufig werden. Und es darf dabei nicht einfach nur darum gehen, daß am Ende einer mathematischen Theorie ein paar mehr oder weniger gekünstelte Anwendungsaufgaben stehen, um den Schülern zu zeigen, daß die Mathematik auch im sogenannten täglichen Leben wichtig ist. Und *wie* man nun die angewandte Seite der Mathematik im Unterricht sinnvoll spiegeln könnte, das ist eben das heutige Thema.

Wesentlich bei der *Angewandten Mathematik* sind nicht Beweise und Sätze, sondern mathematische Modelle und vor allem *Algorithmen*, Verfahren, die ein gegebenes Problem ganz konkret und schrittweise lösen können. Dem angewandten Mathematiker geht es nicht primär um Beweise, sondern um Modelle, um adäquate Beschreibung und *konkrete Lösung* eines Problems. Er „bedient" sich zwar der Theorien, gleichzeitig entwickelt er aber Methoden, die wieder zu Theorien führen. Tatsächlich vermengt sich heute die reine und die angewandte Mathematik sosehr, daß man diese Begriffe nicht mehr im Munde führt.
Um nur ein Beispiel zu geben: die sog. Numerische Mathematik und die Komplexitätstheorie auf der einen Seite beschäftigen sich eher mit der Theorie der Rechenverfahren als solche, den Algorithmen. Während - wenn es um die Entwicklung, Durchführung und Anwendung von numerischen Rechenverfahren und Ideen geht - man heute allgemein von *Scientific Computing* spricht, *von „Wissenschaftlichen Rechnen"*. Ein heute auf allen Kongressen weites ausgebreitetes Gebiet.- Das Ende der scharfen Grenzen zwischen Reiner und Angewandter Mathematik dokumentieren z.B. die bildgebenden Computerverfahren in der Medizin, wo die „reinste Mathematik" angewandt wird, die inverse Radontransformation. Oder denken Sie an die Codierungstheorie und Zahlentheorie, die erst die Aufzeichnung und Abspielung der heute üblichen CDs und CD-Roms ermög-

licht.- Und dennoch zeigt die Mathematik im Grunde immer noch jene zwei Komponenten, die man früher eben als reine und als angewandte Mathematik bezeichnet hat.

In der Schule kommt dieses zweifache Gesicht der Mathematik schon von der ersten und zweiten Klasse zum Tragen, denken Sie einerseits an Dinge wie den Divisionsalgorithmus, das Rechnen mit Brüchen usw. und andererseits an Themen wie Teilbarkeit natürlicher Zahlen, Primzahlen usw. Und dieses Janusgesicht der Mathematik setzt sich bis in die Oberstufe fort und soll auch so erscheinen.

In diesem Zusammenhang kann man heute den Gesichtspunkt der *Technologie* nicht übergehen. Ist die Mathematik heute ohne Computer denkbar, reduziert sie sich letztlich vielleicht sogar darauf? Und warum sind gerade wir Mathematiklehrer aufgerufen, diesen Gesichtspunkt einzubringen, wo heute doch Computer in *allen* Bereichen wesentlich mitmischen und nicht mehr auf die Mathematik beschränkt sind?

Nun tatsächlich wurde und wird die Mathematik in zweifacher Weise vom Computer beeinflußt: einmal natürlich dann, wenn es um die Durchführung von Algorithmen geht und um die konkrete Lösung von Problemen. Dadurch ferner, daß man umfangreiche Verfahren - geometrische oder rein rechnerische - konkret ausführen kann, steht diese konkrete Durchführung der Verfahren als solche vielfach zur Debatte, ja begründet neue Gebiete der Mathematik.

Andererseits hat sich das Bild der Mathematik vielfach durch die bloße Existenz des Computers geändert. Auch in Gebieten, wo der Computer niemals wesentlich eingesetzt wird, haben sich neue Sicht- und Denkweisen ergeben; neue Probleme, die erst durch den möglichen Rechnereinsatz entstanden sind. Fragen der Geschwindigkeit und des Platzbedarfs eines Rechenverfahrens, Fragen der theoretischen Berechenbarkeit überhaupt, u.a.m.- All das könnte auch im Unterricht durchschimmern, ohne daß man das Kind mit dem Bade ausgießt und überhaupt nur mehr auf den Computer schwört oder auf andere elektronische Rechenhilfsmittel. Gewisse Probleme lohnen zwar erst jetzt die Beschäftigung, ja entstehen erst jetzt, wo es den Computer gibt und sie sind doch genuin mathematisch und erschöpfen sich nicht im bloßen Rechenvorgang. Die Mathematik wird durch den Computer nicht trivialer, sondern im Gegenteil anspruchsvoller. Mathematik bleibt auch in der Schule ein letztlich *theoretischer Gegenstand* mit höchst praktischen Anwendungen, sie darf nicht zum Computerarbeitsdienst verkommen. Es ist heute nicht mehr die Zeit, wo Computer und Technologie im Mathematikunterricht um ihrer selbst willen eingeführt werden sollen. Bis vor einigen Jahren war das so. Heute sollen sich elektronische Hilfsmittel in selbstverständlicher und sinnvoller Weise den mathematischen Lehrzielen unterordnen. Und die im Titel genannten Differenzengleichungen sind *ein* Beispiel hiezu.

Damit komme ich nach allzu langer Zeit zum Ende der Einleitung, die mir aber ein wichtiges Anliegen war.

Wie also könnte der Gesichtspunkt de Angewandten Mathematik im Unterricht hinreichend zum Tragen kommen? Hiezu sprechen wir zu allererst besser von *Anwendungsorientierter* Mathematik als von Angewandter. Und zweitens geschieht dies meiner Meinung nicht einfach dadurch, daß man ein paar Anwendungen vorrechnet. Denn einerseits müssen solche meist derart trivialisiert werden, daß sie nicht mehr das Eigentliche spiegeln und dann ist Anwendungsorientierte Mathematik eher eine *Sichtweise,* eine *Haltung* der Mathematik gegenüber als ein eigenständiges Gebiet. Man kann praktisch jeden Teil der Mathematik anwendungsorientiert oder rein strukturell sehen und unterrichten. Für das erstere plädiere ich hier.

Es sind nicht gewisse mathematische Inhalte, die Anwendungsorientierung ausmachen, sondern es ist eine Attitude, eine generelle *Haltung,* oder wie es die wissenschaftliche Didaktik ausdrückt: „Fundamentale Ideen und Sichtweisen", die die Anwendungsorientierte Mathematik ausmachen. (Und genau um diese geht es im Mathematikunterricht dieses Jahrzehnts; Strukturmathematik oder „Neue Mathematik" - wie es früher hieß, z.T. aber immer noch ausgeübt wird - ist in der Schule endgültig nicht mehr angesagt).

Sehen wir uns eine Folie an, wo ich einige solche fundamentale Ideen zusammengeschrieben habe.

Fundamentale Ideen der Anwendungsorientierten Mathematik können sich einerseits auf *konkrete mathematische Inhalte* beziehen, die es natürlich zu fördern gilt: numerische Aspekte, Algorithmen, Iterieren, Approximieren, Rechnen mit Fehlern und fehlerbehafteten Zahlen, Statistik, Testen und Schätzen usw. Mir geht es aber eben um jene gerade beschriebenen Haltungen und Sichtweisen, die in fast *jedem* Teilgebiet zum Tragen kommen können. Hier ist eine Liste:

1. Modellbildung (Häufiger Einbezug außermathemat. Anwendungen und Problemstellungen)

2. Prozessorientierung versus Produktorientierung

3. Bewußtes Arbeiten mit und erarbeiten von math. Modellen

4. Mathematik als Sprache auffassen

5. Divergentes Denken (im Sinne von Heinrich Winter)
   – offene Problemstellungen mir unterschiedlichen „Lösungen"
   – Arbeiten mit über- und unterbestimmten Aufgaben

- qualitative Aufgabenstellungen
- Aufgaben mit mehrdeutigen Lösungen, u.a.m.

6. Numerische Aspekte forcieren
- Arbeiten mit Näherungswerten
- Algebraische versus numerische Äquivalenz von Termen
- Rundungen und Fehler (fortpflanzung)

7. Betonung von und bewußter Umgang mir Algorithmen

8. Pointierter und kritischer Einbezug elektron. Rechenhilfsmittel und Anwendersoftware

9. Hervorheben, verdeutlichen und bewußt machen heuristischer Strategien, u.a.m.

Siehe z.B. das Buch von H. Humenberger und H.-C. Reichel: Fundamentale Ideen der Angewandten Mathematik und ihre Umsetzung im Unterricht; BI-Wissenschaftsverlag (heute Spektrum) Mannheim, Berlin 1995

Beispiel einer konkreten Umsetzung anhand eines Beispiels „(Lineare) Differenzengleichungen"

Insbesondere die Punkte 1, 3, 4 und 8 lassen sich besonders leicht umsetzen bei einem von uns für die elfte Schulstufe vorgesehenen Kapitel, welches - hier nur nebenbei erwähnt - auch inhaltlich von großer Bedeutung ist (Stichwort: diskrete dynamische Systeme) und auch den Lehrplänen in Österreich und Deutschland voll entspricht. Es handelt sich um ein Kapitel „Differenzengleichungen", das hier durch ein paar Stichworte erläutert werden soll.

1. *Übersetzungen von der natürlichen Sprache* in die Sprache der Mathematik und zurück. Arbeiten mit *mathematischen Modellen*, erkennbar sinnvoller Einsatz

2. Einfaches Arbeiten mir *Rekursion* und *Iteration*

3. (Erkennbar sinnvolle und einfache) *Arbeit mit graphischen Darstellungen*

4. (Sinnvoller und einfacher) *Einsatz elektronischer Rechenhilfsmittel* möglich (aber nicht notwendig) TI 92, PC, Tabellenkalkulation

5. Keine neuen „mathematischen Inhalte". Nur a) Summenformel der geometrischen Reihe und b) grundlegende Kenntnisse über die Logarithmusfunktion:

$$a^n \leq b \leftrightarrow n \cdot \log a \leq \log b / : \log a \Rightarrow n \geq \frac{\log b}{\log a} \qquad \text{(bei } a < 1)$$

(Man sieht: Egal „welcher Log")

(Allenfalls: zwei verschiedene Modellarten für die selbe Situation bzw. den selben Prozeß; diskretes Modell (Differenzengleichungen versus kontinuierliches Modell (einf. Diffgl.)

Möglichkeit für schulisch sinnvollen Einsatz reicht von ganz wenigen Stunden bis zu vielleicht einigen Wochen oder einer Abiturarbeit (Fachbereichsarbeit, Wahlpflichtfach, Übungsstunden am PC, etc.)

Im Vortrag folgen nun Beispiele und Hinweise für verschiedene „Lehrgänge" zu dem dargebotenen Material. Vor allem soll ersichtlich werden, *wie* die genannten Fundamentalen Ideen und Sichtweisen wirksam werden können. Für die vorliegende schriftliche Ausarbeitung des Vortrages möchte ich es mit dem Verweis auf das völlig ausgearbeitete Kapitel 6 „Mathematische Beschreibung dynamischer Systeme und Prozesse" in „Lehrbuch der Mathematik" von Reichel-Müller-Hanisch-Laub für die 7. Klasse der Höheren Schulen, Verlag Hölder-Pichler-Tempsky Wien, 2. Auflage 1995, Seiten 206-231. - Diese Kapitel läßt sich der jeweiligen Klasse gemäß und gemäß dem eigenen Unterrichtsplan variabel gestalten, und es existieren vollständig ausgearbeitete Lösungen sämtlicher Aufgaben. Sie können vom Verlag bezogen werden (A-1090 Wien, Frankgasse 4):

Das Kapitel entspricht meines Erachtens in besonderer Weise dem in obigen Ausführungen Dargelegten. Darüber hinaus enthält es - rein inhaltlich konkret - z.B. mathematische Modelle aus der Biologie, Medizin, aber auch der Wirtschaft und Ökonomie. Ferner kommt chaotisches Verhalten zur Sprache, Hinweise für den Rechnereinsatz (rechnerischer und graphischer Art), Beziehungen zu einfachen Differentialgleichungen (das kontinuierliche Analog), sowie Beziehungen zu den komplexen Zahlen und zu anderen Unterrichtsthemen der Oberstufe. (Selbstverständlich so, daß weggelassen, bzw. umgegliedert werden kann, wobei dann jeweils verschiedene Lehr- und Lernziele angestrebt werden können). Und das alles in einer Form, die Schülern leicht zugemutet werden kann.

Es ist mir klar, daß in einer derartigen Vortragsausarbeitung konkretere Beispiele und Bemerkungen von Nöten wären, doch spricht nichts so sehr für die Sache wie das ausgearbeitete Buchkapitel mit den vollständigen Lösungen und didaktischen Hinweisen im Lehrerbegleitheft.

Literatur

Heymann, H.W.: Allgemeinbildung und Mathematik;
Beltz Verlag, Weinheim und Basel 1996

Humenberger, H. und Reichel H.-C.: Fundamentale Ideen der Angewandten
Mathematik und ihre Umsetzung im
Unterricht;
BI-Wiss. Verlag (jetzt: Spektrum)
Mannheim – Berlin 1995

Reichel, H.-C., Müller, R.., Hanisch, G.: Mathematik Arbeitsbuch 7. Klasse
(11. Schulstufe), Verlag HPT, Wien
2. Auflage 1995 (inkl. vollst. Lsg. u.
Lehrerbegleitheft)

Schweiger, F.: Fundamentale Ideen, eine geisteswiss.
Studie zur Mathematikdidaktik
J. f. Mathdid. 13 (1992), 199 – 214.

Tietze, V., Klika, M. u. Wolpers, H.: Mathematikunterricht in der Sekundär-
stufe II; Vieweg, Braunschweig 1997.

Wolfgang SCHLÖGLMANN, Linz (Österreich)
Zum Verhältnis von Mathematik und Neue Technologien

Um sich dem Tagesthema Mathematische Bildung und neue Technologien in umfassender Weise nähern zu können, reicht es nicht aus, die Frage aus einer Werkzeugperspektive zu betrachten. Der Grund, warum diese neue Perspektive nicht ausreicht, liegt in der Verschränktheit von Mathematik und den neuen Technologien. David (1984) hat die neuen Technologien sogar als mathematische Technologien bezeichnet. Aus diesem Grund ist es notwendig, sich näher mit der Verschränktheit von Mathematik und neuen Technologien auseinanderzusetzen.

1. Mathematik und Neue Technologien - einige Anmerkungen

Wenn man die historische Entwicklung der Mathematik betrachtet, dann kann man u.a. zwei Stränge erkennen, die diese Entwicklung wesentlich beeinflußt haben. Da ist einmal das Problem der Darstellung "mathematischer Objekte". Man beachte nur die jahrtausendelange Entwicklung der Zahlzeichen, der Bezeichnung von Variablen oder der geometrischen Veranschaulichung von Zahlenbereichen.

Der zweite Strang bezieht sich auf die Durchführung der Rechenoperationen. Durch lange Zeit war das konkrete Rechnen getrennt von der Darstellung der Zahlen. Erst mit den schriftlichen Verfahren wurden Zahlendarstellung und das Operieren mit Zahlen zusammengeführt.

In einer ersten Phase der Computerentwicklung wurde der Vorgang des Rechnens automatisiert. Aber erst durch die Erweiterung der Funktion des Computers hin zu einer Maschine für Symbolverarbeitung erfolgte ein wesentlicher qualitativer Schritt, der die Möglichkeiten des Computers allgemein und innerhalb der Mathematik speziell grundlegend verändert hat. Dabei muß immer im Auge behalten werden, daß dieser Fortschritt vor allem auf der Software-Ebene nur durch neue Entwicklungen innerhalb der Mathematik möglich war. Dies bedeutet aber, wenn man den Computer als "Werkzeug" zum Betreiben von Mathematik betrachtet, daß dieses Werkzeug selbst auf einer mathematischen Grundlage funktioniert. Diese mathematische Grundlage bestimmt natürlich auch die Möglichkeiten, wie damit Mathematik betrieben werden kann. Nun bestand innerhalb der Mathematik seit langem Übereinstimmung darüber, welche Mittel beim Betreiben von Mathematik

zugelassen sind (Fischer, 1980). Durch die Beschränkung der zugelassenen Mitteln konnte sich die Mathematik immer mehr in Richtung einer "Wissenschaft des Formalen" entwickeln. Dies vor allem auch dadurch, daß Grundlagenfragen vom Betreiben von Mathematik abgekoppelt werden (Otte, 1994) Dies zeigte sich lange Zeit durch die distanzierte Haltung der reinen Mathematik den Anwendungen gegenüber. Große Aufregung verursachte daher in Mathematikerkreisen als der Beweis des Vierfarbsatzes durch Appel und Haken unter Zuhilfenahme des Computers erfolgte. Dies zwang die Mathematiker sich wieder intensiver mit der Frage der zugelassenen Mittel auseinanderzusetzen und entsprechend heftig waren auch die Reaktionen. Inzwischen ist man wieder zu einer pragmatischen Haltung übergegangen. Der Computer wird verwendet, aber die Art der Publikation hat sich nicht wesentlich verändert. Dabei wäre dies vor allem für die Didaktik dringend notwendig, denn die "Intuition", die ja die Vorstellungen von mathematischen Objekten miteinschließt und die bei der Formulierung von Hypothesen eine zentrale Rolle spielt, ist sicher nicht unabhängig von den durch den Computer erzeugten Bildern (Man denke nur an die die Bedeutung der bildhaften Darstellung für Julia-Mengen). Da es innerhalb der Mathematik auch schon vor der Verwendung des Computers üblich war, die Hypothesengewinnung von deren Begründung zu trennen und nur letztere zu publizieren, kommt die Computerverwendung nur dann ins Spiel, wenn sie im Rahmen des Beweises erfolgt. Etwas anders stellt sich diese Frage bei der neu entstandenen Disziplin des "Scientific Computing", bei der z. B. die Güte von Algorithmen meist nicht mehr in der üblichen Form beurteilt werden kann. Hier ist der Rückgriff auf Standardbeispiele oder auf die Realsituation des jeweiligen Modells notwendig.
Wichtig ist es auch im Auge zu behalten, daß die Entwicklung einer neuen Computergeneration immer auch neue Ergebnisse aus der Mathematik benötigt.

2. Mathematik, Gesellschaft und neue Technologien

Wenn man das Verhältnis von Mathematik und Gesellschaft analysiert, so stellt man schon seit den Ursprüngen der Mathematik eine enge Verbindung zwischen Mathematikentwicklung und den Erfordernissen einer rationalen wirtschaftlichen Planung fest. So wurden die Zahlzeichen entwickelt, um wirtschaftliche Vorgänge zu dokumentieren, um damit planen zu können. Auch im weiteren Verlauf hatte Mathematik immer eine enge Verbindung zur Rationalität. Dies gilt heute umso mehr. So schreibt Otte (1989): *Mathematik ist heute nicht mehr identisch mit der reinen oder theoretischen Mathematik als Universitätsdisziplin, sondern die Probleme der Mathematik sind nur dann zu entschlüsseln, wenn die Rolle des formalisierten Wissens in unserer Gesellschaft insgesamt analysiert wird.* Folgt man J.Habermas (1981), der in seiner "Theorie des kommunikativen Handelns", Gesellschaften gleichzeitig als System und Lebenswelt auffaßt, wobei bereits die Lebenswelt, d.h., die von allen Mitgliedern einer Gesellschaft gemeinsam geteilten unproblematischen Hintergrundüberzeugungen, rationale Handlungsorientierungen ermöglichen muß. Daher muß die Lebenswelt formale Konzepte für die objektive, die soziale und die subjektive Welt bereitstellen. Damit ist aber auch gesagt, daß formales Wissen für unsere Gesellschaft konstitutiv ist. Heintel (1992) weist in diesem Zusammenhang auf die Bedeutung der indirekten Kommunikation für die Organisation unserer Gesellschaft hin. Da in unserer Gesellschaft nicht mehr das Besondere von den Mitgliedern der Gesellschaft geteilt werden kann, muß das gemeinsame "Allgemeine" an diese Stelle treten. Allgemeines und setzt aber stets Begriffe und damit den Prozeß der Abstraktion und des Verallgemeinens voraus. Mit der indirekten Kommunikation verbunden ist aber auch die Formalisierung des Wissens, denn nur entsprechend formales Wissen ist allgemein transferierbar.

Die Mathematik hat seit der Antike einen Prozeß der Deontologisierung durchlaufen, sodaß Curry (1951) von der Mathematik als der Wissenschaft von den formalen Systemen spricht.

Schon diese kurzen Anmerkungen zeigen die Bedeutung des formalen Wissens für unsere Gesellschaft und damit auch die konstituive Bedeutung der Mathematik. Hält man sich nun vor Augen, daß die wesentliche Wirkung der neuen Technologien in der Übertragung, Speicherung und Verarbeitung von Symbolen besteht, so lassen sich auch die Auswirkungen der neuen Technologien auf die Gesellschaft erahnen.

Hülsmann (1985) hat darauf hingewiesen, daß die moderne Gesellschaft durch die in ihr verwendeten Technologien formiert wird. Dies bedeutet aber, daß eine so formierte Gesellschaft auf ihre Technologien und daher insbesondere auch auf die neuen Technologien nicht mehr weiter ohne weiters verzichten kann, da sie integraler Bestandteil des gesellschaftlichen Lebens geworden sind.

3. Mathematische Bildung

Um soziales Zusammenleben innerhalb einer gesellschaftlichen Einheit überhaupt zu ermöglichen, benötigen die Mitglieder einen gemeinsam geteilten Hintergrund, d.h., das was Habermas als Lebenswelt bezeichnet. Diese Lebenswelt, die sich aus mehr oder weniger diffusen, stets unproblematischen Hintergrundüberzeugungen aufbaut, steht seit der Aufklärung in enger Verbindung zum Bildungsbegriff, der in engem Zusammenhang mit einem Menschenbild steht. Der gebildete Mensch ist ein wesentliches Element einer aufgeklärten Gesellschaft und in diesem Bildungsprozeß kommt daher der Schule eine wesentliche Funktion zu. Nur wenn alle Mitglieder über die entsprechende gemeinsame Bildung verfügen, ist eine demokratische Gesellschaft überhaupt funktionsfähig. Da aufgeklärte Gesellschaften immer die Autonomie des Individuums als eine zentrale Idee miteinschließen, muß die Lebenswelt immer auch die kritische rationale Auseinandersetzung mit ihren Inhalten erlauben. Akzeptiert man den Bildungsprozeß als Prozeß zur Schaffung von Gemeinsamkeit, so stellt sich natürlich die Frage nach den Inhalten, die vermittelt werden sollen, um so den unproblematischen, gemeinsam geteilten Hintergrund für die Interpretation von Situationen zu bilden. Was liegt aus dieser Sicht näher, als die wissenschaftlichen Ergebnisse, die ja dem Kriterium der Wahrheit verpflichtet sind, zu den Inhalten des Bildungsprozesses zu machen. Es ist daher nicht verwunderlich, daß Wissenschaft immer unverzichtbar für das Konzept einer rationalen Gesellschaft war. Der Bildungsprozeß, der ja stets sowohl ein Vermittlungs- wie auch ein Lernprozeß ist, schließt immer auch die Gemeinsamkeit der zugelassenen Mitteln oder Werkzeuge mit ein. Dies bedeutet, u.a., in unserem Fall, da die neuen Technologien konstitutiv für unsere Gesellschaft sind, deren Verwendung auch von allen Mitgliedern dieser Gesellschaft erwartet wird.

Weiters ist stets zu beachten, daß die Autonomie der Lernprozesse, die ja häufig zu unterschiedlichen Ergebnissen führen, einer kommunikativen "Abklärung" bedarf, um so zu gemeinsam geteilten Wissen zu führen.

Die Mathematik nimmt nun innerhalb der Wissenschaften eine besondere Stellung ein. Sie ist die Sprachebene, auf der zahlreiche andere Wissenschaften ihre Ergebnisse formulieren. Um diese Funktion als Sprachebene für die anderen Wissenschaften auch wahrnehmen zu können, muß die Mathematik entsprechend formal, abstrakt und allgemein sein. Wie schon an anderer Stelle ausgeführt, läßt sich dieser Weg der Mathematik hin zu einer Wissenschaft des Formalen in der historischen Entwicklung nachvollziehen.

Andererseits erfordert aber die Weiterentwicklung der Mathematik selbst, daß die mathematischen Objekte für den arbeitenden Mathematiker entsprechend konkret sind. Daraus ergibt sich auch das, was Davis und Hersh (1981) als philosophische

Zwickmühle des aktiven Mathematikers bezeichnen, nämlich, daß der typische Mathematiker sowohl ein Platonist wie ein Formalist ist. Diese Ambvialenz, die in der Wissenschaft Mathematik steckt, findet sich auch in der mathematischen Bildung wieder. Ein Beispiel, an dem dieses Problem deutlich sichtbar wird, ist der Umgang mit Variablen. Diese stehen einerseits für eine unbekannte bestimmte Zahl und andererseits sind sie ein Zeichen, mit dem nach ganz bestimmten formalen Regeln operiert wird (Fischer, 1998). Noch weiter gefaßt steht diese unbekannte, bestimmte Zahl für eine bestimmte Größe der Realität. Die Aufgabe des Lernenden war es bisher, sich dieser verschiedenen Ebenen bewußt zu sein, die sich daraus ergebenden Konsequenzen aber entweder nicht zu beachten wenn formal operiert wird oder sie an gewissen Stellen wieder aufleben zu lassen, wenn es um die Interpretation der erhaltenen Ergebnisse geht. Bei vielen Lernenden hat die starke Dominanz des formalen Operierens im Mathematikunterricht oft zu Konfusionen geführt, sodaß Mathematik für sie zum Hantieren mit bedeutungslosen Zeichen wurde. Die mathematischen Objekte hatten für sie weder eine Konkretheit im mathematischen Sinne, noch im Sinne der ebenfalls miteingeschlossenen realen Größen. In diesem Sinne lassen sich bei vielen Schülern, aber auch Erwachsenen, bei der Bearbeitung mathematischer Aufgaben eine Beispiel- und Algorithmusorientierung nachweisen. In extremeren Fällen ist auch dieser Orientierungsrahmen nicht ausreichend vorhanden und solche Personen lösen Aufgaben mittels sogenannter "Ersatzstrategien" wie, alle in der Aufgabe vorhandenen Zahlen müssen bei der Lösung durch geeignete Operationen verbunden werden oder die erste Zahl im Aufgabentext ist stets als erste in den Algorithmus einzusetzen, u.a.m. (Ersatzstrategien meint hier Strategien, die an die Stelle eines inhaltlichen Verständnisses treten (Schlöglmann, 1998)).
Die Vereinseitigung des mathematischen Unterrichts hin auf Beispiele und Algorithmen (besonders was die Schülerorientierung betrifft) führt zu einer besonderen Gefährdung des mathematischen Unterrichts durch die neuen Technologien, da diese viele der bisher von den Schülern geforderten Qualifikationen übernehmen können. Dies bedeutet aber, daß der Mathematikunterricht künftig nur bestehen kann, wenn er sich auf ein Bildungskonzept bezieht, daß die Mathematik als einen ganzheitlichen Ausdruck unserer Gesellschaft versteht. D.h., Mathematik als Teil unserer kulturellen Entwicklung, als Produktivkraft, als Sprachebene in der andere Wissenschaften ihre Ergebnisse formulieren, als formierende Kraft unserer Gesellschaft, als

Reflexionsebene und als eigenständige Wissenschaft, die selbst der Reflexion zugänglich ist.

4. Mathematische Bildung und neue Technologien

Es ist im Rahmen dieses Aufsatzes nur möglich, einige Punkte anzudiskutieren, die den derzeitigen Entwicklungsstand der neuen Technologien reflektieren.

Fischer (1998) schreibt was aus seiner Sicht Allgemeinbildung sein soll: "*Statt Erwerben Allgemeinwissens bedeutet der Prozeß der Allgemeinbildung das Einüben im Herstellen von Verbindungen und Verhältnissen von einem Wissen zum anderen.*"

Wenn man die oben angeführten, vielfältigen Funktionen, die Mathematik innerhalb unserer Gesellschaft erfüllt, ansieht, dann kann man die Komplexität der Aufgabe für den Mathematikunterricht ermessen, die sich aus einer solchen Forderung ergibt. Eine zentrale Frage, die sich aus der obigen Forderung ergibt und die sich immer dann stellt, wenn Relationen zwischen Wissensteilen ins Blickfeld kommen, ist: Wieviel Wissen ist notwendig, um sich sinnvoll und kritisch mit Beziehungen zwischen Wissensteilen auseinandersetzen zu können?

Ich stimme hier mit Otte überein, der für eine Gleichberechtigung von Gegenständen und Relationen plädiert, d.h., in unserem Falle für das inhaltliche mathematische Wissen im Verhältnis zu den vielfältigen Relationen dieses Wissens innerhalb des Gesamtsystems Gesellschaft. Daraus ergibt sich zwingend eine Neubewertung der traditionellen Inhalte des Mathematikunterrichts. Viele Inhalte der Lehrpläne sind aus historischen Gründen, meist in bildungspolitischen Umbruchzeiten, in diese aufgenommen worden und diese Gründe sind heute zu hinterfragen. Unbestritten wird auch künftig sein, daß zahlreiche mathematische Begriffe und Theorieelemente unverzichtbar sein werden. Damit wird auch weiterhin den Begriffsbildungsprozessen große Bedeutung zukommen. Daß den Begriffsbildungsprozessen mehr Augenmerk geschenkt werden muß und daß dazu auch die neuen Technologien wesentlich miteinzubeziehen sind (Dörfler, 1991) ist unbestritten. Zu bedenken ist in diesem Zusammenhang, daß auch bisher das Lernen und Betreiben von Mathematik auf Mittel wie Schrift, bildhafte Darstellungen, etc. angewiesen war.

Eine viel schwieriger zu beantwortende Frage ist die der künftigen Behandlung von Algorithmen. Beruhte bisher die Fähigkeit zur Lösung mathematischer Probleme wesentlich auch auf der sicheren Beherrschung gewisser Algorithmen, so kann im

Prinzip dies nun vom Computer übernommen werden. Es wird sicher nicht sinnvoll sein, die bisher gelernten schriftlichen Algorithmen durch die Kenntnis der entsprechenden Computeralgorithmen zu ersetzen. Viel wichtiger erscheint es meiner Sicht, daß die "Kontrolle" über die vom Computer gelieferten Ergebnisse zu eine der leitenden Ideen wird. Aus dieser Sicht können auch manche der derzeit üblichen schriftlichen Verfahren vielleicht · in abgewandelter Form weiterhin bedeutsam sein. Wichtig wird dabei sein, daß diese Kontrollfunktion bei jeder Aufgabe zum Tragen kommt und hier auch alle Ebenen der Aufgabe, von der Realität bis zur formalen Ebene beachtet werden. Nur durch das konsequente Einhalten dieser Sichtweise können Verfahren so sicher beherrscht werden, daß ihr Einsatz sinnvoll ist.

Eine der zentralen, neuen Möglichkeiten von Computern liegt in der Erzeugung von graphischen Darstellungen. Dies bedeutet, daß dem Verhältnis von Zusammenhängen auf der realen, auf der bildhaften und auf der formalen Ebene zentrale Bedeutung zukommt. War bisher das Bild oft Endpunkt von Untersuchungen, so stehen wir jetzt vor der Situation, daß mit der formalen Beschreibung meist auch die zugehörige bildhafte Darstellung sofort erhalten werden kann. Wichtig wird es dabei sein, stets auch die Begrenztheit der Möglichkeiten eines Graphikprogramms im Auge zu behalten, da in vielen Fällen, so z.B. dynamischen Prozessen die Bilder immer nur Anhaltspunkte liefern können, die der Notwendigkeit der gedanklichen Fortsetzung und Kontrolle bedürfen. Im Verhältnis von Aufgabenstellung und bildhafter Darstellung ist stets zu beachten, daß das Bild Produkt eines Computerprogrammes ist, das mit der entsprechenden kritischen Distanz zu sehen ist.

Mathematik wirkte seit Jahrtausenden formierend auf das wirtschaftliche und gesellschaftliche Leben, da viele Abläufe und Vorgänge mittels mathematischer Verfahren geregelt wurden. Diese Tendenz hat sich durch die neuen Technologien noch verstärkt. Eine Reflexion der gesellschaftlichen Funktionen mathematischer Verfahren ist nur auf der Grundlage einer hinzureichenden Kenntnis des mathematischen Hintergrundes und der durch die Computerisierung erfolgten einseitigen Normierung vieler Vorgänge möglich. In diesem Zusammenhang spielt besonders die Möglichkeit der Black-Box-Verwendung von Mathematik auf der Basis von Computerprogrammen eine besondere Rolle und Bedarf der besonderen Beachtung in einem künftigen Mathematikunterricht (Maaß/Schlögmann, 1994)

Ein weiterer Aspekt betrifft die Mathematik als Produktivkraft. Durch die neuen Technologien geschaffenen Möglichkeiten ist die Mathematik über die

Automatisierung in viele industrielle Bereiche vorgedrungen und ein zumindestens ansatzweises Verständnis für die Auswirkungen sind wichtig für ein umfassenderes Bild der gesellschaftlichen Bedeutung von Mathematik (Maaß/Schlöglmann, 1992).

5. Literatur

Curry, H.(1951): Outlines of a Formalist Philosophy of Mathematics. Amsterdam: North-Holland.
David, E.(1984): Renewing U.S. Mathematics: Critical Resource for the Future.
Davis, P./Hersh R.(1981): Erfahrung Mathematik. Boston. Birkhäuser.
Dörfler, W.(1991): Der Computer als kognitives Werkzeug und kognitives Medium. In: Dörfler, W. u.a. (Hg): Computer-Mensch-Mathematik. Wien HPT.
Fischer, R.(1980): Zur Ideologie der Selbstbeschränkung im Mathematikstudium, Zeitschrift für Hochschuldidaktik, S 3, 32-71.
Fischer, R.(1998): Das Formale, das Soziale und das Subjektive; Variationen zu einem Thema von Michael Otte.
Habermas, J.(1981): Theorie des kommunikativen Handelns I, II. Frankfurt/Main, Suhrkamp.
Heintel, P.(1992): Skizzen zur "Technologischen Formation" in: Blumberger, W./Nemeth,D.: Der Technologische Imperativ: München. Profil.
Hülsmann, H.(1980): Die technologische Formation - oder: lasset uns Menschen machen. Berlin. Europäische Perspektiven.
Maaß, J./Schlöglmann, W.(1992): Mathematik als Technologie - Konsequenzen für den Mathematikunterricht, mathematica didactica 15, 38-57.
Maaß, J./Schlöglmann, W.(1994): Black Boxes im Mathematikunterricht, JMD 15, 123-147.
Otte, M.(1989): Der Charakter der Mathematik zwischen Philosophie und Wissenschaft, Philosophica 43, 79-126.
Otte, M.(1994): Das Formale, das Soziale und das Subjektive. Suhrkamp, Frankfurt/Main.
Schlöglmann, W.(1998): On the Relationship between Cognitive and Affective Components of Learning Mathematics, erscheint in: Proceedings of ALM5.

Edith SCHNEIDER, Klagenfurt (Österreich)

Mathematische Bildung trotz des und mit dem TI-92

1. Einleitung

Nach FISCHER/MALLE (1985, S. 221) vollzieht sich Mathematik im Wechselspiel zwischen Darstellen, Operieren und Interpretieren. In der Mathematikdidaktik ist man sich weitgehend einig darüber, dass im traditionellen (herkömmlichen, computerlosen) Mathematikunterricht dem operativen Aspekt besonderes Gewicht zukommt, das Verhältnis dieser drei Aspekte etwa in der in Abb. 1 dargestellten Weise zu sehen ist.

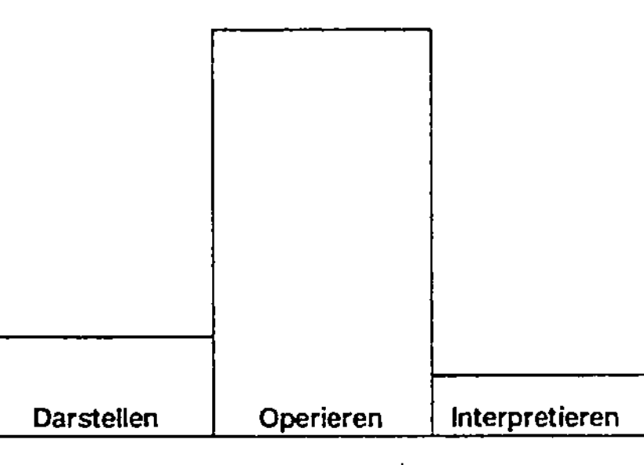

Abb. 1

Wenn diese Einschätzung tendenziell richtig ist, dann ist klar, dass angesichts von Softwareprodukten, die fast alles von dem beherrschen, was von den Schülern/innen in (numerischer und/oder symbolischer) operativer Hinsicht im Mathematikunterricht üblicherweise verlangt und auch extensiv geübt wird, beträchtliche Veränderungen des Mathematikunterrichts anstehen (vgl. u. a. PESCHEK, 1997; SCHNEIDER, 1997). Die Reaktionen darauf sind unterschiedlicher Art:

Für einige führt die Auslagerung des regelhaften Operierens an den Computer zu einer Reduktion des operativen Anteils und damit zu einer drastischen Reduktion der mathematischen Ausbildung insgesamt (vgl. Abb. 2) - der Mathematikunterricht läuft Gefahr verzichtbar oder zumindest durch einen entsprechenden Informatikunterricht ersetzbar zu werden.

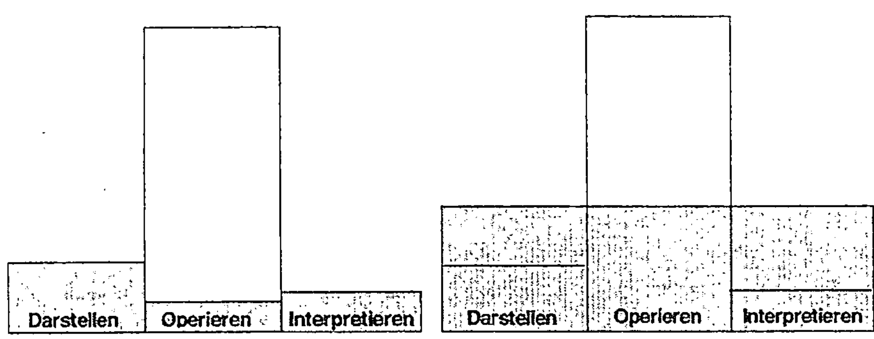

Abb. 2   Abb. 3

Andere hingegen hoffen, dass sich das Verhältnis zwischen den Aspekten Darstellen, Operieren und Interpretieren in etwa in der in Abb. 3 dargestellten Weise entwickelt. Vertreter/innen dieser Gruppe sehen also in der Auslagerung des regelhaften Operierens an den Computer eine Chance, den Mathematikunterricht von unkreativem, routinemäßigem Operieren zu entlasten, um dadurch Freiraum für didaktisch sinnvollere und meist auch intellektuell anspruchsvollere Zielsetzungen und Anliegen zu bekommen. Genannt werden insbesondere:

- Anwendungsorientierung, Realitätsnähe, Modellbildung und Problemlösung
- Betonung des Darstellungs- und Interpretationsaspekts der Mathematik
- verschiedene Darstellungsformen
- Konzentration auf adäquate Begriffsbildungen
- Diskussion der Reichweiten und Grenzen mathematischer Verfahren
- Orientierung an fundamentalen Ideen der Mathematik und deren explizite Behandlung
- Berücksichtigung und Einbindung historischer oder auch sozial-philosophischer Aspekte
- experimentelle Zugänge
- Sozialformen wie z.B. Partner- bzw. Gruppenarbeit
- Selbstständigkeit der Schüler/innen

Im Rahmen des Forschungs- und Entwicklungsprojekts *"Einsatz des TI-92 im Mathematikunterricht an Handelsakademien (HAK)[1]"* der Abteilung für Didaktik der Mathematik der Universität Klagenfurt unter der Leitung von W. Peschek sollen konkrete Erfahrungen mit der Umstellung eines bisher computerfreien Mathematikunterrichts auf einen TI-92 unterstützten Unterricht gesammelt werden (vgl. SCHNEIDER, 1998).

Zwei Mathematiklehrerinnen (an Handelsakademien), die bisher ohne (neue) Technologien im Unterricht gearbeitet haben, aber an deren Einsatz und den damit verbundenen Möglichkeiten interessiert waren, suchten nach externer Beratung, da sie eine derartige Umstellung ihres Unterrichts nicht alleine vornehmen wollten.

Die beiden Lehrerinnen versuchen nun, ein Computeralgebrasystem durchgängig einzusetzen; wir versuchen, sie dabei fachlich, fachdidaktisch und (unterrichts-) organisatorisch zu beraten und zu unterstützen.

Als technologisches System wurde der TI-92 gewählt, da für jede/n Schüler/in die durchgängige Verfügbarkeit eines CAS innerhalb und außerhalb des Schulunterrichts gegeben sein sollte. Die Projektarbeiten begannen im November 1996, die unterrichtspraktische Umsetzung und Erprobung der entwickelten Unterrichtskonzepte wurde im Schuljahr 1997/98 mit einem III. Jahrgang (11. Schulstufe) begonnen und wird in den Schuljahren 1998/99 und 1999/2000 (bis hin zum Abitur) fortgesetzt.

---

[1] Ein wirtschaftlich orientierter Schultyp (mit Abitur), in dem Mathematik kein Kernfach darstellt (2-3 Wochenstunden).

Im Folgenden möchte ich nun besonderes Augenmerk auf vier der zuvor genannten Zielsetzungen legen und zu diesen Aspekten konkrete Erfahrungen aus o. g. Projekt schildern. Es handelt sich dabei um Zielsetzungen, deren didaktischer wie auch bildungstheoretischer Nutzen (durchaus auch im Sinne von H. W. HEYMANN, 1996) durch zahlreiche Literatur mehr als ausreichend belegt ist. Ich beschränke mich hier auf ein paar exemplarisch angeführte Schlagworte:

Zielsetzung	*didaktischer und bildungstheoretischer Nutzen*
Anwendungs-orientierung	Heymann: *Lebensvorbereitung, Weltorientierung, kritischer Vernunftgebrauch* Genetisches Prinzip, Abstrahieren, Mathematisieren, Interpretieren, Praxisnähe, Motivation
Verschiedene Darstellungsformen	Heymann: *Lebensvorbereitung, Weltorientierung, kritischer Vernunftgebrauch* Abstrahieren, Visualisieren, Materialisieren, Mathematisieren, Interpretieren, Kommunizieren
Experimentelle Zugänge	Heymann: *Stärkung des Schüler-Ichs, kritischer Vernunftgebrauch* Kreativität, Selbsttätigkeit, Handlungsorientierung, Argumentieren, Klassifizieren, Analogisieren; heuristisches und exploratives Arbeiten
Sozialformen wie z. B. Partner-, Gruppenarbeit	Heymann: *Verantwortungsbereitschaft, Verständigung und Kooperation, Stärkung des Schüler-Ichs* Argumentieren, Kommunizieren

2. Anwendungsorientierung

Anwendungen im eigentlichen Sinn spielten im *bisherigen Unterricht* der Projektlehrerinnen kaum eine Rolle. Die Konzentration lag vielmehr auf innermathematischen Aufgaben mit hohen operativen Anteilen, deren Komplexität nach und nach gesteigert wurde. Anhand solcher Aufgabensequenzen wurden die schulmathematischen Inhalte eingeführt, geübt und abgeprüft.

Im *TI-92 unterstützten Unterricht* wurde versucht, durchgängig - d. h. bei der Einführung, bei den Übungsaufgaben bis hin zur Leistungsfeststellung - eine Verbindung zwischen Mathematik und Realität herzustellen und diese im zuvor angedeuteten Sinne didaktisch und bildungstheoretisch zu nutzen. Hierzu ein konkretes Unterrichtsbeispiel aus dem Bereich Exponential- und Logarithmusfunktionen:

*Unterrichtssituation 1: **Projekt "Weltbevölkerung"** (nach Riemer, 1997)*
Den Schülern/innen wird der folgende Zeitungsausschnitt

Kölner Stadt-Anzeiger vom 13.11.96 (Auszug)
WACHSTUMSRATE DER BEVÖLKERUNG SANK WELTWEIT
Bonn - Die Wachstumsrate der Weltbevölkerung ist erstmals gefallen. Sie liegt nach Angaben der Deutschen Stiftung Weltbevölkerung für 1996 bei 1,48%. Vor einem Jahrzehnt hatte die Rate noch 1,72% betragen und zu der Prognose geführt, die Erde wäre Mitte des 21. Jahrhunderts mit mehr als 11 Milliarden Menschen überbevölkert. "Völlig überraschend sei die Entwicklung gekommen", erklärte der Geschäftsführer der Stiftung... Sollte sich der Trend fortsetzen, sei eine Gesamtbevölkerung der Erde im Jahr 2050 von weniger als acht Milliarden realistisch, hieß es.

sowie Daten und Prognosen der Weltbevölkerung des *U.S. Bureau of the Census* und der *Vereinten Nationen* verbunden mit konkreten Fragestellungen (Arbeit in Gruppen zu 2-4 Schüler/innen) vorgelegt. Hier zwei dieser Fragestellungen:

1. a) Berechne aus den vom U.S. Bureau of the Census angegebenen Daten die jährlichen Wachstumsfaktoren! Wurden die Bevölkerungsschätzungen aus einem Modell für ungebremstes exponentielles Wachstum gewonnen?

   b) Wie stehst du zur Formulierung des Zeitungsartikels, die Wachstumsrate sei erstmals gefallen? Ist die im Zeitungsartikel angegebene Wachstumsrate 1,72% für das letzte Jahrzehnt mit den Daten des U.S. Bureau of the Census vereinbar?

2. Setze in die Formel für das logistische Wachstum die Daten der UN-Prognose ein! Prognostiziere hiermit die Bevölkerung für das Jahr 2025, für das Jahr 2050, für das Jahr 2100 und für das Jahr 2150! Vergleiche mit den zugehörigen Daten der UN-Prognose und beurteile, ob die UN bei ihrer Langzeitprognose das logistische Wachstumsmodell benutzt!

Mit diesen Fragestellungen sollten u. a. folgende didaktische und bildungstheoretische Anliegen angesprochen werden: Weltorientierung (z. B. durch Praxisnähe des Themas), Lebensvorbereitung (z. B. Umgehen mit Zeitungsartikeln), kritischer Vernunftgebrauch (z. B. Bewerten von Aussagen) sowie Abstrahieren, Mathematisieren, Materialisieren (z. B. in 1. a), 2.); Interpretieren, Argumentieren (z. B. in 1. a) und b), 2.); operative Tätigkeiten können an den TI-92 ausgelagert werden (z. B. in 1. a), 2.). Die Bearbeitung der Aufgabe erforderte also ein oftmaliges Wechseln zwischen Darstellen, Operieren und Interpretieren (im Sinne von FISCHER/MALLE 1985, S. 221).

Derartige Aufgaben stellen aus mathematikdidaktischer Sicht natürlich keine grundlegenden Innovationen dar. Anwendungsorientierte Aufgaben wie diese könnten auch in einem traditionellen Unterricht behandelt werden - und das geschieht ja fallweise auch. Der TI-92 wird bei diesen Aufgaben lediglich als ein Werkzeug eingesetzt, das es ermöglicht, das kalkülhafte Operieren auszulagern. Dennoch war in unserem Fall, bei unseren Projektlehrerinnen, der *Einsatz des TI-92 Auslöser für die Entscheidung, anwendungsorientierte Problemstellungen zu behandeln*, weil sie durch die Auslagerung des kalkülhaften Operierens Freiräume für die Behandlung aufwendigerer Anwendungen sahen.

3. Verschiedene Darstellungsformen

Im *herkömmlichen* (computerlosen) *Unterricht* unserer Projektlehrerinnen erfolgte die Aufgabenbearbeitung fast ausschließlich auf algebraischer Ebene, ein Wechsel zwischen Darstellungsformen konnte nur selten beobachtet werden.

Im *TI-92 unterstützten Unterricht* war eine derartige Dominanz einer einzelnen Darstellungsform nicht zu erkennen: grafische, algebraische und tabellarische Darstellungsformen wechselten immer wieder ab - sowohl bei der Einführung von mathematischen Begriffen als auch bei der Anwendung von bereits bekannten Begriffen. D. h., die Problemstellungen waren überwiegend so gewählt, dass die Aufgaben immer wieder auf verschiedenen Ebenen behandelt, diskutiert und ev. gelöst werden sollten, was natürlich neben der Kenntnis verschiedener Darstellungsformen auch "Übersetzungsqualifikationen" erfordert.

---

*Unterrichtssituation 2: **Einführung der Exponentialfunktion***
Die Einführung (anhand des außermathematischen Problems Wachstum einer Zellkultur) zielt zunächst auf eine *rekursive* Beschreibung von Exponentialfunktionen ($u_{n+1}=a \cdot u_n$) ab. Daran schließt eine *tabellarische* Darstellung und als nächster Schritt eine *grafische* Veranschaulichung an. Aus der rekursiven Beschreibung wird dann eine *algebraische* Funktionsgleichung hergeleitet, die zur Definition der Exponentialfunktion führt.

Ein solcher Einstieg betont insbesondere die folgenden didaktischen und bildungstheoretischen Anliegen: genetischer Zugang (zum Begriff der Exponentialfunktion); Abstrahieren, Materialisieren, Mathematisieren, Visualisieren, Darstellen (außer-) mathematischer Sachverhalte; Interpretieren; Weltorientierung (Realitätsbezug), Lebensvorbereitung (z. B. Lesen von Tabellen). Das Operieren spielte bei diesem Zugang eine untergeordnete Rolle und wurde an den TI-92 ausgelagert, ebenso das Konstruieren von Graphen und das Erstellen von Tabellen.

Im TI-92 unterstützten Unterricht wurden auch Vor- und Nachteile von Darstellungsformen explizit angesprochen (in Kleingruppen erarbeitet), wie etwa bei der rekursiven und algebraischen Beschreibung exponentieller Vorgänge. Eine solche Aufgabenstellung unterstützt im Sinne Heymanns einen kritischen Vernunftgebrauch und stellt ein Bewerten mathematischer Darstellungsformen sowie Tätigkeiten wie Argumentieren, Kommunizieren in den Vordergrund.

Der TI-92 erleichtert das Arbeiten mit verschiedenen Darstellungsformen, insbesondere das Durchführen von Änderungen wie Änderung des dargestellten Bereichs eines Funktionsgraphen, der Schrittweite einer Tabelle, etc. Zusätzlich unterstützt wird ein derartiges Arbeiten durch die Verknüpftheit der verschiedenen vom TI-92 erzeugten Darstellungen. Einige Darstellungen werden durch den TI-92 auch erst sinnvoll "handhabbar", wie etwa die rekursive Beschreibung von Prozessen.

4. Experimentelle Zugänge

Experimentelle Zugänge zu mathematischen Begriffen waren im *früheren Unterricht* unserer Projektlehrerinnen nicht zu beobachten. In den meisten Fällen wurden mathematischen Inhalte (fast ausschließlich Lösungsalgorithmen) von den Lehrerinnen vorgestellt und dann von den Schülern/innen anhand ähnlicher Aufgaben eingeübt.

Im *TI-92 unterstützten Unterricht* fanden sich nun immer wieder Unterrichtsphasen mit experimentellen Zugängen (z. B. Eigenschaften von Exponential- und Logarithmusfunktionen, Auswirkungen von diversen Parametern logistischer Wachstumsmodelle auf das Verhalten der Populationsgröße, Formel für die Ableitung von Potenzfunktionen, Summenregel und Multiplikationsregel mit einer Konstanten für Ableitungsfunktionen). Dabei wurden die Schüler/innen aufgefordert, zunächst Vermutungen über Eigenschaften, Zusammenhänge zu entwickeln, diese an beliebigen weiteren Beispielen zu testen und gegebenenfalls zu revidieren. Im Folgenden ein konkretes Unterrichtsbeispiel aus dem Bereich der Exponentialfunktionen:

> *Unterrichtssituation 3: **Auswirkungen des Wachstumsfaktors a auf den Verlauf der Exponentialfunktion f:***
>
> Den Schülern/innen werden einige Exponentialfunktionen vorgegeben, die Ausgangspunkt für die Bearbeitung folgender Fragestellungen sind:
>
> Was fällt dir im Hinblick auf das *Monotonieverhalten (Steigungsverhalten) der angegebenen Exponentialfunktionen f_1 - f_7* auf? Worin unterscheiden sich die Funktionen? Versuche eine Vermutung aufzustellen, in welchem Zusammenhang Monotonie der Funktion und Wert des Wachstumsfaktors a stehen! Beschreibe diese Vermutung!
>
> Teste deine Vemutung anhand einiger selbstgewählter Exponentialfunktionen (trage die Gleichungen der von dir getesteten Funktionen in das Arbeitsblatt ein)! Beschreibe deine Beobachtungen in allgemeiner Form und versuche eine Begründung dafür zu finden!
>
> (Analoge Fragen wurden zum asymptotischen Verhalten, zu besonderen Punkten sowie zum Wertebereich von Exponentialfunktionen gestellt).

Aus didaktischer und bildungstheoretischer Sicht wurden durch einen solchen experimentellen Zugang und die entsprechenden Fragestellungen insbesondere die folgenden Anliegen unterstützt: Kreativität, Selbsttätigkeit, Handlungsorientierung, exploratives Arbeiten sowie Beobachten, Klassifizieren, Analogisieren, Formalisieren und Interpretieren, Bewerten, Argumentieren bzw., bezogen auf Heymann, kritischer Vernunftgebrauch.

Experimentelle Zugänge erhalten durch den Einsatz von CAS wesentliche und neue Impulse: Die symbolischen, grafischen, tabellarischen Darstellungsmöglichkeiten sowie die Verknüpftheit der Darstellungsformen einerseits und die Interaktivität der Computerdarstellungen andrerseits ermöglichen ein Erforschen mathematischer Begriffe (Konzepte) auf experimentellem Wege. Ein Bearbeiten der genannten

Beispiele ohne der vom TI-92 gebotenen Möglichkeiten wäre in dieser Form
praktisch kaum realisierbar gewesen.

5. Sozialformen

Unterrichtsbeobachtungen, die sowohl im noch nicht TI-92 unterstützten Unterricht
durchgeführt wurden als auch im darauffolgenden Schuljahr im TI-92 unterstützten
Unterricht, lassen bei einer der beiden Projektlehrerinnen ganz deutliche Ver-
schiebungen in den Sozial- und Unterrichtsformen erkennen:

Lerngruppen (Sozialform)

	ohne TI-92	*mit TI-92*
1) Plenum (Lehrervortrag, frag.entw.)	90,7%	*39,0%*
2) Gruppen-, Partnerarbeit	0,0%	*32,8%*
3) Einzelarbeit	7,9%	*2,8%*
4) Mischform aus 2) und 3)	1,4%	*26,0%*

Kommunikationsdominanz

	ohne TI-92	*mit TI-92*
Lehrerdominierte Kommunikation	**89,3%**	*45,6%*
Lehrervortrag	15,4%	*4,2%*
frag.-entw. Unterricht	48,5%	*20,4%*
Beantw. von Lehrerfragen	25,4%	*21,0%*
Schülerdominierte Kommunikation	**2,3%**	*53,3%*
Schülerdiskussion	1,5%	*21,6%*
Klärung von Schülerfragen	0,8%	*31,7%*
keine verbale Komm. (Stillarbeit)	**8,5%**	*0,0%*

Aktive Beteiligung der Schüler/innen am Unterricht

	ohne TI-92	*mit TI-92*
ein/e Schüler/in	0,7%	*0,6%*
wenige Schüler/innen	67,6%	*23,9%*
viele (Mehrheit der) Schüler/innen	31,7%	*75,6%*

Durch die vermehrte Gruppen- und Partnerarbeit und die hohen Anteile an
Unterrichtszeit mit schülerbestimmter Kommunikation werden insbesondere die
folgenden didaktischen Anliegen unterstützt: Selbsttätigkeit der Schüler/innen,
Verständigung der Schüler/innen untereinander, kooperatives Arbeiten,

Kommunikations- und Argumentationsprozesse; einigen Schülern/innen könnte es dadurch ermöglicht (erleichtert) werden, mathematische Sicherheit und mathematisches Selbstbewußtsein aufzubauen (*"Stärkung des Schüler-Ichs"*).

Bei der zweiten Projektlehrerin war ebenfalls ein deutlicher Trend in diese Richtung erkennbar, allerdings nicht in demselben Maße.

6. Schlussbemerkung

Didaktische Umorientierungen wie die hier skizzierten werden von der Mathematikdidaktik schon sehr lange gefordert. Die in der unterrichtlichen Praxis häufig beobachtbare Dominanz des Operativen steht solchen Schritten aber oft im Wege. Computeralgebrasysteme, vor allem wenn sie so leicht zugänglich und verfügbar sind wie am TI-92, drängen die faktische Bedeutung des Operativen zurück und können die Lehrer/innen zu solchen Umorientierungen ermutigen. Die Befürchtung, dass durch den Einsatz von CAS wichtige Elemente der Mathematik ersatzlos verloren gehen, ist zwar berechtigt und ernst zu nehmen, lässt sich aber - wie dies in unserem Projekt zu beobachten war - durch entsprechende didaktische Anregungen und Unterstützungen entkräften.

Literatur

FISCHER, R./MALLE, G. (1985): Mensch und Mathematik. Eine Einführung in didaktisches Denken und Handeln. BI-Wissenschaftsverlag, Zürich.

HEYMANN, H.-W. (1996): Allgemeinbildung und Mathematik. Beltz Verlag, Weinheim und Basel.

PESCHEK, W. (1997): Computereinsatz im Mathematikunterricht. In PARISOT, K.J./ VÁSÁRHELYI, É. (Hrsg.): Integrativer Unterricht in Mathematik. Tagungsband der 5. Tagung „Didaktik der Mathematik Österreich-Ungarn", Abacus Verlag, S. 67 -74.

RIEMER W. (1997): Weltbevölkerung - Aktuelle Hochrechnungen auch aus dem Internet. *MNU* 50/6, S. 370 - 371.

SCHNEIDER, E. (1997): Veränderungen des Mathematikunterrichts durch den Einsatz von CAS. In Beiträge zum Mathematikunterricht 1997, Franzbecker, Hildesheim, S. 447 - 450.

SCHNEIDER, E. (1998): New Technology: A New Chance for „Old" Didactic Ideas? In: Proceedings of the International Conference on the Teaching of Mathematics, Samos, John Wiley & Sons, Inc., S. 263 - 266.

Monika SCHWARZE, Soest (Deutschland)

Geometrie lehren und lernen mit neuen Medien und Technologien

1. Die momentane Situation

Mathematikunterricht weist eine Vielzahl möglicher Problemfelder auf: Für die Geometrie sind dies z. B. die Visualisierung geometrischer Eigenschaften innerhalb ihres Gültigkeitsbereichs, Beweisbedürfnis oder die oft nur künstliche Einbettung von Alltagsproblemen mit dem Ziel, direkt zur gewünschten mathematischen Thema zu gelangen. Neue Medien und Technologien müssen und können dort einsetzen, um solche Probleme zu entschärfen und die Lehrerin und den Lehrer in ihrem Bemühen zu unterstützen, den Schülerinnen und Schülern neue, effektivere Wege des Lernens aufzuzeigen und zu ermöglichen.

Der Vortrag soll dieses an verschiedenen Beispielen mit Neuen Medien (d. h. Software und dem Internet) verdeutlichen.

2. Neue Wege des Lehrens und Lernens

Lernen - daran erinnert gerade in jüngster Zeit immer häufiger die Lernpsychologie - ist ein ausgesprochen individueller Prozess, der dann besonders erfolgreich ist, wenn neue Inhalte nicht als fertiges System präsentiert werden, sondern von den Lernenden selbst bestimmt, eigenverantwortlich, entdeckend und kommunikativ in die Hand genommen wird, so dass eigene Erfahrungen, Interpretationen und aktives Verknüpfen mit schon Bekanntem möglich wird.

„In einer Zeit, in der Faktenwissen und Informationen allein zur Bewältigung der immer komplexer werdenden Anforderungen nicht mehr genügen, muss Unterricht" - auch im Fach Mathematik (Anm. der Verfasserin) - „einen Rahmen für lebenslanges Lernen schaffen."[1]

Dies erfordert ein Neudenken von Unterricht. „Unterricht muss einen offenen, explorativen Charakter haben, Lerngegenstände in ihrer gesamten Komplexität in den Blick nehmen, Raum geben für echte Schülerinnen- und Schülerfragen und problemorientiertes, entdeckendes und kommunikatives Arbeiten ermöglichen."[2]
Und hier liegen die Chancen der Neuen Medien, die einen solchen Lernprozess unterstützen können.

---

[1] vergl. Bildungskommission NRW: Zukunft der Bildung - Schule der Zukunft, S. 58
[2] Landesinstitut für Schule und Weiterbildung: Lernen mit Neuen Medien, 1998, S.13

Für den Geometrieunterricht spielen dabei dynamische Geometriesoftware, interaktive Programme und Hypertexte eine wichtige Rolle, seitdem die erste Generation von dynamischer Geometriesoftware vor ca. 10 Jahren entwickelt wurde. In den letzten zwei Jahren haben durch die Initiative „Schulen ans Netz - Verständigung weltweit" das Internet und java-fähige Browser mehr und mehr Einzug in den Schulen und z. T. auch in die Arbeitszimmer der Lehrerinnen und Lehrer gehalten. Damit gibt es für Unterrichtende mehr Möglichkeiten, Informationen über Lernen mit neuen Medien[3] zu erhalten, sich auszutauschen und im Unterricht Material einzusetzen, das vielfältigere Aktivitäten ermöglicht als bisher.

Für den Geometrieunterricht wird im Folgenden mit verschiedenen Beispielen gezeigt,

- wie z. B. moderne Kommunikationstechnologien Lehrerinnen und Lehrer beim Einsatz neuer Medien im Geometrieunterricht unterstützen,
- wie Lernumgebungen, die bereits im WWW existieren, für den Unterricht geschaffen sein müssen,
- wie interaktive (Java-)Ressourcen *in Ergänzung* der bisher bekannten und bewährten Geometrietools mehr Situationen zur Entdeckung und zur Exploration schaffen.

3. Informations- und Kooperationsplattformen für Mathematik (-unterricht)

"Geometrie mit dem Computer" in learn:line, dem NRW-Bildungsserver
http://www.learn-line.nrw.de/Faecher/Mathematik/flarb002.htm

Der NRW-Bildungsserver learn:line wurde als Informations-, Kommunikations- und Kooperationsplattform konzipiert mit sog. themenbezogenen Arbeitsbereichen, wie auch "Geometrie mit dem Computer" für Lehrerinnen und Lehrer. Eine kleine Ecke für interessierte Schülerinnen und Schüler greift (zur Zeit leider nur einen kleinen Teil) Ideen auf, die in der Zusammenfassung "Mathematik und Internet" von der Arbeitsgruppe an der Uni Klagenfurt im ihrem Zwischenbericht „Mathematikunterricht und Internet" dokumentiert hat.[4]
In der Mediothek dieses Arbeitsbereichs auf dem NRW-Bildungsserver, finden Lehrerinnen und Lehrer verschiedene Hilfestellungen zum Unterricht mit

---

[3] Es gibt auf dem Bildungsserver learn:line einen Bereich, in dem beispielhafte Neue Medien beschrieben und mit konkreten Unterrichtsideen dazu vorgestellt werden.
http://www.learn-line.nrw.de/Themen/NeueMedien/

[4] Arbeitsgruppe der Abt. Didaktik der Mathematik, Uni Klagenfurt „Internetdienste für Schülerinnen und Schüler":
im WWW: http://www.uni-klu.ac.at/groups/math/didaktik/arb/ihmlum/schueler.htm

dynamischer Geometriesoftware wie Cabri, Sketchpad, Euklid. Ein sog. Online-Kurs mit verschiedenen Beispielen möchte vor allem Neulinge mit noch wenig Unterrichtserfahrungen auf diesem Gebiet von der didaktischen Power der DGS überzeugen und Mut zum Unterrichtseinsatz machen. Dazu können verschiedene Konstruktionsfiles und Makro-Konstruktionen geladen werden. Weiterhin gibt es Literaturhinweise, kommentierte Internetquellen und Demoversionen zum Ausprobieren. Durch bereits erprobte Unterrichtsreihen und Ideen zu anwendungsorientiertem Unterricht sollen Lehrerinnen und Lehrer darin unterstützt werden, mit beispielhaften neuen Medien zu experimentieren. Ihnen werden Unterrichtssituationen vorgestellt, in denen dynamische Geometrie-software Möglichkeiten zum Entdecken und Verfolgen eigener Lernwege schafft - und damit individuelles Lernen ermöglicht. Viele der Materialien wurden auch in der Lehrerfortbildung erprobt, diskutiert und verbessert. Im Foyer dieses Arbeitsbereichs wird weiterhin die Möglichkeit eröffnet, eigene Materialien interessierten Kolleginnen und Kollegen vorzustellen und zugänglich zu machen. Damit ist ein Forum geschaffen zum Gedankenaustausch (am sog. Schwarzen Brett) und zur Weiterentwicklung von Ideen bis hin zu gemeinsam erstellten Unterrichtsmaterialien (in einer geschlossenen Werkstatt).

In ähnlicher Weise versuche ich, auf der Website "Ka's Geometriepage und Mathe-Galerie" Erfahrungen im Einsatz von Geometrieprogrammen und Java-Applikationen im Netz weiterzugeben.

Ka's Geometriepage und Mathe-Galerie
http://kunden.swhamm.de/Geometriepage/

Vorbild zu diesen Seiten war das seit einigen Jahren bestehende math forum des Swarthmore College in den USA, das von Gene Klotz aufgebaut wurde, ein National Sience Foundation finanziertes Projekt, das von der Geometrie auf alle schulrelevanten Teilgebiete der Mathematik ausgedehnt wurde.

Das math forum spricht "the didactic community", Lernende und interessierte Eltern entsprechend ihren Bedürfnissen an und ermöglicht die verschiedensten Aktivitäten. (Abb. 2).

math forum
http://www.forum.swarthmore.edu

Main Areas	Projects	Features	Archives
Search for Math Resources	Ask Dr. Math	Dynamic Geometry Software	Workshop Announcements
Key Issues in Math	Elementary Problem of the Week	Forum Software Tools	Geometry Newsgroup Threads and Topics
Math Education	Geometry Problem of the Week	Forum Web Units	Internet Software
Math Resources by Subject	Geometry Project of the Month	Resource Collection (Steve's Dump)	Learning & Math Discussions
Parents & Concerned Citizens	Internet Math Hunt	Math Awareness Week	Mailing Lists & Newsgroups
Research Division	K-12 Math Puzzles	Math Forum Newsletter (MFIN)	Math Software
Student Center	MathMagic on the Web	Mathematics Discussion Groups	*Mathematics Teacher Bibliographies*
Teachers' Place	Middle School Problem of the Week	What's New?	Workshop Info (Forum-Hosted)

4. Lernumgebungen im WWW oder Intranet

Grundsätzliche Anmerkungen: Gute Hypermedia-Lernumgebungen können Lernen und Verstehen von Mathematik unterstützen.[5]

„Mathematik Verstehen" beinhaltet verfügbare Einzelkenntnisse, exakte Kenntnis mathematischer Begriffe, Folgerungen und Beziehungen zwischen den mathematischen (geometrischen) Begriffen. Wenn die Struktur mathematischer Zusammenhänge nicht nur linear angeboten wird, sondern sich in der Struktur eines Hypertextes widerspiegelt, kann sich ein Netzwerk der Begriffe viel einfacher im Kopf eines Lernenden aufbauen.[6]

Gute Lernumgebungen sollten daher über folgende Features verfügen:

- guided tours
- Überblick über den Lerngegenstand
- Inhaltsverzeichnis aller Materialien, Dokumente
- Glossar

[5] AG Mathematikdiaktik der Uni Klagenfurt: Mathematiklernen und Internet
http://www.uni-klu.ac.at/groups/math/didaktik/arb/ihmlum/muuinternet.htm#HTundMathe
[6] Tergan a.o.O

- Sitemap (wo bin ich?)
- einige, vorgesehene Pfade
- Einzelthemen in verschiedenen Repräsentationsformen,
- Unterschiedliche Aktivitätsgrade
- Hypertextstruktur, ggf. auch externe Links
- einige wichtige Fakten im Kontext des Lerngegenstandes, z. B. Geschichte berühmter Mathematiker, verschiedene Anwendungen aus unterschiedlichen Themenbereichen
- Offenheit der Lernumgebung zur Integration weiterer Dokumente und Visualisierungen - ob statisch oder dynamisch, interaktiver Tools und Demonstrationen, ggf. Notizblockfunktion

Ein Überblick über den Markt von modernen Offline-Medien[7] zeigt, dass bisher nur wenige Produkte fast alle o. a. Kriterien erfüllen, so dass sie als beispielhafte Unterrichtssoftware ausgezeichnet werden können. Einige Lernumgebungen im WWW gehen aber in die oben beschriebene Richtung, indem sie das selbständige Erforschen eines klein umgrenzten Themengebiets auf verschiedenen Pfaden ermöglichen: Solche Hypertexte auf HTML-Basis sind offen, können einfach auf die jeweilige Lerngruppe/Lernsituation adaptiert werden (z. B. durch weitere Hilfestellungen der Lehrerin, des Lehrers,) und bieten zudem noch die Möglichkeit der einfachen Publikation mit dem Ziel der Diskussion, Verbesserung und Weiterentwicklung.

Einige Beispiele:

a) Lernumgebung GEONET der Mathematikdidaktik der Universität Bayreuth
   http://www.did.mat.uni-bayreuth.de/geonet.html[8]

Die Mathematikdidaktik an der Universität Bayreuth hat die interaktive, dynamische Geometriesoftware GEONET auf Java-Basis entwickelt. Dieses Tool wurde bei der Entwicklung kleinerer Lernumgebungen zu den Themen „Haus der Vierecke u. a. eingesetzt. dabei ist es auch möglich, eigene Konstruktionen auf einem leeren Arbeitsblatt wie mit Zirkel und Lineal online (oder auch offline) durchzuführen. Grundlagen für weitere Themen sind die Ergebnisse aus Seminaren für Lehramtsstudenten.

b) Pythagoras im Unterricht und im WWW
   http://www.ham.nw.schule.de/projekte/swmathe/Uonline/

Dies ist die Darstellung einer Unterrichtsreihe, die insbesondere berücksichtigt, dass Lernen jeweils individuell stattfindet, und Erfahrung miteinbezieht, dass

---

[7] vergl. http://www.learn-line.nrw.de/Themen/NeueMedien/nmeinzel/glernm01.htm
   vergl. http://www.learn-line.nrw.de/Themen/NeueMedien/nmeinzel/gmath01.htm
[8] vergl. auch Materialien von W. Neidthart im WWW http://www.did.mat.uni-bayreuth.de/~wn/

verschiedene Schülerinnen und Schüler jeweils unterschiedliche Erklärungen, Beispiele besonders gut annehmen, um mathematische Sätze und Beweise zu verstehen. Thema dieser Unterrichtsreihe ist der Satz des Pythagoras, in deren Mittelpunkt ein Arbeitsblatt zum Satz des Pythagoras und weiteren Beweisen steht. Dazu wurden verschiedene Webseiten aus dem WWW geladen, mit verschiedenen Zugängen zum Satz des Pythagoras. Einige visualisierten den Zusammenhang in mehreren Bildern oder waren Hypertexte, die die Idee des Beweises deutlich machten, bevor dieser in einzelnen Schritten erarbeitet wurde. Andere Seiten enthielten interaktive Figuren zum direkten Manipulieren am Bildschirm und weitere Sätze. Unterschiede lagen vor allem im Grad der Interaktivität (mit Zugmodus als Java-Applikationen), der Art der Demonstration und dem Ausmaß der Hilfestellungen zum eigenständigen Erarbeiten.

Zusätzlich zu diesen Webseiten hatten die Schülerinnen und Schüler die Möglichkeit, mit den bisher verwendeten Geometrietool EUKLID zu arbeiten, um die eine oder andere Konstruktion für die Erklärung in der Auswertungsphase zu erzeugen. Diese beschriebene Unterrichtsreihe führte ich in einer 9. Klasse des Gymnasiums durch. Die Schülerinnen und Schüler waren gefordert, selbständig einen Zusammenhang zu begründen, konkret: sie mussten selbst entscheiden, welche Information sie einbezogen, welchen Beweis sie erarbeiten wollten. Nach einer Phase individuellen Arbeiten in Gruppen zu zweit (zu dritt) mit intensiven Diskussionen über den Lerngegenstand wurden die erarbeiteten Ergebnisse, d. h. Beweise und Beweisideen der gesamten Klasse vorgestellt. Sehr leistungsfähige Schülerinnen und Schüler wurden ermuntert, anspruchsvollere Beweise auszuwählen und vorzustellen.

5. Interaktive Java-Ressourcen schaffen bzw. nutzen

Neben den PC-Version dynamischer Geometrieprogramme wie Cabri, Sketchpad und Euklid können Applikation auf Java-Basis manchmal Demonstrationen und geometrische Zusammenhänge ergänzen und zu einem vertieften Verständnis führen.
Dies ist aus verschiedensten Gründen möglich:

- komplexe Konstruktionen sind sofort demonstrierbar, können in Kombination mit einem Arbeitsblatt direkt der Ausgangspunkt für eigene Entdeckungen bei Schülerinnen und Schüler sein,
- viele Java-Applikationen „erlauben" nur diejenigen Manipulationen, die der „Konstruierende" vorgesehen hat; Konstruktionen können also nicht „zerstört" werden,
- die Konstruktionsidee ist verborgen, reizt daher vielmehr zu Entdeckungen als eine Cabri-Figur z. B., bei der die versteckten Linien alles verraten,
- solche Anwendungen laufen auf allen Plattformen und erfordern nicht die entsprechende Software,

- die Lehrerin oder der Lehrer kann sich schnell eine „Bibliothek" solcher Anwendungen aufbauen, in die er solche Demonstrationen in bereits vorhandene Konzepte einbaut und im Unterricht zur Verfügung stellt.[9] Solche Websites sind z. B.:

- Manipula Math
  http://www.ies.co.jp/math/java/geojava.html

- Cabri Java
  http://www-cabri.imag.fr/projects/cabrijava.html

- JavaSketchpad
  http://www.keypress.com/sketchpad/java_gsp/

- Cut-the-Knot
  http://www.cut-the-knot.com/

- IcosaWeb
  http://www.guetali.fr/home/berdel/maths/cours/geom.htm

Zusammenfassung:

Über die beschriebenen Einzelbeispiele aus dem Themenkomplex Geometrie zur Bedeutung und zum Einsatz der Neuer Medien im Unterricht findet sich im Internet ebenfalls Materialien, Diskussion über neue Wege und vor allem Erfahrungsberichte von Lehrerinnen und Lehrern im Rahmen von Modellversuchen u.Ä.

Wichtige Quelle zur Bündelung dieser Informationen sind:

- als deutschsprachige Quelle: Arbeitsgruppe der Mathematik-Didaktik an der Uni Klagenfurt

  http://www.uni-klu.ac.at/groups/math/didaktik/arb/ihmlum/muuinternet.htm

- als englischsprachige Quelle: math forum mit dem Bereich „Mathematics Education, Technology in Math Education"
  http://forum.swarthmore.edu/mathed/tech.mathed.html

---

[9] vergl. Wolfgang Neidhardt: Didaktische Bemerkungen zu GEONET und zum Unterrichten mit Internet unter http://did.mat.uni-bayreuth.de/~wn/geodid/index.html

Stanislav ŠENVETER, Ptuj (Slovenija)

Zur Integralrechnung - Änderungen gegenüber dem traditionellen Unterricht

Die Integralrechnung wird in den slowenischen Schulen mindestens 25 Jahre unterrichtet. So weit kann ich mich nämlich als Schüler und Lehrer erinnern. Was alles in dieser Zeit mit diesem Lernstoff geschehen ist, kann ich nicht ganz genau beurteilen. Sicher ist es aber, dass hier, wenn wir diesen Lernstoff mit den anderen Themen aus der Mittelschulemathematik vergleichen, sehr wenig geschehen ist. Dazu möchte ich ein paar Beispiele anführen :
- es gab viele Veränderungen beim Unterricht der Funktionen , ganz besonders bei den transzendenten Funktionen (Logarithmus, Exponentialfunktion),
- im Bereich der unproduktiven Themen : Vereinfachung vieler Ausdrücke - numerischen und unnumerischen,
- in der Geometrie wurden große Fortschritte gemacht, obwohl wir uns mit der Fraktalgeometrie noch nicht befassen.
Sehr viele Veränderungen gibt es auch im Bereich der Finanzmathematik, die in Gymnasien (noch?) nicht im Lehrplan steht. Auch Zinseszinsrechnung im Rahmen der geometrischen Folge wird beim Unterricht nur erwähnt und sehr wenig in der Praxis angewendet.
Ich muss gestehen, dass ich alles, was die modernen Unterrichtsmethoden betrifft, selber aus der Eigeninitiative und mit der entsprechenden Literatur versucht habe, mir anzueignen und dann den Schülern beizubringen. Niemand hat mir einen Rat gegeben. Alle sprechen von den modernsten Technologien und deren Anwendung und Notwendigkeit, niemand sagt aber offiziell, wie, was und warum. Auf die Frage warum, könnte ich vielleicht auf Grund der offiziellen Informationen doch eine Antwort finden. Aber auf keinen Fall wie und warum. All das ich selber herausfinden. Deswegen finde ich alle diese Bemühungen spontan und dem Zufall überlassen.
Die Sache bekommt zwar in der letzten Zeit einen formalen Rahmen , es scheint aber, dass das nur eine Zusammenfassung der nackten Tatsachen ist, die schon bekannt sind. Jetzt stellt sich die Frage, warum das alles tun ? Es ist und wäre nämlich viel leichter, weiter nach den alten Methoden, ohne Sorgen und Probleme zu unterrichten.
Als ich zum ersten Mal mit dem Programm DERIVE zu tun hatte, war ich von seinen Antworten sehr begeistert. Die waren nämlich total " mathematisch" orientiert , also so, wie wir " Mathematiker " sie uns wünschen, wie wir unterrichten und denken. Als ich die Darstellungsmöglichkeiten sah, war ich froh , weil ich dachte, jetzt könnte ich etwas machen, was für mich früher nur ein Traum war. Jetzt sehe ich all das auf einmal auf dem Monitor. Es ging vor allem um die 3D Bilder. Ich wollte das Programm als Mathematiklehrer einfach bei mir haben,

um in jeder Zeit etwas zeichnen, rechnen und überprüfen zu können. Damals dachte ich noch nicht über die " Lehrerfähigkeiten " des Programmes nach. Ich dachte vor allem an die mathematische Anwendung. Ich kannte damals keine Philosophie der symbolischen Computerprogramme, auch die CAS nicht.
Es folgte eine Verbesserung dieser Programme. Man kann sie leicht bekommen, sie sind für uns nicht mehr unerreichbar. Wir unterrichten etwas, was diese Programme wissen und tun können.
Deswegen nahm ich als Ausgangspunkt die Integralrechnung. Bei meinem Unterricht , der lehrplanmäßig ist, sind es 80 % des Lehrstoffes und der Arbeit dem gewidmet, dass die Schüler die Techniken des Integrieren erlernen. Das " beherrscht" aber auch TI 92. Die ganze Technik des Computers besteht darin, dass wir nur richtig die Funktionsvorschrift eintippen müssen und schon haben wir die richtige Lösung da. Wenn wir " mit der Hand " gerechnet hätten, hätte das viel länger gedauert.
Die Situation mit der Rechnung der Quadratwurzel war wahrscheinlich ziemlich ähnlich.
Die Mathematiker sind stolz darauf, dass wir diese Technik beherrschen, obwohl heutzutage das aus praktischen Gründen nicht mehr verwendet wird. Wir tun das nur aus exotischem Motiv, um zu zeigen, wie es einmal war. Bei der Computeranwendung (Rechneranwendung) beim Unterricht dominieren heute die Pascal-Zweifel : mathematischer Ausgangspunkt - wenn.....
.... dann. Wenn die Anwendung der Rechner zum besseren Wissen führt, dann sollte man ihn gebrauchen. Wenn aber das nicht der Fall ist, dann...... Was aber dann ? Wer wird einmal auf diese Frage eine Antwort geben können, das wissen wir nicht. In diesem Moment gibt es nur wenige, die sich das trauen würden. Uns Mathematikern fällt es nicht schwer, an diese Voraussetzungen anzuknüpfen , nämlich wenn....., weil unsere ganze Mathematik so ist. Es ist aber schwierig, etwas den Schülern beizubringen, wenn wir selber keine richtige Antwort haben.

1. Warum wird das Integral in der Mittelschule unterrichtet

Wahrscheinlich aus historischen Gründen. Ich weiß es nicht. Manchmal scherze ich in der Schule, dass wir bis zu dem 18. Jahrhundert kommen. Wir haben aber nach der Schule und später an der Fakultät die Möglichkeit, auch mit dem 19. und 2o. Jahrhundert fortzufahren. Und das mit der sogennanten modernen Mathematik. Es ist wahr, dass die " klassischen" Lerninhalte auf die klassische Art und Weise methodologisch und didaktisch ausgearbeitet sind und damit auch für die pädagogische Anwendung geeignet sind. Moderne Mathematikzweige hingegen sind nämlich alle konfus und ohne " feste " Antworten, wo dies verwendbar sei. Sie sind auch viel mehr ungeordnet. Deswegen ist es klar, dass sie als solche in der Schule nicht unterrichtet werden können.
Die Reihenfolge der Kapitel ist streng festgelegt. Zuerst wird die Ableitung der Funktion erforscht. Die Anwendung der Ableitung ist mannigfaltig. Dazu gehört

auch die Approximation mit der Ableitung. Dies scheint in der Praxis anwendbar zu sein, obwohl das wieder in dem Computerzeitalter diskutabel ist. Die Ableitung und deren Anwendung in der Praxis muss aber erworben werden , wenn wir den Schülern die Integrale beibringen wollen. Schon die Grunddefinition eines unbestimmten Integrals sagt uns, dass wir die Ableitung kennen müssen, weil das Integral nämlich mit ihr definiert ist.

$$\int f(x)dx = F(x) + C \Leftrightarrow F'(x) = f(x)$$

Das Ziel diesen ersten Kapitels besteht darin, dass, wenn man mit der Ableitung gut vertraut ist, kann man damit dann besser und schneller zurechtkommt. So kann man später auch die einfachen unbestimmten Integrale leichter berechnen. Der Schüler, der die Ableitung nicht erlernt hat, kann später selbstverständlich nach so eingeführtem Integral nicht integrieren. Er kennt auch die Bedeutung dieser Definition nicht.
Zum ersten Mal befasste ich mich mit dem Problem der Vermittlung von Integralen als die numerische Mathematik in der Mittelschulen " in " wurde. Dazu kam dann noch die Anwendung des Computers und die Computerssprache, wie z. B. PASCAL. Damals war es wichtig zu wissen, dass einige Probleme nur numerisch zu lösen sind. Und das war eine Seltenheit bei der Anwendung des Computers überhaupt.
Im Programm DERIVE folgt eine Tabelle der Grundintegrale, als auch der Grundregel :

$$\int a^x \, dx = \frac{a^x}{LN(a)} \qquad \frac{1}{LN(a)} \qquad\qquad \int \frac{1}{x} \, dx = LN(x)$$
$$\int e^x \, dx = e^x \qquad\qquad G(x) := $$
$$\qquad\qquad\qquad\qquad\qquad F(x) := $$
$$\int SIN(x) \, dx = - COS(x) \qquad \int \frac{\frac{d}{dx} F(x)}{F(x)} \, dx = LN(F(x))$$
$$\int COS(x) \, dx = SIN(x)$$

Fig. 1 Tabelle der Grundintegrale mit DERIVE

Man kann sagen, dass wir uns heute auf halbem Wege befinden. Wir wissen noch nicht, wo die Lernziele des Unterrichtes bei der Integralrechnung sind. Man könnte sagen, dass es um eine gewisse Zwischenzeit geht. Und in dieser Zeit wird nach dem richtigen Sinn und auch der Form dieses Unterrichtes gesucht. In den allgemeinausbildenden Schulen wurden einige Methoden für das Integrieren vom Lehrplan abgeschafft. Auch die numerische Integration wurde ausgelassen, weil es keine verwendbaren Methoden und Lehrmittel gibt, nach denen man unterrichten könnte. Man kann nämlich nicht von allen Lehrern erwarten, dass sie selber zurechtkommen und beim Unterricht den Computer und Rechner gebrauchen, um mit diesen Mitteln solche Aufgaben lösen zu können. Das bedeutet aber nicht, dass diese Lehrer im Moment nicht in der Lage sind, Mathematik zu unterrichten. Das ist im Grunde genommen ein allgemeines Problem des modernen Mathematikunterrichtes. Wir können nicht einfach über Nacht sagen, dass dieser Unterricht ungeeignet und nicht entsprechend ist, wenn nicht alle die gleichen

notwendigen Bedingungen für den Unterricht haben. Damit sind ein Computer für
den Lehrer, Monitoren und 18 Arbeitsplätze mit den entsprechenden Computern
für die Schüler gemeint. Dazu gehören aber noch die Software und Hardware, die
Literatur und die Arbeitsblätter.

2. Die Anwendung des bestimmten Integrals

In unserem Lehrplan befasst man sich mit diesem Stoff erst, wenn das unbestimmte
Integral definiert und gelernt wird. Oft muss ich leider feststellen, dass viele
Schüler die Verbindung zwischen dem bestimmten und dem unbestimmten Integral
nicht verstehen. Sie merken sich aber sehr schnell die Newton- Leibniz Formel und
können sie beim Unterricht auch gut anwenden. Eine andere Frage ist aber, was die
Schüler sich darunter vorstellen und ob sie sich bewußt sind, was damit berechnet
wird.
Leichter ist es aber mit den Drehkörpern. Hier wird die Formel abgeleitet und die
Schüler, die die Formel und Regel für die Rechnung lieber haben, rechnen das
Volumen und die Fläche der Drehkörper mehr oder weniger mechanisch. Sie
fragen sich auch nicht, was sie dabei berechnet haben und ob das richtig ist oder
nicht.

3. Der Weg zu einer numerischen Integration

Auch die numerische Integration steht in unserem Lehrplan , obwohl eher mehr
informativ. Deswegen begründen die Anhänger der traditionellen Schulen einen
Computer als etwas unnötiges. Sie behaupten, dass wir eine Trapezformel auch
ohne einen Rechner ableiten können. Diese Ableitung kann aber nur einem
Mathematiker genügen, der ihre Bedeutung begriffen hat. Ein Nichtmathematiker
kann sich trotz der korrekten Ableitung die Anwendung schwer vorstellen, wenn
wir ihm nicht ein praktisches Beispiel dafür zeigen. Dabei denkt er aber oft nur an
das Verfahren, nach dem gerechnet wird und nicht an die Aufgabe, die ihm gestellt
wurde. Auch die Interpretation des Verfahrens gelingt oft nicht.

Es gibt aber viele Beispiele, die bei der Anwendung der Integralrechnung gerade
mit den numerischen Methoden verbunden sind. Sehen wir uns ein Beispiel für
Trapezmethode an. Die Formel für eine Annäherungsrechnung des Flächeninhaltes
unter einer Kurve lautet :

$$\int_{a}^{b} f(x)\,dx = (f(x_0) + f(x_n) + 2(f(x_1) + \dots + f(x_{n-1}))) \frac{h}{2}$$

An der rechten Seite kommen nur Funktionswerte vor. Was passiert aber, wenn
wir ein Beispiel haben, wo wir keinen Funktionsregelwert haben, sondern nur diese
Werte, die wir empirisch oder auf andere Weise bekommen haben ?
Z.B.: Ein Flugzeug hatte eine Panne. Der Pilot meldete dem Luftstützpunkt, dass
die Geschwindigkeit fällt. Dann meldete er jede 5 Minuten eine neue

Geschwindigkeit, bis er notlandete. Könnte die Rettungsmannschaft ausrechnen, wo das Flugzeug zu suchen sei ?

Diese Aufgabe ist etwas total anders, als z. B. : $\int(5-3x)\sqrt{3-2x-x^2}\,dx$

obwohl wir auch bei dieser Aufgabe von dem Schüler verlangen, dass er später die Fläche krummlinig begrenzter Form ausrechnet und darstellt. Auch das Resultat hat später keinen praktischen Wert.
Warum habe ich das Thema Integralrechnung ausgewählt. Hier ist es einfach zu bemerken, daß der Lehrer in der Zeit der computerunterstützten Technologien, besonders mit symbolischen Programme, die uns auf Verfügung gestellt sind, vor dem Dilemma ist, ob die symbolische Rechnung überhaupt auf irgendeine Weise anwendbar in der Klasse und außerhalb der Klasse ist. Diese Dilemma kommt besonders mit TI-92 zum Ausdruck.
Für der Mathematiker ist nämlich sehr wichtig, daß die Regeln, die wir stellen oder sagen, auch gelten. Und dass möchten wir auch den Schülern beibringen, wie weit es möglich ist. Ein bißchen drastisch gesagt, aber leider beim Mathematikunterricht oft wahr .
Kehren wir zur Dilemma »die symbolische Rechnung« zurück. Für Integralrechnung verwenden wir das mathematische Handbuch, wo man verschiedene Funktionsgleichungen als auch ihre Stammfunktion finden kann. Natürlich erwarten wir nicht von den Schülern , die Funktion $f(x)=x^2$ so zu

suchen. Was aber dieses Beispiel $\int(5-3x)\sqrt{3-2x-x^2}\,dx$ betrifft, kann der Schüler

diese Formel in dem Handbuch nachsuchen. Leider ist es aber der Weg, dass er diese Formel wirklich findet, und auch anwendet, ziemlich kompliziert.
Zuerst muss er die Beispiele mit

$$X=\sqrt{ax^2+bx+c},\quad k=\frac{4a}{4ac-b^2}\qquad \text{finden und dann stehen ihm noch folgende Varianten}$$

zur Verfügung:

241. $\quad \int\dfrac{dx}{\sqrt{X}}=\dfrac{(2ax+b)\sqrt{X}}{4a}+\dfrac{1}{\sqrt{a}}ln(2\sqrt{a}X+2ax+b)+C\ \text{für } a>0,\ \text{usw.}$

242. $\quad$ ...

245. $\quad \int\sqrt{X}\,dx=\dfrac{(2ax+b)\sqrt{X}}{4a}+\dfrac{1}{2k}\int\dfrac{dx}{\sqrt{X}}\quad$ (s. No. 241.) ein Bißchen weiter finden wir

254. $\quad \int x\sqrt{X}\,dx=\dfrac{X\sqrt{X}}{3a}-\dfrac{b(2ax+b)\sqrt{X}}{8a^2}-\dfrac{b}{4ak}\int\dfrac{dx}{\sqrt{X}}\quad$ (s. No. 241.)

Der Schüler muss aber selber die richtige Lösung auswählen.
Wenn der Schüler aber diese Aufgabe lösen will, braucht er viel Zeit, viel Geduld, im Prinzip ist es alles nämlich aus den Tabellen ersichtlich. Der Schüler ist dabei nicht kreativ und das ist aber keine "richtige" Mathematik. Jetzt nehme ich den TI-92 in die Hand und tippe ein die Daten für die Aufgabe:
Das Problem liegt in dem Display des ganzen Ausdrucks, deswegen gibt es zwei Bildschirme. So nehme ich lieber DERIVE mit PC und bekomme:

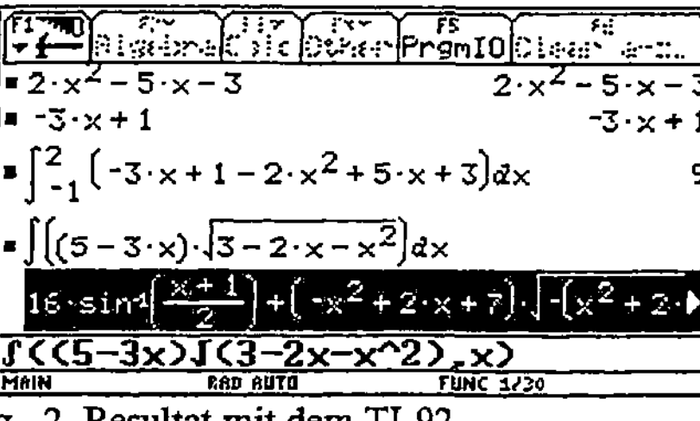

Fig. 2 Resultat mit dem TI-92

$$\int (5 - 3\cdot x)\cdot \sqrt{(3 - 2\cdot x - x^2)}\, dx = 16\cdot \text{ASIN}\left(\frac{x+1}{2}\right) - (x^2 - 2\cdot x - 7)\cdot \sqrt{(-x^2 - 2\cdot x + 3)}$$

Nur die Ausdrücke $\sin^{-1}x$ / ASIN sind nicht gleich. Ach ja, DERIVE hat den
Klammern in zweiten Glied vereinfacht.
Für die beiden letzten Tätigkeiten habe ich Programme für die symbolische
Rechnung angewendet.
Was ist dann hier zu tun. Die Möglichkeit, die es hier gibt, zu ignorieren, oder alles
das zu lernen, um das im Alltagsleben zu gebrauchen, oder die Sache so zu lassen,
wie sie ist ? Und was jetzt die Schüler unterrichten?
In der Anfangsphase der Integralrechnung nehme ich oft als Beispiel, Flächeninhalt
des Kreises zu berechnen. Bald muß ich aber feststellen, dass es nicht so einfach
sein wird. Weil bevor ich den Schülern eine solche Funktion beibringen werde, ver-
geht viel Zeit. Und auch der Lösungsprozes dauert zu lange, daß hier das Effekt,
das einen Erfolg haben wird, herauskommt. Auch den Schüler dazuzuüberzeugen,
dass das sinnvoll ist, ist es schwer.
In der Klasse bearbeite ich dieses Thema auf folgende Weise:
»Mein Rechner kann integrieren. Ich werde ihn oft für schwere Beispiele
gebrauchen. Ich muss zwar etwas integrieren können, wie z.B. einfachere
Funktionen. Das soll jeder Schüler kennen.«
In dem Computerzeitalter glauben mir die Schüler sehr schnell.
So kann ich auf sehr einfache Weise, sehr schnell und effektiv meine Überzeugung
durchsetzen.
Das mache ich auf diese Weise weiter:
Wie sieht die Buchstabengleichung des Kreises
$x^2 + y^2 = 1$ aus. Dann muß ich y ableiten:
$y=\sqrt{1-x^2}$. Jetzt muß ich, nachdem ich die Schüler darauf aufmerksam gemacht
hatte, daß der Ausdruck nur eine Hälfte des Kreises bedeutet, diesen Ausdruck
$\sqrt{1-x^2}$ integrieren. Rufen wir den Rechner zur Hilfe:

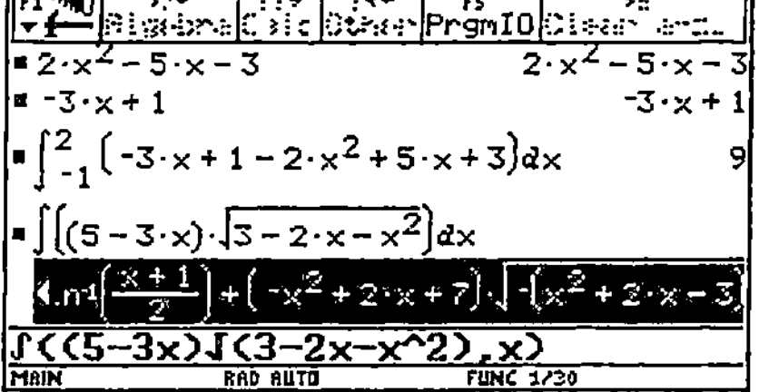

$$\int_{-1}^{1} \sqrt{(1 - x^2)}\, dx = \frac{\pi}{2}$$

Fig. 3 Einfach mit dem TI-92 oder DERIVE

In der Entwicklungsphase der Integralrechnung können wir den Computer auch als Visualisierungsmittel anwenden.
Zum Beispiel:
Wir beginnen immer mit dem Bild, das wir jetzt leicht mit DERIVE, oder TI-92 produzieren können und während der Erklärung des Flächeninhaltes zeigen können. Wir können jetzt leicht über untere und obere Summen sprechen, gleichzeitig zeigen und immer neue und neue Bilder produzieren.

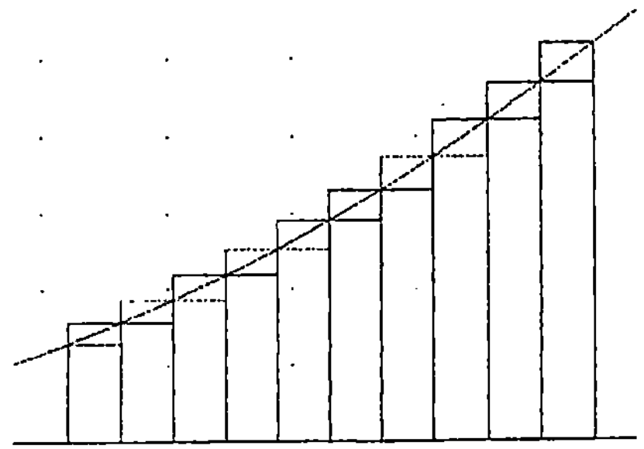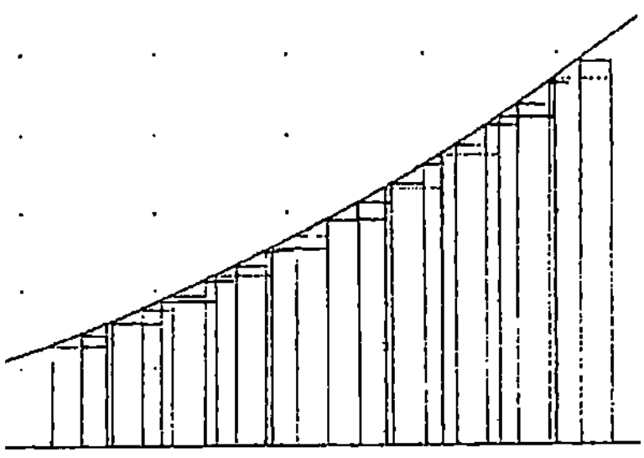

Fig. 4 Teilintervallen mit DERIVE

Jetzt wollen wir aber auch die Rechnungen machen, mit denen wir zum Resultat kommen wollen. Wieder werden wir den Computer gebrauchen, um das besser und leichter zu realisieren. Wenn das alles auch auf traditionelle Weise möglich ist, kann ich mir schwer vorstellen, wie die numerische Integration ohne Assistenz des Computers durchzuführen sei. Natürlich kann ich die Trapezformel nur anzeigen, ohne irgend etwas zu rechnen, oder was vorzustellen.

$$\int_a^b f(x)dx = (f(x_0) + f(x_n) + 2(f(x_1) + \dots + f(x_{n-1}))) \frac{h}{2}$$

Wenn aber das nicht genügt, dann wäre es sehr nützlich, den Computer zu benutzen.
Ein Bild sagt mehr als tausend Worte:

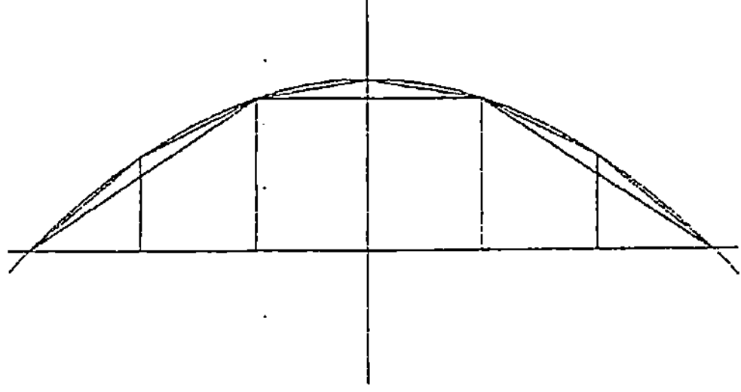

Fig. 5 Trapezformel metode visualisiert

Was ist aber mit dem Rechnen ?
Das könnte doch mit einem Taschenrechner gerechnet werden. Wir haben aber keine Möglichkeit, die Funktion und die Zahl der Trapeze zu verändern.

$$\text{VECTOR}\left[\left[i,\ "\pi/2 - \text{TRAP\_US()}:",\ \frac{\pi}{2} - \text{TRAP\_US}(\sqrt{1 - x^2}),\ -1,\ 1,\ i)\right],\ i,\ 20,\ 100,\ 10\right]$$

$$\text{TRAP\_US}(1 - x^2,\ -1,\ 1,\ 3) = \frac{32}{27}$$

$$\text{TRAP\_US}(1 - x^2,\ -1,\ 1,\ 6) = \frac{35}{27}$$

$$\text{TRAP\_US}(1 - x^2,\ -1,\ 1,\ 12) = \frac{143}{108}$$

$$\int_{-1}^{1} (1 - x^2)\ dx$$

$$\frac{4}{3}$$

$$\frac{4}{3} - \frac{32}{27} = \frac{4}{27}$$

$$\frac{4}{3} - \frac{35}{27} = \frac{1}{27}$$

$$\frac{4}{3} - \frac{143}{108} = \frac{1}{108}$$

$$\begin{bmatrix} 20 & "\pi/2 - \text{TRAP\_US()}:" & 0.0185371 \\ 30 & "\pi/2 - \text{TRAP\_US()}:" & 0.0101010 \\ 40 & "\pi/2 - \text{TRAP\_US()}:" & 0.0056425 \\ 50 & "\pi/2 - \text{TRAP\_US()}:" & 0.0046926 \\ 60 & "\pi/2 - \text{TRAP\_US()}:" & 0.0035750 \\ 70 & "\pi/2 - \text{TRAP\_US()}:" & 0.0028373 \\ 80 & "\pi/2 - \text{TRAP\_US()}:" & 0.0023262 \\ 90 & "\pi/2 - \text{TRAP\_US()}:" & 0.0019466 \\ 100 & "\pi/2 - \text{TRAP\_US()}:" & 0.0016621 \end{bmatrix}$$

Fig. 6 Rechnungswerkzeuge zur Trapezformel

Was aber am Ende zu sagen? Ich weiss nicht, ob die symbolische Integrieren mit dem Computer in der Mathematik etwas ändern wird. Auf jeden Fall kann aber unser Leben mit dem vernünftigen Gebrauch aller wesentlichen Maschinen und Werkzeuge, die uns zur Zeit zur Verfügung gestellt sind, viel gemütlicher, deutlicher und leichter sein. Es werden aber weiter noch traditionell orientierte Mathematiker und Nichtmathematiker bleiben, die Angst und kein Vertrauen haben werden. Ich kann das leicht mit der Analogie der Berechnung des Quadratwurzels erklären und in der Zukunft neue hystorische Herausforderungen erwarten.
Wenn ich ein bisschen futuristisch wäre, könnte ich sagen, dass wir eines Tages dem Computer alles diktieren würden. Er würde dann diese Daten einfügen , bearbeiten und wir werden nur das Resultat ablesen. Was für Fragen wir uns dann stellen werden, traue ich mir nicht zu sagen.

LITERATUR:

ASPETSBERGER, K. SCHLÖGLHOFER, F. (1996): Der TI − 92 im Mathematikunterricht. Texas Instruments Verlag.
LEGIŠA, P. (1991): Matematika. Odvod. Integral. Državna založba Slovenije. Ljubljana.

DERIVE NEWSLETTER #4 - #28, J. BÖHM, Würmla, Austria.

Peter SKARKE und Elisabeth KÖNIG, Linz (Österreich)

Veränderungen im Mathematikunterricht durch den Einsatz des TI-92

**Eine Untersuchung an 15 Höheren Technischen Lehranstalten
in Österreich (betreffend 30 Klassen mit insgesamt 750 Schülern)**

Diese Studie berichtet über Forschungen, die in Schuljahr 1997/98 an österreichischen Höheren Technischen Lehranstalten (HTLs) durchgeführt wurden. Die Ergebnisse wurden von Elisabeth König als Diplomarbeit am Institut für Mathematik, Abteilung für Didaktik der Mathematik der Universität Linz eingereicht. Im Herbst 1997 wurden alle Mathematiklehrer an österreichischen HTLs, die bereits den Taschencomputer TI-92 im Unterricht *klassenweise eingesetzt* haben, gebeten, über ihre Unterrichtserfahrungen mit diesem Gerät zu berichten.
15 Lehrkräfte haben sich bereit erklärt, an dieser Studie mitzumachen. Es wurden nur solche Klassen in die Untersuchung einbezogen, in denen alle Schüler ihren eigenen Taschencomputer dieses Typs besaßen. Alle betroffenen Lehrkräfte wurden persönlich in einem ausführlichen Gespräch interviewt, um die Veränderungen im Unterricht genau zu dokumentieren. Alle Interviews wurden zur leichteren Bearbeitung auf Band aufgezeichnet.

1.   Zur Auswahl der Klassen:

In dieser Studie wurde der Mathematikunterricht in 30 Klassen in verschiedenen Abteilungen wie Elektrotechnik, Elektronik, Maschinenbau, Bautechnik oder Kunststofftechnik genauer untersucht. Je nach dem Lehrplan der jeweiligen Abteilung sind für die Schüler vier oder fünf Jahre Mathematik vorgeschrieben. Die Schüler dieser Lehranstalten sind in der Regel zwischen 15 und 19 Jahren alt. In den meisten Klassen wurde im zweiten Jahrgang begonnen, den Taschencomputer TI-92 im Mathematikunterricht zu verwenden. In einigen Klassen wurde der Taschencomputer schon ab dem 1. Jahrgang eingesetzt. Bei den meisten Klassen handelte es sich zum Zeitpunkt der Untersuchung um 3. Jahrgänge, bei manchen auch um 4. Jahrgänge. Das bedeutet, daß alle Schüler mindestens zwei, manche sogar drei Jahre Erfahrung in der Bedienung dieses Taschencomputers hatten. Alle der betroffenen Lehrkräfte hatten eine Unterrichtserfahrung mit diesem Taschencomputer von mindestens einem Jahr.

2. Einsatzformen des Taschencomputers:

Während des ersten Einsatzjahres wird der TI-92 hauptsächlich als Arbeitswerkzeug eingesetzt, um größere Berechnungen zu ermöglichen. Die meisten Lehrkräfte sehen dies jedoch nicht als Ziel ihres Unterrichtes an. Sie verwenden den Taschencomputer,
damit ihre Schüler Mathematik besser verstehen und leichter mathematische Modelle bilden lernen.
- Im 1.Jahrgang wird der Taschencomputer hauptsächlich eingesetzt, um Gleichungen mit Hilfe des SOLVE-Befehls umzustellen.
- Im 2.Jahrgang wird der Rechner überwiegend verwendet, um verschiedene Funktionen genauer zu untersuchen. Nach übereinstimmender Aussage aller befragten Lehrkräfte führt die Betrachtung der Auswirkungen einer Änderung von Funktionsparametern dazu, daß die Schüler die verschiedenen Funktionen besser verstehen. Die Schüler schätzen diese Einsatzmöglichkeit des Taschencomputers besonders.
- Im 3. Jahrgang kann der TI-92 eingesetzt werden, um in der Differentialrechnung zum Beispiel zu zeigen, daß die Steigung einer Sekante einer Kurve in die Steigung der Tangente übergeht. Einige Lehrkräfte erwähnten bei der Befragung, daß sich manche Schüler Programme schreiben, um schwierige Vorgänge besser verstehen zu können. Ein Lehrer berichtete von einem begabten Schüler, der sich ein Programm zur Bestimmung von Extremwerten einer Funktion selbst geschrieben hat.

3. Auswirkungen auf die Unterrichtsformen:

Die Antworten aller befragten Lehrkräfte zeigen übereinstimmend, daß durch den Taschencomputer das *selbständige Arbeiten* der Schüler sehr zugenommen hat. Dabei helfen die Schüler einander gegenseitig und lernen dabei anzugeben, wo sie auf Probleme stoßen. Dieser Punkt wird von den Lehrkräften sehr betont, denn dadurch bleiben mathematische Inhalte besser im Gedächtnis haften, außerdem wächst das Verstehen mathematischer Inhalte.
In der Anfangsphase jedes Stoffgebietes zeigen die Lehrkräfte ihren Schülern typische Musterbeispiele mit dem *Overhead – Display.* Sobald aber die Schüler die meisten Befehle des Taschencomputers beherrschen, ist der dauernde Einsatz des OH–Displays nicht mehr notwendig. Oft zeigen jedoch einzelne Schüler ihre Ergebnisse mit dem OH–Display der ganzen Klasse. Das bedeutet eine Arbeitserleichterung für den Lehrer, weil er nicht mehr jedem einzelnen Schüler weiterhelfen muß.

Die meisten Lehrkräfte messen dem Einsatz des TI-92 auch eine besondere Bedeutung für den Unterricht an einer HTL bei, und zwar speziell für die *technischen Gegenstände*. Wenn der Taschencomputer von den Lehrkräften der technischen Gegenstände zugelassen oder besser noch von diesen Lehrkräften selbst eingesetzt wird, kann er leicht für technische Anwendungsbeispiele verwendet werden. Hierin liegt eine große Einsatzmöglichkeit des TI-92 für die Zukunft.

4.   Auswirkungen auf die Lehrinhalte:

Der TI-92 hat Auswirkungen auf die Gestaltung des gesamten Unterrichts. Zur Zeit ist es den Lehrkräften noch nicht möglich abzuschätzen, in welche Richtung die Entwicklung gehen wird. Einerseits ist da die *Zeiterspamis* zu erwähnen, da viel Rechenarbeit und die Behandlung mancher Algorithmen bei Verwendung des TI-92 wegfallen. Andererseits dauert es viele Wochen, bis die Schüler die *Bedienung des Gerätes* erlernt haben. Auch simple Eingabefehler kosten anfangs sehr viel Zeit. Allerdings sehen viele Schüler im TI-92 ein kleines Spielboard und das wirkt sich auf ihre Begeisterung positiv aus. Dabei beschäftigen sie sich auch in ihrer Freizeit *freiwillig mit Mathematik*, ohne es selbst zu merken.

Die Schüler können zwar schnell einige Menüs bedienen oder bestimmte Befehle anwenden, wissen aber nicht immer, was diese genau bedeuten und wann sie diese anwenden müssen. Die befragten Lehrkräfte stellen aber ein besseres Verständnis ihrer Schüler für mathematische Inhalte fest, da die Schüler Zeit haben, Probleme zu analysieren anstatt sich mit händischen Berechnungen abzumühen.

Neue Schwerpunkte des Mathematikunterrichts sind für die befragten Lehrkräfte *das Modellieren von Vorgängen und das Interpretieren von Ergebnissen*. Unter Modellieren versteht man die Übersetzung eines sprachlich formulierten Problems in die Sprache der Mathematik. Da der Taschencomputer bei diesem Vorgang nicht behilflich ist, bleibt *diese Denkarbeit auch in Zukunft dem Schüler überlassen*. Lehrkräfte werden diese kreativen Vorgänge mehr schulen und fördern müssen. Da die Behandlung eines praktischen Problems nicht mit der Lösung beendet ist, umfaßt ein Beispiel auch die Kontrolle, Bewertung und Auswertung der Lösung.

Ein anderes Problem ist die *verschiedenartige Darstellung der Ergebnisse* durch den Taschencomputer im Vergleich zur händischen Berechnung. Bei manchen Berechnungen gibt der TI-92 das richtige Ergebnis in einer für den Schüler (manchmal auch für den Lehrer) unerwarteten und schwer verständlichen Darstellung an. Oft ist es schwierig, die Gleichwertigkeit dieser Darstellungsformen zu erkennen.

Von den Lehrkräften wird häufig bemerkt, daß Schüler ihr Gefühl für Größenordnungen scheinbar abschalten, und den Ergebnissen eines Taschenrechners sozusagen blind vertrauen.

Die graphischen Möglichkeiten des Taschencomputers helfen den Schülern, die mathematischen Zusammenhänge eines Beispiels besser zu verstehen.

Aus den Antworten der Lehrkräfte lassen sich *bis jetzt noch keine gravierenden Veränderungen der Lehrinhalte* erkennen. Noch ist es zu keinem Wegfall großer Bereiche im Mathematikunterricht gekommen. Es werden aber bereits *Einschränkungen in den zeitaufwendigen Bereichen* wie Umformungen, Lösungsmethoden, Differentiations- und Integrationsmethoden, Lösungsverfahren von Differentialgleichungen und Näherungsmethoden genannt. Trotz mehrjähriger Erfahrung der Lehrkräfte haben sich diese noch nicht endgültig zu Kürzungen gewisser Lehrinhalte entschlossen. Die Lehrkräfte sind dabei zu experimentieren und ihren Unterricht langsam umzugestalten.

Auf Grund der genannten Kürzungen kommt es langsam zu *Erweiterungen.* Meist handelt es sich dabei um Bereiche mit spezieller Bedeutung für die technischen Gegenstände wie Fourierreihen, Polar- und Parameterdarstellung von Funktionen, Statistik, Differentialgleichungen, komplexe Funktionen sowie Matrizenrechnung. Letzterer scheint größere Bedeutung zuzukommen, da sie ja auch in den technischen Anwendungen wichtig ist.

Vor allem aber kommt es in jedem Teilbereich zu einer *Verlagerung von rezeptartigen Lösungsverfahren* hin zu Fragen des *Verstehens der mathematischen Zusammenhänge.* Erweiterungen beziehen sich vor allem auf komplizierte Aufgabenstellungen. Die Lehrkräfte brauchen sich keine Gedanken mehr zu machen, ob von einer Funktion eine höhere Ableitung überhaupt noch berechenbar ist oder wie die graphische Darstellung einer komplizierten Funktion aussieht, denn alle diese Aufgaben löst der Taschencomputer meist sofort. Dadurch kann man jetzt wesentlich *praxisnähere Aufgabenstellungen* behandeln, die ohne TI-92 vielleicht gar nicht oder nur mit großem Aufwand zu lösen wären.

Somit kommen wir zu *Veränderungen der Aufgabenstellungen.* Ein Lehrer behandelt beispielsweise die klassische Kurvendiskussion in seinem Unterricht nur mehr exemplarisch. Er erklärt die Grundzüge einer Kurvendiskussion, um die Eigenschaften einer Funktion zu erkennen und die charakteristischen Punkte benennen zu können. Dann wird das Problem als sogenannte Umkehraufgabe behandelt, bei der jeder Schüler die gesuchte Funktion durch Aufstellen und Lösen eines Gleichungssystems ermitteln muß. Die Bestimmung und die Kontrolle der interessanten Punkte erfolgt dann im GRAPH–Modus durch Ermittlung der Koordinaten der Nullstellen, Extremstellen und Wendestellen mittels der entsprechenden Menüpunkte.

Wir fanden in den Interviews heraus, daß bereits einige Veränderungen in den Anwendungsbeispielen stattgefunden haben. Auf Grund der Möglichkeiten des TI-92 werden *vermehrt praxisnahe Probleme*

behandelt. Dieser Trend wird nach Ansicht der befragten Lehrkräfte
zunehmen.
Die wohl wichtigste Frage aber ist:

*Welche Berechnungen muß ein Schüler nach wie vor händisch ausführen
können und welche Berechnungen darf der Schüler mit dem
Taschencomputer durchführen ?*

Aus der Sicht der befragten Lehrkräfte ist das Üben händischer
Rechenfertigkeiten nach wie vor wichtig für den Mathematikunterricht. Es
wird als Rettung für schwache Schüler angesehen. Manche Lehrkräfte der
technischen Fachgegenstände befürchten auch, daß *„die Schüler sonst
nicht mehr rechnen können"*. Händische Fähigkeiten werden auch deshalb
gefordert, um den Schülern die Möglichkeit eines Vergleichs zu geben.
Das Arbeiten mit Papier und Bleistift wird nach wie vor als wichtig
angesehen.

5.   Veränderungen in der Leistungsfeststellung:

Bei der *Verwendung des TI-92 bei Schularbeiten* gibt es laut den
Interviews zwei Möglichkeiten:
> Ein Großteil der Lehrkräfte gestattet die Verwendung des
> Taschencomputers während der gesamten Schularbeit. Dabei sind
> die Aufgabenstellungen allerdings auf die Verwendung des TI-92
> abgestimmt.
> Manche Lehrkräfte hingegen geben Schularbeiten, bei denen
> manche Beispiele mit dem TI-92 gelöst werden können, andere
> hingegen schrittweise händisch gelöst werden müssen. Dabei kann
> der TI-92 zur Kontrolle verwendet werden. Dieses Prinzip scheint
> sich zu bewähren, sodaß diese Lehrkräfte es in der Zukunft
> beibehalten wollen.

Bei den Schularbeiten zeigen sich unterschiedliche Ergebnisse. Bei der
ersten Schularbeit, die mit dem TI-92 durchgeführt wurde, mußten viele
Lehrkräfte *sehr schlechte Ergebnisse* feststellen. Möglicherweise fühlen
sich viele Schüler durch die Verfügbarkeit des TI-92 verleitet, weniger zu
lernen. Sie bereiten sich zu wenig auf die veränderten Fragestellungen vor
und verlassen sich zuviel auf den TI-92.
Aus diesen schlechten Ergebnissen ziehen die Schüler dann aber den
Schluß, daß sie sich natürlich auch dann vorbereiten müssen, wenn sie
den TI-92 verwenden können. Daher weisen die weiteren Schularbeiten
meistens wieder durchschnittliche Ergebnisse auf.
Wenn man einzelne Schüler betrachtet, lassen sich sehr wohl
Leistungsunterschiede feststellen:

Gute Schüler, die sich intensiv mit dem Taschencomputer vorbereiten, ziehen daraus einen Vorteil und erreichen bessere Noten.

Schlechtere Schüler erreichen aber trotz der Verwendung des TI-92 keine besseren Leistungen.

Neben der Lösung des mathematischen Problems muß der Schüler auch den TI-92 bedienen können, was speziell am Anfang für manche Schüler schwierig ist.

Ein weiteres Problem stellt die *Dokumentation der Ergebnisse* dar. Da es zum TI-92 keinen Drucker gibt, muß der Schüler oft Zwischenergebnisse vom Display abschreiben oder auch Kurven abzeichnen. Die LINK-Software wird nach den Angaben der Lehrkräfte bei Schularbeiten nicht verwendet.

Lehrkräfte verlangen eine *saubere Dokumentation*, weil dadurch sichergestellt wird, daß der Schüler das Beispiel zur Gänze *selbst bearbeitet* hat. Es ist auch im Sinne des Schülers, seine Berechnungen ordentlich zu dokumentieren, da nur in diesem Falle bei einem falschen Endergebnis bei der Beurteilung durch den Lehrer zumindestens teilweise Punkte vergeben werden können.

6. Auswirkungen auf die Schüler:

Ein interessanter Punkt waren die geschilderten *Reaktionen der Schüler* auf den Einsatz des TI-92. Diese wurden von den Lehrkräften als positiv, motiviert, interessiert bis begeistert beschrieben. Man kann drei Phasen unterscheiden:

Die Phase der Begeisterung

Schüler sind stolz, dieses neue Gerät verwenden zu können. Sie sehen sich als Experten gegenüber ihren Kollegen und Freunden. Dazu kommt noch die Möglichkeit der Computerspiele am TI-92. Das mag bei vielen Schülern ein wichtiger Grund sein, sich das Gerät zu kaufen. Natürlich erhoffen sich Schüler auch Vorteile bei der Lösung von mathematischen Aufgaben.

Die Phase der Enttäuschung

Viele Schüler sind nach den schlechten Ergebnissen der ersten Schularbeit mit dem TI-92 enttäuscht. Sie sehen die Schwierigkeiten in der Handhabung, bei den veränderten Aufgabenstellungen und bei der Dokumentation der Berechnungen. Der wahre Grund für die enttäuschenden Leistungen dürfte aber in der unzureichenden Vorbereitung der Schüler liegen.

Besonders die begabten und die fleißigen Schüler beginnen sich dann nach Aufforderung durch ihre Lehrkräfte intensiv mit ihren mathematischen Aufgabenstellungen und dem TI-92 zu beschäftigen. Durch diesen besonderen Lernaufwand erreichen diese Schüler meist bessere Noten bei den nächsten Schularbeiten. Bei schlechteren Schülern kommen oft beide Probleme, das der Handhabung des Gerätes und die Anwendung der Mathematik, zusammen. Viele Schüler können zwar schnell ein bestimmtes Menü aufrufen oder einen bestimmten Befehl verwenden, sie wissen aber nicht immer genau, was diese inhaltlich bedeuten. Deswegen erreichen schlechtere Schüler oft keine besseren Noten, auch wenn sie den TI-92 verwenden.

Durch diese neuen Anforderungen im Mathematikunterricht wurde von den Lehrkräften ein *stärkeres Gefälle zwischen guten und schlechten Schülern* beobachtet.

7. Auswirkungen auf die Lehrkräfte:

Die Beweggründe der befragten Lehrkräfte für die Verwendung dieses Taschencomputers im Unterricht sind einander sehr ähnlich. Viele haben schon früher mit Programmpaketen wie DERIVE oder MATHCAD gearbeitet und wollen neue Wege im Unterricht einschlagen. Durch den TI-92 sind sie im Unterricht nicht mehr auf die Verfügbarkeit eines Computerraumes angewiesen.

Die Lehrkräfte haben folgende Ziele für ihren Unterricht:

Sie möchten *weg vom mechanischen Rechnen hin zum Verständnis der mathematischen Theorie*. Die Kreativität der Schüler soll geschult werden, vor allem im Hinblick auf die Auswahl eines passenden Modells und das Interpretieren des Ergebnisses.

Ein wichtiges Ziel ist es, den *fächerübergreifenden Unterricht zu verstärken,* damit der Taschencomputer nicht nur im Mathematikunterricht, sondern vor allem auch in den technischen Fächern eingesetzt wird.

Nur wenn der Lehrer schon Routine in der Bedienung des Taschencomputers hat, wird er langsam seinen Unterricht umstellen, um den Taschencomputer im Unterricht nutzbringend einzusetzen. Er wird mehr Zeit für die Vorbereitung aufwenden müssen, sein Unterricht wird aber um vieles interessanter werden, *seine Schüler werden mehr verstehen.*

8.　Zusammenfassung:

Die Ergebnisse dieser Untersuchung lassen *dramatische Veränderungen des Mathematikunterrichts* in den nächsten Jahren erwarten. Durch die Verwendung des TI-92 im Mathematikunterricht werden sich *die Unterrichtsmethoden, die Inhalte und die Ergebnisse verändern.*
Sogar jene Lehrkräfte, die den TI-92 aus den verschiedensten Gründen bis jetzt im Unterricht nicht verwendet haben, werden ihren Unterricht ändern müssen, weil ihre Schüler diesen Taschencomputer besitzen und ihn im Unterricht benützen wollen.
Die Befragungen zeigen, daß Lehrkräfte, die den TI-92 im Unterricht verwenden, im allgemeinen *bessere Unterrichtserfolge* haben.
Schüler, die diesen Taschencomputer im Unterricht verwenden und die die Zeit aufwenden, ihre Mathematikaufgaben mit dem TI-92 zu machen, werden *im allgemeinen bessere Noten bekommen* und auf jeden Fall *mehr Spaß an Mathematik haben.*

Literatur:

KÖNIG, Elisabeth: Der TI-92 an höheren technischen Lehranstalten. Eine empirische Untersuchung. Diplomarbeit am Institut für Mathematik, Abteilung für Didaktik der Mathematik der Universität Linz, 1998.

David TALL, Warwick (United Kingdom)

The Chasm between Thought Experiment and Formal Proof

This presentation will address the conceptual demands placed on students attempting to deal with formal proof for the first time and present empirical evidence that reveals the subtlety of this transition. It transpires that there is more than one route to move from informal experience of proof to formal proof. Informal proof often occurs in the style of a thought experiment, using a variety of imagery to infer that, when a certain situation occurs, then another must also occur as a consequence of the first. Formal proof, on the other hand, is based on verbal/symbolic definitions and focuses only on those results that can be deduced logically from the definitions. The presentation will show that there are (at least) two cognitively different routes from informal to formal. One builds on imagery and constantly reconstructs it to fit new formalisms. Another starts from the definitions and develops only those properties that can be built by formal deduction. Empirical evidence will be given, collected in longitudinal studies from students in their first year of university mathematics, to demonstrate how both of these routes can lead to success, but that each involves a different array of cognitive difficulties that can lead to failure. For instance, the imagery of thought experiments may include subtle elements at variance with the formalism that causes serious blockages of understanding. On the other hand, formal proof may also lead to structure theorems which have their own mental images that can then be used in informal thought experiments to predict new directions for the formal theory. The results suggest that different students may benefit from different kinds of teaching strategies and what may help one may be of a hindrance to another.

Proof in the Mathematical Community

The meaning of formal proof seems clear to the mathematical community as the final "precising" of a mathematical argument, even though the theorem may be constructed in a variety of ways:

This paper was given as a plenary lecture at the *8. Internationales Symposium zur Didaktik der Mathematik*, Universität Klagenfurt, Austria, 28th Sept – 2nd October 1998. It brings together under one theme a number studies on definition and proof performed at the Mathematics Education Research Centre, University of Warwick, UK.

In the fall of 1982, Riyadh, Saudi Arabia ... we all mounted to the roof ... to sit at ease in the starlight. Atiyah and MacLane fell into a discussion, as suited the occasion, about how mathematical research is done. For MacLane it meant getting and understanding the needed definitions, working with them to see what could be calculated and what might be true, to finally come up with new "structure" theorems. For Atiyah, it meant thinking hard about a somewhat vague and uncertain situation, trying to guess what might be found out, and only then finally reaching definitions and the definitive theorems and proofs. This story indicates the ways of doing mathematics can vary sharply, as in this case between the fields of algebra and geometry, while at the end there was full agreement on the final goal: theorems with proofs. Thus differently oriented mathematicians have sharply different ways of thought, but also common standards as to the result.

(Maclane, 1994, p. 190–191)

Saunders Maclane, the formal symbol-manipulator plays with ideas in ways that led to such things as the more abstract idea of category theory through abstracting the essential properties of objects and maps in other theories. Michael Atiyah, on the other hand, uses a wide array of techniques from of topology, algebra and geometry, to play around with ideas that he considers important and gets a sense of them before he even proposes definitions and theorems. As his research student I can remember him telling me to seek a problem that had some value and interest for other mathematicians rather than simply writing down an arbitrary set of rules to see what came out of them. For him the system should be pregnant with interesting ideas. I well remember a time when he remarked to me that "a vector bundle is a topological variation of a vector space" just as "a module is an algebraic variation of a vector space", so one should expect there would be some useful parallels between the theories. This "vague and uncertain situation", linking two distant ideas—topological vector bundles and algebraic modules—produced new theorems in a new subject called algebraic K-theory.

The notion of "concept image" is relevant here, consisting of "the total cognitive structure that is associated with the concept, which includes all the mental pictures and associated properties and processes. It is built up over the years through experiences of all kinds, changing as the individual meets new stimuli and matures." (Tall & Vinner, 1981). The creation of a new mathematical proof requires an appropriate concept image of the situation being considered. It can operate in different ways, for instance the concept image of proof from the algebraist Maclane is different from the concept image of proof from the algebraic geometer Atiyah. One builds more from operating on secure existing systems to build new ones, the other operates in more general problem-solving situations and brings in a variety of tools, creating new definitions where appropriate.

In the opening chapter of *Advanced Mathematical Thinking* (Tall, 1991), I quoted from the perceptive writings of Poincaré who also remarks on different ways of thinking in mathematics: ,

> It is impossible to study the works of the great mathematicians, or
> even those of the lesser, without noticing and distinguishing two
> opposite tendencies, or rather two entirely different kinds of minds.
> The one sort are above all preoccupied with logic; to read their
> works, one is tempted to believe they have advanced only step by
> step, after the manner of a Vauban[1] who pushes on his trenches
> against the place besieged, leaving nothing to chance. The other
> sort are guided by intuition and at the first stroke make quick but
> sometimes precarious conquests, like bold cavalrymen of the
> advanced guard.   (Poincaré, 1913, page 210)

Poincaré further supported his arguments by contrasting the work of Weierstrass and Riemann:

> Weierstrass leads everything back to the consideration of series and
> their analytic transformations; to express it better, he reduces
> analysis to a sort of prolongation of arithmetic; you may turn
> through all his books without finding a figure. Riemann, on the
> contrary, at once calls geometry to his aid; each of his conceptions
> is an image that no one can forget, once he has caught its meaning.
>   (ibid, page 212)

However, on considering the contrast between analytic reasoning and more general visual imagery, Poincaré considered that logical thinkers too were using their own kind of intuition:

> ... When one talked to M. Hermite, he never evoked a sensuous
> image, and yet you soon perceived that the most abstract entities
> were for him like living beings. He did not see them, but he
> perceived that they are not an artificial assemblage and that they
> have some principle of internal unity.   (ibid, page 220)

The conclusion is inescapable. The intuition used by mathematicians to prove new theorems is the product of the concept images of the individual. The more educated the individual in logical thinking, the more likely his concept imagery will resonate with a logical response:

> We then have many kinds of intuition; first, the appeal to the senses
> and the imagination; next, generalization by induction, copied, so to
> speak, from the procedures of the experimental sciences; finally we
> have the intuition of pure number...   (ibid, page 215)

---

[1] Sebastien de Vauban (1633-1707) was a French military engineer who revolutionized the art of siege craft and defensive fortifications.

Mathematical proof for students

In introducing students to mathematical proof, it is therefore of interest to see if their individual concept images cause them to approach proof in different ways. Poincaré commented on this also:

> ... Among our students we notice the same differences; some prefer to treat their problems 'by analysis' others 'by geometry.' The first are incapable of 'seeing in space', the others are quickly tired of long calculations and become perplexed.
>
> (Poincaré, 1913, page 212)

Again we see a suggestion of different tendencies of students colouring the way that they approach mathematics. There are research findings too. Krutetskii (1976, p.178) studied 192 children selected by their teachers as 'very capable' (or 'mathematically gifted'), 'capable', 'average' and 'incapable'. He found a spectrum of performance in which the incapable remembered only incidental irrelevant detail, with long, often erroneous, inflexible solution procedures, whilst the very capable remembered general strategies rather than detail, focussed on essential elements and were able to provide alternative solutions. But amongst the gifted he found a spectrum of performance in which six of the thirty four children studied were classified as "analytic", five as "geometric" and 23 as "harmonic". In other studies (eg Dreyfus & Eisenberg), the use of visual methods was found in very few students, most preferring symbolic methods. This is not necessarily inconsistent with Krutetskii, for there is a tendency as students become more proficient symbolically that symbolic methods are preferred. So with university students we may expect those who are "harmonic" to tend to lean towards symbolic methods, giving a larger group of students using symbols than using visualisation alone.
We therefore have various evidence of different ways in which students approach mathematics. There is a spectrum of success and failure, but there is also another spectrum of cognitive preferences including analytic, geometric and harmonic thinking with perhaps a tendency amongst more advanced students to prefer analytic symbolic thinking as the ideas become more sophisticated.

Student concept images and previous experience of mathematics

How do these different approaches to mathematics in general relate to approach to proof in particular? It is first helpful to consider the students' previous experience. When students encounter formal proof they have already developed their own ways of testing whether things are true. In everyday life proof means different things in different contexts. To a judge and jury it means something established by evidence 'beyond a reasonable doubt'. To a statistician it means something occurring with better than a calculated probability. To a scientist it means something that can be tested by experiment. More generally, simple practical experience gives a belief that "facts" are true. For instance, we "know" that 2+2 is 4 by counting, we know that $2^{10} > 10^3$ because our experience of calculation with decimal numbers allows us to calculate that 1024 > 1000.

This belief in the arithmetical properties of numbers is part of a long apprenticeship in various kinds of mathematics which are encountered before meeting formal proof. Mathematical learning begins with the young child interacting with the external world, perceiving things and acting on them.

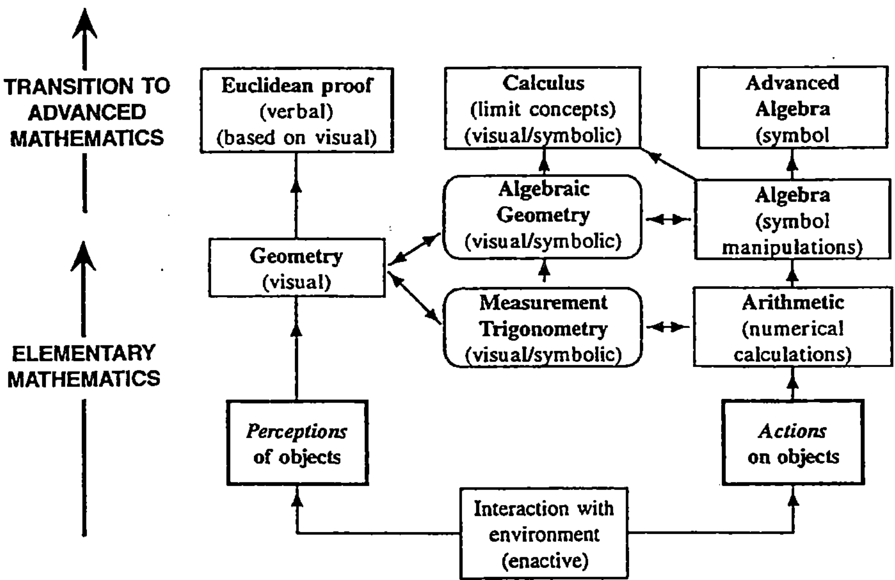

Figure 1: Development of major mathematical themes

Building from perception of objects is a strand studying shape and space which introduces pictorial representations and verbal descriptions in geometry and builds to the verbal form of proof found in Euclidean geometry. Building from actions on objects (counting, sorting, ordering etc.) builds the use of symbols used for calculation in arithmetic and manipulation in algebra. Straddling these two are linking topics such as measurement, trigonometry and algebraic geometry.

As I have suggested elsewhere (Tall, in press, a), there are severe discontinuities in what appears to be a coherent and consistent development in the use of symbols. The symbols used in arithmetic, algebra, calculus and formal theory have quite different characteristics (figure 2).

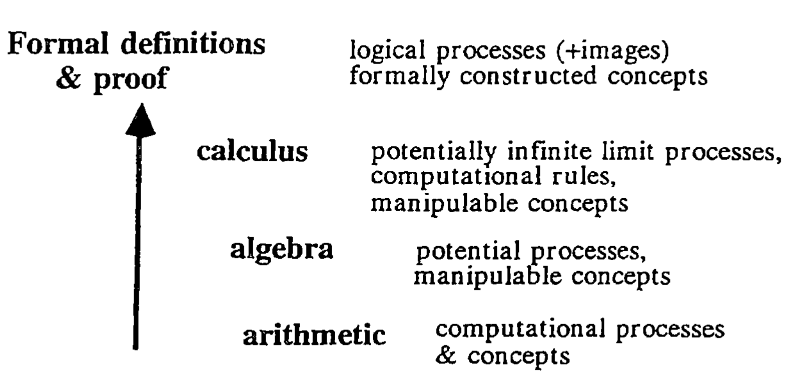

Figure 2: different kinds of characteristics of processes and concepts in selected topics

In arithmetic of whole numbers the operations are always designed to produce a result. This leads to the *computational* use of symbols. In algebra, symbolic expressions such as $2+3x$ can be evaluated only when arithmetic values are substituted for algebraic variables. Thus algebraic expressions can be considered as *potential processes* and *manipulable concepts*. In the calculus the limit concept causes even more difficulty because it expresses the dynamic idea of potentially getting as close as is required to a limit value: the process of tending to a limit is a *potentially infinite process*. Faced with such a fundamentally new concept, it is no wonder that students prefer the finite operations of the rules of differentiation and the finite tests of convergence to the theoretical consideration of the infinite notion of limit. These will cause further difficulties in formal proof where the concepts are formally constructed by deduction from definitions using logical processes.

As we consider the major themes which arise in elementary mathematics, we may consider where proof occurs (See Tall, in press, b, for an extended discussion). Proof arises quite naturally in geometry. Here there are intuitive ideas of space and shape that are defined in terms of verbal definitions. It is a natural consequence to see if the definitions not only describe the mental geometric objects but can also be used to show that one definition implies another. For instance, that a figure described as a triangle with two equal sides must also be a triangle with two equal angles.

Proof in geometry is a verbal exercise based on underlying visual images. It is interesting to note that such an exercise is *generic*, meaning that the picture of the situation, whether drawn or imagined, represents not just a single case but stands as a representative for the class of all possible figures described by the given verbal description. To generate such a proof involves a *thought experiment*, in which one imagines the conditions of the theorem holding and attempts to "see" if the conclusion follows. It is turned into a Euclidean proof by certain conventions concerning the congruence of triangles which are used to link what is known to what is required. Because it is possible to build up a systematic theory of propositions each deduced either from the definitions or from previous propositions, Euclidean proof supplies part of the experience for formal proof in advanced mathematical thinking. But there are other areas for which it is less appropriate. It gives little experience of dealing formally with set-theoretic defined axioms and the use of propositional logic.

The other major theme of symbolic computation and manipulation uses proof in generalised arithmetic (algebraic manipulation) to describe generalities in arithmetic. For instance one may show that the square of any whole number is one more than the product of the number above and the number below through the algebraic manipulation

$$(n-1)(n+1)+1 = n^2-1^2+1 = n^2.$$

The link between symbols and visualisations also gives an opportunity for demonstrations of proof. For instance, the fact that $m\times n = n\times m$ for two whole number may be imagined by looking at an array of objects either as m rows of n or n columns of m. Once again this is a *generic proof*, in that the physical picture actually has a specific number of rows and columns but can be imagined as having "any number" of rows and columns:

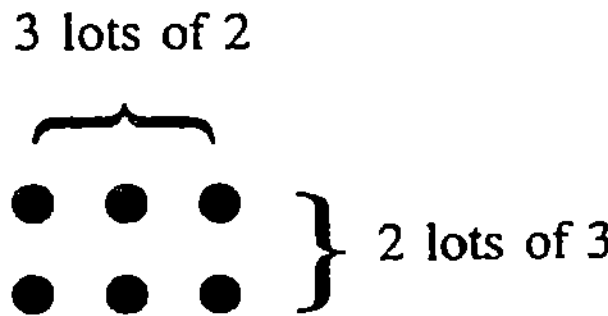

Figure 3: A graphic proof that 3×2 is the same as
2×3 which works generically for all whole numbers

The student beginning to study formal proof therefore has concept imagery developed in a wide variety of ways, including:

- "knowing" that arithmetic facts are "true" from experience,
- various everyday notions of proof,
- proof by generic example,
- euclidean verbal proof (with underlying generic visual examples),
- algebraic computations to represent general calculations.

All of these involve either symbolic activity in arithmetic or algebra, or some kind of "thought experiment" where one draws or imagines a typical situation satisfying the assumed properties to see if the required conclusion holds.

When formal proof is introduced, it is not exactly like any of these. It is supposed to be performed without using a picture for anything other than organisational support. It starts with explicit definitions and moves through logical deductions to a desired conclusion. To cope with the details, these sophisticated requirements are lessened. Every detail need not be included, all that is required is that it is evident to the reader that the details could be filled in as required. The sense of what should or should not be included in a proof is a cause for great concern by students (Nardi, 1996).

Generic proof and formal proof: The irrationality of $\sqrt{2}$

One of the first serious proofs presented to students is the proof that $\sqrt{2}$ is irrational. The standard proof is by contradiction, represented by the plan:

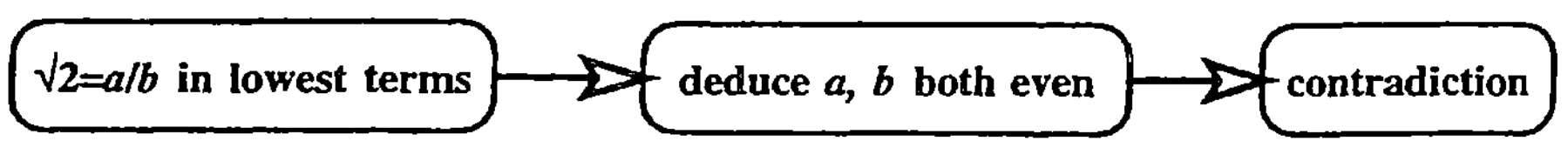

Figure 4: Outline proof of the irrationality of $\sqrt{2}$

The detail that needs to be included is rather more subtle than may be obvious at a first consideration. Figure 5 shows some of the steps that may, or may not be considered in thinking through the proof, deduced from interviews with university mathematics students (Barnard & Tall, 1997). Solid arrows show straightforward decisions, curly arrows are less obvious, and those marked in grey may be less explicit.

It transpires that students can often remember the general plan of the proof, but are less secure on detail. Student S (who had achieved an A-grade in mathematics in the advanced level school examinations) said:

> I'd take the case where I assumed it was a rational and fiddle around with the numbers, squaring, and try to show that ... if it was rational then you'd get the two ratios a and b both being even so they could be subdivided further, which we'd assumed earlier on couldn't be true so our assumption it was rational can't be true.
>
> (Barnard & Tall, 1997)

Yet, when he tried to explain the steps, he remarked:

> ... [the lecturer] did some fancy algebra which I couldn't actually reproduce.

When asked to reproduce it, he wrote:

$$\left(\frac{a}{b}\right)^2 = 2,$$
$$a^2 = 4b^2,$$

saying,

> I think that's what he did, but he did it in one step whereas normally I would've taken two. (Student S)

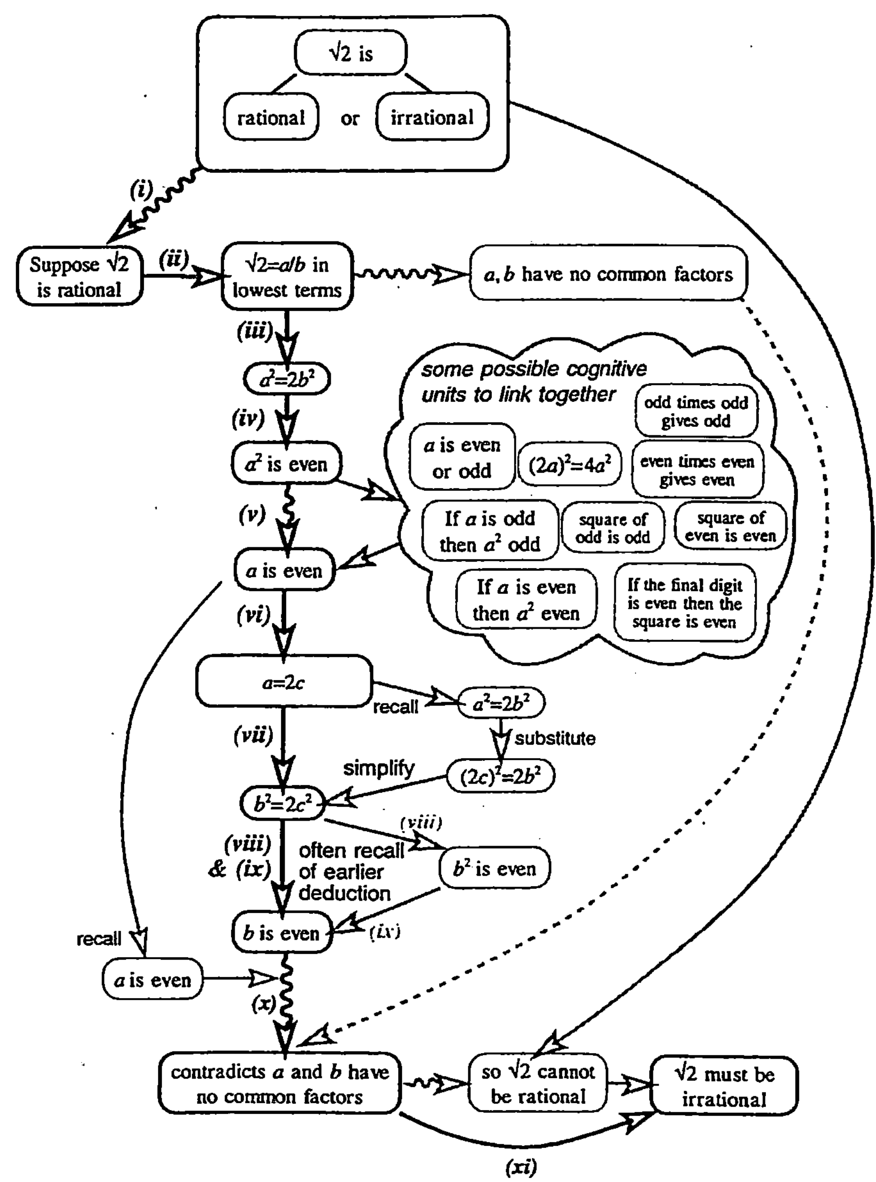

Figure 5 : Cognitive steps which may be used in the proof that √2 is irrational

When asked to fill in the details, he eventually obtained the correct result $a^2=2b^2$. Such difficulties occurred with several students interviewed, however, the majority completed the manipulation routinely is a single step and were able to give further details on request.

More serious difficulties arise with the step:

$$a^2 \text{ is even implies } a \text{ is even,}$$

which essentially involves a proof by contradiction nested within the overall contradiction proof. Again student S could remember the step but not the argument, citing the authority of the lecturer that a is even because "the root of an even number is even, he just assumed it." When asked to give a proof, he simply responded with specific cases such as the square root of 4 and the square root of 16 both being even. He "knew" that a number and its square were both even *at the same time*, but it did not seem apparent that one fact was a *consequence* of the other.

A serious problem with this contradiction proof is that it conflicts with previous experience. Instead of carrying out a sequence of calculations to get a specific answer, it is necessary to hold two mutually exclusive possibilities in mind at once and show that if one were false then a contradiction ensues. The idea that one assumes something to be false when one "knows" it is true is made more difficult by having one contradiction argument nested within another. Once these difficulties are encountered, many students continue to consider the proof, committing the strategy, and perhaps the details, to memory.

Tall (1979) found that students were much happier with a generic thought experiment, which involves imagining given fraction, factorising numerator and denominator and squaring to find that each prime factor occurs an even number of times. For instance,

$$\frac{9}{40} = \frac{3^2}{2^3 \times 5}$$

and the squaring of this number *doubles* the number of each prime factor to give

$$\left(\frac{9}{40}\right)^2 = \frac{3^2}{2^3 \times 5} \times \frac{3^2}{2^3 \times 5} = \frac{3^4}{2^6 \times 5^2}$$

so the primes occurring in the factorization of numerator and denominator of a square number all occur an even number of times. Hence the square of any fraction cannot equal 2 which factorizes as 2/1 and has an *odd* number of 2's in the numerator.

Students in the first year of university expressed a strong preference for the generic proof over the standard proof by contradiction. Although those who were already familiar with the standard proof might prefer it, the following day several of these changed their preference when they saw the explanatory power of the generic proof. None of those who preferred the generic proof first changed to prefer the standard proof. The generic proof was preferred even more when it came to proving the generalisation that $\sqrt{(5/8)}$ is irrational. This follows using the original generic idea because $5/8=5/2^3$ fails to have an even number of each factor, whereas the standard proof uses the terms "even" and "odd" which many students fail to generalise appropriately.

Given the power of generic proof, it may be advantageous for a part of the university population to use it in preference to a formal proof of this result. Indeed, with students whose long-term intentions are practical or applicable rather than theoretical, this may be a sensible tactic. But it does not mean that the generic proof is preferable in the long term for those who are going to study more formal mathematics where proof by contradiction late proves to be an indispensable tool.

Students meeting formal mathematics are often faced with a difficult transition from the computation and thought experiment of elementary mathematics to the definition and deduction of formal mathematics. How do they cope with the difficulties?

The transition from thought experiment to formal proof

As we have seen, students arrive at the point of studying formal proof when their previous experience tells them that certain truths are "known", that generic arguments give insight into what is happening, and that much of their mathematics involves specific calculations to obtain answers.

Formal proof is quite different. It requires logical deduction from definitions. One might think that this is obtained by a sequence of activities such as:

1. become acquainted with the definition
2. use the definition to deduce results
3. use the results in further theorems to build up systematic theories

which may be summarised under the successive headings:

1 DEFINITIONS,
2 DEDUCTIONS,
3 SYSTEMATIC THEORY.

However, the cognitive processes involved are more intimately interconnected. For instance, to truly understand the nature of a definition requires the use of deductions to see the implications of that definition. Before the notion of a systematic theory can be fully realised, there is an important interplay of the form

DEFINITIONS <—> DEDUCTIONS

To take account of this observation, Bills & Tall (1998) defined:

A (mathematical) definition or theorem is said to be *formally operable* for a given individual if that individual is able to use it in creating or (meaningfully) reproducing a formal argument.

Following students through a twenty week course and interviewing selected individuals at regular intervals every three weeks shows that many students do not make their definitions operable in any formal sense. Even students who succeeded might work with a vague impression of the definition for a time before crystallising it into an operable definition. For instance, the class were given the formal definition of "least upper bound" as follows:

> An *upper bound* for a subset $A \subset \mathbb{R}$ is a number $K \in \mathbb{R}$ such that $a \leqslant K$ $\forall\, a \in A$.

> A number $L \in \mathbb{R}$ is a *least upper bound* if L is an upper bound and each upper bound K satisfies $L \leqslant K$.

Sean (the same student as Student S mentioned previously) explained this in his own terms:

> *Sean (interview 1)*: The supremum of a set is the highest number in the set.

> *Interview 2*: [you get the supremum by] looking at all the elements of the set to find out which is the greatest and choosing that number. I always have trouble remembering whether the supremum has to be in the set.

> *Interview 4*: It's the greatest number of … it's a number that's bigger than all the numbers in the set.

> *Interview 5*: The set $\{1, 2, 3\}$ has upper bound 3. [Is 7 an upper bound?] No, it's not in the set. (Bills & Tall, 1998)

When in the second interview I tried to make him reflect on his ideas by asking him for the least upper bound of the set S of real numbers x where $x<1$, he suggested:

> [the least upper bound is] a very small number subtracted from one
> … nought point nine, nine, nine recurring.

He felt vindicated because he "knew" that "nought point nine recurring" is *less than one*. Thus a personal concept image which suggests there are variable quantities which are essentially "infinitesimally close" (Cornu, 1991) caused a roll-on difficulty with the notion of least upper bound. He was quite articulate about his struggle:

> … when we have theorems in analysis lectures, stuff like supremums are just the basic workings; since I can only just understand these individually, one of these basic foundations, I can't look at all of them together and understand the theorem.
> (Bills & Tall, 1998)

Even successful students did not necessarily memorise the definition at first. In her second interview, Lucy was able to verbalise the definition of least upper bound in a manner close to the symbolic form:

> *Interviewer*: If I asked you what was a least upper bound what would you say …?

> *Lucy*: Well for a start it has to be an upper bound.

Interviewer: Right so what does that mean?

Lucy: An upper bound for a set S, if you take any element of S to be a, say, and for all a you can find, say the upper bound was k, for all a, k will be greater than or equal to a for any number in that set.

Interviewer: So that's the definition for k being an upper bound.

Lucy: ... and the least upper bound is also an upper bound but it's the least of all the upper bounds so l has to be less than or equal to k for all k greater than or equal to a.

In the fourth interview she is very confident expressing the definition verbally:

Well it's got to be an upper bound itself and it's got to be the least of all the upper bounds.

But even in the fifth interview, when asked to write down the definition of the least upper bound of a non-empty set $S \subset \mathbb{R}$, she wrote:

$$\forall\, s \in S,\ s \leq \mu \quad [\text{saying ``}\mu \text{ is an upper bound''}]$$
$$\forall\, k \in \mathbb{R} \text{ s. t. } s \leq k \text{ and } \mu \leq k.$$

After a discussion she modified the last part to "$\forall\ s \in S,\ s \leq k \implies \mu \leq k$." We thus see that students can build notions of proof without the definitions being fully committed to memory. It is possible for definitions to begin to be formally operable before they are fully stable concepts for the learner.

Concept Image and Deduction of Structure Theorems

The developing of a formal theory is paradoxically built on informal experience. Under the veneer of logic there needs to be some kind of mental structure that guides the formal proof. This, I suggest is the concept image. What the individual must do is to use their concept image of a given situation to suggest what might be true and then attempt to convert this intuition into formal deductions. The concepts that are built up formally are termed the "formal (concept) image. The formal image is part of the whole concept image. However, one must distinguish this carefully from other intuitions which may or may not be relevant to the formal image.

In the opening quotation, we saw Maclane talking about "structure theorems" which are used as building blocks in a formal theory. These have not only a formal role, but also a cognitive one. Once a structure theorem has been satisfactorily proved, we have seen that it can take its place in the concept image, now reinforced in the knowledge that it is part of a growing formal theory.

There are many examples in mathematics. For instance, having had experience of numbers on the number line, one may formulate the system as a complete ordered field. A structure theorem says that (up to isomorphism) there is precisely *one* ordered field. This means that such a number system can be represented as a number line with decimal representations as usual. In linear algebra, experience of vectors in two and three dimensional space can be extended by writing down the definitions of a vector space over the real numbers. Here the powerful structure theorem is that any *finite-dimensional vector space* is essentially isomorphic to R^n. In group theory, the computational example of permutations of a finite set may be extended to the definition of a group. The structure theorem here is that any theoretical finite group is a subgroup of the familiar group of permutations.

In this way we see that a structure theorem constructs a formal image for the defined concept which can then be taken as a firm cognitive and logical basis for further formal concept building.

There is a subtle problem here. During the building of a formal image (and after), the individual has two kinds of mental image in the cognitive structure: the broad experiential concept image and the subset consisting of the formal image which relates only to the defined concept. How does the individual manage to distinguish between concept image and formal image?

A short answer is: most mathematicians don't! For instance, if the natural numbers are defined formally through the Peano postulates, it is possible to build a huge array of results from the definitions alone. For instance, we might define addition using the Peano postulates and show that 2+2=4. But in making subsequent calculations, do we always prove things from first principles? Life is too short. We know $10^3 < 2^{10}$ by using the arithmetic we learned in school. Once we know that there is essentially only *one* set of natural numbers satisfying the Peano postulates, then we fall back on our everyday arithmetic, knowing it will be the same as the (isomorphic) theoretical concept. In this way, though we wish technically to prove everything in an appropriate way, the need for suitable economy of style means that we do not prove *everything*. Once we have confidence in a given formal situation, we are concerned only that a result *could* be proved in detail. A proof establishes this to the satisfaction of other mathematicians. But how do students cope with the idea of "proving what satisfies others" when they initially lack the sophistication to share in the culture of the mathematical community?

Students giving and extracting meaning

To gain more insight into the process of student understanding of formal proof, Marcia Pinto (1998) followed the process of studying the development of students notion of proof by interviewing selected students at regular interviews during their first analysis course. However, rather than simply following the classifications that have occurred in other research, she decided to follow the method of "grounded theory" formulated by Strauss, 1987 (see also Strauss & Corbin, 1990). Here data is collected under headings that arise from an ongoing analysis which are modified according to the data obtained. She selected students to represent a wide class of ability (including some of the most able mathematics students in the University of Warwick), to give a spectrum of success and failure, by giving a pre-test and selecting individuals who performed exceptionally well, average, and below-average. She also took into account students who seemed flexible (or harmonic in Krutetskii's formulation) and others who seemed more procedural.

To begin her research she laid down the initial headings mentioned earlier:

- DEFINITIONS,
- DEDUCTIONS,
- SYSTEMATIC THEORY.

The first group of students were following a course of teacher training for primary children. All had passed their school mathematics Advanced Level exam at a grade D or above. However, mathematics was only part of a broader course which included a wide range of modules on education and practical teaching in mathematics and other subjects. Pinto found that the proposed headings were totally inappropriate for this group. Only two out of twenty were able to give a formal definition of the concept of limit, the remaining eighteen working from an informal concept image. Formal deductions were therefore almost non-existent, and those deductions that occurred tended to be of an informal justification referring to a special case. Pinto therefore revised her headings to focus on

- DEFINITIONS,
- DEDUCTIONS,
- MISCONCEPTIONS.

When it was realised that the third of these had a negative tone to it, she made a third modification and focused on:

- DEFINITIONS,
- DEDUCTIONS,
- IMAGES.

The first two headings were analysed in turn with each being related to underlying concept images as follows:

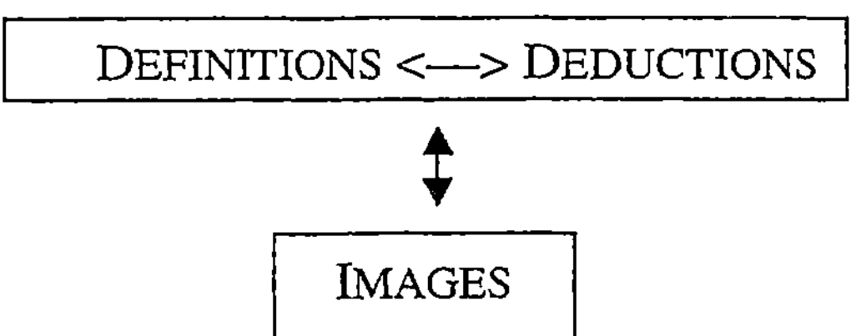

Students building operable definitions and corresponding deductions

There is not a single way of building a coherent definition, given that this is built upon individual concept images. Pinto (1998) found the data suggesting two recurring possibilities:

- *giving meaning* to the concept definition from concept imagery,
- *extracting meaning* from the concept definition through using it to make formal deductions.

These are not fully analogous to different mathematicians' approaches in creating new theories because the students were given the definitions as a starting point. However, there are certain parallels. The *giving* of meaning involved using all kinds of personal clues to enrich the definition with examples that could suggest intuitions, in a synthetic way, building up like the visualising geometer. The *extracting* of meaning involved first a routinising of the definition, perhaps saying it over until it became possible to consider it as a workable definition that could be used to give a formal development of the mathematics. Pinto built up her knowledge of the particular students' work by contrasting selected students in pairs.

First, consider two successful students, Ross, who was considered a formal *extractor* of meaning and Chris, a conceptual *giver* of meaning.

Ross wrote down the definition as follows (Pinto, 1996):

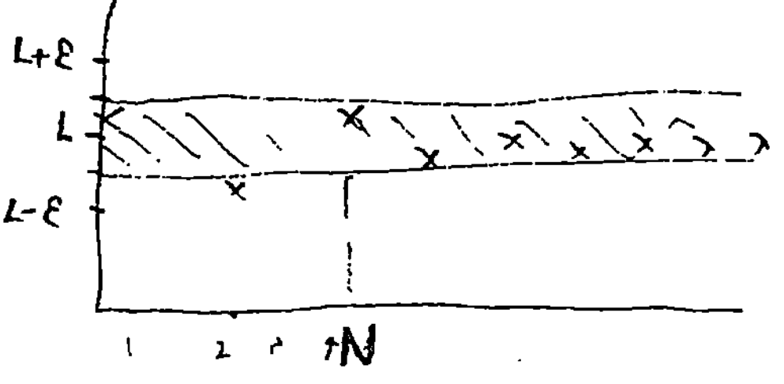

(Ross, first interview)

He explained that he coped by:

> "Just memorising it, well it's mostly that we have written it down quite a few times in lectures and then whenever I do a question I try to write down the definition and just by writing it down over and over again it get imprinted and then I remember it."

(Ross, first interview)

He also drew pictures and attempted to relate them to his logical ideas, although underlying even the pictures was a sense that there is a changing term handled symbolically.

(Ross, first interview)

He explained:

> "Well, before, I mean before I saw anyone draw that, it was just umm ... thinking basically as n gets larger than N, a_n is going to get closer to L, so that the difference between them is going to come very small and basically, whatever value you try to make it smaller than, if you go far enough out then the gap between them is going to be smaller. That's what I thought before seeing the diagrams ... something like that." (Ross, first interview)

Three weeks later, when asked to write down what was meant to state that a sequence was *not* convergent to a limit L, he first wrote down:

$$\forall \, \varepsilon > 0, \; \exists \, N(\varepsilon) \in \mathbb{N} \;\; s.t. \;\; \forall \, n \geqslant N,$$

$$|a_n - L| < \varepsilon.$$

(Ross, second interview)

then negated it by using the formal negation of quantifiers (passing a "not" over a universal or existential quantifier changes one to the other), to give:

$$\forall L, \; \exists \, \varepsilon > 0 \;\; s.t. \;\; \forall \, N(\varepsilon) \in \mathbb{N} \;\; \exists \, n \geqslant N, \; s.t.$$

$$|a_n - L| \geqslant \varepsilon$$

(Ross, second interview)

Note how he introduces $\forall L$ in the second statement, corresponding to the implicit unwritten $\exists L$ in the first statement. But despite this subtle understanding of the original definition and its formal negation, there is an error in the negation. By writing " $\forall \, \varepsilon > 0$, $\exists \, N(\varepsilon)$" in the original definition to indicate that N depends on ε, he then erroneously wrote the negation as " $\exists \, \varepsilon > 0$, $\forall \, N(\varepsilon)$" but now N does *not* depend on ε. Had he simply written " $\forall \, \varepsilon > 0$, $\exists \, N$", then the portion of the negation " $\exists \, \varepsilon > 0$, $\forall \, N$" would have been satisfactory, by default. In other words, by giving *additional* meaning to the definition, he exposed an error in the routine negation that would not have been visible had he written out the definition in its basic form. Such a problem proved easy to remedy by asking him to think it through, which led to him being able to self-correct his error.

Chris used his imagery to support his ideas, writing:

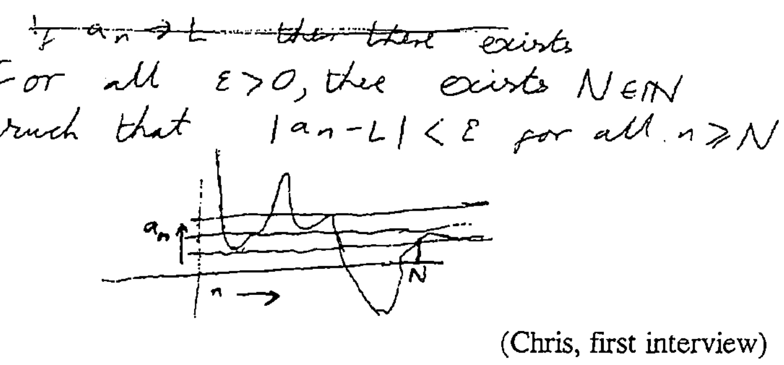

(Chris, first interview)

As he drew the diagram, he motioned with his hands to suggest the ideas underlying the definition:

> "I don't memorise that [the definition of limit]. I think of this [picture] every time I work it out, and then you just get used to it. I can nearly write that straight down."
>
> "I think of it graphically ... you got a graph there and the function there, and I think that it's got the limit there ... and then ε once like that, and you can draw along and then all the ... points after N are inside of those bounds. ... When I first thought of this, it was hard to understand, so I thought of it like that's the n going across there and that's a_n. ... Err this shouldn't really be a graph, it should be points." (Chris, first interview)

He too made an error (drawing a curve instead of points for the values of the sequence), but was able to self-correct using his wider cognitive connections. Throughout the whole course he seemed to be negotiating with the ideas. He believed that a formal proof must include *all* the logical steps to build from the given assumptions, not even allowing the quotation of results previously established, because the "proof" must be complete in itself. It was not until the eighth week of the course that he gave up this ideal when his proofs became interminably long. He also played with other forms of the definition, for instance seeing if increasing the value of N forced ε to be small would be a better definition before settling on the formal definition as a matter of preference. It seemed as if he enjoyed the tension of the challenge. He had clearly faced mathematical challenges before and felt the thrill of success. Now he was maintained on an emotional high level which seemed to give him pleasure even when under stress. He always looked for clarity and precise ideas, and surmounted errors by refocusing his attack.

When it came to negating the definition, he first clarified the issue by asking "did you mean *does not tend to a limit L* or does not tend to *any* limit" and then thought through the whole thing meaningfully, writing:

$$A \text{ sequence } (a_n) \text{ does not tend to a limit if } \\ \text{for any } L, \text{ there exists } \varepsilon > 0 \text{ such that } \\ |a_n - L| \geqslant \varepsilon \quad \text{for some } n \geqslant N \text{ for all } N \in \mathbb{N}$$

(Chris, second interview)

This is an exceptional feat of thinking that was not found in many students. It is more demanding than the formal method of negating quantifiers used by Ross. Of 250 students majoring in mathematics asked to describe how they remembered the definition of limit later in the course, *only five mentioned the use of a picture*. Even if pictures are used in the first place (which may very well have happened with more than the five who later recalled it), it seems that the visual approach is largely supplanted by the symbolic definition when the latter becomes operable.

Less successful students

A large number of students cannot cope with the definition of limit. Robin tried to remember it:

> "It's just *memorising* the exact form of it, being the actual idea sort of *understandable* ... which is saying..."

(Robin, first interview)

However, he remembers it inaccurately (Pinto, 1996):

$$A \text{ sequence } (a_n) \text{ tends to a limit } L \text{ for } \varepsilon > 0 \text{ if there exist} \\ N \in \mathbb{N} \text{ s.t.} \quad |a_n - L| < \varepsilon \quad \text{provided } n \geqslant N.$$

(Robin, first interview)

He tries to operate with the definition by giving specific values to the variables, however, instead of starting with a value for ε, he begins with $N=5$ and does not speak of any relationship between N and ε. He cannot grasp the definition sufficiently to make sense of it (see Barnard & Tall, 1997, for more detailed discussion).

Colin also could not write down the definition successfully:

$$\text{If } a_m \to l, \text{ then there exists } \varepsilon > 0, \\ \text{such that } |a_m - l| < \varepsilon \text{ for all } m \geqslant N, \\ \text{where } N \text{ is a large positive integer.}$$

(Colin, first interview)

He tried to give the idea meaning by using a picture to support his thinking:

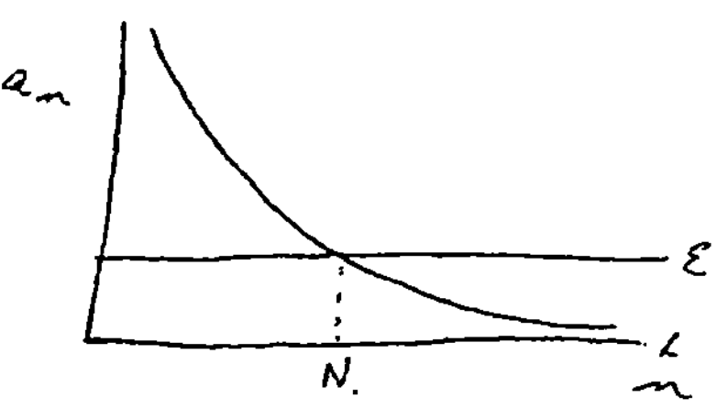

Unfortunately, this involved a restricted concept image of a decreasing function or sequence which proved inadequate to give him a broad enough image to support the full notion of limit. Although he denoted the limit by l, he wrote ε instead of $l+\varepsilon$ and considered the limit as a lower bound (a common concept image, see for example, Cornu, 1981, 1991). He explained:

> ".. umm, I sort of imagine the curve just coming down like this and dipping below a point which is ε ... and this would be N. So as soon as they dip below this point then ... the terms bigger than this [pointing from N to the right] tend to a certain limit, if you make this small enough [pointing to the value of ε]."

Unsuccessful Negation

Neither of these students could cope with the formal idea of a non-convergent sequence. For instance, Robin wrote:

> "A sequence a_n does not tend to the limit L if for any $\varepsilon > 0$, there exists a positive integer N s.t. $|a_n{-}L| > \varepsilon$, whenever $n \geq N$."
>
> (Robin, second interview)

The original quantifiers for the definition of limit here remain unchanged, and all that is changed is the inner inequality $|a_n{-}L| < \varepsilon$ incorrectly negated to give $|a_n{-}L| > \varepsilon$. He is unable to treat the whole definition as a meaningful cognitive unit, and simply focuses on the inner statement as something which he can attempt to handle.

The other student, Colin, said:

> "Umm ... I would just say there doesn't exist a positive integer because we can't work it out ... no ... you cannot find an integer N ...".

and wrote

> There exists a term where $|a_n{-}L| \geq \varepsilon$ where $n \geq N$, where N is a
> positive integer.   (Colin, second interview)

Were these less successful students givers or extractors of meaning?

Students failing to get beyond their concept images

Other students' remembrances of the definition of limit of a sequence (two weeks after encountering it) reveal a collage of isolated ideas (Tall, 1996):

(a)   *Given $\varepsilon > 0$, $\exists$ a δ s.t. ......*

(b)   *given $\varepsilon > 0$ $\exists \ell \in \mathbb{R}$ s.t. $|\ell - x_n| \leq \varepsilon$*

(c)

$$Gn \ \varepsilon > 0 \quad \lim_{n \to \infty} S_n = \ell$$

series —— tend to a limit
$$\ell + \lambda \qquad \varepsilon - \lambda$$
$$S_n \to limit \ s't \ \varepsilon + \lambda, \ \varepsilon - \lambda$$
where λ

(d)

$$\lim_{n \to \infty} S_n = \ell$$

as $n \to \infty$ the terms approach and get closer & closer to ℓ

(or may reach it) but ℓ is not exceeded

ie $S_n - S_{n+1} \longrightarrow 0$ as $n \to \infty$

In these cases the students remember isolated facets from the definition and from their concept image. The first remembers something about the limit l, then changes the symbol to a δ, relating to the definition of limit of a real function rather than limit of a sequence. The second remembers x_n getting within ε of the limit, $|l-x_n|<\varepsilon$, but fails to remember the role of N. The third evokes the term "series" (which is more recent in their experience) than sequence, remembers the range of values "something $\pm$ something" but gets it as $\varepsilon \pm \lambda$ rather than $l \pm \varepsilon$. The fourth remembers dynamic imagery, including a warning that the sequence *can* reach the limit, yet has an image of an increasing sequence which does not exceed the limit, and adds a further fact that $s_{n+1} - s_n$ tends to zero, which is true but not part of the definition.

Bewilderment shines throughout these responses. In the exam the students pick up marks by using procedural methods for proving convergence of series involving computations which make them feel comfortable, but few have any conception of the role of definition. Some find the world of formal analysis at variance with their real-world experiences. Some training to be teachers daily teach young children by example and see no relevance for esoteric proof in their future profession. In interviews remarks such as the following arise:

> I can do examples with numbers and things like that but I can't do things with definitions. I just don't know what they are about.

> I mean it's not as if these things are real. You need to swot them up to pass exams but you are never going to use them again.

> When I try to prove things in my teaching, I show examples and do it in particular cases. In school I'll never have to teach stuff like this.

> I work at the example sheets but after a while I get so mad, all I want to do is throw the papers all over the kitchen.

There is a huge gulf between those who develop formal mathematical techniques in which definitions are used to deduce other properties of the defined concept, and those more rooted in real-world practice, where a definition involves saying enough about a particular concept to enable someone else to be able to identify it. The two ends of the spectrum are illustrated by the reactions of two students on first being given the thirteen axioms for the real numbers. When asked why they thought the lecturer had introduced the axioms, Caroline, a mathematician in the making said:

> Well, when you prove things properly you need to say exactly where to start, what it is you are assuming, and that is what the axioms are for.

But Martin, who later gained a good degree in economics was bemused, saying:

> I dunno really. I've seen most of it before. I knew most of this stuff when I was about five.

He lives in the real world where his pragmatic grasp of economics will probably earn him a higher salary than a research mathematician and he has no conception of the world of formal definitions distinct from his concept imagery.

Summary

In this paper we began by noting that mathematicians use different cognitive techniques to generate new theorems. Some work carefully with formal definitions, carefully extracting meaning from them by working with them and gaining a symbolic intuition into theorems which may be true and can be proved. Some have a wider notion of problem-solving which builds up ideas, developing new concepts that may be true before even before making appropriate definitions to form a basis for the theory. In all cases they have a concept image built up from their previous experience which underpins the proof process.

Students learning mathematics have a different problem. They come from elementary mathematics, deeply ingrained in the computation of arithmetic and the symbol manipulation of algebra which usually involve standard algorithms to solve certain types of problems. The forms of proof at this level (often given other names such as "demonstration" or "justification") usually either involve algebra to give a symbolic description for a general arithmetic statement, or some kind of thought experiment focussing on a "typical" or "generic" case.

The transition from elementary mathematics to formal proof is a huge chasm for many students. The underlying concept image is unable to sustain the formalism. Many students who fail to appreciate the formalism (including the majority of those in our sample preparing to teach primary mathematics) have informal images which dominate their thinking. The definitions are so complex that some may cope with part of the structure but not all.

Success comes in (at least) two ways, either *giving* meaning by working from the concept image, or *extracting* meaning by working formally with the definition. These two techniques can both be successful and unsuccessful. For the successful student, *giving meaning* involves constantly working on various images, reconstructing ideas so that they support the formal theory. The successful student who extracts meaning from the definition has a different task of building up a formal image based mainly on the proof activities themselves.

Those who fail to cope at all with formal proof who try to give meaning from their concept imagery may be able to imagine thought experiments which give generic proofs with an overall feeling for some of the ideas, though failing to understand the proof at all. Those who try to extract meaning fail to be able to cope with the complexity of the definitions and may be totally confused. A fall-back strategy to attempt to pass exams is to learn proofs by rote.

The teaching and learning of formal proof remains an important component of theory building in advanced mathematical thinking. As such it still needs to be introduced in an appropriate theoretical form for future mathematicians. We note here however, that *giving meaning* from concept images requires ongoing reconstruction of ones ideas to focus on the essential properties of the definition. On the other hand, *extracting meaning* by formal deduction, involves considerable new cognitive stress which happens in an entirely different way. This indicates that it may not always be possible to deal with these different kinds of approach with a single teaching method. The most serious problem is that so many students who intend to teach mathematics, even though they may not be required to teach the ideas of formal proof, are unable to appreciate the full extent of the subject which they pas on to the next generation.

References

Barnard, A. D.. & Tall, D. O. (1997). Cognitive units, connections and mathematical proof. *Proceedings of the Twenty first International Conference for the Psychology of Mathematics Education*, Lahti, Finland, 2, 41–48.

Bills, L. & Tall, D. O, (1998), Operable Definitions in Advanced Mathematics: The case of the Least Upper Bound, *Proceedings of PME 22*, Stellenbosch, South Africa, 2, 104–111.

Cornu, B. (1981). Apprentissage de la notion de limite: modèles spontanés et modèles propres, *Actes du Cinquième Colloque du Groupe Internationale PME*, Grenoble, 322–326.

Cornu, B. (1991). Limits. In D. O. Tall (Ed.). *Advanced Mathematical Thinking* (pp. 253–166). Dordrecht: Kluwer.

Krutetskii, V. A. (1976). *The psychology of mathematical abilities in schoolchildren* (J. Teller, Trans.). Kilpatrick, J. & Wirszup, I. (Eds). University of Chicago Press, Chicago.

MacLane, S, (1994). Responses to Theoretical Mathematics, *Bulletin (new series) of the American Mathematical Society*, 30, 2, 190–191.

Nardi, E. (1996). Tensions in the novice mathematicians' induction to mathematical abstraction. *Proceedings of the Twentieth International Conference for the Psychology of Mathematics Education*, Valencia, Spain, IV, 51–58.

Pinto (1998) Unpublished PhD Thesis on Students conceptions of definitions and proof, Warwick University.

Pinto, M. M. F. (1996). Students' use of quantifiers. Paper presented to the Advanced Mathematical Thinking Working Group at *The Twentieth Conference of the International Group for the Psychology of Mathematics Education*, Valencia, Spain, July 1996, (available from david.tall@warwick.ac.uk).

Poincaré, H. (1913), *The Foundations of Science* (translated by Halsted G.B.), The Science Press, New York (page references as in University Press of America edition, 1982).

Strauss, A. (1987). *Qualitative analysis for social scientists*. Cambridge University Press.

Strauss, A. & Corbin, J. (1990). *Basics of qualitative research: Grounded theory procedures and techniques*. London, UK: SAGE Publications.

Tall, D. O. (1979). Cognitive aspects of proof, with special reference to the irrationality of $\sqrt{2}$. *Proceedings of the Third International Conference for the Psychology of Mathematics Education*, Warwick, England, 206–207.

Tall, D. O. (1995). Mathematical Growth in Elementary and Advanced Mathematical Thinking, *Proceedings of the Nineteenth International Conference for the Psychology of Mathematics Education*, Recife, Brazil, I, 61–75.

Tall, D. O. (1996) Understanding the processes of advanced mathematical thinking, *L'Enseignement Mathématiques*, 42, 395–415.

Tall, D. O. (in press, a) Symbols and the Bifurcation between Procedural and Conceptual Thinking, *International Conference on the Teaching of Mathematics, Samos*. (to appear).

Tall, D. O. (in press, b) The Cognitive Development of Proof: Is Mathematical
    Proof For All or For Some? *UCSMP Fourth Conference on Mathematics
    Education*, to appear.
Tall, D. O. & Vinner, S. (1981). Concept image and Concept Definition in
    Mathematics with Particular Reference to Limits and Continuity. *Educational
    Studies in Mathematics*, **12**, 151–169.

Ödön VANCSO, Budapest (Ungarn)

Eine Wende im MU in Ungarn

Eine kritische Betrachtung der heutigen Prozessen der technologischen Entwicklung

I. Einführung

Das Thema dieses Symposiums ist mathematische Bildung und neue Technologien. Ich möchte vor allem aus diesem Aspekt die Wende im Mathematikunterricht in Ungarn der letzten Jahren besichtigen. Die politische und wirtschaftliche Veränderungen können auch nicht völlig außer Acht gelassen werden, weil diese eine solche Situation verwirklicht haben in der die Schule und Bildung eine neue Beleuchtung und eine andere Rolle bekommen können (vgl. zweiter Abschnitt, vierte These).
Es gibt Leute die die Revolution der Informationsgesellschaft überschätzen und übertreiben. Sie beteuern, daß die neue Informationstechnologien die ganze Welt, sogar auch die Schulen und den Unterricht umstürzen. Sie wollen immer rasche Entwicklung, grundsetzliche Veränderungen ganz im Gegenteil einer anderen viel „langsameren Philosophie", wie in dem Buch von [1] zu finden ist. Verschiedene Interesse (manchmal mehr Profit, oder nur falsche Einstellung) verstecken sich hinter dieser unkontrollierten Begeisterung. Daneben gibt es eine tiefe Kluft zwischen der Spitzentechnik und dem alltäglichen Gebrauch der heutigen Technik, einbezogen auch den Unterricht.
Ein konkretes Beispiel ist die Einführung vom Internet in die ungarischen Schulen (unter Mittelschulen 100%, unter Grundschulen bis zum 2000 wird 100%). In heutiger wirtschaftlichen Situation in Ungarn scheint dieser Schritt eine typische Übertreibung der raschen Modernisation[1]. Die Finanzierung der Schulen kämpft mit dem großen Geldmangel beginnend mit den zu niedriegen Arbeitslöhnen (*weniger als ein Zehntel der Durchschnittslohne der EU!*), fortsetzend den schwachen technischen Umständen und Mitteln. Viele Schulen (vor allem in kleineren Ortschaften) können nicht einmal die minimale Bedingungen des Unterrichtes gewährleisten. In dieser Lage scheint das Internetprogram eine zu großzügige Investition zu sein.
Anderseits gibt es auch Vorteile dieser unterrichtspolitischen Entscheidung. Für die ungarischen Schüler bedeutet das Internet und seine Möglichkeiten natürliche Gegebenheiten; dadurch sie sich an das Gebrauch dieses Informations

---

[1] In diesem Prozess hat die Foundation of George Soros eine große Rolle gespielt.

und Kommunikationsmittels gewöhnen. Verglichen mit anderen entwickelten Staaten steht Ungarn nach Internet-Versorgung auf dem ersten Platz.

Eine naheliegende Frage ist: wie können die Lehrer schnell diese Möglichkeit optimal ausnutzen? Nach ein weltweit verbreiteter Aberglaube: Internet verändert den Schulunterricht. Es geht aber nicht ohne weiteres. Dazu sind einige zusammenfassende Bemerkungen in Thesenform gesammelt.

II. Was werden von den neuen Technologien nicht erwartet?

■ Erste These: *Unsere Auffassung vom MU wird sich nur wegen der neuen Technologien nicht verändert.*

Was verstehe ich darauf? Grob formuliert gibt es zwei völlig gegenüberstehenden Auffassungen über die Mathematik:

- *Die Mathematik ist ein fertiges Produkt,* und steht die Übergabe dieses Wissens im Zentrum des Lehren- und Lernenprozesses. Die Schüler müssen das mathematische Wissen wie die Wörter und Grammatikregeln einer Sprache erlernen. Sie werden mit Hilfe dieses Wissens verschiedene Aufgaben, aber keine richtige Probleme lösen.

- *Die Mathematik ist das Ergebnis eines Erkenntnisprozesses,* gibt es mehrere Möglichkeiten mathematische Begriffe zu konstruiren, also: *es gibt mehrere Mathematik!*

Zu dieser Einstellung gehört eine völlig andere Schulmathematik, andere Ziele, Inhalte, Methode usw.

Im ersten Fall ist das Computer ein mechanisches Hilfsmittel, also gibt es wenige Interaktion, die Schüler nützen das Gerät wie ein mehr professionell Rechner, eine Memorieausbreitung oder im Zusammenhang mit Internet eine Möglichkeit um Informationen schnell zu kriegen.

Im zweiten Fall könn*(t)*en das Computer und neue Technologien eine mehr vielfältige Rolle spielen. Im vierten Abschnitt wird es besser analysiert.

Hat ein LehrerIn ein starres, absolutes oder unveränderliches Bild von der Mathematik (erste Auffassung) wird dieses durch Computer nicht automatisch umgebildet. Diese(r) LehrerIn kann sich aber gar nicht bei der Begriffsentwicklung oder bei dem Problemlösen das Computer vorstellen. Allein vom Gebrauch der neuen Technologien ändert sich seine (ihre) Auffassung nicht.

Für mich schien aber als eine der wichtigsten Fragen die Folgende: *Wie könnten die neue Technologien die Aufbau .der Schulmathematik, derer Inhalt und Struktur umbilden?*

Meine Antwort lautet: Auf keine Weise. Wir müssen unsere Vorstellungen über die Schulmathematik und die alltäglichen Tätigkeiten mit der Hilfe der neuen Technologien - also *nicht durch, sondern mit* - revidieren. So folgt die nächste Formulierung:

■ Zweite These: *Die Organisation des Unterrichtes und die Rolle des Lehrers verändert sich auch nicht nur wegen der neuen Technologien.*

Die Einstellung eines Lehrers, die Traditionen der Schule sind von so großen Einfluß auf den Unterrichtsprozess, daß sie grundlegend auch das Gebrauch von Computer determinieren und *nicht umgekehrt.* Ich hole mich wieder: *erst soll sich die Auffassung der Lehrer verändern* und die *Folgerung* ist eine neue Organization, *dabei* können die Technologien schon helfen.

■ Dritte These: *Der Vorsprung der angewandten Mathematik kann auch nicht nur wegen der neuen Technologien erwartet werden.*

Vergeblich bietet das Computer eine hervorragende Gelegenheit Modelle zu bauen, diese zu analysieren, Situationen zu simulieren: Ohne der Erkennung der Wichtigkeit der angewandten Mathematik bleibt auch in der Schule das Computer nur zu den Rechnungen oder zur Durchführung einer geschickten Darstellung geeignet zu sein. (Vgl. Bemerkungen zu dem Starlogo Projekt, vierten Abschnitt.)

■ Vierte These: *Die demokratische Umwandlung des Schulunterrichtes und Schulwesens wird nicht nur mit der Hilfe der neuen Technologien verwirklicht.*
Ein umfassender allgemeiner Prinzip ist (der unter den Mittel- und Osteuropäischen Ländern ein neuer wichtiger Ausruf geworden ist) *die Erziehung zu Demokratie.*
In diesen Ländern gibt es keine oder sehr wenige solche Traditionen, die die SchülerInnen orientieren könnten, wie man sich in gleichrangigen Relationen benimmt. Was bedeutet für sie die persöhnliche Freiheit und Verantwortung? Diese Probleme bestimmen sehr stark das heutige Schulleben, die alte autokratische (früher preußischem Styl genannt) Einprägungen langsam austerben, aber die neue Gewohnheiten, Strukturen noch nicht vorhanden sind.
In diesem Hinsicht gilt auch meine Behauptung: *Die neue Technologien bieten eine hervorragende Möglichkeit einen lebensnäheren, mehr kreativen Mathematikunterricht zu unterstützen;* diese Wende wird aber nur von sich selbst nicht verwirklicht. Ich halte also für wichtig neben der Untersuchung der in den neuen Technologien verborgenen didaktischen Möglichkeiten, die Untersuchung der Möglichkeit, die eine Veränderung in der Attitüde der Lehrer betrifft.
Zusammenfassend unsere Thesen, verwendend die von Fischer eingeführten Terminologie [2] von den zwei Aspekten der Mathematik: Mittel und System, behaupte ich folgende: Wenn wir einige, leider isolierten Versuche in Ungarn außer Sicht lassen, beherrscht noch der Systemaspekt unseren Unterricht, wonach die Schulmathematik ein theoretisches Fach ist, was übertriebene „Deduktivität" (Satz, Beweis, Aufgaben und am Ende manchmal Anwendungen) bedeutet. Damit sind wir lieber bei der ersten Auffassung unter den oben erwähnten Rechtlinien. Ich kann das mit folgender Abituraufgabenserie von 1996 illustrieren, wobei die Arbeitszeit 180 Minuten ist.

Schriftliches Abitur und Aufnahmeprüfung an die wirtschaftlichen Fakultäten (20.05.1996)

1. Welche reellen Zahlenpaare erfüllen das folgende Gleichungssystem?

$$\frac{3}{x} - 2y = 1$$

$$-2x + \frac{3}{y} = 3$$

2. In einem gleichschenkligen Dreieck sind die Schwerelinien 90, 51 und 51 Einheiten lang. Wie groß sind die Seiten und die Winkel des Dreiecks?

3. Für welche reellen Zahlen x sind die folgenden zwei Gleichungen erfüllt?

$a)$ $\quad \frac{9^x}{4^x} + \frac{4^x}{9^x} = \frac{13}{6}$

$b)$ $\quad \frac{2x^2+4}{3x+2} + \frac{3x+2}{2x^2+4} = \frac{13}{6}$

4. Ein Kunde legte in einer Bank am 01.01.1989, 01.01.1990 und 01.01.1991 jeweils 100.000 Forint ein. Am 01.01.1994, 01.01.1995 und 01.01.1996 behob er jeweils eine gleich hohe Summe. Sein Einsatz ist somit Null geworden. Berechnen Sie, wie groß die behobenen Summen bei einem Zinssatz von 30% waren!

5. Für welche Werte des Parameters a ist die Lösung des folgenden Gleichungssystems ein reelles Zahlenpaar, und was ist die Lösung für diese Werte?

$$x^2 + y^2 + 2x \leq 1$$

$$x - y + a = 0$$

6. Die Koordinaten der Eckpunkte des Dreiecks ABC sind: $A(0;9)$, $B(0;0)$, $C(4;0)$. Bestimmen Sie die Gleichung der Geraden, die durch den Punkt $P(12;0)$ geht und das Dreieck ABC in zwei Teile mit gleichgroßer Fläche teilt!

7. Zeigen Sie, daß der Wert des Ausdrucks

$$K = \sqrt{5x-4-x^2}\,\bigl|\log_2 y\bigr| + \frac{\bigl|\log_y 2\bigr|}{\sqrt{4x-3-x^2}} \quad \text{größer als } \sqrt[4]{24} \text{ ist !}$$

8. Bestimmen Sie die ganzen Zahlen a und b , für die gilt, daß $a+b+20=ab$ und aus den Strecken a, b und 21 ein Dreieck konstruierbar ist!

Das neue Modell ist auch zweistufig, die Schüler müssen spätestens vor einem halben Jahr des Abiturs eine Entscheidung treffen um ein normales, durchschnittliches Abitur (Variante A) oder eine erhobene Stufe (Variante B) zu wählen.

Die Hochschulen und Universitäten sollen ihre Forderung bezogen auf das Abitur veröffentlichen. Für die Illustration stelle ich ein *geplantes Beispiel* für Variante B vor. Die Arbeitszeit wird 240 Minuten. Das *erste* (I) Block soll ohne technischer Hilfe gelöst werden (diese Aufgaben sind noch ähnliche zur heutigen). Das *zweite* (II) steht noch vor dem Debatte, daß bei diesen Aufgaben welche Hilfsmittelsgebrauch erlaubt wird, beim *dritten* (III) können graphische Taschenrechner oder PC-s gebraucht werden (minimal 90 Minuten).

I.

1. Geben Sie den genauen Wert von dem folgenden Term an:
$$3^{2+\log_9 25} + 25^{1-\log_5 2} + 10^{-\lg 4}.$$

2. Beschreiben Sie den Verlauf der folgenden Funktionen:
$$y = (\sin x + \cos x)^2; \quad y = x \cdot |x|.$$

3. Die Diagonalen von einem Trapez zerlegen das Trapez in 4 Dreiecken. Beweisen Sie, daß das Produkt der Fläche der Dreiecken auf den Schenkeln gleich mit dem Produkt der Fläche der Dreiecken an den beiden parallelen Seiten ist.

4. Es gibt 30 SchülerInnen in einer Klasse, wo Englisch, Deutsch und Französisch unterrichtet wird. Jeder Schüler lernt mindestens eine Sprache. Es gibt 14 Schüler die Englisch, 15 die Deutsch und 5 die Französisch lernen. Wir wissen daß genau 6 SchülerInnen zwei Sprachen lernen. Gib die Anzahl solcher Schüler, die alle drei Sprache lernen.

II.

1. In einem Betrieb wurde eine Maschine für 120 000 $ gekauft. Die Amortisation beträgt jährlich 7,5%. Als der Wert der Maschine 34400 $ war, wurde die für 40000 $ erneuert. Wieviel ist der Wert dieser Maschine 20 Jahre später nach der Inbetriebsetzung?

2. Bestimmen Sie alle mögliche Werte von p, zu denen es solche x, y gibt, daß
$$p = x + y \quad und \quad x^2 + 4y^2 + 8y + 4 \geq 4x.$$

3. Der Brennstoffverbrauch pro Stunde von einem Dampfschiff (y kg/h) hängt von der Geschwindigkeit des Schiffes (x km/h), nach dem folgenden Zusammenhang ab:
$$y = a + bx^c,$$
wo a, b, c sind Konstanten die von Typ des Schiffes und dessen Belastung abhängen. Mit welcher konstanten Geschwindigkeit ist das Schiff zu fahren, so daß es mit V Tonnen Brennstoff die möglichst längste Strecke zurücklegen kann?

4. Es gibt ein Punkt im Dreieck ABC mit PAB$\angle$=PBC$\angle$=PCA$\angle$=φ.
Beweisen Sie, daß es in diesem Fall gilt :
$$\frac{1}{\sin^2 \varphi} = \frac{1}{\sin^2 \alpha} + \frac{1}{\sin^2 \beta} + \frac{1}{\sin^2 \gamma},$$
wo α, β, γ die Winkeln von den Dreieck ABC sind.

III.

Durch einen Berg wird ein Tunnel mit zwei Spuren errichtet, dessen Querschnitt ein Halbkreis ist. Im Tunnel wird eine Breitlimit mit 2,5 m und eine Höhelimit mit 3,8 m gültig. Aus dem Zweck der sicheren Fahrt muß eine 2m breite Zone zwischen den Spuren freibehalten, und das Dach der höchsten LKW muß mit mindestens 25 cm unter der Tunnelwand bleiben. Die Beleuchtung ist von den seitlichen in der Wand mit dem Weg parallel eingerichteten Lampen gesichert. Die erwartete Lebensdauer von den speziellen Lampen folgt Normalverteilung mit den 1000 Stunden Erwartungswert, und mit den 200 Stunden Standardabweichung.

A, Mindestens wie groß muß das Radius von dem Querschnitt des Tunnels sein, damit das Verkehr sicher wird?

B, Wohin soll die leuchtende Streife (mit vernachlässigbarer Breite) in die Wand errichtet werden, sodaß die Lampen mit dem möglichst größten Winkel den 2,5m breiten Spur beleuchten?

C, Wie oft müssen die Glühbirnen kontrolliert werden, damit die Beleuchtung mit dem 99% Sicherheitsgrad immer angemessen ist, wenn dazu muß wenigstens 80% von der Lampen in Betrieb sein?

III. Die Rolle der neuen Technologien im MU

III. 1 Die Situation der Schulen

Es gibt in jeder Mittelschulen wenigstens ein Computerlabor mit 12-20 Geräten (manchmal sogar 40-60).
Normalerweise sind nur die Informatikstunden in diesem Raum. In jeder Mittelschule ist das Internet erreichbar. Es gibt aber keine konkrete Vorstellung was die Schüler und Lehrer damit beginnen, weil kein Geld vor allem für die inhaltliche Infrastruktur übriggeblieben ist. Die Erfahrungen des letzten Jahres zeigen klar, daß die technische Entwicklung automatisch keine direkte Einwirkung auf dem Schulalltag hat.

III. 2 CD-ROMs im Mathematikunterricht

Erst beginnt sich dieses Gebiet in letzten 2-3 Jahren zu entwickeln. In einem Projekt für Herstellung eines solchen CD-ROMs habe ich selbst bei dem ungarischen Klett-Verlag teilgenommen.
Das Hauptziel dieser Arbeit ist ein für das Selbstlernen geeigneten Packets gewesen, das besonders vorteilhaft bei dem Aufgabe- und Problemlösen sein kann (sowie die Nachhilfe Softwers). Wir versuchten die Kommunikation mit dem Gerät möglichst gut auszunutzen und dabei eine ständige Selbstkontrolle zu ermöglichen.
Das Program funktioniert mit einem Menusystem. Im Hauptmenu können drei Richtungen ausgewählt werden: *Test*, *Übung* und *Interessanten*.
Bei dem ersten Menupunkt können *Abiturchancen*, *Aufnahmeprüfungchancen* und *Kontrolle* ausgewählt werden. In ersten zwei Fällen bekommen der Benutzer eine passende Aufgabereihe im dritten, die Auswertung dieser Serien. Es wird vom Anfang an eine Statistik über das Gebrauch des CD´s gemacht, wo

die Schüler ihre Tätigkeit und Ergebnisse folgen können. In diesem Fall gibt es keine Interaktivität sondern nur Informationsübermittel und Datenwechseln.

Bei der Wahl zweites Menupunktes kommt erst wieder Abitur oder Aufnahmeprüfung danach kann es nach *Themenkreis, Schwierigkeitsgrad* gefragt werden. Wenn wir schon danach die Aufgabe bekommen haben, können wir „*allein*" oder „*mit Hilfe*" wählen. Im letzten Fall kommt eine bestimmte beschränkte Interaktivität. Das Verstehen ist mit den Films, Simulationen, Visualisationen unterstützt. Siehe [3].

Ich muß noch ein CD erwähnen, das für die Beschäftigung der begabteren Schüler sehr nützlich und auch historisch interessant ist: 100 Jahre der Zeitschrift KöMaL auf einem CD. Siehe [4]. Man kann das als ein Hypertext brauchen.

IV. Das "STARLOGO" Projekt

In dem Schuljahr '97/98 wurde ein Experiment in einem Fachzirkel von einem Gymnasium in Budapest durchgeführt. Zwei Studenten unserer Universität (Eötvös Lorand Universität, Budapest) haben einen Kontakt durch Internet mit MIT Multimedienlabor aufgenommen. In diesem Labor wurde eine Sprache der Programmierung von Mitchel Resnick und seinen Mitarbeitern für die Behandlung der dezentralisierten Systeme entwickelt. Weil viele Ideen von dieser Systeme in LOGO wurzeln, nennen die Gruppe diese Sprache STARLOGO [5]. Wir können damit parallel nicht nur eine Schildkröte, wie in LOGO, sondern mehr tausende Schildkröten bewegen. Die Sprache ist einfach. Die Studenten haben eine ungarische Handbuch hergestellt, und das erwähnte Experiment mit dieser „Sprache" durchgeführt, die Erfahrungen gesammelt und publiziert. Siehe [6].

Für dieses Experiment wurden folgende Ziele formuliert:

1. Die Schüler sollen die Grundlage der Sprache erlernen.
2. Sie müssen konkrete Situationen mit der Hilfe von STARLOGO modellieren und ablaufen lassen.
3. Diskussionen über die Erfahrungen führen.
4. Selbst arbeiten in kleineren Gruppen.
5. Fachübergreifende Projekte zu planen. Dazu siehe [7].
6. Gleiche Phänomene unter den Natur und Geisteswissenschaften finden.

Die Beschreibung des Ablaufes vom Lehrprozess im großen Zügen:
I. Schritt: Erlernen der Sprache durch konkreten Beispielen
II. Schritt: Untersuchung der zwei-drei ausgearbeiteten Modellen unter der Führung des Lehrers.
III.Schritt: Eigene Projekte planen, programmieren und untersuchen.

Ich möchte nur die für uns wichtigsten Konsequenzen auflisten.
Für die Schüler war die Anforderung zur Selbstarbeit ganz neu. Sie produzierten gute Projekte und hatten schöne Ergebnisse aber nur wenige. Die meiste SchülerInnen interessierten sich nicht für die Forschung, sie wollten lieber Software brauchen und nicht herstellen. Die erwarteten mehr Instruktionen von dem Lehrer, an der Möglichkeit der Selbstaktivität konnten sie sich nur sehr langsam gewöhnen. (Es ist klar, daß sie in der Schule unter völlig anderen Umstände arbeiten.) Die Analyse der Phänomenen führten zu neuen mathematischen Fragen, die manchmal als zu schwer gefunden worden sind. Die Schüler haben aber wenigstens einmal die Entstehung von offenen Fragen in der Mathematik erfahren.

V. Schlußbemerkung

Ich finde für wichtig die Verbreitung der neuen Technologien aber wenigstens so wichtig die Ausarbeitung eines kritischen, verantwortlichen Denkens in diesen Fragen. Dazu gehört eine völlig andere Handlung dieser Fragen in der Lehreraus- und Fortbildung. In Ungarn werden die technische Entwicklung und die Handlung mit diesem Ausruf - deren Licht- und Schattenseiten noch nicht ausführlich reflektiert sind - analysiert. Vor uns gibt es gute Chancen und bekommen die persöhnliche und gesellschaftliche Bedingungen jetzt immer mehr Gewicht. Kann ich nächstemal hoffentlich nicht nur mein Zurückhalten betonen sondern mehr über die positive Ergebnisse berichten.
Am Ende muß ich in diesem Ort ausdrücken, daß die „Klagenfurter Schule" mein Denken über die Didaktik der Mathematik sehr stark beeinflußt hat (z.B. [8]). Ich möchte dafür Dank sagen und hoffe diese Kontakt noch mehrere Früchte bringt.

Literatur

[1] E. F. Schumacher: Small is beautiful Blond&Briggs, London 1973
[2] R.Fischer: Mittel und System. Zur sozialen Relevanz der Mathematik. Zentralblatt für Didaktik der Mathematik, Heft 1, 1988, 20-28.
[3] CD-ROM für die Vorbereitung des Abiturs und der Aufnahmeprüfung, PannonKlett 1997 (nur ungarisch)
[4] KöMaL CD ROM (auch in Englisch) Bolyai Gesellschaft und SZÜV GmbH 1996
[5] StarLogo homepage: hhtp://www.media.mit.edu/starlogo
[6] György Miklós: StarLogo Projekt Diplomarbeit, Budapest 1998 (ungarisch)
[7] StarLogo user community: starlogo-users@media.mit.edu
[8] R.Fischer-O. Malle: Mensch und Mathematik, BI Verlag 1985

Hans WILDING, Graz (Österreich)

Interaktive Lernumgebungen im Unterricht
Das Lernsystem Math School Help 98

Auf unserer homepage http://www.mathsnfun.ac.at finden Sie eine ausführliche Darstellung unseres Konzeptes und unserer Erfahrungen. Sie finden ebenso Schülermeinungen, sowie eine Beschreibung unseres - zusammen mit Schülern entwickelten - Lernsystems.

1. Der Unterrichtsversuch

1.1 Die Startphase

Vor 5 Jahren wurde an der BHAK Grazbachgasse in Graz ein Versuch gestartet. Mathematik wurde in 2 Klassen computerunterstützt unter Verwendung des Computer Algebra Systems Mathematica 2.2 unterrichtet. Es gab für Schüler wenig fertiges didaktisches Material, also mußte unserer Meinung nach hier angesetzt werden. Große Hardwareprobleme sorgten zusätzlich für Probleme. Der Schwerpunkt lag weiter beim Handrechnen und bei traditionellen Unterrichtsmethoden. Die Software war anfangs schwierig zu beherrschen.

1.2 Phase 1 - Erste interaktive Lerneinheiten

Die Entwicklung von Lerneinheiten für das erste Lernjahr erfolgte ausschließlich an der BHAK Grazbachgasse in Graz. Es erfolgte ein Übergang vom computerunterstützten zum computerintegrierten Mathematikunterricht, erforschend, mit vielen Experimenten am PC. Das Handrechnen hatte weiterhin Priorität. Der Unterrichtsstil ändert sich bereits vom reinen Wissenstransfer hin zur Wissenskonstruktion. Teamarbeit wird bereits sehr erfolgreich praktiziert.

1.3 Phase 2 - Die Sekundarstufe aufgeteilt in Lernumgebungen

Es werden ca. 40 Lernumgebungen über den Oberstufenstoff (kommt als CD 1997 auf den Markt) entwickelt. Neben der BHAK Graz ist auch der BG Ried und die HTBLVA Wiener Neustadt an der Entwicklung beteiligt. Bei Einsatz dieser Lernumgebungen zeigt sich für die Arbeit am PC die Notwendigkeit der Verwendung eines pädagogischen Konzeptes, das für multimediale interaktive Umgebungen besonders erfolgversprechend eingesetzt werden kann. Es ist dies der konstruktivistische Ansatz. Wissen soll vom Schüler konstruiert werden. Dies bedeutet eine Abkehr vom ausschließlichen Wissenstransfer.

1.4 Phase 3 - Interaktives Lernsystem mit Abfragesystem

Der Ausbau des Lernumgebungskonzeptes auf konstruktivistischer Basis wird durch ein 6monatiges Schülerprojekt sehr stark vorangebracht. Zusammen mit Schülern wird ein multimedialer Mathe Trainer entwickelt (2.Preis bei Projektwettbewerb Jugend Innovativ), der auch auditive Hilfe bietet. Es entsteht ein Lernsystem für Oberstufe und Fachhochschul - bzw. Universitätsbeginner. Die CD mit diesem System erscheint im Herbst 1998 am Markt.

1.5 Zukunft - direktes Rechnen im Netz

Die Implantierung des ausgebauten Lernsystems mit Information auf verschiedenen Verständnisniveaus im Internet wird in der nächsten Zeit begonnen. Jeder Benutzer kann dann online über den Webbrowser direkt rechnen, ohne selbst ein CA-System installiert zu haben. Verfügbar wird das gesamte Onlinesystem nicht vor Ende 1999 sein.

2. Moderne Mathematiktools

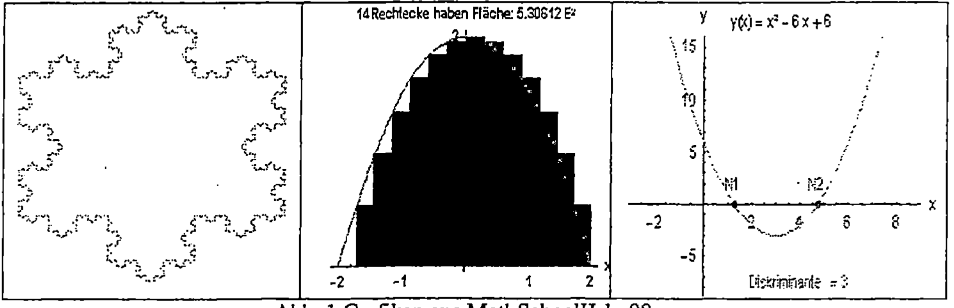

Abb. 1 Grafiken aus MathSchoolHelp 98

2.1 Introduktion versus Konstruktion - Träges Wissen

Trotz vielfältiger Vorschläge und Versuche ist die typische Unterrichtssituation noch immer dadurch gekennzeichnet, dass der Lehrende die Rolle des *didactic leader* (Leinhardt 1993) übernimmt, neue Inhalte als fertige Wissenssysteme darbietet und erklärt sowie die Leistung der Lernenden kontrolliert.
Die Lernenden sind dagegen weitgehend passiv, ihre Aufgabe besteht vorrangig im Aufnehmen und Wiedergeben des vermittelten Wissens. Aktivität, Eigeninitiative und Selbststeuerung seitens der Lernenden bleiben auf der Strecke (Mandl, Reinmamm-Rothmeier 1996).

Werden nun noch neue Inhalte ohne bedeutungsvollen Kontext oder Bezug zum Erfahrungshintergrund der Lernenden vermittelt, so ist die Grundlage für *träges* Wissen gelegt, soll heißen, der Anwendungsbezug fehlt und damit bleibt der potentielle Nutzen des Gelernten in realen Situationen im Dunkeln.

2.2 Perspektive - das konstruktivistische Modell

Im Zusammenhang mit der Einführung von Hypermedia - Arbeitsumgebungen wird das Konzept des entdeckenden und konstruierenden Lernens (der sogenannte konstruktivistische Ansatz) in der internationalen Literatur als das leistungsfähigste und angemessenste Konzept für das Lernen mit und durch den Computer erachtet. Die neuere Literatur bestreitet die Funktionstüchtigkeit des Wissenstransfers im behavioristischen Sinne.

Abb 2: Übergestülpte Lehreransätze verschütten möglicherweise zarte Pflänzchen, die durchaus zu starken Lösungsansätzen heranwachsen könnten.

Schulisches Lernen ist daher neu zu gestalten. Der Wissenstransfer ist durch Bereitstellung von Lernumgebungen, in denen Wissen durch Schüler konstruiert werden kann, zu ersetzen. Lehrmittel, Sozialformen, der Lernprozess verlieren nicht ihre Funktion, aber erhalten einen völlig neuen Stellenwert.
Folgt man also einer Unterrichtsphilosophie, bei der der Lernende eine **aktive Rolle** übernimmt, während dem Lehrenden die Aufgabe zukommt, Problemsituationen und Werkzeuge zur Problembearbeitung zur Verfügung zu stellen, so stößt man sehr schnell an die Grenzen heutiger Schulbücher. Dies war mit ein wesentlicher Grund für die Entwicklung von Math School Help 98.

2.3 Im Klassenzimmer

Im Rahmen einer konstruktivistischen Unterrichtsphilosophie ist natürlich von besonderem Interesse, wie Wissen vom Lernenden konstruiert wird und in welcher Verbindung Wissen zum Handeln steht.

Für die tägliche Unterrichtspraxis hat der Übergang von der Instruktion (Lehren) zur Konstruktion(Lernen) gravierende Änderungen zur Folge:

TRADITIONAL CLASSROOM	CONSTRUCTIVIST CLASSROOM
Lehrstoff wird "part to whole" dargeboten die Betonung liegt auf Kulturtechniken	Lehrstoff wird "whole to part" dargeboten mit der Betonung von "big concepts"
Priorität hat das strikte Einhalten des Curriculums	Priorität hat das Zulassen und Initiieren von Schülerfragen
Lehr- und Lernaktivitäten stützen sich auf Schulbücher	Lehr- und Lernaktivitäten stützen sich auf "primary sources of data" und "manipulative materials"
SchülerInnen werden als "blank slates" (tabula rasa) betrachtet, auf die Informationen durch den Lehrer aufgetragen werden	SchülerInnen werden als Denkende angesehen, in denen Theorien über die Welt entstehen
Klassische Lehrerrolle: Lehrer verstehen Unterricht im allgemeinen als Weitergabe von Informationen an die Schüler	Neue Lehrerrolle: Lehrer unterrichten in einer interaktiven Weise, in der die Umwelt für die Schüler aufgeschlossen und vermittelt wird
Prüfcharakter der Lehrerfrage: Lehrer korrigiert Schülerantworten und stellt Fortschritt des Lernenden fest.	Lehrerfrage prüft das aktuelle Verständnis des Schülers bezüglich eines Konzeptes, um Schlüsse für nachfolgende Lektionen ziehen zu können.
Leistungsfeststellung und Beurteilung erfolgen meist nach Beendigung eines Stoffgebietes (vom Unterricht getrennt) und erfolgen beinahe gänzlich durch Tests	Leistungsfeststellung und Beurteilung sind mit dem Unterricht verwoben; Lehrer beurteilen Schüler auf der Basis von Ausstellungen und Portfolios.
Schüler arbeiten in erster Linie allein.	Schüler arbeiten meist in Gruppen

Die Konstruktion der eigenen Wirklichkeit muss der Schüler selbsttätig leisten. Der Schüler muss gelehrt werden, seinen eigenen intellektuellen Weg zu finden. Dies gelingt mit vorgegebenen Inhalten und einem optimalen Angebot von Handlungsmöglichkeiten. Der Lehrer schafft Bedingungen, damit der Schüler aktiv sein kann.

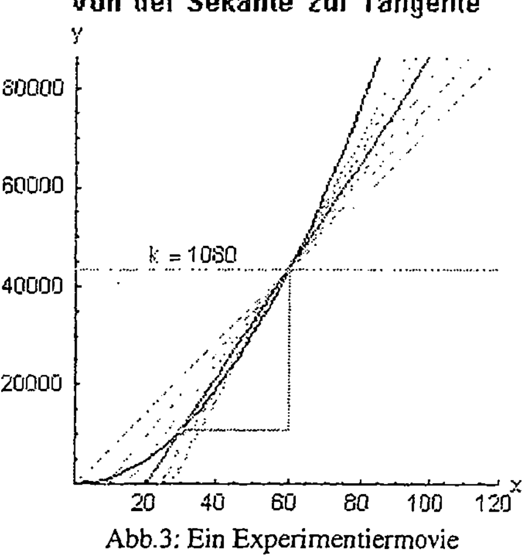

Abb.3: Ein Experimentiermovie

Das konstruktivistische Modell war nach Brooks u. Brooks (1993, VII) keine Theorie des Lernens und Unterrichtens; Konstruktivismus ist aber eine Theorie des Wissens und Lernens.

2.4 Arbeiten im Team

Vorweg muss gesagt werden, dass die Klassengröße (= Anzahl der SchülerInnen) einen wesentlichen Einfluss auf die Effizienz des Unterrichtes hat, zumal mit 30 Schülern im Computerraum an 15 PCs eine natürliche Obergrenze erreicht ist. Durch das Einrichten von Lerninseln (= Vierplatzlösungen mit 2 PCs) wird das Problem der Klassengröße sehr entschärft. Diese Struktur eines so eingerichteten Computerlabs stellt auch eine natürliche Motivation zum eigenständigen Arbeiten der Schüler dar.

Die Grundidee, auch Schularbeiten im Team zu schreiben, liegt auf der Hand. Wird der Lehrstoff im Zweierteam erarbeitet, so ist es nur folgerichtig, auch in Stress - Situationen Teamarbeit zu betreiben. Teamschularbeiten im Rahmen des Unterichtsversuches wurden zwar von Schülerseite als sehr positiv bewertet, dennoch gab es auch sehr kritische Stellungnahmen bzw. Vorschläge seitens der SchülerInnen dazu. Hier eine Kostprobe:
"Ich finde Teamarbeit sehr toll, dennoch sollte es auch einen Teil bei jeder Schularbeit geben, den jeder alleine machen muss, vielleicht 2/3 Team, 1/3 alleine. Durch das Arbeiten alleine kann man besser seine Leistungen zeigen als im Team. Die Teams würde ich auslosen, das wäre am gerechtesten."

Im Rahmen des Unterrichtsversuches an der BHAK Grazbachgasse in Graz wurde erstmals die Abhaltung der schriftlichen Matura in zwei Abschnitten durchgeführt. Die beiden verantwortlichen Lehrer Dr. Simonovits und Dr. Wilding erstellten für ihre Klassen verschiedene Themen. Zusammen mit dem Verantwortlichen der Schulaufsicht, LSI HR Dr. Breuss wurde folgendes Modell erarbeitet:

Teamarbeit: 2 flexible Stunden
Eine Problemstellung aus der angewandten Mathematik war als Teamarbeit zu bewältigen. Der maximale Zeitrahmen betrug 2 Stunden. Wurde ein Team früher fertig, so konnte die Restzeit für die Einzelarbeit in Anspruch genommen werden. Dies entspricht den Intentionen des Gesetzgebers, der ja eine maximale Gesamtarbeitszeit von 4 Stunden vorgesehen hat.

Einzelarbeit: 2 flexible Stunden
Zwei Aufgabenstellungen waren zu bewältigen (Angewandte Differential-, Integralrechnung und ein angewandtes finanzmathematisches Problem (Lösung über EXCEL).

Bewertung

Teamarbeit 44% und die Einzelarbeit 56% ; für ein Genügend waren mindestens 55% zu erreichen.
Ergebnisse: In beiden Maturaklassen gab es bei ca. 40 MaturantInnen 2 negative schriftliche Leistungen.

2.5 Die Idee des Lernsystems Math School Help 98

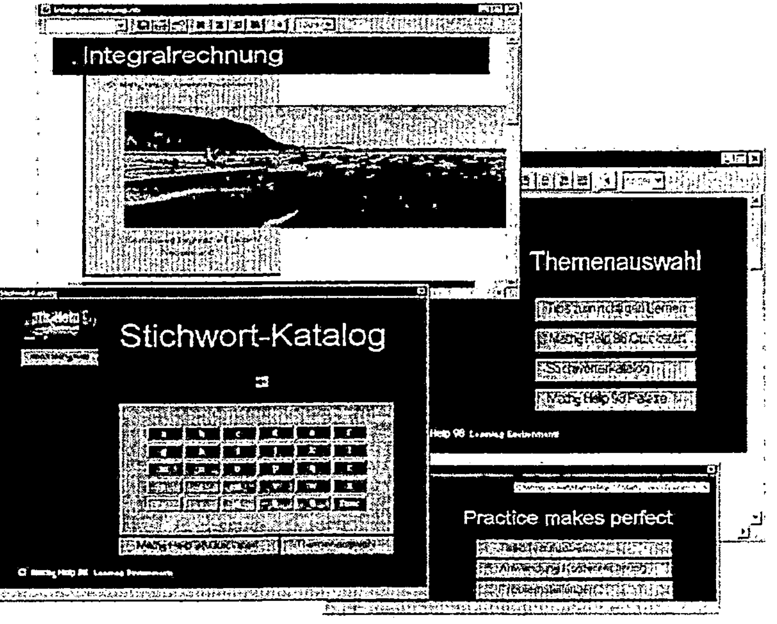

Abb.4 Das Lernsystem MathSchoolHelp 98

Die Idee von *Math*School*Help* liegt darin, den Mathematik - Oberstufenstoff in vernetzter Weise über ein Abfragesystem aufzubereiten und mit auditiv unterstützen Übungsbeispielen erfolgreich zu festigen, bzw. neue Dimensionen im Verständniszuwachs und der Visualisierung zu erreichen.

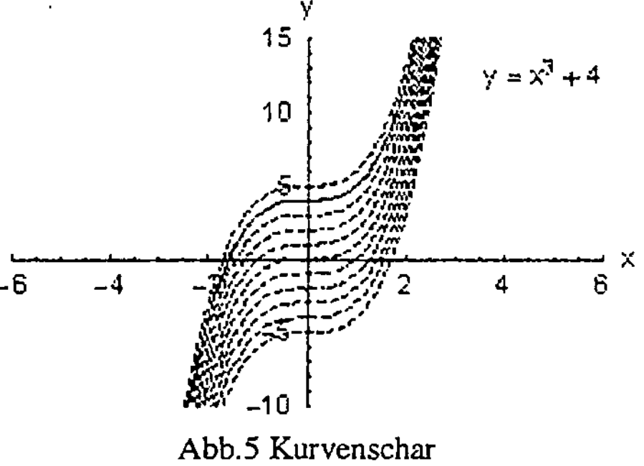

Abb.5 Kurvenschar

Um eine möglichst einfache Bedienung zu gewährleisten, werden alle benötigten Voreinstellungen beim Programmstart einmal geladen und stehen dann während der gesamten Sitzung zur Verfügung. Damit entfällt die für Schüler oft nicht leicht verständliche Arbeit mit *Mathematica* Packages. Die benötigten Packages werden über maschinencodierte Files eingespielt.

Wird *Mathematica* nicht über *Math*School*Help* gestartet, so werden keine Voreinstellungen geladen und *Mathematica* steht unverändert zur Verfügung.

Durch die Möglichkeit der Einbindung von Soundfiles in *Mathematica* Dokumente ergeben sich neue Unterstützungsmöglichkeiten für verschiedene Lerntypen.

Abb.6: Lernumgebungen

Da - aus der konstruktivistischen Perspektive aus gesehen - Lernen niemals ein Stimulus - Response Geschehen sein kann, ist es auch nicht möglich, Probleme durch Laden einer auswendig gelernten "richtigen" Antwort zu lösen (Glasersfeld 1996, 14). In diesem Sinne stehen in Math School Help 98 eine Reihe von Experimentiermöglichkeiten in Form von interaktiven Movies und benutzerdefinierten Funktionen zur Verfügung, wobei jeweils durch die Veränderung von Parametern von Lernenden selbst Wissen konstruiert werden kann.

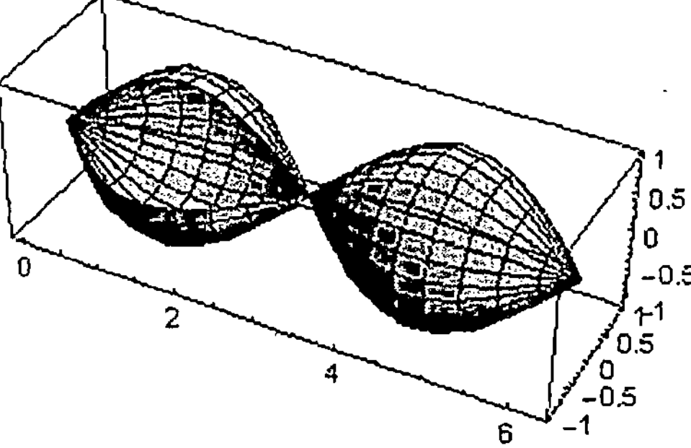

Abb.7: Rotation der Sinusfunktion

2.6 Prozessualer Ausblick

Nach Reinmamm-Rothmeier u. Mandl (1996,41) wären im Zuge einer Weiterentwicklung des Unterrichtsgeschehens von der Instruktion zur Konstruktion folgende Prozessmerkmale zu realisieren:

- aktive Beteiligung der Lernenden
- Selbststeuerung
- Lernen ist auf jeden Fall konstruktiv
- Lernen sollte in Kontexten geschehen, so daß Lernprozesse auch als situativ gelten können.
- Lernen soll interaktiv im Sinne eines sozialen Prozesses sein.

Damit ist aber auch klar, dass der Einsatz neuer Technologien und die damit verbundene Medienwahl von grundsätzlichen didaktischen Überlegungen geleitet sein muss. Damit muss aber auch jeglichem Wettstreit über die Leistungsfähigkeit bzw. Einsetzbarkeit von Softwarepaketen bzw. Taschenrechnern mit integriertem CA Sytem eine klare Absage erteilt werden.

Vielmehr müssen Lernumgebungen bereitgestellt werden, in denen Schüler ihr Wissen konstruieren können. Dies müssen nicht immer multimedial aufbereitete Umgebungen sein, jedoch ergeben sich eben gerade auf diesem Gebiet sehr gute Möglichkeiten für die Bereitstellung von Experimentierräumen zur Wissenskonstruktion. Denn nach Glasersfeld (1991, 24)hat im konstruktivistische Ansatz Wissen eine andere Funktion, nämlich uns einen Dienst zu erweisen. Wissen soll uns befähigen, in unserer Erlebniswelt zu handeln und Ziele zu erreichen.

Literatur

Brooks, G.J.u. Brooks, M.G.: The Case for Constructivist Classroom. ASCD: Alexandria Virginia. 1993

Glasersfeld, E.v.: Abschied von der Objektivität. In : Watzlawik, P.und Krieg,P.: Das Auge des Betrachters. Piper: München 1991

OCG-KOMMUKATIV. Das Magazin der österreichischen Computer Gesellschaft. Sonderausgabe. 18. Jahrgang/Oktober 1993/Nr.5

Reinmann - Rothmeier, G.u.Mandl, H.: Lernen auf der Basis des Konstruktivismus. In Computer und Unterricht: 23/1996

Reiter, A.: Informatik im Wandel: Hypermedia und Online-Kommunikation erobern die Klassenzimmer. In: Hüffel,C.u.Reiter,A.(hrsg.): Praxis der EDV/Informatik. Jugend und Volk: Wien 1996

Schwetz,G.: Informatik Forum Bd.: 11,4/97

Watzlawik, P.:Wie wirklich ist die Wirklichkeit. Piper: München 1984. 12.Auflage

Watzlawik, P. (Hrsg.): Die erfundene Wirklichkeit. Piper: München 1995, 9.Auflage

Interessante Homepages zum Konstruktivismus und zur Wissenskonstruktion in der Schule:

http://home.t-online.de/home/josef.groesschen/index.htm
http://www.sedl.org/scimath/compass/v01n03/construct.html
http://forum.swarthmore.edu/mathed/constructivism.html
http://www-perg.phast.umass.edu/UMPERG/LinksToOtherSites.html

Bernard WINKELMANN, Bielefeld (Deutschland) / Klagenfurt (Österreich)

Wie kann Multimedia das Lernen von Mathematik allgemeinbildend unterstützen?

Ich habe diesen Vortrag so aufgebaut, dass Beispiele und eher theoretische Überlegungen einander abwechseln. Insgesamt verstehe ich dabei unter Multimedia deutlich mehr als bunte bewegte Bilder mit Geräuschunterstützung, sondern etwa auch interaktive und Hypertexte, mathematische Notationen, verknüpfte Repräsentationen; allgemeiner grafisch orientierte Mathematiksoftware und die Kombinationen davon.

1 Einführendes Beispiel: eine Weierstraß-Funktion

Ich beginne mit einem kleinen Beispiel, an dem ich die Wechselwirkung zwischen der Natur mathematischer Objekte, möglichen multimedialen Repräsentationen und den notwendigen Überlegungen und Einsichten von Benutzern bzw. Lernern einführend erläutern möchte.

Anfang der achtziger Jahre wurde mit dem Aufkommen von Funktionsplottern auf den damaligen schulgeeigneten Computern die Meinung vertreten, überall stetige aber nirgends differenzierbare Funktionen ließen sich – im Gegensatz zu glatten Funktionen – auf dem Computerbildschirm nicht darstellen.[1] Nun, wir werden sehen.

1.1 Kommentierte Vorführung

Wir betrachten die Funktion

$$f(x) := \sum_{i=0}^{\infty} \frac{\sin(101^i x)}{100^i} = \sin x + \frac{\sin 101x}{100} + \frac{\sin 10201x}{10000} + \dots$$

Wegen der raschen und gleichmäßigen Konvergenz der Reihe ist f stetig und wird problemlos abgeschätzt durch

$$|f(x)| \leq \sum_{i=0}^{\infty} \frac{1}{100^i} = 1{,}0101\dots$$

. Ein Plot sieht zunächst wie nebenstehend aus.

Die Funktion f sieht bei dieser Bildgröße aus wie die Sinusfunktion, und in der Tat unterscheidet sie sich von dieser – wie ein Blick auf die definierende For-

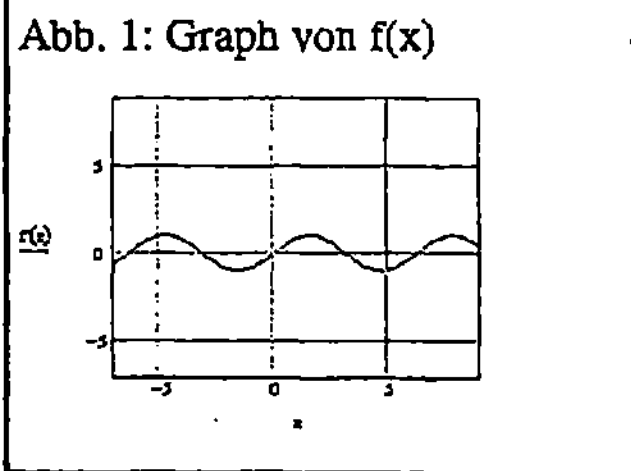

Abb. 1: Graph von f(x)

---

[1] vgl. z.B. Alexandra Otto, Analysis mit dem Computer, Teubner, Stuttgart 1985, S. 3. In Vorträgen und Diskussionsbeiträgen war das eine oft zu hörende Behauptung.

mel erweist – um höchstens etwas mehr als ein Hunderstel, was bei dem
gewählten Fenster überhaupt nicht sichtbar ist. Die Mitte des Bildes ist der Punkt
$[1, f(1)]$, um den herum ich in einem kleinen Film in den Funktionsgraphen
hineinzoome.

Ich lasse zunächst den Film als Ganzes[2] laufen und werde dann anschließend einzelne Phasen genauer kommentieren.

Abb. 2: Eine Folge von Standbildern

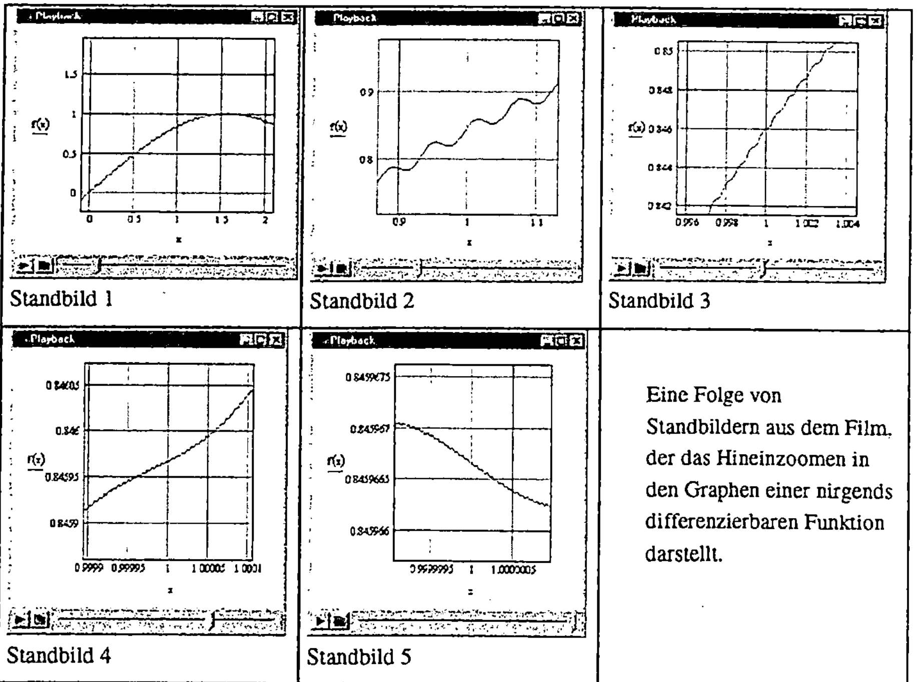

Standbild 1

Standbild 2

Standbild 3

Standbild 4

Standbild 5

Eine Folge von
Standbildern aus dem Film,
der das Hineinzoomen in
den Graphen einer nirgends
differenzierbaren Funktion
darstellt.

Beim Hineinzoomen wird die optische Krümmung der zunächst ausschließlich
wahrgenommenen einfachen Sinuskurve geringer, und es wird der Einfluss des
zweiten Terms $\dfrac{\sin 101x}{100}$ der Reihe sichtbar. In Standbild 2 ist bereits der Einfluss
von $\sin x$ im wesentlichen auf seine Tangente reduziert, der zweite Term dominiert mit seiner Krümmung das Bild. Aber nicht mehr lange: Das dritte Bild der

---

2 Hier versagt naturgemäß die gedruckte Wiedergabe. Die entsprechende Datei
„weierstrass_zoom.avi" ist ebenso wie die farbigen Originalgraphiken und die Programme im
WWW verfügbar, siehe http://www.uni-klu.ac.at/groups/math/didaktik/symp98/symp98.htm.

Für eine Folge von Standbildern hätte man für leichtere Verstehbarkeit noch mehr Zwischenbilder
einfügen sollen und jeweils im Bild den Ausschnitt markieren können, der die Größe des folgenden
Bildes angibt, wie das aus Bildfolgen des Hineinzoomens etwa in die Mandelbrot-Menge bekannt
ist.

Folge zeigt den Einfluss des dritten Terms, die ersten beiden Terme bestimmen nur noch die globale Richtung. In Standbild 4 kommt entsprechend der vierte Term zur Geltung, und im letzten Bild beginnt gerade der fünfte Term $\frac{\sin 101^4 x}{100^4}$ sich auszuwirken, vom vierten Term ist gerade noch eine leichte Krümmung bemerkbar.

Inwiefern tragen nun dieser Film bzw. diese Bilderfolge und die daran festgemachten Beobachtungen dazu bei, die Nicht-Differenzierbarkeit der angesprochenen Funktion zu verstehen? Dass eine Funktion in einem Punkt differenzierbar ist, bedeutet graphisch-optisch, dass der Funktionsgraph beim Hineinzoomen um diesen Punkt ab irgendwann nicht mehr von einer Geraden zu unterscheiden ist. Präzisieren und beweisen lässt sich das mit Hilfe der vielen von Ihnen sicherlich bekannten Methode der Sektorstreifen[3]. Die gezeigten Bilder und die daran angestellten Überlegungen zum Zusammenhang des Gesehenen mit dem Termaufbau der Funktion f legen nun die Einsicht nahe, dass wegen der unendlich-vielen Terme in f das Zoomen nirgends und niemals auf eine Gerade führen wird.[4] Das macht plausibel, dass f nirgends differenzierbar ist, wie WEIERSTRAß exakt gezeigt hat.

1.2 Mathematik- und mediendidaktische Anmerkungen

1.2.1 Erste Anmerkung: Wie und wo entsteht Einsicht?

Es sollte klar geworden sein, dass der Film bzw. die Bilder nichts beweisen und auch selbst keine Einsicht vermitteln. Die Einsicht kommt dadurch zustande, dass der Betrachter sich in die Bilder hineindenkt, dass er ihr Zustandekommen versteht, dass er sich klarmacht, warum die Bilder so aussehen müssen wie sie aussehen. Dann kann er auch den notwendigerweise endlichen Film oder die abbrechende Bilderfolge als unendlich fortsetzbar verstehen, was offenbar für die Einsicht in die Nicht-Differenzierbarkeit notwendig ist. Ohne solches Mitdenken sieht er in dem Film möglicherweise nur einen sich krümmenden Wasserschlauch und wird zurecht gelangweilt.

Bilder können Einsicht höchstens anstoßen, Einsicht entsteht immer im Kopf!

1.2.2 Zweite Anmerkung: Animation, Standbilder, Asynchronizität und Interaktivität

Ich habe den kleinen Trickfilm zunächst quasi als Video abgespielt, dann aber die interaktive Möglichkeiten genutzt für Standbilder, Anspringen bestimmter Stellen, etc. So etwas ist für Lernen und Verstehen wichtig: der Verstehensprozess muss

---

[3] vgl. etwa Tietze/Klika/Wolpers, Mathematikunterricht in der Sekundarstufe II, Band 1: Fachdidaktische Grundfragen, Didaktik der Analysis. Braunschweig: Vieweg 1997, S. 192.

[4] Dieses anschauliche Argument wird brüchig, wenn der Graph sehr steil wird, wie ja schon an Standbild 3 deutlich wird. Ich gehe darauf nicht näher ein.

das Tempo bestimmen. Diese wichtige Möglichkeit bezeichne ich als Asynchronizität; sie ist beispielsweise nicht gegeben bei Radio und Fernsehen.

Bei mathematischen Animationen ist der Zeitablauf ohnehin nicht vorgegeben wie etwa bei der Aufzeichnung real ablaufender Vorgänge, er wird von außen mehr oder weniger willkürlich hineingetragen; dem trägt der hier verwendete Abspielmechanismus aus dem mathematischen Werkzeug StudyWorks z.B. Rechnung, indem er auch fast beliebige Zeitlupen und -raffungen erlaubt. Ein gesprochener Kommentar im Video selbst würde die Asynchronizität wieder aufheben und wäre damit eher kontraproduktiv.

1.2.3 Dritte Anmerkung: Mathematische Objekte und unendliche Prozesse

Die meisten Objekte der Analysis können nur durch unendliche Prozesse beschrieben werden. Das beginnt bei den reellen Zahlen, die ja geradezu Prototypen von (Abstraktionen aus) unendlichen Prozessen sind, setzt sich über die Definition von Ableitung und Integral über Grenzprozesse fort, und die Definition von Funktionen als Integrale, Lösungen von Differentialgleichungen oder über unendliche Reihen stellen weitere Beispiele dar.

Diese unendlichen Prozesse sind nun nicht als real in der Zeit ablaufende Prozesse denkbar – das wäre unmöglich, wie schon Zeno dargelegt hat – sondern nur als der Möglichkeit nach vorstellbare. Für die Veranschaulichung und graphische Repräsentation solcher Prozesse ist es aber oftmals notwendig, den Anfang oder die ersten Schritte der Prozesse zu zeigen, nicht nur ein einzelnes Standbild. Daraus muss der Betrachter dann aber – wie bereits bemerkt – selbst auf die Möglichkeit der unendlichen Fortsetzung schließen.

Das klärt auch die eingangs bemerkte Verwirrung über die graphische Darstellbarkeit von nirgends differenzierbaren Funktionen: in einem einzelnen Bild lassen sich die entscheidenden Eigenschaften nicht darstellen, wohl aber in kommentierten Folgen oder Animationen.

Das gilt übrigens auch für differenzierbare Funktionen: Erst die vorgestellte oder reale Möglichkeit des Hineinzoomens mit entsprechenden Ergebnissen verschafft mir die Einsicht in die Differenzierbarkeit und gegebenenfalls den Wert der Ableitung.

1.2.4 Vierte Anmerkung: Stillschweigende Voraussetzungen

Kann man aus dem Graphen einer sonst nicht weiter bekannten Funktion die Ableitung ablesen? Nach den bisher gewonnenen Einsichten offenbar nicht. Die beliebten und ansonsten sinnvollen Aufgaben, wo aus einer Skizze eines Funktionsgraphen Aussagen etwa über den Verlauf der Ableitungsfunktion gemacht werden sollen, setzen voraus, dass dem Funktionsgraphen nur **beabsichtigte** Eigenschaften zukommen. Über solche beabsichtigten Eigenschaften und nicht jedesmal explizierten Voraussetzungen kann man sich in direkter Kommunikation leicht verständigen; bei objektivierten schriftlichen Aufgaben kann es aber mathematisch und methodisch nicht angehen, dass der Aufgabenlöser die Absichten des

Aufgabenstellers, die stillschweigenden Voraussetzungen, erraten muss, um die Aufgabe zu lösen.

Annahmen über die Glattheit von Funktionen sind natürlich i.a. dann zulässig, wenn der Entstehungskontext der Funktion klar ist: Modellvorstellung, Funktionalgleichung, Lösung eines bestimmten Problems, ...

1.2.5 Fünfte Anmerkung: Allgemeines und Spezialfälle

Das hier untersuchte mathematische Objekt $\displaystyle\sum_{i=0}^{\infty}\frac{\sin(101^i x)}{100^i}$ ist relativ konkret.

Sätze der Mathematik – wie wissenschaftliche Aussagen überhaupt – beziehen sich aber i.a. nicht auf konkrete Einzelobjekte sondern auf allgemeinere Situationen. Weierstraß untersuchte beispielsweise allgemeiner Funktionen der

Form $\displaystyle\sum_{i=0}^{\infty}\frac{\sin(a^i \cdot x)}{b^i}$ mit $1 < b < a$. Solche allgemeinen Objekte lassen sich zwar

noch sprachlich und algebraisch, nicht aber mehr ohne weiteres graphisch darstellen. Damit sind deutliche Hürden des Einsatzes von Multimedia beim Darstellen und Lernen von Mathematik bezeichnet.

1.3 Fortführung des Beispiels: CAS und interaktive Texte

Nach diesen Anmerkungen zum Video nun zum Computer-Algebra-System (CAS), mit dem das Video erstellt wurde: es handelt sich um StudyWorks, die in Amerika vertriebene Schulversion des insbesondere bei technischen Berufen und Studienrichtungen beliebten Mathcad. Das entsprechende Arbeitsblatt siehe Abb. 3.

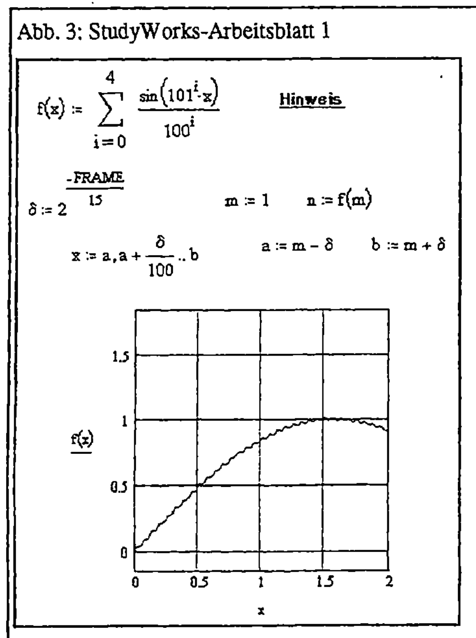

Abb. 3: StudyWorks-Arbeitsblatt 1

Erste Beobachtung: Als Grundlage für die Plotbilder dient nicht die bislang beschriebene Funktion $\displaystyle\sum_{i=0}^{\infty}\frac{\sin(101^i x)}{100^i}$, sondern eine recht **grobe Approximation**, nämlich $\displaystyle\sum_{i=0}^{4}\frac{\sin(101^i x)}{100^i}$. Die ist natürlich überall differenzierbar, unterscheidet sich aber von der eigentlich gemeinten Funktion in den ersten 8 Nachkommastellen nicht, sieht also auf dem Bildschirm in den Grenzen unseres Hineinzoomens genauso aus.[5]

Die Beschränkung auf eine endliche Approximation ist aber nicht nur hinnehmbar, sondern auch notwendig: für numerische Berechnungen – und auf solchen beruhen alle Funktionsplots – müssen alle Grenzprozesse zurückgenommen werden, alle das Unendliche in sich tragenden Objekte der Analysis durch endliche Approximationen ersetzt werden, alle unendlichen Prozesse geeignet abgebrochen werden.

Diese Ersetzung unendlicher mathematischer Objekte durch maschinengeeignete endliche Näherungen geschieht nun etwa bei der in den Termen vorkommenden transzendenten Sinusfunktion automatisch; das Abbrechen der unendlichen Reihe musste dagegen von Hand geschehen: StudyWorks und auch die anderen von mir dazu getesteten Computeralgebrasysteme[6] konnten die unendliche Reihe nicht sinnvoll numerisch berechnen (d.h. approximieren); insbesondere Plots waren so nicht möglich. Dass die Summe nur bis i=4 läuft, hängt mit numerischen Beschränkungen von StudyWorks zusammen, das für trigonometrische Funktionen Argumente größer als 10^9 aus leicht einsehbaren Genauigkeitsgründen nicht akzeptiert.

Diese Information erhält man auch, wenn man auf das Wort **Hinweis** doppelklickt (es handelt sich um eine recht rudimentäre Form von Hypertext); zusätzlich erscheint eine Erklärung zur Animation:

> Die Variable FRAME sollte von -45 bis 300 laufen mit 8 Frames pro Sekunde. Für eine erträgliche Speichergröße setze ich den Komprimierungsgrad auf 100 und nehme nur jedes 15. Bild als Schlüsselbild.

Dieser Hinweis klärt auch die Bedeutung der Variablen FRAME: sie ist Laufvariable für die Animation, deren Erstellung durch gesonderten Befehl aufgerufen wird. In Abhängigkeit von FRAME wird δ berechnet; davon hängen wiederum die Fenstergrenzen ab: gezeichnet wird der Bereich $a \leq x \leq b$ und $f(1)-\delta \leq y \leq f(1)+\delta$; dabei werden jeweils 201 Funktionswerte berechnet. Wenn gerade keine Animation berechnet wird, hat FRAME den Wert 0, was man im obigen Bild sieht; dann ist nämlich $\delta = 1$, $a = 0$, $b = 2$, usw.

Es handelt sich hier um einen **interaktiven Text**, wie er für Mathcad, StudyWorks und Mathview, aber auch für andere CAS mit *Notebook*-Konzept typisch ist: im Text werden Abhängigkeiten von Variablen und anderen mathematischen Objekten wie Plots beschrieben; ändert man nun eine oder mehrere der unabhängigen Variablen oder auch der Verknüpfungen, so werden alle Objekte neu berechnet

---

[5] Führt man allerdings den Zoom-Vorgang weiter fort, etwa indem man händisch FRAME durch 600 ersetzt, so erhält man wieder das für differenzierbare Funktionen typische Zusammenfallen der Funktion mit ihrer Tangente.

[6] Mathematica 3.0, Maple V Release 4, Mathview 2.50, TI 92, Derive 4.02, Macsyma 2.1, MUPAD 1.2.9a

und dargestellt. Ich führe das vor, indem ich δ gleich 3 setze und die Parameter in der Funktionsdefinition von *f* ändere (siehe Abb. 4).

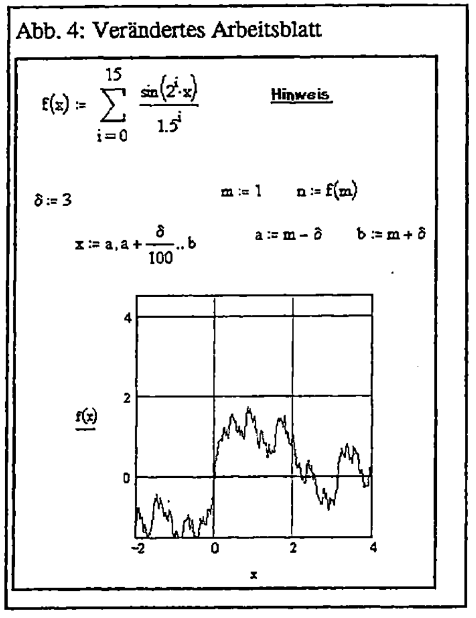

Abb. 4: Verändertes Arbeitsblatt

Dies eröffnet nun interaktive Eingriffsmöglichkeiten, die über das interaktive Betrachten und Bedenken eines Animations-Videos weit hinausgehen; es verlangt aber gleichzeitig vom Benutzer eine wesentlich aktivere Rolle. Für Lernumgebungen bedeutet das, dass ein solches Arbeitsblatt in einen Hypertext eingebettet werden muss, der Anregungen zu entsprechenden Explorationsaktivitäten enthält.[7]

Hier deutet sich an, dass ein interaktives Arbeitsblatt – neben algebraischem Symbolismus und der Sprache – auch ein Medium zur Darstellung von allgemeineren Objekten sein kann.

Nach diesem einleitenden und verschiedene Facetten des Themas anreißenden Beipiel komme ich nun zu einem eher systematischen Überblick.

2 Überblick über einige Multimedia-Elemente aus Sicht des Mathematiklernens

Im allgemeinen versteht man unter **Multimedia** die Kombination von vielen verschiedenen Medien. Im üblichen Werbejargon sind mit den Medien Töne, Bilder, Trick- und Videofilme gemeint. Über diesen Begriff hinausgehend verstehe ich – wie im einleitenden Beispiel schon angedeutet – auch Texte und Hypertexte, mathematische Notationssysteme und Manipulationsumgebungen mit ihren materiellen Substraten als Elemente von Multimedia.

---

[7] Auf die Problematik, dass solche Anregungen recht genau auf den Kenntnisstand und die Motivationslage der Benutzer Rücksicht nehmen müssen, hat Edith Schneider in ihrer Dissertation 1994 eindrücklich und mit vielen Beispielen hingewiesen. Siehe auch [Schneider 1998, Kap. 4.2]

Eine solche erweiterte Kombination, insbesondere die Kombination von
Hypertext[8] mit Multimedia im engeren Sinn, wird häufig auch als Hypermedia
bezeichnet.

Hier sollen in einem ersten knappen Aufriss die wichtigsten Elemente kurz
benannt und mit Bezügen zur Mathematik charakterisiert werden. **Beispiele** aus
dem Bereich des Mathematiklernens und vertiefte Beschreibungen werden in
einem zweiten Durchgang gegeben.

Die Eigenarten mathematischer Programme und Notationssysteme unter medialen
Gesichtspunkten werde ich nach einer ersten Reihe von Beispielen besprechen.

2.1 Text, Hypertext

2.1.1 Texte

Unter *Text* verstehe ich hier *geschriebenen Text*. Eine charakteristische Eigenschaft ist u.a., dass er asynchron rezipiert wird: der Leser bestimmt, wie schnell er
liest. Texte sind neben dem Klassenzimmer und Vortragsveranstaltungen die klassischen Mittel zum Kommunizieren und Lernen, speziell auch von Mathematik.

Das klassische Medium für Texte ist das Buch, das in einer langen technologie-
geschichtlichen Entwicklung relativ ausgereift erscheint. Andere Textmedien, auf
die ich hier nicht so sehr eingehe, sind Fotokopien aus Büchern oder Zeitschriften,
Tafel, Notizblock, ... Auf den Computerbildschirm komme ich gleich.

2.1.2 Nichtlineare Elemente in Büchern

Nur dem ersten Anschein nach ist Text in einem Buch linear. Eine kurze Reflexion zeigt aber sofort auch wesentliche nichtlineare Elemente. So erfolgt der **Einstieg** in das Lesen eines mathematischen Textes z.B. über das Inhaltsverzeichnis,
anhand des Registers, oder nach einem ersten Durchblättern. **Verzweigungen**
beim Lesen ergeben sich etwa durch

- Fußnoten,

- nachschlagen von Literaturangaben,

- explizite oder implizite Rückverweise auf vorausgegangene Definitionen,
  Sätze, Motivationen, Einführungsbeispiele

- Texteinschübe / Exkurse.

Auch ohne diese – i.a. vom Buchautor explizit antizipierten – Verzweigungen sind
beim verständigen Lesen immer Vorwärts- und Rücksprünge üblich und sinnstif-

---

[8] Das Wort enthält die griechische Präposition *hyper*, die *über, darüberliegend* bedeutet und aus
anderen Fremdwörtern wie etwa Hypertonie (=Bluthochdruck) bekannt ist. Daher ziehe ich die
Ausprache "Hüpertext" der amerikanisierten "Haipertext" vor. Damit werden auch Anklänge an
das neu-amerikanische Wort *hype* vermieden, das etwa mit "übertriebene Aufgeregheit, Getue"
umschrieben werden kann.

tend; sie werden durch **Navigationshilfen** wie Lesezeichen, Seitenüberschriften, Randglossen erleichtert.

Auch eigene **Manipulationen** am Text sind möglich: annotieren, markieren, exzerpieren, kopieren.

Dies alles ergibt eine Meßlatte, an der der Gebrauch des Computerbildschirms zum Lesen und Lernen (von Mathematik) zu messen ist. I.a. ist das Buch noch deutlich überlegen, was die direkte Textdarbietung anlangt. Attraktiv werden Texte am Bildschirm erst durch die Ausnutzung spezifischer Möglichkeiten des Computers, nämlich durch die Verknüpfung mit anderen, nicht-textmäßigen Medien (**Multimedia**), durch die explizite Ausweisung des nicht-linearen Charakters von Texten in **Hypertexten**, und durch die Einbeziehung **interaktiver Elemente**.

2.1.3 Hypertext

Hypertexte sind elektronisch repräsentierte Texte mit expliziten Verweisen (Links), die als Sprünge automatisch realisiert werden können; bekannte Beispiele einfacher Hypertexte sind etwa die üblichen Hilfe-Dateien, z.B. unter Windows, die verlinkten Texte des WWW, oder die Texte elektronischer Nachschlagewerke, wie sie zunehmend auf CDs angeboten werden.

In fortgeschrittenen Hypertext-Systemen sind die Links typisiert, so dass der Benutzer gezielt Zusatzinformationen abrufen bzw. aufsuchen kann: ein Beispiel für einen Sachverhalt, eine Einbettung in allgemeinere Zusammenhänge, historische Anmerkungen, Übungsaufgaben, eine veranschaulichende Grafik, ein unterstützendes Video. Weiterhin bestehen Möglichkeiten der Annotation, des Setzens von Lesezeichen, aber auch der Volltextsuche.

Grundsätzlich erleichtern diese Strukturmerkmale unter didaktischen Gesichtspunkten eine stärkere Eigenverantwortlichkeit des Lesers/Lerners, sie fördern exploratives Verhalten und erleichtern mehrperspektivische Darstellungen. Die Vernetztheit mathematischen Wissens kann gegebenenfalls durch Hypertexte mit sichtbaren Verweisen besser repräsentiert und dem Leser augenfällig vorgeführt werden. Die sogenannte These der kognitiven Plausibilität, dass die Vernetztheit eines Hypertextes den analogen Aufbau vernetzter kognitiver Strukturen beim Leser fördert, ist allerdings umstritten.

Auf der eher negativen Seite sind zu vermerken der fehlende Überblick – bei einem Buch weiß ich ohne weiteres, wenn ich mich dem Ende des Textes nähere; bei Hypertexten gibt es analoges kaum – und die kognitive Mehrbelastung durch häufige Navigationsentscheidungen und deren Bewertung.

Auf Spezifika des Lernens von Mathematik aus Hypertexten gehe ich weiter unten noch näher ein.

2.2 Bilder: Graphik, Animation, Video

Im einleitenden Beispiel wurde schon der Unterschied angesprochen zwischen einem reale Vorgänge abbildenden **Video** und einer grundsätzlich asynchronen animierten Darstellung mathematischer Objekte, hier mit **Animation** bezeichnet. Ein ähnlicher Unterschied ist zwischen einem Foto und einer mathematischen Grafik zu konstatieren.

Fotos und Videos kommen beim Mathematiklernen hauptsächlich im Zusammenhang mit Anwendungen, Modellbildungen und damit zusammenhängenden Motivationen vor, aber natürlich auch bei historischen und biographischen Themen. Das entspricht der bekannten Praxis mathematischer Lehrbücher, die etwa Fotos von Anwendungssituationen oder Porträts großer Mathematiker bieten.

Videos bilden (ähnlich wie Musik oder gesprochene Sprache) für ein im Tempo eigenbestimmtes (asynchrones) Lernen einen Fremdkörper, da sie ein fest in der Zeit ablaufendes Tempo haben. Das ist zwar beim Vorführen in der Gruppe weniger störend, wohl aber beim vertiefenden individuellen Lernen.

Für die Mathematik sind eher **Graphiken** als Fotos von Interesse. Sie bilden i.a. eigene Notations- bzw. Repräsentationssysteme, deren Regeln (Syntax, Semantik) bekanntlich erst gelernt werden müssen. Beispiele solcher Notationssysteme sind etwa die algebraische Formelsprache, geometrische Konstruktionen oder Funktionsgraphen. Darauf gehe ich nach den Beispielen noch näher ein.

Animierte Graphiken dienen zur Verdeutlichung funktionaler und anderer Zusammenhänge, zur Darstellung parametrisierter Objekte und zur Veranschaulichung von Prozessen bzw. Objekten, die als Abstraktionen von Prozessen verstanden werden müssen. Da es hier keine festen Zeitvorgaben gibt, sind die Möglichkeiten von Standbild, Einzelbildschaltung, variabler Zeitlupe und des willkürlichen Anspringens bestimmter Stellen wichtig, wie sie z.B. (mit Ausnahme der Zeitlupe) in üblichen Medienwiedergabe-Kontrollleisten realisiert sind.

2.3 Audio: Sound, Sprache

Audio-Elemente spielen bei fast allen bislang vorliegenden Lernumgebungen zur Mathematik keine tragende Rolle, sie werden hauptsächlich dramaturgisch unterstützend eingesetzt: Musikuntermalung, gesprochene Sprache bei Einleitungen, akustische Rückmeldungen.

Eine Ausnahme bildet etwa das amerikanische Programm Multimedia Math: Functions, das durchgängig gesprochene Sprache einsetzt und damit einen weiteren Informationskanal eröffnet: Während das Auge eine (animierte) Graphik beobachtet, wird dazu ein erläuternder Kommentar gesprochen. Dadurch kann das Hin- und Herspringen des Auges vermieden und die Konzentration erhalten bleiben. Das wird teuer erkauft durch den Verlust an Asynchronizität; mehrmaliges Durcharbeiten einer Sequenz etwa wird zur Qual.

Im Grenzbereich zur Physik werden Töne und Klänge wichtig im Zusammenhang mit trigonometrischen Funktionen und Fourierreihen. In diesem Sinne hat zum Beispiel das Programm Mathematica eine Sound-Funktion eingebaut.

Wenn die Beziehungen zwischen Mathematik und Musik thematisiert werden, ist
Musik natürlich auch als hörbare ein wesentliches Element, siehe z.B. die
Webseite „Music and Fun (and some Mathematics)",
http://SunSITE.univie.ac.at/musicfun/.

2.4 Interaktionen

Auf die Bedeutung interaktiver Elemente für selbständiges Lernen, aber auch für
Repräsentation von allgemeineren (mathematischen) Objekten wurde schon im
einleitenden Beispiel mehrfach hingewiesen. Interaktive Elemente werden allgemein im Sinne konstruktiver Lerntheorien wichtig. Bei den schon genannten Elementen Text, Bilder, Audio habe ich deshalb die interaktiven Möglichkeiten jeweils besonders genannt und hervorgehoben.

Beispiele für **nicht** interaktive Medien sind Fernsehen, Radio, Vorlesung, wo dem
Konsumenten / Lerner eigentlich nur ein Nachvollzug bleibt.

Bei Texten und Hypertexten sind als wichtige interaktive Merkmale etwa Annota-
tionsmöglichkeiten zu nennen, wie sie beispielsweise in gedruckten Texten in der
Unterstreichungsmöglichkeit oder bei Hypertexten in der Fortentwicklung des
WWW im Hyperwave-System gegeben sind.

Bei (Video-)Animationen bestehen – wie schon genannt – einige interaktive Möglichkeiten, die über passives Fernsehen hinausgehen, in Standbild, Einzelbildschaltung, variabler Zeitlupe und dem willkürlichen Anspringen bestimmter
Stellen.

Vor allem die gleich zu besprechenden mathematikspezifischen Multimedia-
Elemente sind zu nennen: programmgesteuerte, vom Benutzer kontrollierte
Veränderung von Parametern in Darstellungen, aber auch von Termen, Graphen,
geometrischen Objekten, direkte Manipulationen, etc.

Als neuartige, didaktisch noch wenig genutzte Technik sei die **virtuelle Realität**
zur Erkundung von 3D-Objekten erwähnt. Beispiele etwa: Polyederbetrachtungen
http://www.li.net/~george/virtual-polyhedra/vp.html; Flächen und Kurven im $\Re^3$.
Die Betrachtung dreidimensionaler Punktwolken in der Datenanalyse ist auf der
anderen Seite in fortgeschrittenen Statistikprogrammen schon fast Standard.

2.5 Mathematikspezifische Multimedia-Elemente

Dies sind einerseits Grafiken: Funktions- und Datenplots, geometrische Figuren,
algebraische und andere Notationen, Diagramme aller Art, aber hauptsächlich
Programme oder Programmteile, wie sie als Software für Mathematik und
Mathematikunterricht entwickelt wurden und didaktisch recht gut bekannt sind.
Weiters gehören dazu interaktive Texte, wie sie im Eingangsbeispiel vorgeführt
wurden. Die spannende Frage bei diesen i.a. schon länger bekannten Elementen
ist, inwiefern diese Elemente z.B. durch Einbettung in einen Hypermedia-Zusam-
menhang neue Qualitäten für das Lernen gewinnen bzw. gewinnen können.

Einige theoretische Gesichtspunkte dazu werde ich nach der ersten Beispielsserie besprechen.

3 Kommentierte Beispiele zu einigen Multimedia-Elementen aus Hypermedia-Lernumgebungen zur Mathematik

3.1 Echtzeitmedien: Audio, Videos

Wie bereits mehrfach erwähnt, kommt dieser Medientyp wegen seiner Asynchronizität für ein explorierendes Erfassen mathematischer Objekte weniger in Frage. Wegen ihres realitätserschließenden Charakters können sie aber durchaus dazu beitragen, Bezüge zwischen der Mathematik und der „Realität" herzustellen oder zu verdeutlichen. Solche Bezüge könnten sein: Mathematik- und Mathematiker-bezogene Ereignisse in Vergangenheit und Gegenwart, Rolle von Mathematikern in Gesellschaft und Wirtschaft, Darstellung von Ausgangspunkten für Modell-bildungen und Mathematisierungen, Darstellung von Ergebnissen der Anwendung von Mathematik.

3.1.1 historische Tondokumente

Die in Entwicklung befindliche hypermediale Lernumgebung "Zahl, Bild und Bedeutung", siehe http://christo.mathematik.uni-bielefeld.de/zbb-projekt/ zbbhomepage.htm, bringt unter dem Arbeitstitel "Historisches" Mitschnitte aus der berühmten Rede "Naturerkennen und Logik", die David Hilbert 1930 auf dem Kongress der Gesellschaft deutscher Naturforscher und Ärzte in Königsberg gehalten hat. Der Text wird parallel lesbar geboten, die Navigation ist z.Zt. allerdings noch recht schlicht.

3.1.2 Videos

3.1.2.1 Anwendungsbezug

Videos bieten die Möglichkeit der Einführung in einen (außermathematischen) Sachverhalt, der durch das gezeigte Video eingeführt, nahegebracht oder vergegenwärtigt wird. Dazu wären zu nennende Beispiele: die Videos aus dem *Mathe-Tutor: Oberstufe* von Maaß/Stöckl zur Verkehrszählung (als Einführung in Probleme der Datenerhebung), zum Milchtütenentfalten (als Einstieg in entsprechende Optimalitätsüberlegungen); Beispiele dieser Art finden sich in fast allen Anwendungsunterkapiteln von *Calculus Connections*: etwa Videos, die Bungee-springen oder Regen und Niederschlagsmessung[9] vorführen und so einen Verständnishorizont für die nachfolgenden Modellbildungen bereitstellen.

---

9 Ein solches Beipiel wurde im Vortrag vorgeführt.

Im Grenzbereich Mathematik/Physik gibt es Ansätze, die Videos nicht nur als
Demonstrations- sondern auch als Arbeitsmittel im Unterricht einsetzen: etwa die
Entnahme kinematischer Daten aus geeigneten Videos als empirische Grundlage
für Modellbildungen, -anpassungen oder -überprüfungen.[10]

3.1.2.2 Gesellschaftsbezug

Mathematikbezogene Ereignisse im Internet: Der kürzlich abgehaltene internationale Mathematikerkongress in Berlin hat auch in den Medien größere Beachtung
gefunden; u.a. gab es mehrere Fernsehsendungen, die ein gewisses Bild der
Bedeutung von Mathematik und Mathematikern für die Gesellschaft vermitteln
halfen. Nachdem es nun möglich ist, Fernsehsendungen oder Vortragsveranstaltungen über Internet zu übertragen, sollte es demnächst auch möglich sein, eine
Sammlung solcher mathematikbezogenen Clips anzulegen, zu dokumentieren und
didaktisch zu kommentieren, und allen Interessierten, etwa Schülern mit einer
Neigung zum Studienfach Mathematik oder Mathematiklehrern einfach über
Internet zugänglich zu machen. Ich bin überzeugt, dass das in etwa 5 Jahren alltägliche Realität sein wird.

3.2 Visuelle Medien: Graphiken

Über Standbilder, die ja aus klassischen Printmedien oder als Tafelskizzen
bekannt sind, möchte ich hier jetzt nicht sprechen. Dafür gehe ich auf animierte
Graphiken bzw. interaktiv mit Texten bzw. Formeln verknüpfte Graphiken kurz
ein.

3.2.1 Trickfilme

Wie wir im Eingangsbeispiel sahen, gibt es in vielen Computer Algebra Systemen
und ähnlichen Programmen die Möglichkeit, durch einfache Programme Folgen
von Standbildern zu erzeugen und diese quasi als Trickfilm dann ablaufen zu
lassen.

Diese Technik ist recht aufwendig in bezug auf Erstellungszeit und Speicherbedarf; der gezeigte kleine Film braucht etwa 1 MB; der Zeitbedarf der Erstellung
verhindert stärkere Interaktivität. Es bleibt aber festzuhalten, dass die modernen
Multimedia-Rechner dem Mathematikunterricht erstmalig die echte Möglichkeit
bieten, auf die konkrete Unterrichtssituation bezogene mathematische Filme einzubeziehen; vorher war der Aufwand – Aufbau des Filmprojektors bzw. Video-
Recorders – einfach zu groß. Wenn aber der Multimedia-PC ohnehin zur Verfügung steht, wovon man an einigen Schulen schon jetzt, an an den anderen in naher
Zukunft ausgehen kann, wird man ihn auch für solche kurzen Sequenzen einsetzen
können; allerdings auch nur dann.

3.2.2 Programmgesteuerte Animationen

---

[10] siehe etwa die CD Multimedia Motion oder das Projekt Galileo
(http://didaktik.physik.uni-wuerzburg.de/~pkrahmer/home/galileo.html)

Die genannten Nachteile – Vorbereitung, Speicherbedarf, geringe Interaktivität –
vermeidet man, wenn in einem speziellen Programm direkt auf den Bildschirm
zugegriffen wird, wo die mathematischen Objekte bzw. ihre Repräsentationen
mehr oder weniger direkt manipuliert werden. Viele solche Beispiele, vor allem
aus dem Bereich der Sekundarstufe I, findet man in der Sammlung "Bewegte
Mathematik", siehe http://www.muenster.de/~stauff/bewmath.html.

Hier möchte ich ein wesentlich schlichteres Beispiel vorführen: Sekantenwanderung am Funktionsgraphen als Hinführung zur Ableitungsfunktion und deren qualitativen Zusammenhang mit der Ausgangsfunktion, siehe Abb. 5.[11]

Ich will an dieser Stelle nicht näher auf die didaktischen Implikationen eingehen.

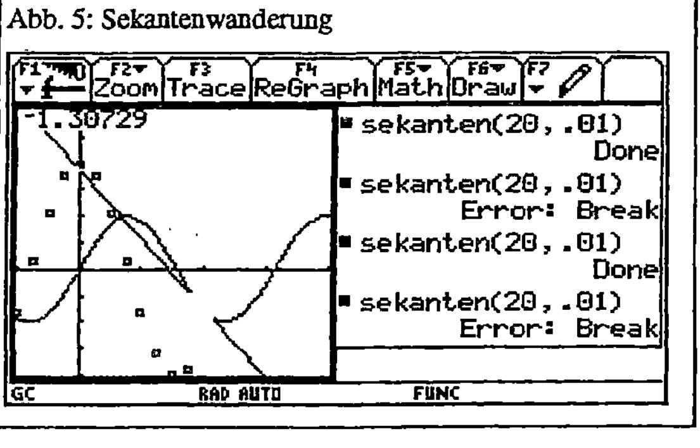

Abb. 5: Sekantenwanderung

Hier interessieren nur die mediendidaktischen Qualitäten dieses recht
simplen Programms mit weniger als 20 Zeilen im TI-92-BASIC: freie Funktions-
und Fensterwahl in der jedem TI-92-Benutzer vertrauten Weise, damit allerdings auch
Verantwortung, Mühe und Zeitaufwand, die Rahmenbedingungen so zu
wählen, dass man wirklich etwas sieht; Steuerung der Geschwindigkeit durch
Anzahl der anzuzeigenden Sekanten und ihrer Steigungen, Möglichkeit des
Anhaltens und Weitermachens im Programm.

Hinweisen möchte ich besonders auf den unterschiedlichen medialen Charakter
der gezeichneten und wieder gelöschten, also wandernden Sekanten und der
Steigungszahl links oben einerseits und der permanent bleibenden Punkte andererseits, die die Steigungen festhalten, damit nach Ablauf der Animation eine Rück-
betrachtung nahelegen und somit den Übergang zur Ableitungsfunktion ermöglichen sollen.

Daneben sind natürlich Beschränkungen dieses Progrämmchens zu konstatieren,
die in neueren Programmen mit leistungsfähigerer Hardware überwunden werden,
so etwa die strikte Festlegung des Ablaufes durch die impliziten und expliziten
Parameter der Prozedur im vorhinein. In neuerer Software kann ich beispielsweise
den Punkt, an dem die Sekante berechnet und gezeichnet werden soll, interaktiv
mit der Maus bestimmen.

3.2.3 Direkte Manipulationen

---

[11] Ein Listing des Programms findet sich an der genannten WWW-Adresse. Das Programm wurde
ausgeführt mit $y1(x)=\sin(2x)$ und den Fenstergrenzen $-1<x<4$, $-2<y<3$

Das führe ich jetzt vor an einem Beispiel aus Calculus Connections 1 (siehe Abb.
6): Bei einer selbstgewählten Funktion (hier cos(x2) kann ich mit der Maus das
auf der Spitze stehende Quadrat am Funktionsgraphen entlangführen. Dabei
werden durch das Programm die Tangente im entsprechenden Punkt gezeichnet,
numerische Werte ausgegeben und die Steigung der Tangente im unteren Graphen
der Ableitung der Funktion markiert. Das Programm soll Einsichten in den
Zusammenhang zwischen Umkehrpunkten einer Funktion und dem Verhalten der
Steigungen in der Nähe davon fördern.

Direkte Manipulation meint einen verändernden Zugriff auf graphische Elemente
mit einem Zeigegerät, meist der Maus, also ein quasi direktes Anfassen von mathematischen Objekten, die grafisch repräsentiert sind.

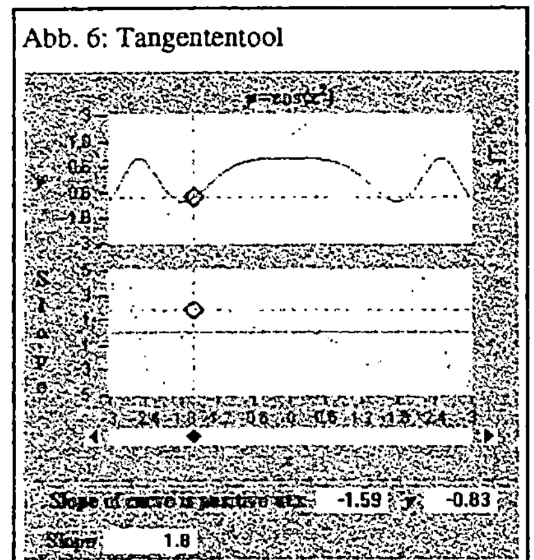

Abb. 6: Tangententool

Im Eingangsbeispiel hatten wir am Ende die Parameter und damit dann auch die Grafik dadurch geändert, daß wir den beschreibenden Text veränderten; eine direktere Manipulation hätte etwa im Zugriff über Schieberegler bestanden, was für viele Situationen intuitiver und häufig auch angemessener ist.

Das durch das Tangententool gegebene direkte Anfassen und Bewegen mathematischer Objekte ist in den vorgestellten Programmen auf einfache Objekte wie
Punkte, Sekanten oder Tangenten beschränkt. Bei der Leistungsfähigkeit heutiger
aktueller Rechner sollte es technisch möglich sein, auch etwa nicht-lineare Funktionsgraphen in ähnlicher Form zu verschieben, z.B. Funktionen einer Kurvenschar wie die Lösungen einer Differentialgleichung. In den mir bekannten
Beispielen von Hypermedia-Lernumgebungen zur Analysis wird das aber nicht
genutzt.

Die direkte Manipulation auch komplexerer Objekte ist dagegen schon seit längerem üblich in dynamischer Geometrie-Software, wie dem Programm Thales
meines geschätzten Klagenfurter Kollegen Gert Kadunz, oder in Programmen zur
Statistik und Datenanalyse, in denen einerseits etwa dreidimensionale Punktwolken mit der Maus bewegt, z.B. rotiert werden können, andererseits bestimmte
Datenpunkte auf neue Werte gezogen werden können, was sich in damit verknüpften Darstellungen wie Tabellen, Histogrammen etc. entsprechend auswirkt.

Der didaktische Wert solcher Programme liegt nicht in den Animationen, sondern
in der im Programm verwirklichten Struktur, die etwa die Bedingungen geometrischer Konstruktionszeichungen in stützende Bedingungen der interaktiven graphischen Manipulationen umsetzt, auf diese Weise die mathematische Struktur repräsentiert und den Benutzer diese handelnd erfahren lässt, so dass für ihn neue Zugänge zu den sonst eher abstrakten mathematischen Objekten möglich werden.

3.2.4 "kurze" Programme und Einbettungen

Hier möchte ich das TI92-Beispiel Sekanten unter einem anderen Gesichtspunkt noch einmal ansprechen: Das Programm ist so nicht weitergebbar, es bedarf der Einbettung in einen konkreten Unterricht und braucht zu seinem Einsatz technische und didaktische Anleitungen. Die können aber in einem hypermedialen Umfeld durchaus mitgeliefert werden, ohne dass eigens ein Vertriebsapparat geschaffen werden müsste, der bei so kleinen, bescheidenen Produkten ohnehin nicht lohnte.

Bei im WWW angebotenen Lernumgebungen sind kleine Programme häufig als sog. Java-Applets realisiert und in einen umgebenden erklärenden Text eingebettet. Kommentierte Beispiele siehe etwa in [Winkelmann 1998a, b].

4 Betrachtungen zu mathematikspezifischen Multimedia-Elementen

4.1 Notationssysteme

Ich möchte im folgenden mich an die Terminologie von J. Kaput [1992, 1994] anschließen, der speziell auch zur Beschreibung der spezifischen Funktionen von Computern beim Mathematiklernen deren mediale Rolle als Änderung von Notationstypen beschreibt. Notation wird dabei recht allgemein verstanden; darunter fallen sowohl sprachliche Beschreibungen, arithmetische und algebraische Notationen als auch Klötzchenwelten à la Dienes, Funktionsgraphen und allgemeine Diagrammtypen.

Er unterscheidet dabei z.B. **statische und dynamische Notationssysteme**; erstere sind fixiert, zweitere leicht änderbar; oder **passive und reaktive Notationssysteme**: erstere nehmen nur die Informationen des Benutzers auf, etwa wie bei der Formeleingabe im Editor, letztere führen über die Eingabe hinaus Verarbeitungsschritte durch wie der Taschenrechner, der aus der Eingabe 25+12 die Ausgabe 37 produziert. Ein weiteres wichtiges Begriffspaar bei Notationen ist die Unterscheidung zwischen **Darstellungs- und Aktions-Notationen**: Erstere bieten etwas dar, wollen nur gelesen, interpretiert, verstanden werden, letztere laden zum Manipulieren ein. Die wichtigsten Entwicklungsschritte der neuzeitlichen Mathematik waren durch die Entwicklung von Aktions-Notationen begleitet: die indisch-arabische Zifferndarstellung der Zahlen ermöglichte ein Arbeiten mit der Notation (schriftliche Rechenverfahren, wo die Römer und Griechen noch auf die andere Notation des Abakus ausweichen mussten); die Formelsprache der Algebra und der Differential- und Integralrechnung sind weitere Beispiele.

Notationssysteme haben jeweils ihre eigenen Gesetze, die sowohl Syntax als auch Semantik betreffen, und die jedenfalls gelernt werden müssen, wenn man sie aktiv oder auch nur passiv gebrauchen möchte oder muss. Mathematisches Können hängt eng zusammen mit der Beherrschung grundlegender Notationssysteme; wichtige Einsichten sind häufig verbunden mit dem flüssigen Umgang mit verschiedenen Notationssystemen für gleichbleibende oder sich verändernde mathematische Objekte, z.B. in der Verbindung algebraischer, numerischer, graphischer und algorithmischer Aspekte bei der Erarbeitung von Funktionen. Ein anderes Beispiel sind verknüpfte Repräsentationen in moderner Software zur Statistik und explorativen Datenanalyse.

Eine wichtige mediale Rolle von Computern im Prozess des Mathematiklernens besteht nun darin, dass sie überkommene statische Notationen dynamisch werden lassen können, passive werden reaktiv; Übergänge innerhalb eines Notationssystems (etwa algebraische Termumformungen) oder zwischen verschiedenen Notationssystemen (Tabellen, Formeln, Graphen) können unterstützt oder erst ermöglicht werden, indem der Computer die Operationen ausführt oder die syntaktische und semantische Zulässigkeit dadurch sichert, dass Falscheingaben zurückgewiesen werden. Kaput spricht in diesem Zusammenhang von Zwangs- und Stützungssystemen (*constraint and support systems*).

Traditionellerweise konnten mit passiven Notationen die Syntaxregeln nur über massive Verinnerlichungen eingehalten werden, was schwächeren Lernern weiterführende Operationen fast unmöglich machte. Hier können Computer die gleichen Notationen reaktiv begleiten und dadurch Konzentrationen auf die Semantik und die Zwecke der Notationen und der Operationen darauf ermöglichen. Die von manchen problematisch gesehene Kehrseite dieser Unterstützung ist, dass die grundlegenden syntaktischen, aber auch semantischen Regeln der einzelnen Verarbeitungsschritte nicht mehr ständig geübt werden.

In der Terminologie der Notationssysteme lässt sich auch ein Problem formulieren, dass für die Rolle der Mathematik in der Gesellschaft und damit auch für die Zielsetzungen von Mathematikunterricht an der Schule wichtig wird: immer mehr Menschen benutzen die als aktive Notationen entworfenen Systeme wie die Darstellungen der Algebra oder der Analysis nur mehr als Darstellungsnotationen, da sie Rechnungen, also Aktionen in den Notationen, nicht mehr selbst ausführen, sondern durch Computer oder Taschenrechner durchführen lassen. Damit stellt sich das Problem, wieviel an aktiver Beherrschung der Notation notwendig ist, um diese als Darstellungsnotation interpretieren zu können. Plakativ gefragt: "Wieviel Termumformung braucht der Mensch?"

Weiterhin sei am Rande vermerkt, dass die Entwicklung mathematischer Programmiersprachen die äußeren Formen von Aktions- und Darstellungsnotationen zunächst umkehrte: die algebraische Termnotation $\dfrac{x^2-1}{x+1}$ muss etwa für die Eingabe fast immer umgeformt werden zu (x^2 - 1) / (x + 1), und nur auf diese lineare Schreibform ließen sich zunächst Operationen – wie markieren, kopieren, einsetzen in andere Kontexte – anwenden. Die lineare Form, die durch die zweidimensionale Aktions-Notation der Algebra überwunden worden war, wurde somit von einer Darstellungs- zur geforderten Aktions-Notation. Die sogenannte pretty-print-Darstellung von Ergebnissen, die der klassischen Aktions-Notation entsprach, konnte hingegen nur als Darstellungs-Notation zum Einsatz kommen. Inzwischen sind dazu wieder rückläufige Tendenzen zu vermerken, etwa in Derive das Markieren von Teiltermen in der zweidimensionalen Darstellung oder die Zulassung von formatierten Darstellungen als Eingabe in Mathematica 3.

4.2 Interaktive Texte

In einem interaktiven Text sind mathematische Notationen, z.B. Wertzuweisungen, Funktionsdefinitionen, auswertende Formeln oder Funktionsgraphen, die vom Benutzer interaktiv eingegeben und verändert werden können, so in einen Text eingebettet, dass das dahinterliegende Zwangs- und Stützungssystem, also die eigentliche Software, die Kohärenz des Gesamtsystems auch bei Änderungen garantiert. Bei Software wie Mathcad oder dessen Schulversion StudyWorks ist das das Konstruktionsprinzip, bei Computer-Algebra-Systemen mit Notebooks lässt sich das beispielsweise durch das Ausführen von Kommandos wie *Evaluate Notebook* realisieren. Ein Beispiel wurde bereits gegeben.

4.3 Verknüpfte Repräsentationen

Diese wurden oben schon erwähnt, Beispiele gibt es insbesondere in der Funktionenlehre, aber auch aus der Statistik.

Wie eine Verknüpfung zwischen Text und Funktionsgraph in einem interaktiven Text aussehen kann, hatten wir bereits im einführenden Beispiel gesehen. Die Verknüpfung geht hier aber aus naheliegenden Gründen nur in der Richtung vom Text zur Grafik, nicht umgekehrt. Umkehrungen sind beispielsweise möglich, wenn der Funktionsgraph als ganzer nur verschoben oder gespiegelt wird.

Auf der anderen Seite gibt es etwa in Simulationsprogrammen wie STELLA oder Dynasys die Möglichkeit auch graphischer Funktionseingabe; diese so definierten Funktionen werden aber typischerweise nicht algebraisch dargestellt und nur numerisch ausgewertet.[12]

5 Das Allgemeine und das Besondere

Es gibt den bekannte Spruch "Ein Bild sagt mehr als 1000 Worte", der für Veranschaulichungen, im weiteren Sinne auch für Multimedia gilt. Aber das Gegenteil gilt auch; darauf hat Judah Schwartz, emeritierter MIT-Professor und in den 80er Jahren der Schöpfer des Geometric Supposer, in seinem Ende letzten Jahres im Journal of Science Education and Technology erschienenen Aufsatz "What happened to the Voice of the Author?" hingewiesen, in dem er sich mit didaktischen Problemen von Hypertexten und Multimedia auseinandersetzt:

---

[12] Weitere Beispiele finden sich in [Winkelmann 1998b].

Ein Satz sagt mehr als 1000 Bilder.

Das ist natürlich jedem Mathematiker geläufig: auch durch noch so viele Bilder lässt sich kein Satz beweisen.

Dies ist nur eine andere Formulierung des alten Spannungsfeldes

allgemeiner Sachverhalt – Beispiel

oder auch in von I. Kant her bekannten Termini

Anschauung vs. Begriff

("Gedanken ohne Inhalt sind leer, Anschauungen ohne Begriffe sind blind." Immanuel Kant, Kritk der reinen Vernunft, Kapitel "Die transzendentale Logik" B75).

Beim Lernen geht es ja eigentlich immer um das Abstrakte, Allgemeine hinter dem Konkreten, Einzelnen. Bilder können aber immer nur etwas Konkretes darstellen; ein allgemeines Dreieck kann zwar gedacht, aber nicht gezeichnet werden.

Ein erklärtes Ziel der Verwendung von Werkzeugsoftware beim Lernen von Mathematik war (und ist) es, die Besonderheit des je einzelnen Bildes oder Beispiels dadurch aufzuheben, dass die Benutzer die darzustellenden oder zu bearbeitenden Objekte mehr oder weniger frei eingeben und z.T. auch später noch variieren können.

Die Sprache und in etwa auch algebraisch / symbolische Formeln vermögen das Allgemeine mehr oder weniger direkt auszudrücken. Grundlage dafür ist die Verwendung von Variablen, mit deren Hilfe im grunde der Brückenschlag zwischen dem Allgemeinen und dem Besonderen gelingt; dazwischen steht etwa das parametrisierte Besondere, das gegebenenfalls wieder graphisch-numerisch zugänglich erscheint. So kann die Konstruktion des Inkreises eines Dreiecks als ein Objekt betrachtet werden, das durch die Lage der 3 Dreiecksendpunkte parametrisiert wird; Manipulationen sind in dynamischen Geometrieprogrammen durch Ziehen an den Parameter-Punkten möglich. Die angestrebte Einsicht in die allgemeine Konstruktion kann aber nur erreicht werden durch zusätzliche qualitative Betrachtungen, die Unstetigkeiten, Bifurkationen, Entartungen ausschließen bzw. in ihren Auswirkungen auf die jeweils konkreten Konstruktionszeichnungen beschreiben.

6 Fazit

Multimedia kann grundsätzlich das Lernen von Mathematik, und dabei insbesondere das individuelle Lernen sinnvoll unterstützen. Für ein allgemeinbildendes Mathematiklernen sind dabei hervorzuheben

Hypertexte als Medium für Angebote mehrperspektivischer Darstellungen, die interessegeleitet selbstbestimmt wahrgenommen werden;

Videos als Unterstützung der Realitätsbezüge von Mathematik: Anwendungen und gesellschaftliche Bezüge;

Animationen, um den dynamischen und nicht statisch-endlich darstellbaren Charakter vieler Begriffe der sog. höheren Mathematik anzudeuten;

vielfältige Interaktionen, um die Allgemeinheit vieler mathematischer Objekte, Verfahren, Aussagen begreifbar zu machen.

Zugleich sollte deutlich geworden sein, dass in den konkreten Umsetzungen noch vieles unausgereift ist, und dass es noch mancher didaktischer Phantasie und vielfältiger Erfahrungen bedarf, ehe sich auch hier – wie schon weitgehend in vielen Bereichen mathematikdidaktischer Software – die notwendigen Standards, die zugehörigen Mittel und gute Routinen durchsetzen.

Literatur

Kadunz, Ossimitz, Peschek, Schneider, Winkelmann 1997 — Mathematikunterricht und Internet. http://www.uni-klu.ac.at/groups/math/didaktik/arb/ihmlum/muuinternet.htm. Siehe auch die Kurzfassung von B. Winkelmann in: Hischer, Horst (Hrsg.): Computer und Geometrie – neue Chancen für den Geometrieunterricht? Hildesheim: Franzbecker 1997.

Kaput 1992 — James J. Kaput, Technology and Mathematics Education. In: Douglas A. Grouws (Ed.): Handbook of Research on Mathematics Teaching and Learning. Macmillan, New York 1992, 515-556

Kaput 1994 — James J. Kaput, The Representational Roles of Technology in Connecting Mathematics with Authentic Experience. In: Biehler/Scholz/Sträßer/Winkelmann (Eds.): Didactic of Mathematics as a Scientific Discipline. Dordrecht: Kluwer Academic Publishers 1994, 379-397.

Schneider 1998 — Edith Schneider, Analysisausbildung mit dem Computer. Manuskript 1998. Erscheint demnächst.

Schwartz 1997 — Judah L. Schwartz: What Happened to the Voice of the Author? Journal of Science Education and Technology 6 (1997), 83-90

Winkelmann 1998a — Bernard Winkelmann, Kritische Vorstellung einiger Hypermedia-Lernumgebungen zur Analysis. In: W. Fraunholz (Ed.): Third International Conference on Technology in Mathematics Teaching (ICTMT 3) – Koblenz 1997. CD-ROM, Koblenz, Institut für Mediendidaktik der Universität in Koblenz 1998. ISBN 3-00-002330-5. Siehe auch http://euler.uni-koblenz.de/ictmt3/cd-rom/pdf/winkelma.pdf

Winkelmann 1998b — Bernard Winkelmann, Funktionen von Multimedia-Elementen beim Lernen von Mathematik. Theorie und Beispiele aus dem Bereich der Analysis. Arbeiten aus dem Institut für Didaktik der Mathematik der Universität Bielefeld: Occasional Paper 167, Mai 1998. Abrufbar unter http://www.uni-bielefeld.de/idm/forschung/publikation/occpap.html.

Otto WURNIG, Graz (Österreich)

Bringt der Einsatz von DERIVE (PC/TI92) neue Impulse für einen allgemeinbildenden Mathematikunterricht?

H. W. HEYMANN hat seinem Konzept zur „*Allgemeinbildung und Mathematik*" (Heymann 1996) eine dialektische Struktur zugrundegelegt, um Einseitigkeiten der folgenden Art im Mathematikunterricht zu vermeiden:
- Es wäre einseitig, nur noch alltagspraktisch relevante Mathematik zu lehren, es wäre aber umgekehrt nicht zu rechtfertigen, diese zu vernachlässigen.

                                                  (Stichwort: **Lebensvorbereitung**)
- Es wäre einseitig, den gesamten Mathematikunterricht auf Anwendungen (oder gar computerbezogene Anwendungen) hin auszurichten, es wäre aber töricht, Anwendungen auszublenden oder auch nur die gegenwärtige Scheu vor ihnen fortzuschreiben. (Stichwort: **Weltorientierung**)
- Es wäre einseitig, nur noch auf allgemeine Weise das Denken schulen zu wollen, (beispielsweise durch das Lehren von Heuristiken zum Problemlösen und dabei die „materiale" Komponente aller Mathematik zu übersehen) es wäre aber verhängnisvoll, wenn diese formale Geistesschulung überhaupt keinen Platz mehr fände.   (Stichwort: **Kritischer Vernunftgebrauch**)

Die letzten Mathematiklehrpläne für Österreichs Hauptschulen und Allgemeinbildende Höhere Schulen (AHS) (1985, 1993 Sekundarstufe I, 1989 Sekundarstufe II) versuchen diese angesprochenen Einseitigkeiten zu vermeiden (Stichwörter: Vorbereitung auf die Berufs- und Arbeitswelt, Anwenden von Mathematik in Sachsituationen – Modellbildung, Problemlösen, kreatives Verhalten). Den Reformern in Österreich war klar, dass bezüglich des Einsatzes der neuen Technologien deutliche Signale gesetzt werden müssen. Drei Reformschritte wurden für den Einsatz des Computers für den Mathematikunterricht gesetzt:
- 1989 für die Oberstufe der AHS: „*Die Schüler sollen mit der Verwendung geeigneter mathematischer Texte und Arbeitsmittel, insbesondere elektronischer Rechengeräte, vertraut werden.*"
- 1990 für die 7. und 8. Schulstufe der Hauptschule und AHS: „*Der Beitrag der Mathematik zur Auseinandersetzung mit neuen Informations- und Kommunikationstechniken besteht vor allem in der Förderung des Verständnisses grundlegender Arbeitsweisen des Computers, besonders unter Nutzung von ausgewählten Anwendungssystemen zur flexiblen Lösung mathematischer Aufgabenstellungen (wie Tabellenkalkulation und graphische Veranschaulichung).*"
- 1993 für die 5. Und 6. Schulstufe der Hauptschule und AHS: „*Grundsätzlich sind Einsatzmöglichkeiten von Taschenrechner und Computer schon ab der 1. Klasse gegeben (Black-Box-Funktion).*"

Diese Lehrplanbestimmungen sehen einen Weg vor, der zwischen der *Funktionalitätsthese* (Schule jeweils am aktuellsten Stand der technischen Entwicklung) und der *Autonomiethese* (Schule bestimmt selbst, wie weit sie sich einlassen soll) liegt.

So heißt es 1989 für die Sekundarstufe II: *„Die Wahl dieser Arbeitsmittel (z.B. Taschenrechner, auch programmierbare, Personalcomputer) obliegt dem Lehrer.“* und 1993 für die Sekundarstufe I: *„Intensität und Anwendungsbreite des Einsatzes von Taschenrechner und Computer werden durch die Schwerpunktsetzungen des Mathematiklehrers bestimmt.“*

Diese Möglichkeiten des Einsatzes von Taschenrechner und Computer geben dem Mathematiklehrer eine echte Chance, **einige von H. W. HEYMANN angeführte** *formale Qualifikationen*, die er für das heutige Leben als zunehmend wichtiger werdend bezeichnet, im Unterricht erfolgreich zu fördern:

- *die Fähigkeit mit verbreiteten technischen Hilfsmitteln (z.B. Taschenrechner) sachgerecht umzugehen;*
- *die Fähigkeit, symbolische und graphische Darstellungen zu entschlüsseln, die im beruflichen und privaten Alltag eine immer größere Rolle spielen;*
- *die Fähigkeit, Informationen symbolisch und graphisch darzustellen.*

H. W. HEYMANN stimmt mit den Intentionen der Reformer in Österreich weiters überein, wenn er ausdrücklich betont, dass *„die gedächtnismäßige Verankerung von Kenntnissen und Routinefertigkeiten, die in der Alltagspraxis durch den Einsatz technischer Hilfsmittel (Taschenrechner, Computer) effektiver ausgeführt werden können, insbesondere die Durchführung umfangreicher Rechnungen, an Bedeutung verloren haben“*.

Um die Lehrplanreform besser zur Wirkung zu bringen, wurden 1990 alle achtklassigen Gymnasien mit einem EDV-Raum (14 Computer) ausgestattet und ein Jahr später wurde das Computeralgebrasystem **DERIVE** mit Generallizenz für alle höheren Schulen, also auch für höhere technische Lehranstalten (HTL) und Handelsakademien (HAK), angeschafft. Damit der Computer mehr Eingang in den Mathematikunterricht der HTL findet, wurde 1991 mit Unterstützung des Bundesministeriums für Unterricht (BMUK) eine **Arbeitsgruppe „Moderner Mathematikunterricht“** (AMMU) von Mathematiklehrern an HTL gegründet, die zwei Mal jährlich eine Aussendung mit Anregungen für modernen Mathematikunterricht an interessierte Mathematiklehrer aller höheren Schulen sendet. Diese Aussendung der AMMU hatte nach zwei Jahren bereits 350 Bezieher. Da entschloss sich das BMUK, die Wirkung der Aussendungen auf den Mathematikunterricht zu evaluieren. Allen 350 Beziehern und dazu 219 HTL-Schülern wurde ein vom österreichischen Zentrum für Schulentwicklung in Graz ausgearbeiteter Fragebogen zugesandt. Einige für unser Thema interessante Ergebnisse lauten (Schüller 1995):

- *Der Einsatz modernster Rechenhilfen erleichtert den Schülern zwar das Verstehen, so dass ihnen der Unterricht* **mehr Freude** *bereitet, aber das bedeutet nicht, dass sie deshalb mehr Interesse der Mathematik entgegenbringen.*
- *Der Einsatz modernster Medien* **steigert** *bei den Lehrern, die sie verwenden,* **die Wertschätzung** *derselben.*
- *Der überwiegende Anteil der Lehrer, der bereit ist, sich mit dem Einsatz modernster Technologien auseinanderzusetzen, gehört zur Altersgruppe 36 bis 45 Jahre (58%), während der* **Anteil der Altersgruppe unter 36 Jahre der kleinste** *ist (19%) Dies scheint ein ernstes Problem der Ausbildung zu sein.*

Sehr unterschiedlich reagierten Schüler und Lehrer bei der Wertung der Rechenhilfen. Das Item *„Ich arbeite lieber mit dem einfachen Taschenrechner."* beantworteten 25% der Schüler neutral, nur 15% stimmten zu, während 60% verneinten. Die Lehrer hatten die Sinnhaftigkeit und Notwendigkeit der Rechenhilfen für ihren Unterricht getrennt nach *einfacher Taschenrechner - programmierbarer Taschenrechner - PC mit Computeralgebrasystem* abzuschätzen. Die Aufschlüsselung der **Lehrerantworten** gibt die nachfolgende Graphik:

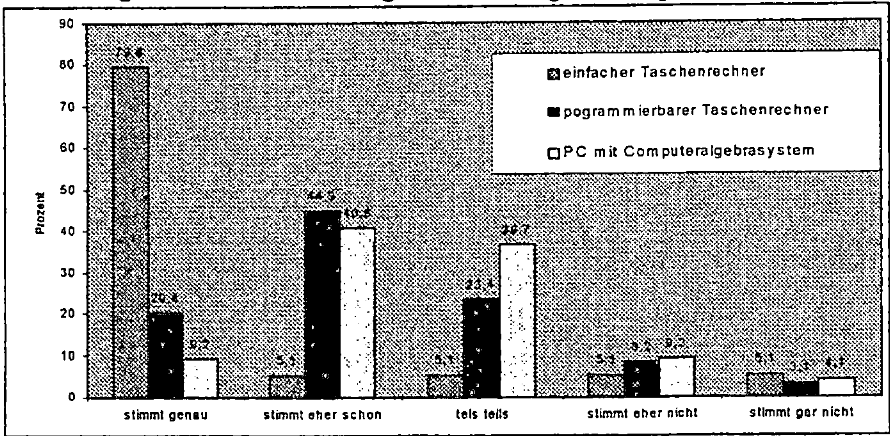

Bei den Lehrern dominiert somit noch immer deutlich der einfache Taschenrechner, aber das Computeralgebrasystem (PC) liegt kaum mehr hinter dem programmierbaren Taschenrechner zurück. Auch an den AHS begannen Mathematiklehrer mit DERIVE zu unterrichten, wobei als didaktisches Konzept das sog. **WHITE-Box/BLACK-Box-Prinzip** von B. BUCHBERGER (1992) empfohlen wurde. Nach diesem Prinzip werden bereits bekannte Verfahren in der Black Box zur Verfügung gestellt, damit die Schüler auf diese Verfahren aufbauend Neues für die White Box entwickeln können.

Da nur wenige Mathematiklehrer bereit waren, von sich aus DERIVE in ihr Unterrichtskonzept zu integrieren (vgl. Hummenberger 1996), startete H. Heugl im Schuljahr **1993/94** mit Unterstützung des BMUK ein **DERIVE-Projekt** mit 700 Schülern in 17 Schulen und 28 Mathematiklehrern (Aspetsberger/Fuchs 1996). H. HEUGL formulierte am Ende des Buches *„Mathematikunterricht mit Computeralgebrasystemen"*: **„Ideal wäre ein handlicher Algebrarechner in der Schultasche der Schüler, der mit dem CAS im EDV-Raum verknüpfbar ist".** (Heugl/Klinger/Lechner 1996)

Als dann 1996 der TI92 mit integriertem DERIVE auf den Markt kam, wurden im Rahmen von sog. T³-Veranstaltungen **(Teachers Teaching with Technology)** Mathematiklehrer an AHS, HTL und HAK in seine Verwendung eingeführt. Seit Beginn des Schuljahres 1997/98 wird der TI92 in vielen HTL-Klassen als Rechenhilfe eingesetzt, während er an HAK selten verwendet wird, da z.B. mit dem TI83 ein Rechner mit finanzmathematischen Funktionen zur Verfügung steht. Das Institut für Mathematik der Universität Klagenfurt betreut initiativ TI92-Unterrichtsversuche an zwei Handelsakademien. (Schneider 1997).

An den AHS initiierte H. HEUGL das Projekt „Mathematikunterricht im Zeitalter der Informationstechnologie" **(Felduntersuchung mit dem Algebrarechner TI-92)**. Im Schuljahr **1997/98** nahmen daran österreichweit 1500 Schüler in 46 Schulen mit 70 Lehrern teil. Die Außenevaluation übernahm, wie beim ersten DERIVE-Projekt, das Zentrum für Schulentwicklung in Graz. Seit Ende August 1998 liegen nun die ersten Auswertungen vor und es ist interessant, die Berichte beider Projekte zu vergleichen (GROGGER, 1995, 1998).

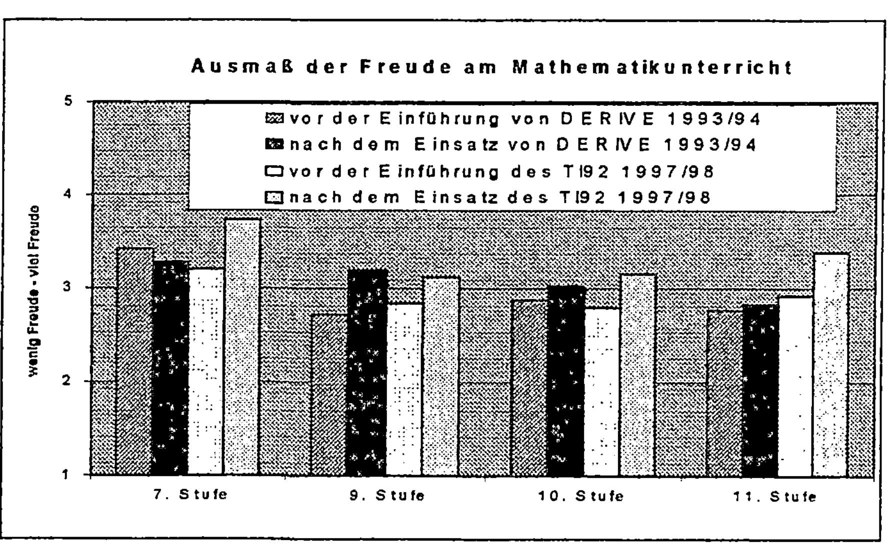

- Mit der Verwendung des TI92 nahm die Freude am Mathematikunterricht in jeder Schulstufe zu, mit DERIVE am PC erst in der Oberstufe.
- Die tendenziell bedeutsamste Zunahme ist mit DERIVE in der 9. Schulstufe, mit dem TI92 hingegen in der 7. Bzw. 11. Schulstufe.
- In beiden Projekten ist die Zunahme an Freude bei den Schülern stärker als bei den Schülerinnen.
- Während im TI92-Projekt der Rechner für mehr als zwei Drittel der Schüler in mindestens drei Bereichen (Schularbeiten, Hausübungen, Beispielrechnen im Unterricht) eine große Hilfe war, hat im DERIVE-Projekt nur etwa die Hälfte eine Unterstützung durch DERIVE wahrgenommen und das nur beim Beispielrechnen während des Unterrichts. **TI92-Vorteil: ständige Verfügbarkeit!**

In diesem Zusammenhang ist interessant, dass etwa 50% der TI92-Versuchslehrer bereits mit DERIVE am PC Mathematik unterrichtet haben, während die andere Hälfte vorher nur einen Taschenrechner verwendet hatte. Auch bei den T^3-Seminaren ist deutlich zu merken, dass durch den TI92 „neue" Mathematiklehrer zu den PC-Erfahrenen hinzu gewonnen werden konnten.

Zur TI92-Fortbildung stand von Anfang an ein von ASPETSBERGER-SCHLÖ-GELHOFER (1996) entwickeltes Konzept zur Verfügung. Es hat bei der Erarbeitung von Begriffen und beim Lösen von Problemen das Zusammenspiel von **Algebra-, Tabellen- und Graphikfenster** in den Vordergrund gestellt.

Die 30 Versuchslehrer der 5. Klasse (9. Schulstufe) sollten beobachten, wie weit die Schüler diese Möglichkeit des TI-92 nützen, wenn sie **erstmals** auf **eine quadratische Gleichung** stoßen. Ich sandte ihnen als Koordinator der 5. Klassen das folgende Beispiel zu:

> **Ein rechtwinkeliges Dreieck hat die Seitenlängen x, x+3, x+6. Berechne x !**
> **Löse die Ansatzgleichung auf mindestens drei Wegen!** *Dokumentiere die Wege so, daß fremde Personen die wichtigsten Schritte nachvollziehen können.*

Arten der Wege	SOLVE	Graphik	Tabelle	händisch	FACTOR
Prozent	95%	50%	39%	4%	3%
Anzahl der Wege	**0 Wege**	**1 Weg**	**2 Wege**	**3 Wege**	**mehr als 3 Wege**
Prozent	7%	35%	18%	30%	10%

Aus der Tabelle ist ersichtlich, dass bis auf 7% alle Schüler den *SOLVE-Befehl* verwendeten. Mit Hilfe der beiden anderen Fenster haben, wie erhofft, 58% der Schüler mindestens einen weiteren Weg gefunden. Dabei traten in fast allen Versuchsklassen Varianten auf, welche die Lehrer überraschten. *Insbesonders zwei Lösungsvarianten gaben starke Impulse für den weiteren Unterricht:*

- Einige Schüler formten die Ansatzgleichung $(x+6)^2=(x+3)^2+x^2$ nicht weiter um, sondern speicherten sie im Funktionenfenster unter y1(x) ab. Die Tabelle für y1(x) zeigt dann für x=9 *true* an. **Dieser Weg funktioniert bei Gleichungen selten, aber sehr gut bei Ungleichungen!** *Schülerimpuls*!
- Einige Schüler speicherten $(x+6)^2$ unter y1(x) und $(x+3)^2+x^2$ unter y2(x) ab. Die beiden Funktionstabellen ergaben dann für x=9 denselben y-Wert (*Analogie zum tabellarischen Lösen linearer Gleichungssysteme*).
- Der tabellarische Weg gab die Voraussetzungen für einen graphischen. Der Schnittpunkt beider Kurven im Graphikfenster (Befehl *Intersection*) liefert die gesuchte Lösung. **Dieser graphische Weg funktioniert auch bei Gleichungen, bei denen algebraische Methoden versagen.** *Schülerimpuls*!

An der Universität hatten meine Studenten das Beispiel zu lösen und mit einem Kommentar zu versehen. Der Auftrag, **mehrere Lösungswege zu finden**, war für fast alle ungewohnt. Eine Studentin schreibt: *„Abschließend muss ich sagen, dass mir das Auffinden verschiedener Lösungswege Probleme bereitete. Ich glaube, dass es in meiner Schulzeit immer nur einen Weg gab, verschiedene Aufgaben richtig zu lösen. Andere Möglichkeiten wurden nie besprochen.“*

Bei der nachfolgenden Schularbeit gab ich ein Beispiel zum schiefen Wurf. Ich hatte bereits im Unterricht den lotrechten Wurf behandelt.

> *Die Flugbahn eines Körpers beim schiefen Wurf wird durch den Graph der Funktion $f(t) = 45 + 20t - 5t^2$ beschrieben, wobei h die Höhe und t die Zeit bedeuten. Zeichne die Flugbahn unter Verwendung des TI92 im (t, h)-Koordinatensystem ins Heft ! (a) Wann ist der höchste Punkt der Flugbahn erreicht und wann schlägt der Körper am Boden (h=0) wieder auf ? (b) In welcher Höhe beginnt die Flugbahn und wann erreicht der Körper für einen Augenblick wieder diese Höhe ? Begründe deine Antworten !*

Das Beispiel fiel den Schülern nicht schwer und einige verwendeten beim Lösen die
Window-Shuttle-Technik , die bereits beim DERIVE-Projekt beliebt war.

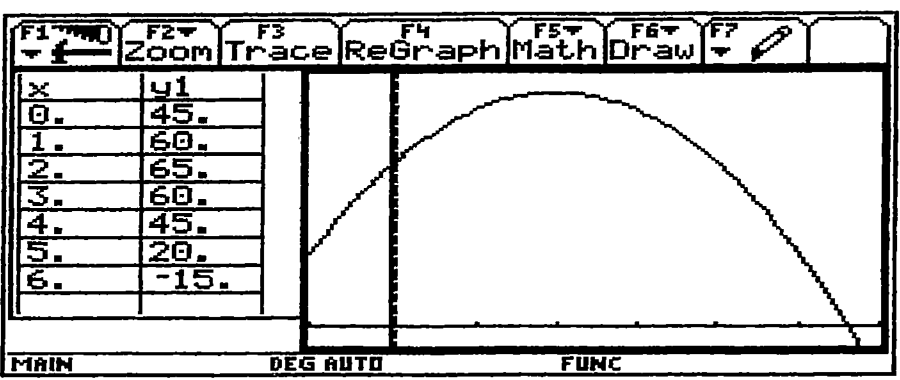

Ich war überrascht, dass das Tabellenfenster nicht nur zum Zeichnen und Begründen, sondern auch zur Bestimmung der Fallzeit eingesetzt wurde. Bei der *Tabellenmethode* kommen die Schüler mit Hilfe der schrittweisen Verfeinerung von selbst zu einer Folge von Intervallen und somit zu einer **Intervallschachtelung** (*Schülerimpuls!*). Vier Schüler verwendeten zusätzlich das Graphikfenster (*Intersection* und fünf Schüler das Algebrafenster (*Solve)*. Bei der Verbesserung der Schularbeit stellten Schüler ihre eigenen Lösungsvarianten vor. Das Zeigen der Lösungsvielfalt ist deshalb so wichtig, „*da erst vielfältige Erfahrungen im Umgang mit neu zu lernenden Begriffen und ihren Verwendungsmöglichkeiten zu der nötigen Vernetzung mit vorhandenen Vorwissen führen, durch die sich jene Vertrautheit einstellt, die Verstehen signalisiert*". (H.W. Heymann 1996)
Beim Einsatz neuer Technologien im Mathematikunterricht wird immer wieder der **Ruf nach neuen, anwendungsorientierten Aufgaben** laut. In einem in Österreich weit verbreiteten Lehrbuch (Reichel u.a. 1990) findet sich folgende Aufgabe:

In vielen Ländern der Erde wächst die Bevölkerung. Im Waldviertel (Niederösterreich) aber betrug die Bevölkerung 1987 etwa 200000 Einwohner und 1 Jahr später um 2000 weniger. (1) Gib Formeln an, um die Bevölkerung nach t Jahren berechnen zu können! Nimm (a) eine lineare, (b) eine exponentielle Entwicklung an. (2) Zeichne die beiden Graphen für $t \in [0;100]$! (3) Nach einer der beiden Annahmen müßte die Bevölkerung des Waldviertels aussterben. Wann wäre dies und wieviel Einwohner hätte es zu diesem Zeitpunkt nach der anderen Annahme?

Diese gut ausgedachte Problemstellung wird jedoch von vielen Schülern zu folgender Aufgabe reduziert: *Gegeben sind zwei Zahlenpaare [0;200000] und [1,198000]. (1) Berechne k, d der linearen Funktion y=kx+d bzw. c,k der Exponentialfunktion $y=c \cdot c^x$. (2) Zeichne im Intervall [0;100] zu beiden erhaltenen Funktionen den Graphen. (3) Berechne beide Male den x-Wert, wenn y=0 ist.*
In dieser umgestalteten Version stellt die Aufgabe kein anwendungsorientiertes Problem mehr dar. Es haben Ziele, wie **Modellbilden oder Modellvergleichen**, keinen Platz mehr.

Um auch diese Ziele zu berücksichtigen, habe ich für meine Schüler die Aufgabe umformuliert, d.h. sie *offener gestaltet* (Wurnig 1996):

> *In vielen Ländern der Erde wächst die Bevölkerung. Im Waldviertel (NÖ) betrug die Bevölkerung 1987 etwa 200000 Einwohner und ein Jahr später um 2000 weniger. Mache (1) eine Prognose für die Bevölkerungsentwicklung der nächsten fünf Jahre, wobei du annimmst, daß sich dieser Trend (a) als konstante Abnahme, (b) als gleichbleibende prozentuelle Abnahme, fortsetzt. (2) Wieviel Bewohner hat nach beiden Modellen das Waldviertel nach 50, 80, 100 Jahren? Stelle zur Berechnung Formeln auf und begründe, warum dir eines der beiden Modelle realistischer scheint. (3) Stelle beide Entwicklungen im Koordinatensystem dar!*

Die Schüler haben die erste Zeile der Tabelle sofort hingeschrieben, für die zweite jedoch mehr Zeit benötigt, da sie mit Hilfe der Prozentrechnung Schritt für Schritt vorgingen. Die gesuchte Tabelle lautet:

Entwicklung nach	1 Jahr	2 Jahren	3 Jahren	4 Jahren	5 Jahren
konstante Abnahme	198000	196000	194000	192000	190000
Prozentuelle Abnahme	198000	196020	194060	192119	190198

Um die Werte für 50, 80, 100 Jahre in akzeptabler Zeit ausrechnen zu können, benötigt man eine **Formel**. Ein Ausrechnen Schritt für Schritt würde selbst mit einem TI92 viel zu lange dauern. Bisher waren die Schüler im Mathematikunterricht immer auf *explizite Darstellungen von Funktionen* spezialisiert. Mit dem TI92 ist aber eine **rekursive Darstellung** genau so möglich. Sie ist sogar für viele Schüler dem Problem näher und kann mit dem TI92 rasch aufgestellt werden:

(I): u1(n)=u1(n-1)-2000;   (II): u2(n)=u2(n-1)-u2(n-1).0.01;   ui1=ui2=2000000;

Die Richtigkeit des rekursiven Ansatzes kann mit dem TI92 sofort an Hand der bereits vorher erstellten Tabelle überprüft und so lange geändert werden, bis die Werte mit der Tabelle übereinstimmen. Eine graphische Darstellung liefert der TI92 ohne Probleme bei der expliziten Formel im *FUNCTION-Mode als Kurve*, bei der rekursiven Formel im *SEQUENCE-Mode als Punktfolge*.

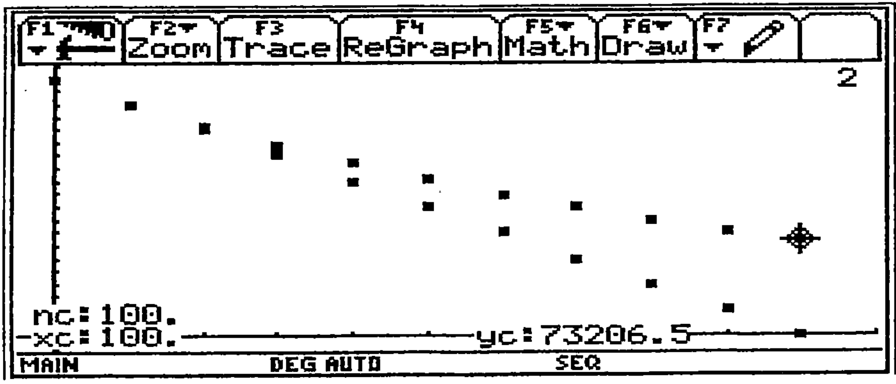

Nach ASPETSBERGER (1997) könnte *„man (mit dem TI92) schon viel früher (auch schon in der Sekundarstufe I) so wichtige Prozesse wie lineares und exponentielles Wachstum behandeln und gegenseitig abwägen"*.

Die vom BMUK initiierte empirische **Untersuchung über Anwendungsorientierung im Mathematikunterricht** (Reichel/Hummenberger 1996) zeigt deutlich, dass Schüler und Lehrer vermehrt Aufgabenstellungen dazu haben möchten. So nannten die Schüler auf die Frage, *welche Art von Aufgaben sie am liebsten hätten*, 270 mal *Anwendungsaufgaben* und nur 182 mal *Aufgaben mit bereits erlerntem Schema*. Eine deutliche Mehrheit der Mathematiklehrer wünscht sich mehr anwendungsorientierte Beispiele mit vereinfachten Realitätsbezügen in den Lehrbüchern (Unterstufe 55%, Oberstufe 63%). Demgegenüber vertritt HEYMANN (1996) im Kapitel über **Weltorientierung** die These:

„Ein wesentliches Spezifikum des Modellierungsprozesses - daß Mathematik nicht der betrachteten Sachsituation immanent ist, sondern von Menschen an sie herangetragen oder in ihr entwickelt werden muß - läßt sich ebenso erfolgreich an „guten" wie an „schlechten" Textaufgaben verdeutlichen, wenn Schüler angeregt werden, sie zu variieren, systematisch „mißzuverstehen", gegen den Strich zu bürsten, als selbstverständlich unterstellte Voraussetzungen anzuzweifeln".

Literatur

ASPETSBERGER, K. & FUCHS, K. (Eds.):The Austrian DERIVE-Project, DERIVE® Journal, Vol.3, No. 1, 1996.

ASPETSBERGER, K./SCHLÖGELHOFER, F.: Der TI-92 im Mathematikunterricht, Texas Instruments, Freising, 1996.

ASPETSBERGER, K.: Der Einsatz des algebratauglichen Taschenrechners TI-92 im Mathematikunterricht - Erfahrungen über den Einsatz in einer 6. Klasse. Didaktikreihe der ÖMG, Heft 27, Wien, 1997.

BUCHBERGER, B.: Teaching Math by Math Software: Newton's Method as an Example of the White Box/Black Box Principle, RISC Linz, 1992.

GROGGER, G: Der Einsatz von DERIVE im Mathematikunterricht an Allgemeinbildenden Höheren Schulen, Zentrum für Schulentwicklung, Abt. II, Graz, 1995.

GROGGER, G: Evaluation zur Erprobung des TI92 im Mathematikunterricht an Allgemeinbildenden Höheren Schulen, Zentrum für Schulentwicklung, Abt. II, Graz, 1998.

HEUGL, H./KLINGER, W./LECHNER, J.: Mathematikunterricht mit Computeralgebrasystemen, Verlag Addison-Wesley, Bonn, 1996.

HEYMANN, H. W.: Allgemeinbildung und Mathematik. Beltz: Weinheim, 1996.

HUMMENBERGER, H.: Anwendungsorientierung im Mathematikunterricht - Ergebnisse einer empirischen Untersuchung. Didaktikreihe der ÖMG, Heft 26, Wien, 1997.

REICHEL, H.-Ch./MÜLLER, R./LAUB, J./HANISCH, G.: Lehrbuch der Mathematik 6 (10. Schulstufe), Hölder-Pichler-Tempsky, Wien, 1990.

REICHEL, H.-Ch./ HUMMENBERGER, H: Anwendungsorientierung im Mathematikunterricht. Übersicht und Kurzbericht der Ergebnisse. Projekt des BMUK 1994-1996. Wien, 1996.

SCHNEIDER, E.: Der TI92 im Mathematikunterricht – Ein didaktisches Forschungs- und Entwicklungsprojekt zu unterrichtspraktischen Innovationen. In: Fraunholz, W. (Ed.): Proceedings: ICMT3, IMD Koblenz, 1998.

SCHÜLLER, P.: Moderne Ingenieurmathematik mit software-unterstützten Methoden, Österreichisches Zentrum für Schulentwicklung, Abt. 4, Wien, 1995.

WURNIG, O.: Die Behandlung zweier anwendungsorientierter Aufgaben zur Exponentialfunktion in Klasse 10 unter Verwendung von DERIVE, In: Hischer & Weiß (Hgb.), Rechenfertigkeit und Begriffsbildung, Verlag Franzbecker, Hildesheim, 1996.

Verzeichnis der Autoren/innen

Antonitsch Peter
Klagenfurterstr. 18
A - 9170 Ferlach

Aspetsberger Klaus
Ruprechting 4
A - 4082 Aschach
aspetsberger@aon.at

Barnerßoi Ludwig
Technische Universität München
Zentrum Mathematik
Arcisstr. 21
D - 80290 München

Bender Peter
Universität-GH Paderborn
Fb 17
D - 33095 Paderborn
bender@math.uni-paderborn.de

Bruder Regina
Grosse Teilung 19
D - 64683 Einhausen
Fam.Bruder@t-online.de

Elschenbroich Hans-Jürgen
Kirchstr. 26
D - 41352 Korschenbroich
elschenbroich@t-online.de

Embacher Franz
Universität Wien
Institut für Theoretische Physik
A - 1090 Wien
fe@pap.univie.ac.at

Engel Joachim
Pädagogische Hochschule
Inst. für Mathematik und Informatik
Postfach 220
D - 71602 Ludwigsburg
engel_joachim@ph-ludwigsburg.de

Fischer Roland
Universität Klagenfurt
Abteilung für Didaktik der Mathematik
Universitätsstraße 65
A - 9020 Klagenfurt
roland.fischer@univie.ac.at

Fraunholz Wolfgang
Universität Koblenz
Mathematisches Institut
Rheinau 1
D - 56075 Koblenz
w.fraunholz@uni-koblenz.de

Fritzlar Torsten
Friedrich-Schiller-Universität
Abt. für Didaktik der Math. und Inf.
Ernst-Abbe-Platz 1-4
D - 07749 Jena
fritzlar@mathematik.uni-jena.de

Hennecke Martin
Universität Hildesheim
Samelsonplatz 1
D - 31141 Hildesheim
hennecke@informatik.uni-hildesheim.de

Heugl Helmut
Landesschulrat für Niederösterreich
Rennbahnstraße 29
A - 3109 St. Pölten
hheugl@netway.at

Heymann Hans Werner
Universität-GH Siegen
Fachbereich 2
D - 57068 Siegen
heymann@paedagogik.uni-siegen.de

Kadunz Gert
Universität Klagenfurt
Abteilung für Didaktik der Mathematik
Universitätsstraße 65
A - 9020 Klagenfurt
gert.kadunz@uni-klu.ac.at

Kokol-Voljc Vlasta
Vicava 63
SLO - 2250 Ptuj
vlasta.kokol@uni-mb.si

Kreutzkamp Theo
Universität Hildesheim
Samelsonplatz 1
D - 31141 Hildesheim
kreutzka@informatik.uni-hildesheim.de

Maaß Jürgen
Universität Linz
Abteilung für Didaktik der Mathematik
Altenbergerstr. 69
A - 4040 Linz
juergen.maasz@jk.uni-linz.ac.at

Oberhuemer Petra
Wehrgasse 26/12
A - 1050 Wien
P.Oberhuemer@magnet.at

Otto Marcus
Pädagogische Hochschule Ludwigsburg
Inst. f. Mathematik u. Informatik
Reuteallee 46
D - 71634 Ludwigsburg
otto_marcus@ph-ludwigsburg.de

Reichel Hans-Christian
Universität Wien
Institut für Mathematik
Strudlhofgasse 4
A - 1090 Wien
reichel@nelly.mat.univie.ac.at

Kautschitsch Hermann
Universität Klagenfurt
Institut für Mathematik, Statistik und
Didaktik der Mathematik
A - 9020 Klagenfurt
hermann.kautschitsch@uni-klu.ac.at

König Elisabeth
Hals 20
A - 4201 Gramastetten

Laborde Colette
Laboratoire Leibniz
46, av. Félix Viallet
F - 38031 Grenoble Cedex
colette.laborde@imag.fr

Mittermeir Roland
Universität Klagenfurt
Institut für Informatiksysteme
Universitätsstraße 65
A - 9020 Klagenfurt
mittermeir@ifi.uni-klu.ac.at

Ossimitz Günther
Universität Klagenfurt
Abteilung für Didaktik der Mathematik
Universitätsstraße 65
A - 9020 Klagenfurt
guenther.ossimitz@uni-klu.ac.at

Peschek Werner
Universität Klagenfurt
Abteilung für Didaktik der Mathematik
Universitätsstraße 65
A - 9020 Klagenfurt
werner.peschek@uni-klu.ac.at

Riedmüller Bruno
Technische Universität München
Zentrum Mathematik
Arcisstr. 21
D - 80290 München
riedmuel@mathematik.tu-muenchen.de

Schlöglmann Wolfgang
Universität Linz
Institut für Analysis und Numerik
Abteilung für Didaktik der Mathematik
A - 4040 Linz
w.schloeglmann@jk.uni-linz.ac.at

Schwarze Monika
Schillerstraße 1
D - 59065 Hamm
schwarze@swhamm.de

Skarke Peter
Getreideweg 4
A - 4060 Leonding
peter.skarke@linz.info.at

Vancso Ödön
Szolo utca 32. I.em. 6
H - 2100 Gödöllö
vancso@ludens.elte.hu

Winkelmann Bernard
Universität Bielefeld
IDM
Postfach 10 01 31
D - 33501 Bielefeld
bernard.winkelmann@post.uni-
bielefeld.de

Wurnig Otto
Karl-Franzens-Universität
Institut für Mathematik
Heinrichstrasse 36
A - 8010 Graz
otto.wurnig@kfunigraz.ac.at

Schneider Edith
Universität Klagenfurt
Abteilung für Didaktik der Mathematik
Universitätsstraße 65
A - 9020 Klagenfurt
edith.schneider@uni-klu.ac.at

Senveter Stanislav
Slovenskogoriska 11
SLO - 2250 Ptuj
stanislav.senveter@guest.arnes.si

Tall David
21 Laburnum Avenue
GB - Kenilworth CV8 2DR
David.Tall@btinternet.com

Wilding Hans
Kugelberg 48
A - 8111 Judendorf
h.wilding@online.edvg.co.at

Wolpers Hans
Universität Hildesheim
Samelsonplatz 1
D - 31141 Hildesheim
wolpers@informatik.uni-hildesheim.de

JMD -
Journal für
Mathematik-
Didaktik

Zur Zeit herausgegeben von
K. Hasemann, H. N. Jahnke
und **G. Walther**

Preis je Band DM 118,–
ÖS 861,– / SFr 106,–
einschließlich Versandkosten

Das »Journal für Mathematik-Didaktik« ist das offizielle Organ der *Gesellschaft für Didaktik der Mathematik (GDM)*. Jährlich wird ein Band veröffentlicht, bestehend aus 4 Heften, die vierteljährlich erscheinen. Die Zeitschrift veröffentlicht Beiträge aus allen Bereichen mathematikdidaktischer Forschungs- und Entwicklungsarbeit.

Persönliche Mitglieder der GDM erhalten das JMD kostenlos im Rahmen ihres Mitgliedsbeitrages.

Preisänderungen vorbehalten.

Der Bezug eines Heftes verpflichtet zur Abnahme des ganzen Bandes.

ISSN 0173-5322

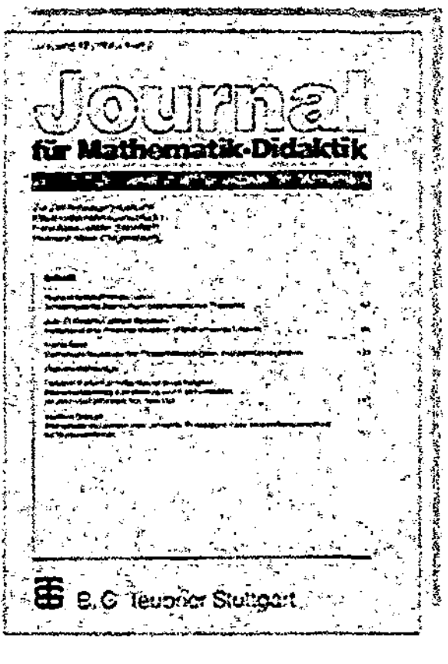

B. G. Teubner Stuttgart · Leipzig
Postfach 80 10 69 · 70510 Stuttgart